U0865671

中 国 国 家 标 准 汇 编

493

GB 26122～26156

（2010 年制定）

中国标准出版社　编

中国质检出版社
中国标准出版社
北　京

图书在版编目（CIP）数据

中国国家标准汇编：2010年制定. 493：GB 26122～26156/中国标准出版社编. —北京：中国标准出版社，2012
ISBN 978-7-5066-6546-9

Ⅰ. ①中… Ⅱ. ①中… Ⅲ. ①国家标准-汇编-中国-2010 Ⅳ. ①T-652.1

中国版本图书馆CIP数据核字(2011)第187775号

中国质检出版社
中国标准出版社 出版发行
北京市朝阳区和平里西街甲2号(100013)
北京市西城区三里河北街16号(100045)

网址：www.spc.net.cn
总编室：(010)64275323 发行中心：(010)51780235
读者服务部：(010)68523946
中国标准出版社秦皇岛印刷厂印刷
各地新华书店经销

*

开本 880×1230 1/16 印张 36.25 字数 971 千字
2012年1月第一版 2012年1月第一次印刷

*

定价 220.00 元

如有印装差错 由本社发行中心调换
版权专有 侵权必究
举报电话：(010)68510107

出 版 说 明

1.《中国国家标准汇编》是一部大型综合性国家标准全集。自 1983 年起，按国家标准顺序号以精装本、平装本两种装帧形式陆续分册汇编出版。它在一定程度上反映了我国建国以来标准化事业发展的基本情况和主要成就，是各级标准化管理机构，工矿企事业单位，农林牧副渔系统，科研、设计、教学等部门必不可少的工具书。

2.《中国国家标准汇编》收入我国每年正式发布的全部国家标准，分为“制定”卷和“修订”卷两种编辑版本。

“制定”卷收入上一年度我国发布的、新制定的国家标准，顺延前年度标准编号分成若干分册，封面和书脊上注明“20××年制定”字样及分册号，分册号一直连续。各分册中的标准是按照标准编号顺序连续排列的，如有标准顺序号缺号的，除特殊情况注明外，暂为空号。

“修订”卷收入上一年度我国发布的、修订的国家标准，视篇幅分设若干分册，但与“制定”卷分册号无关联，仅在封面和书脊上注明“20××年修订-1,-2,-3,……”字样。“修订”卷各分册中的标准，仍按标准编号顺序排列(但不连续)；如有遗漏的，均在当年最后一分册中补齐。需提请读者注意的是，个别非顺延前年度标准编号的新制定的国家标准没有收入在“制定”卷中，而是收入在“修订”卷中。

读者配套购买《中国国家标准汇编》“制定”卷和“修订”卷则可收齐上一年度我国制定和修订的全部国家标准。

3.由于读者需求的变化，自 1996 年起，《中国国家标准汇编》仅出版精装本。

4.2010 年我国制修订国家标准共 2846 项。本分册为“2010 年制定”卷第 493 分册，收入国家标准 GB 26122～26156 的最新版本。

中国标准出版社

2011 年 8 月

目　录

ICS 35.040
L 71

中华人民共和国国家标准

GB 26122.1—2010

信息技术 通用多八位编码字符集 蒙古文名义字符与变形显现字符 32点阵字型 第1部分：白体

Information technology—Universal multi-octet coded character set—Mongolian nominal characters and presentation forms—32 Dot matrix font—Part 1: Bai Ti

2011-01-10 发布 2011-12-01 实施

中华人民共和国国家质量监督检验检疫总局
中国国家标准化管理委员会 发布

前　　言

本部分的全部技术内容为强制性。

GB 26122《信息技术　通用多八位编码字符集　蒙古文名义字符与变形显现字符　32点阵字型》分为如下部分：

——第1部分：白体；

——第2部分：新闻体。

本部分是GB 26122的第1部分。

本部分是依据GB/T 26226《信息技术　蒙古文变形显现字符集和控制字符使用规则》所规定的蒙古文名义字符与变形显现字符，以我国蒙古语地区规范的白体字型为基础，设计和规定了信息处理用蒙古文32点阵白体（参见附录A）字型。

本部分的附录A、附录B、附录C是资料性附录，附录D是规范性附录。

本部分由全国信息技术标准化技术委员会（SAC/TC 28）提出并归口。

本部分起草单位：中国电子技术标准化研究所、内蒙古大学、北京北大方正电子有限公司、内蒙古自治区蒙古语文工作委员会。

本部分起草人：确精扎布、何正安、唐英敏、贺喜格都仁、张国荣、代红。

引　　言

有关字型数据的授权转让使用事宜，字型标准数据的维护、更新及修订工作，统一由归口单位负责。

信息技术　通用多八位编码字符集 蒙古文名义字符与变形显现字符 32点阵字型　第1部分：白体

1　范围

GB 26122 的本部分规定了 GB/T 26226 中的蒙古文名义字符与变形显现字符的 32 点阵白体字型。

本部分适用于蒙古文信息处理用的点阵式显示设备和印刷设备，也可用于其他相关设备。

2　规范性引用文件

下列文件中的条款通过本部分的引用而成为本部分的条款。凡是注日期的引用文件，其随后所有的修改单（不包括勘误的内容）或修订版均不适用于本部分，然而，鼓励根据本部分达成协议的各方研究是否可使用这些文件的最新版本。凡是不注日期的引用文件，其最新版本适用于本部分。

GB 13000　信息技术　通用多八位编码字符集(UCS)(GB 13000—2010,ISO/IEC 10646:2003,IDT)

GB/T 26226　信息技术　蒙古文变形显现字符集和控制字符使用规则

3　术语和定义

下列术语和定义适用于本部分。

3.1

字形　glyph

一种可辨认的抽象的图形符号，它不依赖于任何特定的设计。

3.2

字型　font

具有同一基本设计的字形图像的集合，如：白体。

3.3

点阵字型　dot matrix font

以点的集合来表现图形字符的(型)形。

3.4

字序　character order

图形字符在集合中按一定规则排列的次序。

3.5

字高　font height

点阵图形字符的有效高度，以点数计算。

4　蒙古文图形字符

4.1　字符数

本部分依据 GB/T 26226 的规定，提供了 502 个蒙古文图形字符，其中：

a)　名义字符 156 个；

b)　单个变形显现字符 152 个；

c)　强制性合体字 194 个。

蒙古文图形字符的代码和序号数据的信息参见附录B。

4.2 字符字序

本部分提供了502个蒙古文图形字符的点阵字型，其排列顺序按照GB/T 26226规定的次序排列。

5 标准数据的管理

为加强对信息技术产品用蒙古文字字型与字模标准数据的管理，保证本部分在贯彻执行中数据的一致性和正确性。有关字型数据的授权转让的使用事宜，字型标准数据的维护、更新及修订工作，统一由归口单位负责。

6 点阵字型的表示方法

6.1 栅格

栅格由若干条等距离的垂直线与水平线相交叉而形成。

本部分规定32点阵(指字框)字型，其栅格是横向32格，纵向32格。每个方格的中心定为点的中心位置。

栅格仅对构成点阵的各点进行定位，32点阵栅格图如图1所示。

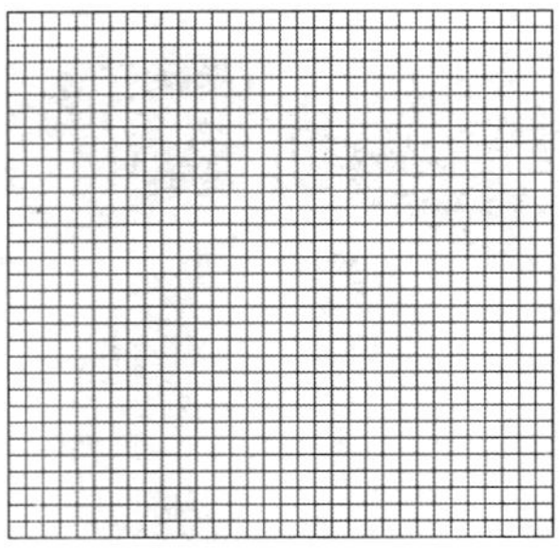

图1 32点阵栅格图

6.2 点

点是构成点阵字型的最小单位，以圆形或方形表示，它是位于各方格内的黑色区域。

6.3 点阵字样

蒙古文图形字符点阵字型的字样，由置于栅格内的若干个点的集合来表示。蒙古文“ᠠ”的32点阵白体字样如图2所示。

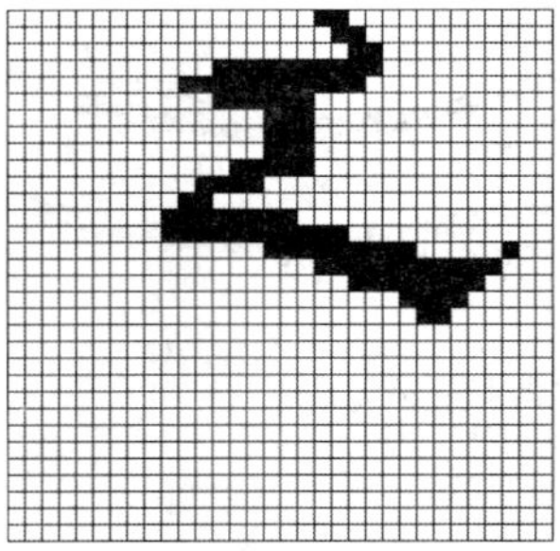

图2 蒙古文“ᠠ”的32点阵白体字样

6.4 点阵字高数据

本部分提供的502个蒙古文32点阵白体字型字高数据参见附录C。

7 蒙古文点阵字型

7.1 点阵字型数据

本部分提供的502个蒙古文32点阵白体字型数据的表示见附录D。

7.2 点阵字型

本部分依据 GB/T 26226 的规定，提供的 502 个蒙古文图形字符的 32 点阵白体字型如下：

1887	1888	1889	188A	188B	188C	188D	188E	188F	1890
1891	1892	1893	1894	1895	1896	1897	1898	1899	189A
189B	189C	189D	189E	189F	18A0	18A1	18A2	18A3	18A4
18A5	18A6	18A7	18A8	18A9	18AA	0000	0001	0002	0003
0004	0005	0006	0007	0008	0009	000A	000B	000C	000D
000E	000F	0010	0011	0012	0013	0014	0015	0016	0017
0018	0019	001A	001B	001C	001D	001E	001F	0020	0021
0022	0023	0024	0025	0026	0027	0028	0029	002A	002B
002C	002D	002E	002F	0030	0031	0032	0033	0034	0035
0036	0037	0038	0039	003A	003B	003C	003D	003E	003F
0040	0041	0042	0043	0044	0045	0046	0047	0048	0049
004A	004B	004C	004D	004E	004F	0050	0051	0052	0053

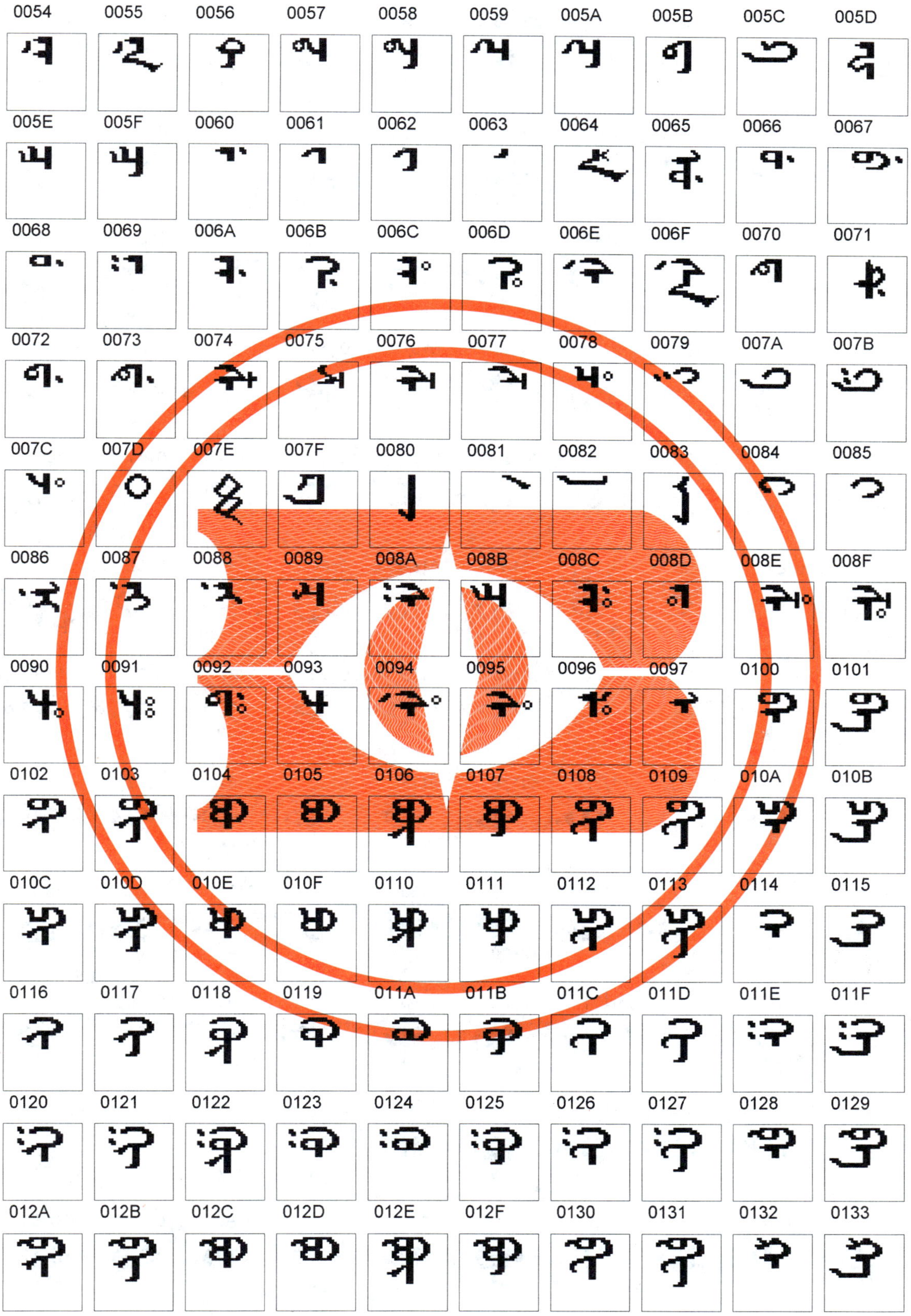
0054 0055 0056 0057 0058 0059 005A 005B 005C 005D
005E 005F 0060 0061 0062 0063 0064 0065 0066 0067
0068 0069 006A 006B 006C 006D 006E 006F 0070 0071
0072 0073 0074 0075 0076 0077 0078 0079 007A 007B
007C 007D 007E 007F 0080 0081 0082 0083 0084 0085
0086 0087 0088 0089 008A 008B 008C 008D 008E 008F
0090 0091 0092 0093 0094 0095 0096 0097 0100 0101
0102 0103 0104 0105 0106 0107 0108 0109 010A 010B
010C 010D 010E 010F 0110 0111 0112 0113 0114 0115
0116 0117 0118 0119 011A 011B 011C 011D 011E 011F
0120 0121 0122 0123 0124 0125 0126 0127 0128 0129
012A 012B 012C 012D 012E 012F 0130 0131 0132 0133

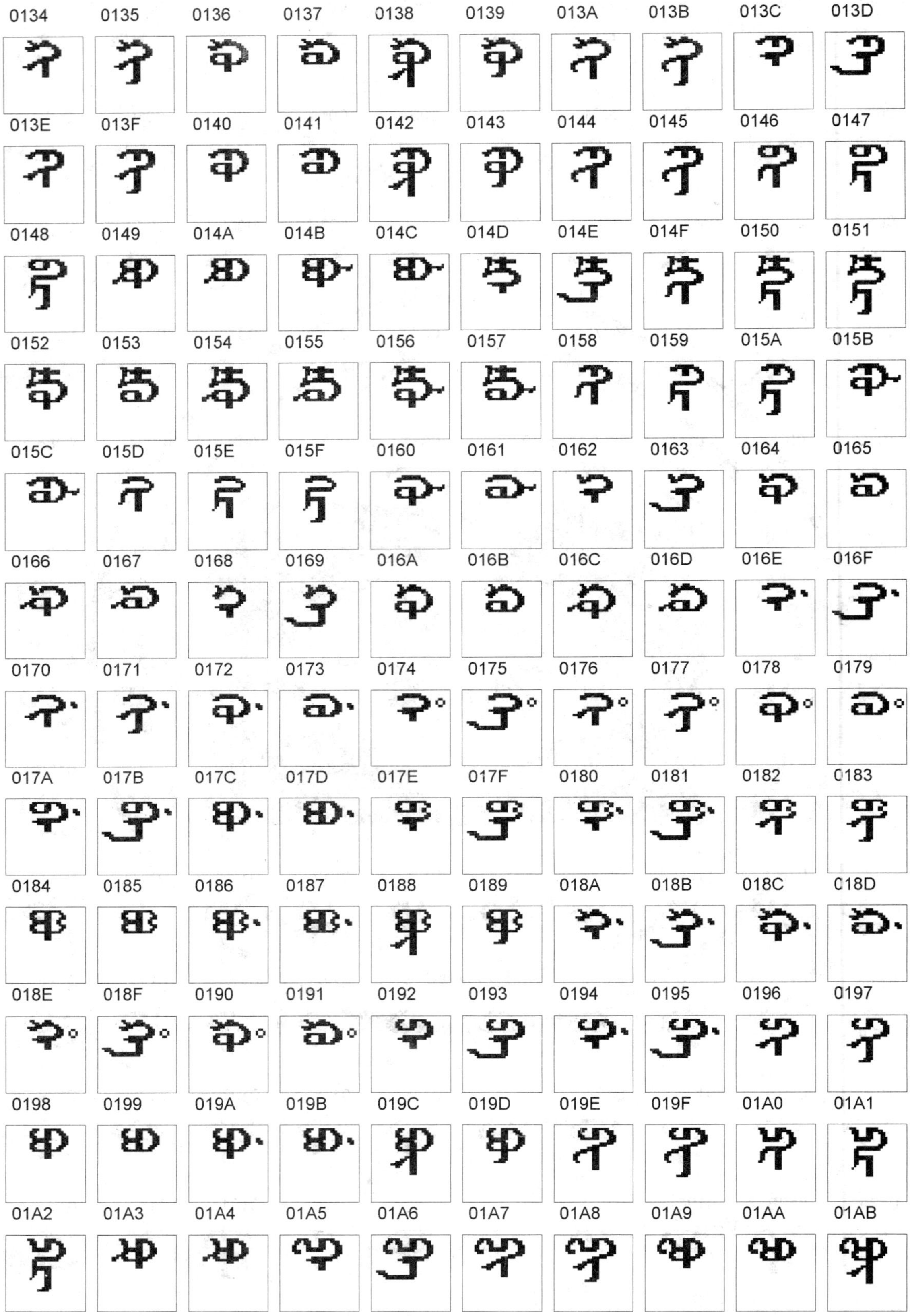
0134 0135 0136 0137 0138 0139 013A 013B 013C 013D
013E 013F 0140 0141 0142 0143 0144 0145 0146 0147
0148 0149 014A 014B 014C 014D 014E 014F 0150 0151
0152 0153 0154 0155 0156 0157 0158 0159 015A 015B
015C 015D 015E 015F 0160 0161 0162 0163 0164 0165
0166 0167 0168 0169 016A 016B 016C 016D 016E 016F
0170 0171 0172 0173 0174 0175 0176 0177 0178 0179
017A 017B 017C 017D 017E 017F 0180 0181 0182 0183
0184 0185 0186 0187 0188 0189 018A 018B 018C 018D
018E 018F 0190 0191 0192 0193 0194 0195 0196 0197
0198 0199 019A 019B 019C 019D 019E 019F 01A0 01A1
01A2 01A3 01A4 01A5 01A6 01A7 01A8 01A9 01AA 01AB

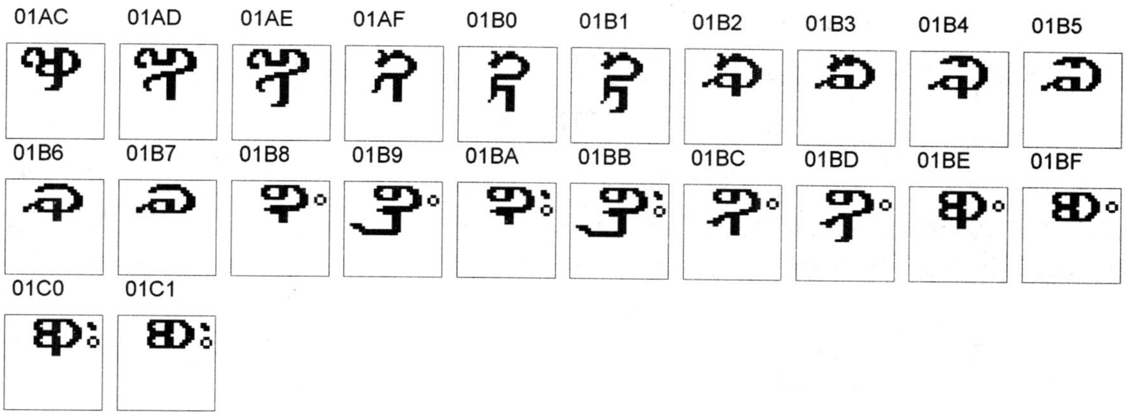
01AC 01AD 01AE 01AF 01B0 01B1 01B2 01B3 01B4 01B5
01B6 01B7 01B8 01B9 01BA 01BB 01BC 01BD 01BE 01BF
01C0 01C1

附 录 A
（资料性附录）
白 体

白体源自于木刻及铅印版本的各类蒙古文书籍，是蒙古文信息处理使用的蒙古文字体之一，是经过反复修改完善、使用时间最长、使用范围最广的字体。

附 录 B
（资料性附录）
蒙古文图形字符代码和序号的数据

本部分提供了502个蒙古文图形字符，其中156个名义字符在GB 13000中有代码，346个变形显现字符在GB 13000中没有代码，但在GB/T 26226中为变形显现字符规定了序号。本部分提供的502个蒙古文图形字符的代码和序号数据信息如下：

a） 156个蒙古文名义字符的代码：在1800～18AF范围内；

b） 152个蒙古文单个变形显现字符：在0000～009F范围内；

c） 194个蒙古文强制性合体字的序号：在0100～01CF范围内。

附 录 C
(资料性附录)
蒙古文 32 点阵白体字型字高数据

蒙古文是不等高字体,其每个字符都有各自特定的高度。本部分提供了 502 个蒙古文 32 点阵白体字型字高数据,其中名义字符点阵字型字高数据见表 C.1,单个变形显现字符点阵字型字高数据见表 C.2,强制性合体字点阵字型字高数据见表 C.3。

表 C.1 蒙古文名义字符点阵字型字高数据

代码	高度	代码	高度	代码	高度	代码	高度	代码	高度	代码	高度
1800	8	1821	13	183B	9	1855	7	186F	12	1891	10
1801	32	1822	15	183C	17	1856	11	1870	5	1892	8
1802	32	1823	14	183D	17	1857	7	1871	12	1893	8
1803	32	1824	17	183E	19	1858	9	1872	12	1894	11
1804	32	1825	20	183F	12	1859	19	1873	15	1895	11
1805	32	1826	24	1840	19	185A	13	1874	16	1896	13
1806	9	1827	22	1841	10	185B	9	1875	12	1897	10
1807	9	1828	9	1842	14	185C	12	1876	13	1898	12
1808	32	1829	12	1843	5	185D	10	1877	8	1899	12
1809	32	182A	8	1844	19	185E	14	1880	14	189A	20
180A	4	182B	8	1845	17	185F	8	1881	21	189B	13
180B	27	182C	14	1846	15	1860	14	1882	14	189C	12
180C	27	182D	14	1847	17	1861	14	1883	12	189D	15
180D	27	182E	9	1848	15	1862	16	1884	12	189E	8
180E	27	182F	9	1849	17	1863	10	1885	23	189F	10
1810	12	1830	12	184A	20	1864	15	1886	20	18A0	10
1811	12	1831	12	184B	12	1865	15	1887	26	18A1	19
1812	17	1832	13	184C	13	1866	8	1888	15	18A2	12
1813	17	1833	11	184D	15	1867	12	1889	11	18A3	10
1814	12	1834	12	184E	15	1868	15	188A	15	18A4	12
1815	13	1835	8	184F	9	1869	14	188B	14	18A5	12
1816	13	1836	8	1850	10	186A	10	188C	13	18A6	9
1817	14	1837	9	1851	10	186B	13	188D	15	18A7	10
1818	14	1838	10	1852	13	186C	9	188E	12	18A8	14
1819	12	1839	8	1853	12	186D	9	188F	11	18A9	6
1820	19	183A	9	1854	13	186E	12	1890	9	18AA	12

表 C.2 蒙古文单个变形显现字符点阵字型字高数据

序号	高度	序号	高度	序号	高度	序号	高度	序号	高度	序号	高度
0000	16	001A	15	0034	9	004E	18	0068	5	0082	4
0001	22	001B	12	0035	10	004F	9	0069	8	0083	21
0002	16	001C	12	0036	8	0050	15	006A	12	0084	8
0003	17	001D	15	0037	13	0051	6	006B	14	0085	9
0004	15	001E	7	0038	16	0052	13	006C	12	0086	13
0005	6	001F	12	0039	13	0053	12	006D	14	0087	12
0006	12	0020	6	003A	16	0054	12	006E	11	0088	9
0007	11	0021	9	003B	13	0055	15	006F	21	0089	10
0008	9	0022	7	003C	15	0056	13	0070	10	008A	10
0009	4	0023	7	003D	20	0057	10	0071	17	008B	10
000A	17	0024	11	003E	9	0058	13	0072	10	008C	12
000B	7	0025	14	003F	10	0059	9	0073	10	008D	10
000C	8	0026	9	0040	16	005A	12	0074	11	008E	11
000D	14	0027	14	0041	21	005B	14	0075	10	008F	15
000E	8	0028	11	0042	13	005C	9	0076	11	0090	13
000F	5	0029	14	0043	19	005D	16	0077	10	0091	13
0010	20	002A	13	0044	8	005E	10	0078	9	0092	11
0011	11	002B	16	0045	18	005F	13	0079	7	0093	10
0012	19	002C	14	0046	9	0060	6	007A	9	0094	11
0013	13	002D	18	0047	15	0061	7	007B	10	0095	11
0014	6	002E	14	0048	6	0062	10	007C	9	0096	11
0015	10	002F	10	0049	14	0063	4	007D	11	0097	9
0016	9	0030	13	004A	17	0064	14	007E	22		
0017	18	0031	10	004B	8	0065	17	007F	13		
0018	9	0032	13	004C	14	0066	8	0080	20		
0019	9	0033	8	004D	8	0067	8	0081	6		

表 C.3 蒙古文强制性合体字点阵字型字高数据

序号	高度	序号	高度	序号	高度	序号	高度	序号	高度	序号	高度
0100	13	0121	18	0142	21	0163	16	0184	13	01A5	14
0101	17	0122	20	0143	17	0164	13	0185	10	01A6	18
0102	15	0123	13	0144	18	0165	10	0186	13	01A7	17
0103	19	0124	10	0145	21	0166	13	0187	10	01A8	19
0104	13	0125	16	0146	18	0167	10	0188	20	01A9	13
0105	10	0126	16	0147	20	0168	14	0189	15	01AA	10
0106	20	0127	19	0148	22	0169	18	018A	13	01AB	20
0107	16	0128	13	0149	13	016A	15	018B	17	01AC	15
0108	18	0129	17	014A	11	016B	12	018C	14	01AD	18
0109	21	012A	17	014B	13	016C	15	018D	11	01AE	20
010A	14	012B	19	014C	10	016D	12	018E	13	01AF	18
010B	18	012C	13	014D	16	016E	12	018F	16	01B0	21
010C	16	012D	10	014E	20	016F	16	0190	14	01B1	21
010D	19	012E	20	014F	21	0170	14	0191	11	01B2	15
010E	13	012F	16	0150	24	0171	17	0192	13	01B3	12
010F	10	0130	18	0151	26	0172	13	0193	17	01B4	15
0110	17	0131	21	0152	18	0173	10	0194	13	01B5	12
0111	16	0132	13	0153	15	0174	12	0195	17	01B6	13
0112	18	0133	17	0154	18	0175	16	0196	16	01B7	10
0113	21	0134	16	0155	15	0176	14	0197	19	01B8	13
0114	12	0135	19	0156	18	0177	17	0198	13	01B9	17
0115	16	0136	14	0157	15	0178	13	0199	10	01BA	13
0116	14	0137	11	0158	17	0179	10	019A	13	01BB	17
0117	17	0138	21	0159	20	017A	13	019B	10	01BC	16
0118	20	0139	17	015A	22	017B	17	019C	20	01BD	18
0119	13	013A	18	015B	14	017C	13	019D	15	01BE	13
011A	10	013B	21	015C	11	017D	10	019E	18	01BF	10
011B	16	013C	13	015D	15	017E	13	019F	21	01C0	13
011C	16	013D	17	015E	18	017F	17	01A0	18	01C1	10
011D	19	013E	16	015F	20	0180	13	01A1	21		
011E	12	013F	19	0160	13	0181	17	01A2	23		
011F	16	0140	14	0161	10	0182	15	01A3	13		
0120	15	0141	11	0162	12	0183	18	01A4	11		

附　录　D
（规范性附录）
蒙古文 32 点阵白体字型数据

D.1　32 点阵字型数据的表示

本部分中，图形字符的字型可由点阵数据来表示。每个字型的点阵数据为 32×32（横行点数×纵列点数），共 1 024 个二进制位，128 个字节。

D.2　32 点阵字型数据的记录格式

32 点阵字型数据的 128 个字节排列次序是以 0 字节开始至 127 字节结束，均用十六进制表示，每行四个字节，记录格式如下：

<table>
<tr><td rowspan="2">行数</td><td colspan="16">列　　数</td></tr>
<tr><td>0</td><td>1</td><td>……</td><td>7</td><td>8</td><td>……</td><td>15</td><td>16</td><td>……</td><td>23</td><td>24</td><td>……</td><td>31</td></tr>
<tr><td>0</td><td colspan="4">0 字节</td><td colspan="3">1 字节</td><td colspan="3">2 字节</td><td colspan="3">3 字节</td></tr>
<tr><td>1
2
3
4
⋮</td><td colspan="4"></td><td colspan="3"></td><td colspan="3"></td><td colspan="3"></td></tr>
<tr><td>31</td><td colspan="4">124 字节</td><td colspan="3">125 字节</td><td colspan="3">126 字节</td><td colspan="3">127 字节</td></tr>
</table>

D.3　32 点阵白体字型数据举例

1820（名义字符）

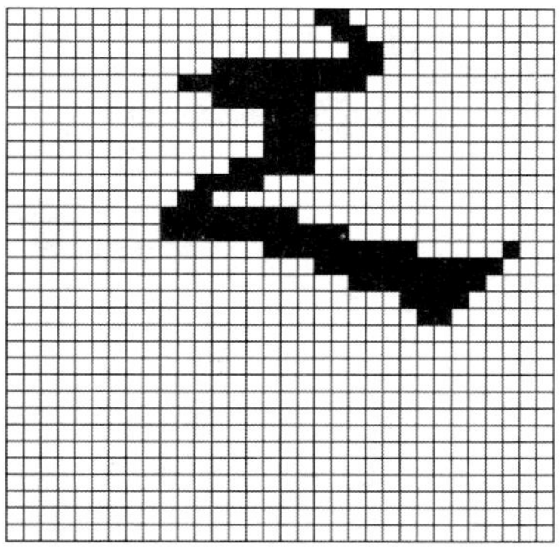

00	00	30	00	00	00	0F	F0
00	00	18	00	00	00	01	E0
00	00	0C	00	00	00	C0	00
00	0F	FC	00	00	00	00	00
00	3F	F8	00	00	00	00	00

0010（变形显现字符）

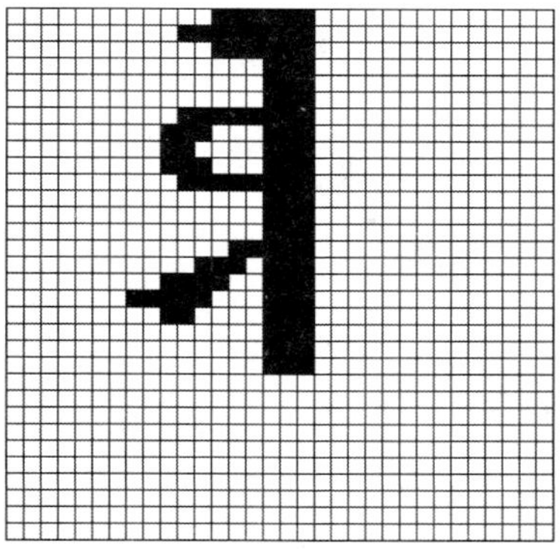

00	0F	C0	00	00	7A	C0	00
00	3F	C0	00	01	F1	C0	00
00	0F	C0	00	00	61	C0	00
00	01	C0	00	00	01	C0	00
00	01	C0	00	00	01	C0	00

00	0F	C0	00	00	00	00	00	00	01	C0	00	00	01	C0	00
00	01	C0	00	00	00	00	00	00	3F	C0	00	00	00	00	00
00	01	C0	00	00	00	00	00	00	71	C0	00	00	00	00	00
00	01	C0	00	00	00	00	00	00	61	C0	00	00	00	00	00
00	07	C0	00	00	00	00	00	00	71	C0	00	00	00	00	00
00	17	00	00	00	00	00	00	00	3F	C0	00	00	00	00	00
00	30	00	00	00	00	00	00	00	01	C0	00	00	00	00	00
00	7F	80	00	00	00	00	00	00	01	C0	00	00	00	00	00
00	7F	F0	00	00	00	00	00	00	01	C0	00	00	00	00	00
00	01	FF	04	00	00	00	00	00	07	C0	00	00	00	00	00
00	00	3F	F8	00	00	00	00	00	1D	C0	00	00	00	00	00

ICS 35.040
L 71

中华人民共和国国家标准

GB 26122.2—2010

信息技术　通用多八位编码字符集　蒙古文名义字符与变形显现字符　32点阵字型　第2部分：新闻体

Information technology—Universal multi-octet coded character set—Mongolian nominal characters and presentation forms—32 Dot matrix font—Part 2: Xinwen Ti

2011-01-10 发布　　　　2011-12-01 实施

中华人民共和国国家质量监督检验检疫总局
中国国家标准化管理委员会　发布

前　　言

本部分的全部技术内容为强制性。

GB 26122《信息技术　通用多八位编码字符集　蒙古文名义字符与变形显现字符　32点阵字型》分为如下部分：

——第1部分：白体；

——第2部分：新闻体。

本部分是GB 26122的第2部分。

本部分是依据GB/T 26226《信息技术　蒙古文变形显现字符集和控制字符使用规则》所规定的蒙古文名义字符与变形显现字符，以我国蒙古语地区规范的新闻体字型为基础，设计和规定了信息处理用蒙古文32点阵新闻体(参见附录A)字型。

本部分的附录A、附录B、附录C是资料性附录，附录D是规范性附录。

本部分由全国信息技术标准化技术委员会(SAC/TC 28)提出并归口。

本部分起草单位：中国电子技术标准化研究所、内蒙古大学、北京北大方正电子有限公司、内蒙古自治区蒙古语文工作委员会。

本部分起草人：吕肖庆、确精扎布、何正安、贺喜格都仁、张国荣、代红。

引　　言

有关字型数据的授权转让使用事宜，字型标准数据的维护、更新及修订工作，统一由归口单位负责。

信息技术　通用多八位编码字符集 蒙古文名义字符与变形显现字符 32 点阵字型　第 2 部分:新闻体

1　范围

GB 26122 的本部分规定了 GB/T 26226 中的蒙古文名义字符与变形显现字符的 32 点阵新闻体字型。

本部分适用于蒙古文信息处理用的点阵式显示设备和印刷设备,也可用于其他相关设备。

2　规范性引用文件

下列文件中的条款通过本部分的引用而成为本部分的条款。凡是注日期的引用文件,其随后所有的修改单(不包括勘误的内容)或修订版均不适用于本部分,然而,鼓励根据本部分达成协议的各方研究是否可使用这些文件的最新版本。凡是不注日期的引用文件,其最新版本适用于本部分。

GB 13000　信息技术　通用多八位编码字符集(UCS)(GB 13000—2010,ISO/IEC 10646:2003,IDT)

GB/T 26226　信息技术　蒙古文变形显现字符集和控制字符使用规则

3　术语和定义

下列术语和定义适用于本部分。

3.1

字形　glyph

一种可辨认的抽象的图形符号,它不依赖于任何特定的设计。

3.2

字型　font

具有同一基本设计的字形图像的集合,如:新闻体。

3.3

点阵字型　dot matrix font

以点的集合来表现图形字符的(型)形。

3.4

字序　character order

图形字符在集合中按一定规则排列的次序。

3.5

字高　font height

点阵图形字符的有效高度,以点数计算。

4　蒙古文图形字符

4.1　字符数

本部分依据 GB/T 26226 的规定,提供了 502 个蒙古文图形字符,其中:

a)　名义字符 156 个;

b)　单个变形显现字符 152 个;

c)　强制性合体字 194 个。

蒙古文图形字符的代码和序号数据的信息参见附录 B。

4.2 字符字序

本部分提供了 502 个蒙古文图形字符的点阵字型，其排列顺序按照 GB/T 26226 规定的次序排列。

5 标准数据的管理

为加强对信息技术产品用蒙古文字字型与字模标准数据的管理，保证本部分在贯彻执行中数据的一致性和正确性。有关字型数据的授权转让的使用事宜，字型标准数据的维护、更新及修订工作，统一由归口单位负责。

6 点阵字型的表示方法

6.1 栅格

栅格由若干条等距离的垂直线与水平线相交叉而形成。

本部分规定 32 点阵(指字框)字型，其栅格是横向 32 格，纵向 32 格。每个方格的中心定为点的中心位置。

栅格仅对构成点阵的各点进行定位，32 点阵栅格图如图 1 所示。

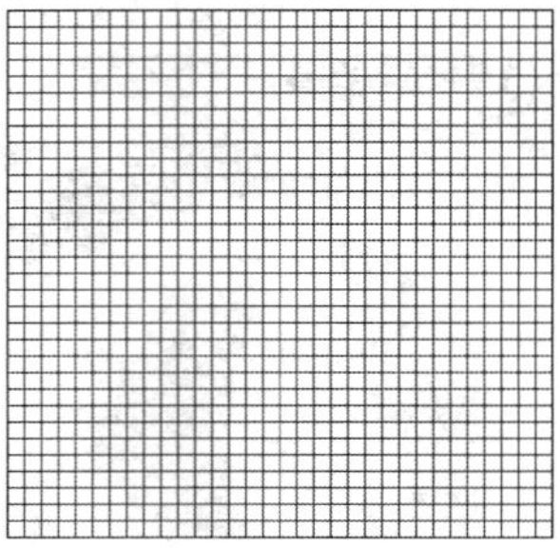

图 1　32 点阵栅格图

6.2 点

点是构成点阵字型的最小单位，以圆形或方形表示，它是位于各方格内的黑色区域。

6.3 点阵字样

蒙古文图形字符点阵字型的字样，由置于栅格内的若干个点的集合来表示。蒙古文“ᠲ”的 32 点阵新闻体字样如图 2 所示。

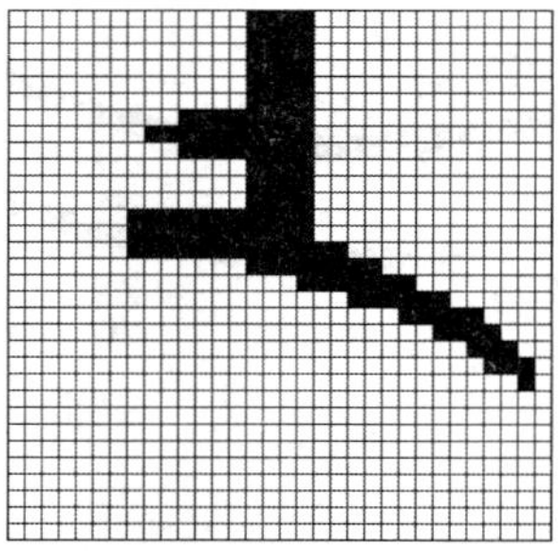

图 2　蒙古文“ᠲ”的 32 点阵新闻体字样

6.4 点阵字高数据

本部分提供的 502 个蒙古文 32 点阵新闻体字型字高数据参见附录 C。

7 蒙古文点阵字型

7.1 点阵字型数据

本部分提供的 502 个蒙古文 32 点阵新闻体字型数据的表示见附录 D。

7.2 点阵字型

本部分依据 GB/T 26226 的规定，提供的 502 个蒙古文图形字符的 32 点阵新闻体字型如下：

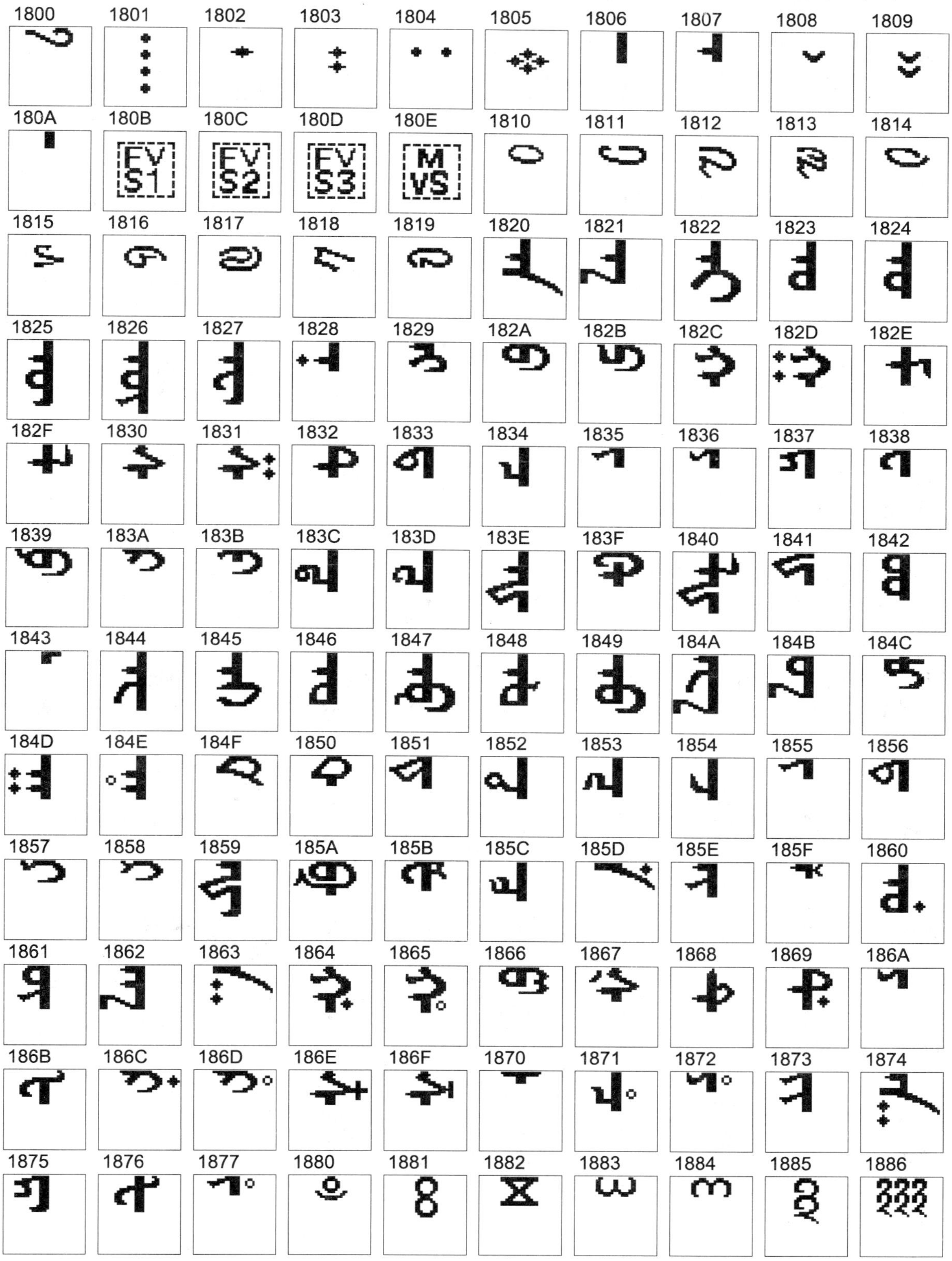

1887	1888	1889	188A	188B	188C	188D	188E	188F	1890
1891	1892	1893	1894	1895	1896	1897	1898	1899	189A
189B	189C	189D	189E	189F	18A0	18A1	18A2	18A3	18A4
18A5	18A6	18A7	18A8	18A9	18AA	0000	0001	0002	0003
0004	0005	0006	0007	0008	0009	000A	000B	000C	000D
000E	000F	0010	0011	0012	0013	0014	0015	0016	0017
0018	0019	001A	001B	001C	001D	001E	001F	0020	0021
0022	0023	0024	0025	0026	0027	0028	0029	002A	002B
002C	002D	002E	002F	0030	0031	0032	0033	0034	0035
0036	0037	0038	0039	003A	003B	003C	003D	003E	003F
0040	0041	0042	0043	0044	0045	0046	0047	0048	0049
004A	004B	004C	004D	004E	004F	0050	0051	0052	0053

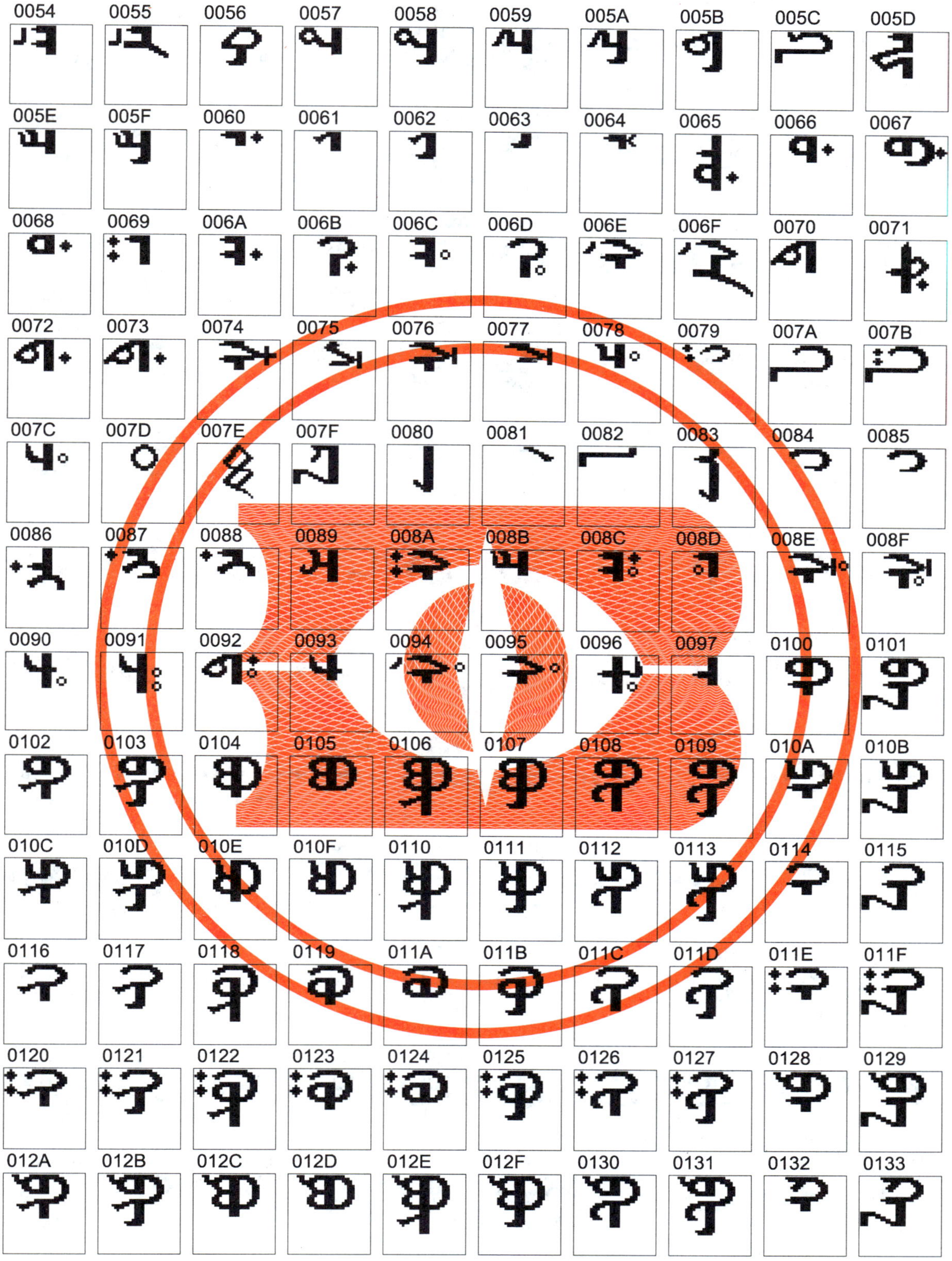
0054 0055 0056 0057 0058 0059 005A 005B 005C 005D
005E 005F 0060 0061 0062 0063 0064 0065 0066 0067
0068 0069 006A 006B 006C 006D 006E 006F 0070 0071
0072 0073 0074 0075 0076 0077 0078 0079 007A 007B
007C 007D 007E 007F 0080 0081 0082 0083 0084 0085
0086 0087 0088 0089 008A 008B 008C 008D 008E 008F
0090 0091 0092 0093 0094 0095 0096 0097 0100 0101
0102 0103 0104 0105 0106 0107 0108 0109 010A 010B
010C 010D 010E 010F 0110 0111 0112 0113 0114 0115
0116 0117 0118 0119 011A 011B 011C 011D 011E 011F
0120 0121 0122 0123 0124 0125 0126 0127 0128 0129
012A 012B 012C 012D 012E 012F 0130 0131 0132 0133

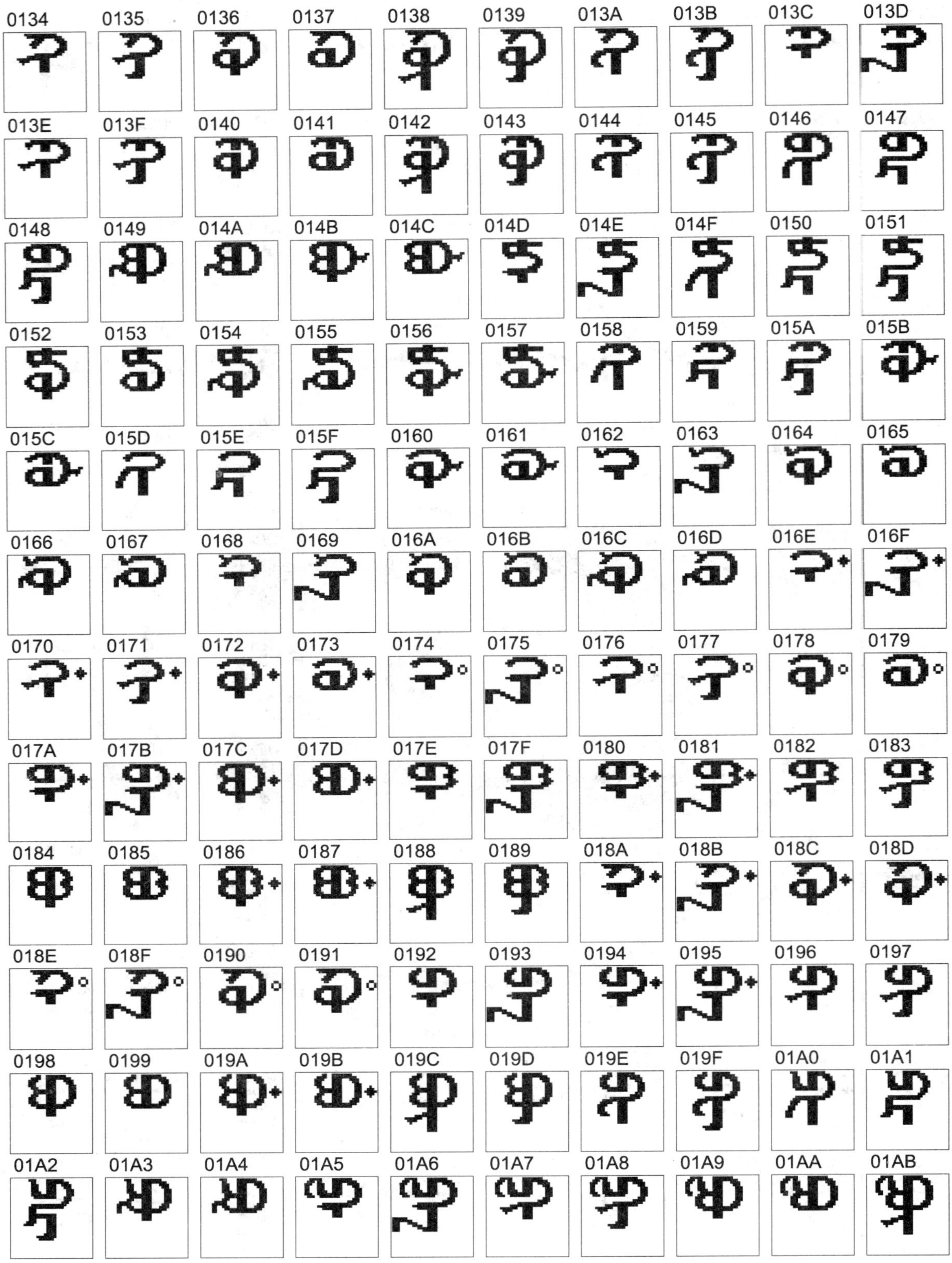
0134
0135
0136
0137
0138
0139
013A
013B
013C
013D
013E
013F
0140
0141
0142
0143
0144
0145
0146
0147
0148
0149
014A
014B
014C
014D
014E
014F
0150
0151
0152
0153
0154
0155
0156
0157
0158
0159
015A
015B
015C
015D
015E
015F
0160
0161
0162
0163
0164
0165
0166
0167
0168
0169
016A
016B
016C
016D
016E
016F
0170
0171
0172
0173
0174
0175
0176
0177
0178
0179
017A
017B
017C
017D
017E
017F
0180
0181
0182
0183
0184
0185
0186
0187
0188
0189
018A
018B
018C
018D
018E
018F
0190
0191
0192
0193
0194
0195
0196
0197
0198
0199
019A
019B
019C
019D
019E
019F
01A0
01A1
01A2
01A3
01A4
01A5
01A6
01A7
01A8
01A9
01AA
01AB

01AC
01AD
01AE
01AF
01B0
01B1
01B2
01B3
01B4
01B5
01B6
01B7
01B8
01B9
01BA
01BB
01BC
01BD
01BE
01BF
01C0
01C1

附 录 A
（资料性附录）
新 闻 体

新闻体源自于木刻及铅印版本的各类蒙古文书籍，是蒙古文信息处理使用的蒙古文字体之一，是经过反复修改完善、使用时间最长、使用范围最广的字体。

附　录　B
（资料性附录）
蒙古文图形字符代码和序号的数据

本部分提供了502个蒙古文图形字符，其中156个名义字符在GB 13000中有代码，346个变形显现字符在GB 13000中没有代码，但在GB/T 26226中为变形显现字符规定了序号。本部分提供的502个蒙古文图形字符的代码和序号数据信息如下：

a） 156个蒙古文名义字符的代码：在1800～18AF范围内；

b） 152个蒙古文单个变形显现字符：在0000～009F范围内；

c） 194个蒙古文强制性合体字的序号：在0100～01CF范围内。

附 录 C
（资料性附录）
蒙古文32点阵新闻体字型字高数据

蒙古文是不等高字体，其每个字符都有各自特定的高度。本部分提供了502个蒙古文32点阵新闻体字型字高数据，其中名义字符点阵字型字高数据见表C.1，单个变形显现字符点阵字型字高数据见表C.2，强制性合体字点阵字型字高数据见表C.3。

表 C.1 蒙古文名义字符点阵字型字高数据

代码	高度	代码	高度	代码	高度	代码	高度	代码	高度	代码	高度
1800	8	1821	18	183B	10	1855	8	186F	14	1891	13
1801	32	1822	25	183C	17	1856	13	1870	5	1892	11
1802	32	1823	20	183D	17	1857	9	1871	16	1893	11
1803	32	1824	23	183E	25	1858	8	1872	8	1894	11
1804	32	1825	27	183F	14	1859	23	1873	16	1895	14
1805	32	1826	30	1840	25	185A	14	1874	17	1896	16
1806	13	1827	26	1841	13	185B	12	1875	15	1897	10
1807	12	1828	12	1842	19	185C	16	1876	15	1898	14
1808	32	1829	12	1843	5	185D	11	1877	8	1899	15
1809	32	182A	11	1844	24	185E	14	1880	14	189A	25
180A	7	182B	11	1845	22	185F	6	1881	21	189B	16
180B	27	182C	17	1846	21	1860	20	1882	16	189C	14
180C	27	182D	17	1847	24	1861	18	1883	12	189D	17
180D	27	182E	16	1848	21	1862	18	1884	12	189E	11
180E	27	182F	12	1849	24	1863	11	1885	23	189F	12
1810	12	1830	14	184A	24	1864	19	1886	20	18A0	13
1811	12	1831	14	184B	17	1865	19	1887	29	18A1	22
1812	17	1832	13	184C	13	1866	11	1888	20	18A2	14
1813	17	1833	13	184D	18	1867	14	1889	12	18A3	11
1814	12	1834	16	184E	18	1868	18	188A	18	18A4	14
1815	13	1835	8	184F	12	1869	17	188B	19	18A5	14
1816	13	1836	8	1850	12	186A	8	188C	13	18A6	7
1817	14	1837	12	1851	13	186B	14	188D	21	18A7	10
1818	14	1838	11	1852	17	186C	9	188E	14	18A8	19
1819	12	1839	11	1853	16	186D	9	188F	12	18A9	8
1820	23	183A	9	1854	17	186E	14	1890	12	18AA	16

表 C.2 蒙古文单个变形显现字符点阵字型字高数据

序号	高度	序号	高度	序号	高度	序号	高度	序号	高度	序号	高度
0000	16	001A	13	0034	16	004E	24	0068	8	0082	8
0001	22	001B	12	0035	15	004F	12	0069	12	0083	22
0002	16	001C	12	0036	15	0050	18	006A	12	0084	9
0003	17	001D	13	0037	11	0051	9	006B	16	0085	9
0004	18	001E	7	0038	15	0052	17	006C	12	0086	17
0005	6	001F	14	0039	10	0053	12	006D	16	0087	12
0006	12	0020	9	003A	14	0054	12	006E	12	0088	11
0007	14	0021	13	003B	17	0055	13	006F	23	0089	13
0008	11	0022	12	003C	18	0056	16	0070	13	008A	12
0009	6	0023	10	003D	25	0057	11	0071	21	008B	10
000A	20	0024	12	003E	12	0058	15	0072	13	008C	12
000B	13	0025	14	003F	12	0059	10	0073	13	008D	10
000C	11	0026	7	0040	18	005A	14	0074	12	008E	12
000D	17	0027	16	0041	24	005B	17	0075	11	008F	14
000E	12	0028	12	0042	12	005C	13	0076	12	0090	15
000F	8	0029	14	0043	18	005D	19	0077	9	0091	17
0010	24	002A	13	0044	10	005E	10	0078	10	0092	13
0011	15	002B	17	0045	24	005F	14	0079	7	0093	11
0012	23	002C	17	0046	12	0060	6	007A	15	0094	12
0013	14	002D	22	0047	18	0061	8	007B	15	0095	12
0014	6	002E	17	0048	9	0062	11	007C	11	0096	16
0015	11	002F	10	0049	20	0063	6	007D	11	0097	12
0016	9	0030	14	004A	23	0064	6	007E	22		
0017	20	0031	11	004B	11	0065	23	007F	16		
0018	16	0032	15	004C	17	0066	11	0080	19		
0019	16	0033	9	004D	12	0067	12	0081	6		

表 C.3 蒙古文强制性合体字点阵字型字高数据

序号	高度	序号	高度	序号	高度	序号	高度	序号	高度	序号	高度
0100	16	0121	18	0142	24	0163	19	0184	17	01A5	16
0101	22	0122	23	0143	21	0164	16	0185	14	01A6	22
0102	18	0123	16	0144	18	0165	13	0186	17	01A7	17
0103	21	0124	13	0145	21	0166	16	0187	14	01A8	21
0104	17	0125	20	0146	22	0167	13	0188	23	01A9	17
0105	14	0126	18	0147	22	0168	13	0189	21	01AA	14
0106	24	0127	21	0148	25	0169	19	018A	14	01AB	24
0107	21	0128	16	0149	17	016A	17	018B	20	01AC	21
0108	22	0129	22	014A	14	016B	14	018C	18	01AD	21
0109	24	012A	18	014B	17	016C	17	018D	18	01AE	24
010A	16	012B	21	014C	14	016D	14	018E	14	01AF	20
010B	22	012C	17	014D	18	016E	13	018F	20	01B0	20
010C	18	012D	14	014E	24	016F	19	0190	18	01B1	23
010D	21	012E	24	014F	25	0170	15	0191	18	01B2	17
010E	17	012F	21	0150	24	0171	18	0192	16	01B3	14
010F	14	0130	21	0151	27	0172	16	0193	22	01B4	16
0110	24	0131	24	0152	21	0173	13	0194	16	01B5	13
0111	21	0132	14	0153	18	0174	13	0195	22	01B6	16
0112	21	0133	20	0154	21	0175	19	0196	18	01B7	13
0113	24	0134	16	0155	18	0176	15	0197	21	01B8	16
0114	13	0135	19	0156	21	0177	18	0198	17	01B9	22
0115	19	0136	18	0157	18	0178	16	0199	14	01BA	16
0116	15	0137	15	0158	19	0179	13	019A	17	01BB	22
0117	18	0138	25	0159	19	017A	16	019B	14	01BC	18
0118	23	0139	22	015A	22	017B	22	019C	24	01BD	21
0119	16	013A	19	015B	17	017C	17	019D	21	01BE	17
011A	13	013B	22	015C	14	017D	14	019E	21	01BF	14
011B	20	013C	13	015D	18	017E	16	019F	24	01C0	17
011C	18	013D	19	015E	19	017F	22	01A0	22	01C1	14
011D	21	013E	16	015F	22	0180	16	01A1	22		
011E	13	013F	19	0160	16	0181	22	01A2	25		
011F	19	0140	17	0161	13	0182	18	01A3	17		
0120	15	0141	14	0162	13	0183	21	01A4	14		

附 录 D
（规范性附录）
蒙古文 32 点阵新闻体字型数据

D.1 32 点阵字型数据的表示

本部分中，图形字符的字型可由点阵数据来表示。每个字型的点阵数据为 32×32(横行点数×纵列点数)，共 1 024 个二进制位，128 个字节。

D.2 32 点阵字型数据的记录格式

32 点阵字型数据的 128 个字节排列次序是以 0 字节开始至 127 字节结束，均用十六进制表示，每行四个字节，记录格式如下：

<table>
<tr><td rowspan="2">行数</td><td colspan="15">列 数</td></tr>
<tr><td>0</td><td>1</td><td>……</td><td>7</td><td>8</td><td>……</td><td>15</td><td>16</td><td>……</td><td>23</td><td>24</td><td>……</td><td>31</td></tr>
<tr><td>0</td><td colspan="4">0 字节</td><td colspan="3">1 字节</td><td colspan="3">2 字节</td><td colspan="3">3 字节</td></tr>
<tr><td>1
2
3
4
⋮
⋮</td><td colspan="4"></td><td colspan="3"></td><td colspan="3"></td><td colspan="3"></td></tr>
<tr><td>31</td><td colspan="4">124 字节</td><td colspan="3">125 字节</td><td colspan="3">126 字节</td><td colspan="3">127 字节</td></tr>
</table>

D.3 32 点阵新闻体字型数据举例

1820(名义字符) 

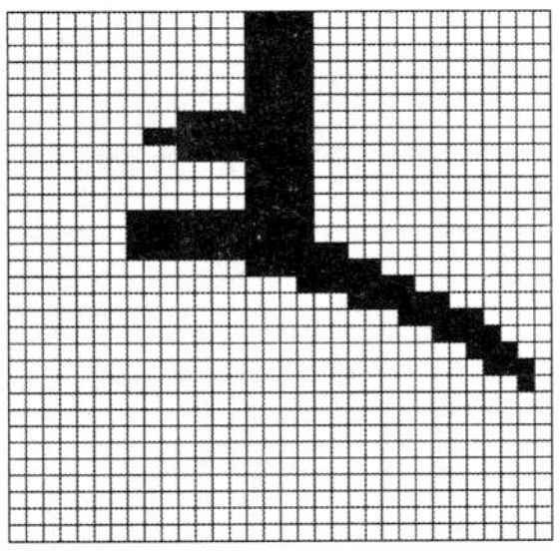

00	03	C0	00	00	00	7F	00
00	03	C0	00	00	00	0F	C0
00	03	C0	00	00	00	01	F0
00	03	C0	00	00	00	00	78
00	03	C0	00	00	00	00	1C
00	03	C0	00	00	00	00	0E

0010(变形显现字符) 

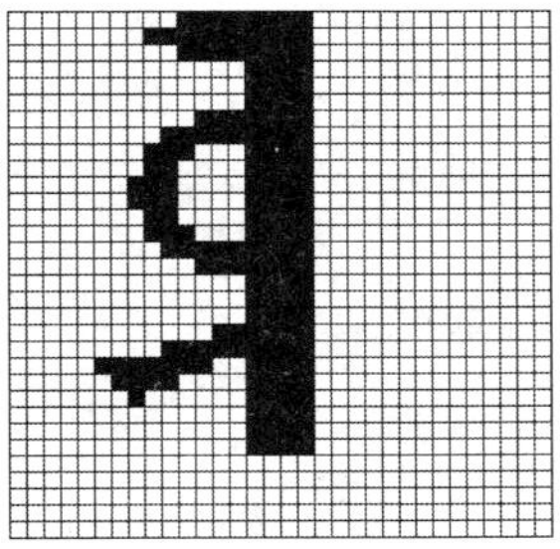

00	3F	C0	00	00	03	C0	00
00	FF	C0	00	00	03	C0	00
00	3F	C0	00	00	03	C0	00
00	03	C0	00	00	0F	C0	00
00	03	C0	00	00	7F	C0	00
00	03	C0	00	07	F3	C0	00

00	3F	C0	00	00	00	00	02	00	1F	C0	00	03	C3	C0	00
00	FF	C0	00	00	00	00	00	00	7F	C0	00	01	03	C0	00
00	3F	C0	00	00	00	00	00	00	E3	C0	00	00	03	C0	00
00	03	C0	00	00	00	00	00	00	C3	C0	00	00	03	C0	00
00	03	C0	00	00	00	00	00	01	C3	C0	00	00	03	C0	00
00	03	C0	00	00	00	00	00	01	C3	C0	00	00	00	00	00
01	FF	C0	00	00	00	00	00	01	C3	C0	00	00	00	00	00
01	FF	C0	00	00	00	00	00	00	E3	C0	00	00	00	00	00
01	FF	F0	00	00	00	00	00	00	7F	C0	00	00	00	00	00
00	03	FC	00	00	00	00	00	00	1F	C0	00	00	00	00	00

ICS 03.220.40;13.100
R 09

中华人民共和国国家标准

GB 26123—2010

空气潜水安全要求

The safety requirement for air diving

2011-01-14 发布　　　　2011-07-01 实施

中华人民共和国国家质量监督检验检疫总局
中国国家标准化管理委员会　发布

前　言

本标准的全部技术内容为强制性。

本标准参照国际潜水承包商协会《商业潜水与水下作业公认标准》(第五版,2004)和国际海事承包商协会《国际近海潜水实用规程》(1998)、《潜水设备与系统检查指南:水面为基地的潜水系统(空气)》(2000)、《潜水设备与系统检查指南:移动/便携式水面供气系统》(2006),以及英国健康安全管理局《潜水工作条例》(1997)、美国劳工部职业安全健康管理局《职业安全健康标准》(1996)和美国国土安全部海岸警备队《航海职业安全健康标准》(1989)的有关内容制定。

本标准的附录A和附录B为规范性附录。

本标准由中华人民共和国交通运输部提出。

本标准由交通部救捞与水下工程标准化技术委员会归口。

本标准起草单位:交通部上海打捞局、深圳市杉叶实业有限公司。

本标准主要起草人:陆军、张根升、张辉、叶似虬、肖晓凌、潘明光、刘慕亮、徐进、郭晓平、张磊。

空气潜水安全要求

1 范围

本标准规定了以压缩空气为呼吸介质的空气潜水对人员、设备和系统以及程序的要求。

本标准适用于潜水深度 60 m 以浅的空气潜水，也适用于暴露于 0.6 MPa 以内压缩空气的模拟潜水。

2 规范性引用文件

下列文件中的条款通过本标准的引用而成为本标准的条款。凡是注日期的引用文件，其随后所有的修改单(不包括勘误的内容)或修订版均不适用于本标准，然而，鼓励根据本标准达成协议的各方研究是否可使用这些文件的最新版本。凡是不注日期的引用文件，其最新版本适用于本标准。

GB 150 钢制压力容器

GB 5099 钢质无缝气瓶(GB 5099—1994，neq ISO 4705:1983)

GB 6095 安全带

GB/T 6096 安全带测试方法

GB/T 12243 弹簧直接载荷式安全阀(GB/T 12243—2005，JIS B 8210:1994，MOD)

GB/T 12521 空气潜水减压技术要求

GB/T 12930 潜水装具用高压活塞式空气压缩机技术条件

GB 13004 钢质无缝气瓶定期检验与评定

GB/T 16560 甲板减压舱

GB/T 17870 减压病加压治疗技术要求

GB 18435 潜水呼吸气体及检测方法

GB 18985 潜水员供气量

GB 20827 职业潜水员体格检查要求

GBZ 24 职业性减压病诊断标准

JT/T 207 69-Ⅲ型轻潜水装具

JJG 49 弹簧管式精密压力表和真空表检定规程

JJG 52 弹簧管式一般压力表、压力真空表和真空表检定规程

TSG R7001 压力容器定期检验规则

3 术语、定义和缩略语

3.1 术语和定义

下列术语和定义适用于本标准。

3.1.1

潜水照料员 diving tender

在水面协助潜水员入出水、看管潜水员脐带和信号绳，并持续掌握水中潜水员状态的人员。

3.1.2

预备潜水员 standby diver

在潜水站着装待命、能够随时入水援助水中遇险潜水员的潜水员，也称待命潜水员。

3.1.3

潜水监督　diving supervisor

全权负责潜水作业实施和安全的潜水负责人，并由潜水从业单位书面任命。

3.1.4

生命支持员　life support technician

操纵甲板减压舱，负责舱内潜水员加压、稳压和减压，监控舱内环境参数的人员。

3.1.5

潜水机电员　diving technician

负责潜水作业装具、设备、系统和工具使用、管理和维护保养的人员。

3.1.6

潜水吊笼　diving cage，diving basket

一种运送潜水员往返于水面与水下作业地点之间的框架式笼型运载工具。

3.1.7

开式潜水钟　open bell

一种运送潜水员往返于水面与水下作业地点之间的运载设备，其上端为半球型压缩空气环境，潜水员可将肩部以上部分置入其中，其余部分暴露于水中。

3.2　缩略语

下列缩略语适用于本标准。

BIBS——内置式呼吸装置(built-in breathing system)

CCS——中国船级社(China classification society)

DP——动力定位(dynamic positioning)

JSA——工作安全分析(job safety analysis)

PTW——作业许可证(permit to work)

ROV——无人遥控潜水器(remotely operated vehicle)

SCUBA——自携式水下呼吸器(self-contained underwater breathing apparatus)

4　人员要求

本标准所指的潜水人员包括潜水员、潜水监督、潜水照料员、预备潜水员、潜水机电员、生命支持员和潜水医师等，其培训要求、资格认证和管理应符合主管部门的相关要求。从事水下作业或需进入高气压环境人员的体格条件应符合 GB 20827 的要求。

5　设备和系统要求

5.1　个人装具

5.1.1　本标准所指的个人装具包括潜水员个人直接佩戴或穿着的潜水面罩或头盔、潜水服、安全背带、压重带、应急气瓶、脚蹼、潜水刀和浮力背心等。

5.1.2　个人装具的各个组成部分应具备识别编号、维护保养程序和记录。

5.1.3　水面供气式潜水面罩应符合下列要求：

a)　供气量符合 GB 18985 的相关要求；

b)　有双向语音通信装置；

c)　供气管路上装有止回阀，阀内弹簧承受压强小于 20 kPa；

d)　采用抗腐蚀材料制成；

e)　有过压保护装置；

f)　可连接应急气瓶；

g) 易于脱卸；

h) 每年由制造商认可的人员进行一次外观检查、维护和性能检测。

5.1.4 水面供气式潜水头盔应符合5.1.3的要求，有防止头盔从颈箍意外脱离的保险装置。

5.1.5 通风式潜水头盔应符合5.1.3中a)～e)和h)的所述要求，有快速排气阀。

5.1.6 湿式潜水服材料应适合使用环境，有足够强度且对人体健康无害。

5.1.7 干式潜水服应符合5.1.6的要求，有手动供气、排气和过压排气装置，有保温功能，能防止潜水员受外界有害物质的伤害。

5.1.8 热水潜水服应符合5.1.6的要求，能提供足够的热水流，能耐受工作水温44 ℃，有供潜水员测试水温的旁通装置，能使泵送的热水经旁通装置进入或排出热水服。

5.1.9 安全背带应符合下列要求：

a) 按GB 6095的相关要求设计和制造；

b) 制造材料能承载潜水员及个人装具的负荷；

c) 安全背带与脐带之间配有快速解脱带扣；

d) 能防止潜水员从背带中滑脱；

e) 与面罩或头盔的连接处不产生过度牵拉；

f) 起吊潜水员时，不妨碍潜水员呼吸；

g) 有两条裆带；

h) 有起吊潜水员的“D”型环；

i) 不装带压铅代替压重带使用；

j) 每六个月进行一次外观检查，按GB 6095和GB/T 6096的要求每两年进行一次负荷测试。

5.1.10 压重带应符合下列要求：

a) 制造材料能承载压重块负荷；

b) 配重与潜水员水中浮力匹配；

c) 不与脐带系扎；

d) 有快速解脱带扣；

e) 能防止意外脱扣。

5.1.11 应急气瓶应符合下列要求：

a) 按GB 5099的相关要求设计和建造；

b) 有减压器和与其连接的软管，减压器能满足潜水员面罩或头盔供气流量和压力；

c) 有过压安全装置；

d) 与面罩或头盔的连接不会意外脱落；

e) 气瓶背带能快速解脱；

f) 灌装的呼吸气体符合GB 18435的相关要求；

g) 气体容量能满足潜水员以10 m/min速率上升到水面，或到达其他有替代气源的应急场所；

h) 标识和记录所装载气体的成分和压力；

i) 每年进行一次损坏和腐蚀程度的目视检查；

j) 每六个月进行一次减压器性能测试；

k) 每年进行一次减压器及连接软管最大工作压力泄漏试验；

l) 按GB 13004每三年进行一次本体检验。

5.1.12 SCUBA应符合JT/T 207的相关要求，其供气量应符合GB 18985的相关要求。

5.2 软管和脐带

5.2.1 总体要求应符合下列各项：

a) 采用尼龙、聚四氟乙烯、聚乙烯、聚氨酯或橡胶等无毒抗氧化材料制造；

b) 最小破坏压力不小于四倍的最大工作压力；

c) 最大工作压力、流量不小于所连接的装具或系统的要求；

d) 软管接头的承载压力不小于所连接软管的承载压力；

e) 能抗扭曲或防扭曲；

f) 使用热水时，耐温不小于 44 ℃；

g) 每年进行一次外观检查和软管总成 1.15 倍的最大工作压力气压试验；

h) 在维修或改装后，进行外观检查和气压试验；

i) 有识别编号、维护保养程序和记录。

5.2.2 软管还应符合下列要求：

a) 适合输送空气；

b) 最大工作压力不小于最大潜水深度的供气压力加 1 MPa；

c) 当软管承受的外压大于内压时，无凹瘪。

5.2.3 脐带还应符合下列要求：

a) 从连接潜水员或潜水钟的端点开始进行标识，30 m 内每 3 m 作一标记，之后每 15 m 作一标记；

b) 组件至少包括呼吸气体软管、通信电缆和测深管；

c) 受力层的材料不受长期浸水影响；

d) 软管总成包括末端接头的最小破坏压力不低于四倍系统最大工作压力；

e) 有防腐蚀材料制成的防脱落的固定扣；

f) 预备潜水员的脐带长度比潜水员的脐带长 2 m～3 m；

g) 从潜水钟出潜水员的脐带长度为 30 m 以下；

h) 每六个月进行一次外观检查、1.15 倍的最高工作压力气压试验以及通信电缆性能测试。

5.2.4 氧气管还应符合下列要求：

a) 适合输送氧气；

b) 有“氧气专用”标识；

c) 按用氧要求清洗；

d) 氧气管配件使用与氧气兼容的润滑剂。

5.3 供气系统

5.3.1 本标准所指的供气系统包括空气压缩机、储气罐、过滤器、油水分离器、高压气瓶和输送气体的管道和阀件等。

5.3.2 供气系统的各个组成部分应具备识别编号、维护保养程序和记录。

5.3.3 空气压缩机应符合下列要求：

a) GB/T 12930 的基本要求；

b) 满足潜水深度和作业时间的供气压力和流量；

c) 软管符合 5.2.1 的要求；

d) 高压管道符合 5.3.6 的要求；

e) 储气罐符合 5.3.4 的相关要求；

f) 电力控制系统满足 5.9 的相关要求；

g) 不泵送或输送混合气和氧气；

h) 使用前、维护保养和改装后进行性能测试。

5.3.4 储气罐应符合下列要求：

a) 按 GB 150 的相关要求设计和建造，安装在船舶或海上设施上时，还应参照 CCS《潜水系统和潜水器入级与建造规范》的相关规定；

b) 进气口处有单向阀或可手动控制气体回流的其他替代阀；
c) 底部有排放阀；
d) 设计压力超过 3.45 MPa 时配缓启阀；
e) 有压力表和安全阀；
f) 每年进行一次本体腐蚀程度目视检查和最大工作压力的气压试验；
g) 容器本体按 TSG R7001 或参照 CCS《潜水系统和潜水器入级与建造规范》进行定期检验，压力表按 JJG 52 每六个月进行一次检定，安全阀按 GB/T 12243 每年进行一次检定。

5.3.5 高压气瓶应符合下列要求：
a) 按 GB 5099 的相关要求设计和制造；
b) 气瓶阀有过压安全装置和保护罩；
c) 成组装运时有气瓶阀和减压器保护框(罩)；
d) 使用前后对其灌装气体的成分和压力进行检测、记录和标识；
e) 存放在通风良好、避免高温和防止坠落区域；
f) 灌装氧气的气瓶须专用，存放在开放区域，作禁止明火标识；
g) 每年进行一次损坏和腐蚀程度的目视检查；
h) 气瓶本体按 GB 13004 每三年进行一次检验。

5.3.6 高压管道应符合下列要求：
a) 参照 GB/T 20801 的相关要求设计和建造；
b) 采用铜或不锈钢材质；
c) 布排有序，并标识其走向和功能；
d) 空气与氧气管道使用规定的易于识别的颜色或标签；
e) 在易受撞击部位加盖保护罩；
f) 管道上的阀件选用铜质或不锈钢材质；
g) 氧气管道不能使用球阀和不锈钢材质；
h) 每年进行一次损坏和腐蚀程度的目视检查和泄漏试验；
i) 每三年进行一次最高工作压力 1.5 倍的液压试验或最高工作压力 1.15 倍的气压试验。

5.3.7 过滤器应符合下列要求：
a) 符合 5.3.4 的相关要求；
b) 满足或超过压缩机或管道系统的流量和压力；
c) 根据使用频率，定期检查、清洁或更换过滤材料。

5.3.8 油水分离器应符合下列要求：
a) 满足或超过压缩机或管道系统的流量和压力；
b) 底部有排放阀；
c) 每三年进行一次最高工作压力 1.5 倍的液压试验或最高工作压力 1.15 倍的气压试验。

5.3.9 空气纯度要求：
a) 每六个月应进行一次空气纯度检测，气体质量符合 GB 18435 的要求；
b) 气体纯度的取样和测试方法应符合 GB 18435 中检验方法的要求；
c) 检验结果应存档，供随时查阅。

5.4 甲板减压舱

5.4.1 应符合 GB/T 16560 的相关要求，安装在船舶或海上设施上时，还应参照 CCS《潜水系统和潜水器入级与建造规范》的相关规定。

5.4.2 应能承载 0.5 MPa 以上的工作压力。

5.4.3 舱内外应有双向通信系统、应急通信系统和呼叫装置。

5.4.4 进出舱体的管道和电缆应有贯舱件。

5.4.5 进出舱体的管道应有内外截断阀。

5.4.6 舱室内部加压进气口应安装消音器,减压排气口应安装防吸入保护罩。

5.4.7 生活舱内应安装显示舱内压力的压力表。

5.4.8 所有阀件、仪器仪表、管道应标识其功能。

5.4.9 所有仪器仪表应符合5.10的相关要求。

5.4.10 每年应进行一次舱体(包括观察窗)的损坏和腐蚀程度目视检查和最高工作压力气压试验。

5.4.11 舱体应按TSG R7001或参照CCS《潜水系统和潜水器入级与建造规范》进行定期检验,安全阀按GB/T 12243每年进行一次检定。

5.4.12 应有识别编号、维护保养程序和记录。

5.5 潜水控制面板

5.5.1 连接呼吸气源与潜水员之间的、用于控制潜水作业的潜水控制面板应至少包括供气阀、排气阀、调压阀、气源压力表、供气压力表、测深表和通信装置等。

5.5.2 应有至少供两名潜水员独立使用的供气管道。

5.5.3 应有分别连接主气源和应急气源的接口。

5.5.4 应有两只以上气源压力表。

5.5.5 应有潜水员供气压力表和测深表。

5.5.6 供气管道上应有泄放管道内压力的泄放口。

5.5.7 供气管道上应有气体分析取样口。

5.5.8 应标识阀门、管道和仪器仪表的功能。

5.5.9 应有识别编号、维护保养程序和记录。

5.6 入出水系统

5.6.1 本标准所指的入出水系统应包括潜水梯、潜水吊笼和开式潜水钟。

5.6.2 应有识别编号、维护保养程序和记录。

5.6.3 潜水梯应符合下列要求:

a) 能承受两名潜水员的体重和装具的重量;
b) 由抗腐蚀或经防腐蚀处理的材料制造;
c) 长度满足下端能放置水面以下不小于1 m,上端高出潜水站地面(或甲板面)不小于1 m;
d) 有供潜水员扶持的扶手。

5.6.4 潜水吊笼应符合下列要求:

a) 有足够的内部空间,能容纳两名潜水员及其装具;
b) 能承受两名潜水员的体重和装具的重量,以及相关作业工具的重量;
c) 由抗腐蚀或经防腐蚀处理的材料制造;
d) 顶部有起吊环(孔)和备用起吊点;
e) 有安全防护链和内部扶手;
f) 有固定丧失知觉潜水员的装置;
g) 有两只以上应急空气气瓶,其容量能满足营救需要;
h) 有减压器、呼吸器和带球阀的直供式呼吸气体供气软管;
i) 顶部有坠物防护网。

5.6.5 开式潜水钟应符合下列要求:

a) 符合5.6.4的相关要求;
b) 上部设为充填呼吸用压缩空气的空间;
c) 钟体内外的高压管道符合5.3.6的要求,软管符合5.2.1的要求;

d) 有为潜水钟供气、供电和通信等用途的脐带，脐带不得承受超过其安全负荷的拉力；

e) 钟内有为潜水员供气和通风的供气阀；

f) 有照明装置；

g) 标识贯穿件、阀件、管道和仪器仪表的功能。

5.7 吊放系统

5.7.1 应参照CCS《潜水系统和潜水器入级与建造规范》的相关要求设计、建造、安装和试验。

5.7.2 吊放潜水吊笼或开式潜水钟入出水的吊放系统应至少包括门架或吊臂、吊车或绞车、吊索和底座、以及动力源。

5.7.3 应有自动刹车和机械制动式后备刹车装置；配备离合器时，应有防止离合器自动脱开的保护装置。

5.7.4 起吊潜水吊笼或潜水钟的防扭转吊索应能承载八倍的起吊最大工作负荷，每年取样进行一次破断试验。

5.7.5 吊索与潜水吊笼吊点的连接应采用带螺母和开口销的螺母插销。

5.7.6 潜水钟脐带用作回收系统的一部分时，应有脐带运行终止装置；传动角度超过2°时，应安装一个滑轮装置。

5.7.7 在海上使用时，应参照CCS《船舶与海上设施起重设备规范》每年进行一次检验。

5.7.8 在安装、改装、修理或发生故障后，应全面检查并试运行，再以该吊放系统的1.5倍安全工作负荷重新试验。

5.7.9 应有识别编号、维护保养程序和记录。

5.8 通信系统

5.8.1 通信系统应为双向语音式通信装置。

5.8.2 下列通信方式应为有线通信：

a) 潜水监督与潜水员、预备潜水员之间的通信，SCUBA潜水时除外；

b) 从DP船上展开潜水作业时，潜水控制室与驾驶室之间的通信；

c) ROV协同潜水作业时，潜水控制室与ROV控制室之间的通信。

5.8.3 应有备用电源。

5.8.4 潜水监督应能听到潜水员与其他人员的通信，以及潜水员呼吸的声音。

5.8.5 潜水监督应能切断潜水员与其他人员之间的通信，确保潜水监督与潜水员之间的通讯畅通。

5.8.6 应有识别编号、维护保养程序和记录。

5.9 电气系统

5.9.1 应参照CCS《潜水系统和潜水器入级与建造规范》的相关要求设计、建造、安装和试验；

5.9.2 供电系统应由主电源和应急电源组成。

5.9.3 应急电源应满足潜水员减压或治疗所需时间的应急照明与通信的需要。

5.9.4 单一线路的故障不应妨碍其他设备的运行。

5.9.5 每六个月应进行一次外观检查与性能测试，包括电缆的阻抗与连续性测试。

5.9.6 应有维护保养程序和记录。

5.10 仪器和仪表

5.10.1 本标准所指的仪器与仪表应包括压力表、测深表、氧分析仪、二氧化碳分析仪、温度计、湿度计和计时器等。

5.10.2 压力表、测深表的量程应适当，最大工作压力应为全量程的2/3。

5.10.3 压力表、测深表的刻度应清晰，测深表的单位刻度划分应与使用的减压表相一致。

5.10.4 氧气管道上的压力表应符合用氧要求。

5.10.5 一般压力表应按JJG 52每六个月进行一次检定，精密压力表(测深表)应按JJG 49、氧分析仪应参照JJG 365、二氧化碳分析仪应参照JJG 635每年进行一次检定，温度计、湿度计和计时器应根据其类型参照相应的计量标准每年进行一次校验。

5.10.6 应标识最近的校准日期和限定的下次校准日期。

5.10.7 应标明与校准标准的偏差。

5.10.8 当示值误差超过2%时，应重新校准；计时器在4 h内偏差大于15 s时，不能使用。

5.10.9 应有识别编号和维护保养程序、校准记录。

6 程序要求

6.1 现场文件的配备

6.1.1 应有潜水作业(安全)手册。

6.1.2 应有潜水计划，内容应包括工作范围、潜水程序和应急程序等，内容应符合计划的潜水任务。

6.1.3 应有设备操作程序、设备维修程序、设备检查表、设备维护保养记录。

6.1.4 应有潜水人员的岗位职责和具体分工。

6.1.5 应有潜水人员的资格证书、健康证明和相关安全培训证书。

6.1.6 应有潜水减压表、减压病治疗表。

6.1.7 应备有记录潜水作业情况的表格和潜水人员经历的记录簿等。

6.2 紧急救助与急救

6.2.1 应有紧急救助联络表，内容包括潜水从业单位作业主管、安全主管、业主单位主管、最近的海上救助单位、最近的医院、最近的具备减压舱的单位以及随时可以咨询的潜水医师等。

6.2.2 紧急救助联络表应张贴于现场潜水人员均能看清的明显位置。

6.2.3 应有紧急救助通信系统。

6.2.4 应有急救药品、器材、急救手册和存量清单，每次潜水前应按清单检查、补充和更新。

6.2.5 急救药品和器材的种类和存量应根据现场条件、作业规模和作业周期配备。

6.3 计划和应急计划的制订

6.3.1 应根据具体作业任务制订潜水计划。潜水计划的内容应包括采用的潜水方式、潜水人员的配备和岗位职责、潜水设备的配备、潜水气体的配备和减压程序等。

6.3.2 应根据现场环境条件和可能出现的危险，制订应急计划。应急计划的内容应包括环境因素、人为因素、设备故障和管理失误可能引起的危害，以及针对这些危害拟订的应急方案等。

6.3.3 应急计划应与业主的应急计划相匹配。

6.4 风险评估和JSA

6.4.1 应针对具体潜水工作步骤做出书面的风险评估和JSA报告。

6.4.2 内容应包括可能造成人员伤害和设备损坏的环境因素、人为因素和设备因素等。

6.4.3 应针对6.4.2所述因素制订防范措施，并指定责任人。

6.4.4 所有作业人员应清楚防范措施的内容和责任人。

6.4.5 变更潜水程序、潜水人员、潜水设备和潜水地点，或出现隐患、事故和环境条件变化后，应重新评估与分析，并修订防范措施。

6.5 人员的配备

6.5.1 采用SCUBA潜水，潜水人员配备应不少于三人，其中潜水监督不少于一名，潜水员不少于两名。

6.5.2 采用水面供气式潜水装具潜水，潜水人员配备应不少于四人；海洋工程潜水或潜水深度大于24 m时，潜水人员配备应不少于五人。其中潜水监督不少于一名，潜水员不少于两名。

6.5.3 在没有同等资格人员替班的情况下，潜水监督不能潜水。

6.6 个人防护用品的配备

6.6.1 所有水面潜水人员应穿戴符合安全要求的个人防护用品。

6.6.2 个人防护用品应满足人员头部、脚部、眼部和听力的防护要求。

6.6.3 登高或舷外作业应佩戴安全背带。

6.6.4 甲板作业应穿戴浮力救生背心。

6.6.5 在可能存在环境气体污染的区域作业，应配备个人呼吸防护用品。

6.6.6 应根据不同的水温条件，选配湿式潜水服、干式潜水服或热水潜水服。

6.6.7 在污染水域潜水时，应穿防污染潜水服。

6.7 装具、设备和系统的配备

6.7.1 SCUBA 潜水时，应有两套以上潜水装具，包括潜水半面罩、压缩空气气瓶、测压表、减压器、连接软管、呼吸器、潜水服、浮力背心、安全背带、压重带、脚蹼、水下无线通信装置、潜水刀、潜水记时器、测深表、必要的工具和配件等。

6.7.2 SCUBA 潜水时，如有结伴潜水员或使用信号绳时，可不使用水下无线通信装置。

6.7.3 水面供气式空气潜水时，应有两套以上独立的主气源、一套应急气源、两套潜水脐带、一台潜水控制面板、两台潜水电话、两顶潜水面罩或头盔、两套潜水服、两条安全背带、两条压重带、两副脚蹼、两把潜水刀、两只潜水员应急气瓶、两个计时器、必要的工具和配件等。

6.7.4 水面供气式空气潜水时，根据具体的潜水深度和入出水要求，还应有一个潜水梯或潜水吊笼或开式潜水钟，使用潜水吊笼或潜水钟时应有吊放系统。

6.7.5 潜水深度大于 24 m 或减压时间超过 20 min 或在水下不能安全减压时，潜水现场应配甲板减压舱，并应有用于减压和治疗的氧气。

6.7.6 有反复潜水、减压病易患者、水下环境复杂、航行潜水和偏远地区潜水(距最近减压舱地点 2 h 路程)，现场应配甲板减压舱。

6.8 呼吸气体的配备

6.8.1 潜水员主气源和应急气源应为两个独立的气源，可以是一台空气压缩机和一组储气罐(或高压气瓶)，或两台不同动力源的空气压缩机。

6.8.2 预备潜水员主气源和应急气源应为两个独立的气源，可以是一台空气压缩机和一组储气罐(或高压气瓶)，或两台不同动力源的空气压缩机，其中应急气源可由潜水员主气源代替。

6.8.3 潜水员主气源供气量应满足 GB 18985 的要求，应急气源供气量应满足完成一次作业深度的潜水和水下减压需要。

6.8.4 预备潜水员主气源供气量应满足 GB 18985 的要求，应急气源供气量应满足完成一次应急潜水深度的潜水需要。

6.8.5 甲板减压舱主气源供气量应满足 GB 18985 的要求，应急气源供气量应能完成一次用甲板减压舱一个舱室进行减压病治疗的用气量。

6.8.6 氧气储量应符合 GB 18985 的要求。

6.9 装具、设备和系统的现场检查和测试

在潜水作业前，应对装具、设备和系统进行现场检查和测试。检查和测试要求见附录 A。

6.10 现场通信建立

6.10.1 潜水监督应与潜水员、预备潜水员、照料员、潜水吊放系统绞车操作员、潜水生命支持员和潜水钟操作员之间建立双向通信。

6.10.2 潜水监督应与现场主管、现场业主代表、潜水船船长等现场人员之间建立双向通信。

6.10.3 在 DP 潜水作业中，潜水监督应与 DP 操作员之间建立双向通信。

6.10.4 ROV 协同潜水作业时，潜水监督应与 ROV 监督或操作员之间建立双向通信。

6.10.5 潜水监督还应与潜水从业单位潜水负责人、最近的医院、最近的海上(水上)救助机构、最近的具备减压舱的单位，以及随时可联系的潜水医师之间建立双向通信。

6.11 入水和出水方式

6.11.1 潜水现场应有供潜水员安全入水和出水的设备，如潜水梯、潜水吊笼或开式潜水钟。

6.11.2 潜水站地面或甲板面的位置与水面间的距离大于 3 m 时，应用潜水吊笼或开式潜水钟（具备动力提升装置的潜水梯除外）。

6.11.3 入水与出水的方法应满足预备潜水员营救的需求。

6.12 潜水报告的记录要求

潜水报告的记录要求见附录 B。

6.13 作业审核与 PTW

6.13.1 潜水项目开工前，应由业主熟悉潜水作业的人员对潜水从业单位该项目的潜水计划、应急计划、JSA 报告、人员资格和配备、设备认证情况和配备等进行审核和认可。

6.13.2 潜水装具、设备、系统和工具在现场布置、安装和测试后，应由业主熟悉潜水作业的人员对设备和系统的安全性进行审核和认可。

6.13.3 潜水作业前，潜水从业单位应获得业主书面的潜水作业 PTW。

6.13.4 特殊水下作业如热切割、焊接、爆破、进入受限空间或船舶航行等，也应申请 PTW。

6.13.5 在通航水域潜水，应报海事主管部门批准。

6.14 任务的布置与沟通

6.14.1 潜水作业之前，潜水监督应向所有潜水人员介绍下列内容：

a) 准备进行的作业任务；

b) 潜水作业的安全程序；

c) 潜水作业水面和水下环境可能存在的危险因素。

6.14.2 潜水作业之前，潜水监督应向潜水员确认下列内容：

a) 清楚所要进行的工作；

b) 清楚安全程序和环境存在的风险；

c) 身体和心理无不适，能胜任潜水作业。

6.14.3 潜水前，潜水员应向潜水监督报告身体和心理的不适，询问不清楚的情况。

6.15 预备潜水员

6.15.1 有一名潜水员在水下作业时，潜水现场应指定一名预备潜水员；有两名以上潜水员在水下作业时，每两名潜水员至少指定一名预备潜水员。

6.15.2 除潜水面罩或头盔外，应穿戴整齐其他潜水装具。

6.15.3 应先于潜水员进行潜水装具的检查和测试。只有在其装具检测无误，且随时可以入水营救潜水员时，潜水员才能入水。

6.15.4 供气系统的主气源应独立于潜水员的供气系统。

6.15.5 应在距入水点最近的位置待命。

6.15.6 应具备入出水的方法。

6.15.7 待命期间应随时掌握水下潜水员的状况。

6.16 现场警示标志

6.16.1 潜水现场应有相应的隔离标识，无关人员不能进入潜水区域。

6.16.2 重要潜水设备或系统开启后，应有标识。

6.16.3 在通航水域潜水，现场应悬挂潜水作业的信号旗、信号灯或号型。

6.16.4 潜水开始和结束时，应通知现场所有人员。

6.17 不得潜水和终止潜水的条件

6.17.1 潜水员不得潜水或高气压暴露的条件应包括：

a) 感冒或呼吸道感染，咽鼓管功能障碍；

b) 酒后；

c) 药物反应；

d) 中耳疾病或外耳感染；

e) 皮肤感染；

f) 过度疲劳；

g) 情感抑郁；

h) 心理障碍；

i) 心率超过 100 次/min 或低于 55 次/min，口腔温度超过 37.3℃或腋下体温超过 36.8 ℃，血压收缩压超过 140 mmHg(18.6 kPa)或舒张压超过 90 mmHg(12.0kPa)，收缩压低于90 mmHg(12.0 kPa)或舒张压低于 60 mmHg (8.0 kPa)；

j) 潜水监督或潜水医师认为不得潜水的其他因素。

6.17.2 潜水员终止潜水的情况应包括：

a) 潜水员要求；

b) 潜水监督或业主代表要求；

c) 预备潜水员不在岗位；

d) 通信中断、故障或效果不佳；

e) 潜水支持船无法控制设定的船位；

f) 主气源供气中断或供气故障，潜水员已开始使用自携应急气源或来自水面的应急气源；

g) 水下环境发生变化，达到启动应急计划条件时；

h) 气象条件超出允许极限；

i) 其他情况。

6.18 最大潜水深度

6.18.1 SCUBA 潜水，深度应不大于 40 m。

6.18.2 水面供气式潜水装具潜水，深度应不大于 60 m。

6.19 反复潜水的处置

6.19.1 潜水作业后的 12 h 内不应进行反复潜水。

6.19.2 反复潜水应根据 GB 12521 的规定处置。

6.20 水文气象的限制

6.20.1 SCUBA 潜水，水流速度应不大于 0.5 m/s；蒲福风力等级应不大于 4 级(风速 11 节～16 节，浪高 1.0 m)。

6.20.2 水面供气式潜水：

a) 通过潜水梯入水时，水流速度应不大于 0.5 m/s，蒲福风力等级应不大于 4 级。蒲福风力等级大于 4 级小于 5 级(风速 17 节～21 节，浪高 1.8 m)时，应评估现场具体条件决定是否潜水。

b) 通过潜水吊笼或开式潜水钟入水时，水流速度应不大于 0.5 m/s，蒲福风力等级应不大于 5 级。水流速度超出上述限制条件，因特殊情况需要潜水时，应评估现场具体条件，采取更有效的安全防护措施，确保潜水员安全。蒲福风力等级大于 5 级小于 6 级(风速 22 节～27 节，浪高 3.0 m)时，应评估现场具体条件决定是否潜水。

6.21 减压方案选择

6.21.1 应根据 GB 12521 的规定，依据潜水深度、水下工作时间，结合潜水工作强度、水质情况、水文气象和潜水员个体差异等多种因素选择减压方案。

6.21.2 其他减压方案应得到潜水医师批准后采用。

6.22 潜水后的安排

6.22.1 潜水监督或潜水医师应向潜水员询问身体状况。

6.22.2 潜水员如感觉任何身体不适或异常生理反应，应立即报告潜水监督或潜水医师。

6.22.3 应告知潜水员最近的减压舱位置。

6.22.4 潜水员水下减压潜水出水或减压出舱后，应在甲板减压舱附近停留不少于1 h，且5 h内不能远离减压舱。

注：所谓潜水员远离减压舱的概念，是指潜水员在2 h内不能到达减压舱所在地。

6.22.5 潜水员不减压潜水后12 h内、减压潜水减压后24 h内不应飞行或去更高海拔地区。

6.22.6 紧急情况需搭乘飞行器或去更高海拔地区时，应按医嘱执行。

6.22.7 潜水员罹患减压病，需要空运去其他地点治疗时，应由潜水医师决定。

6.23 最低休息时间规定

潜水人员每天连续休息时间不得低于8 h。

6.24 潜水作业事故报告、调查、统计与处理

6.24.1 潜水从业单位应建立隐患和险情报告制度，内容包括人的不安全行为、物的不安全状态和管理上的缺陷。

6.24.2 任何隐患、事件或事故应在第一时间报告业主现场安全代表和潜水从业单位安全主管。

6.24.3 未达到轻伤的事件或事故应在潜水从业单位内部记录和统计。

6.24.4 轻伤以上事故应按主管部门规定进行报告、调查、统计和处理。

6.24.5 减压病和减压性骨坏死的诊断与处置应按GBZ 24和GB/T 17870进行。

6.24.6 职业病报告应按主管部门规定进行。

6.24.7 事故与职业病的记录和报告应存档。

附　录　A
（规范性附录）
装具、设备和系统的现场检查和测试

A.1　潜水员个人装具

A.1.1　潜水面罩

A.1.1.1　符合5.1.3的要求。

A.1.1.2　本体内外部无破损及污物。

A.1.1.3　组合阀无破损并运转自如。

A.1.1.4　单向阀吹气测试畅通。

A.1.1.5　排水阀排水测试畅通，无泄漏。

A.1.1.6　进气弯管无凹陷、变形及破损，接头无泄漏。

A.1.1.7　旁通阀操作自如、供气顺畅。

A.1.1.8　耳机、话筒位置正确、通话语音清晰。

A.1.1.9　相连的供气管畅通，接头无泄漏。

A.1.1.10　口鼻罩位置恰当、无破损，鼓鼻器推拉自如、鼓鼻功能正常。

A.1.1.11　呼吸器调节旋钮无破损、操作自如，非自动供气时呼吸畅通，顶端按钮功能正常。

A.1.1.12　头罩及脸部密封材料无撕裂、割伤、老化和开胶。

A.1.1.13　不锈钢卡箍无裂纹或破损。

A.1.1.14　固定卡箍的螺丝已旋紧，位置正确。

A.1.1.15　头带无老化、裂纹和断裂。

A.1.2　水面供气式潜水头盔

A.1.2.1　符合5.1.4的要求。

A.1.2.2　符合A.1.1.2～A.1.1.11的要求。

A.1.2.3　颈箍组合无破损，与头盔之间密封良好，张力适当。

A.1.2.4　颈围无破损，硅脂润滑状况良好。

A.1.2.5　弹簧扣松紧适当。

A.1.2.6　头盔衬垫位置正确、无损伤。

A.1.2.7　头盔底部的O型圈无破损，硅脂润滑状况良好。

A.1.3　通风式潜水头盔

A.1.3.1　符合5.1.5的所述要求。

A.1.3.2　符合A.1.1.2～ A.1.1.9的要求。

A.1.3.3　头盔与领盘连接紧密，无泄漏。

A.1.3.4　排气阀功能正常。

A.1.4　潜水服

A.1.4.1　符合5.1.6～5.1.8的相关要求。

A.1.4.2　类型符合潜水环境要求。

A.1.4.3　尺寸符合潜水员体型要求。

A.1.4.4　无撕裂、老化、磨损。

A.1.4.5　如为热水潜水服，热水管及其接头无破损、无泄漏，热水输送畅通。

A.1.4.6　如为干式潜水服，充气接头及软管无破损、无泄漏，通气畅通。

A.1.5 安全背带

A.1.5.1 符合5.1.9的要求。

A.1.5.2 无撕裂、老化、磨损。

A.1.5.3 D型环无锈蚀和变形。

A.1.5.4 负荷测试日期在有效期内。

A.1.6 压重带

A.1.6.1 符合5.1.10的要求。

A.1.6.2 压铅位置合理、无松动。

A.1.6.3 无撕裂、老化、磨损。

A.1.6.4 快速解脱扣开闭正常。

A.1.6.5 压铅重量符合潜水深度和人员要求。

A.1.7 应急气瓶

A.1.7.1 符合5.1.11的要求。

A.1.7.2 外部无破损、凹陷、严重锈蚀。

A.1.7.3 气瓶阀及其密封圈位置正常，无破损、弯曲，无泄漏。

A.1.7.4 容积符合潜水深度要求。

A.1.7.5 储气压力在规定的充气压力范围内，储气量符合最大潜水深度应急上升时间要求。

A.1.7.6 气体成分符合潜水呼吸气卫生学要求，并有标识。

A.1.7.7 有过压安全装置。

A.1.7.8 减压器及连接管无破损、无泄漏，供气畅通。

A.1.7.9 气瓶检定日期在有效期内。

A.1.8 其他装具

A.1.8.1 脚蹼尺寸符合潜水员穿戴要求，无老化、裂痕和磨损。

A.1.8.2 信号绳尺寸和强度符合潜水深度要求，无老化和磨损。

A.1.8.3 潜水刀锋利，且有刀鞘保护。

A.2 软管和脐带

A.2.1 软管

A.2.1.1 符合5.2.1～5.2.2的要求。

A.2.1.2 布放合理、走向明确，不能靠近高热区域，不能绞缠和过度弯曲，布放在甲板或地面人员行走通道的软管已加盖防踩踏保护。

A.2.1.3 吹净后连接。

A.2.1.4 接头处无泄漏，并已加装防脱落保护装置。

A.2.1.5 氧气软管已做特别标识和用氧清洗，符合用氧要求，输送压力应小于4 MPa。

A.2.1.6 最大工作压力检测日期在有效期内。

A.2.2 脐带

A.2.2.1 符合"5.2.1"和"5.2.3"的要求。

A.2.2.2 具有明确的走向，不能靠近高热区域，不能绞缠和过度弯曲，布放在甲板或地面人员行走通道的软管已加盖防踩踏保护。

A.2.2.3 吹净后连接。

A.2.2.4 接头处无泄漏，并已加装防脱落保护装置。

A.2.2.5 最大工作压力检测日期在有效期内。

A.2.2.6 按要求进行长度标识。

A.2.2.7 与安全背带的固定钩无扭曲、变形。

A.3 供气系统

A.3.1 空气压缩机

A.3.1.1 符合5.3.3的要求。

A.3.1.2 布放位置不妨碍周围工作人员行动，不受环境因素影响，进气口周围无潜在污染物。

A.3.1.3 燃料、冷却剂、润滑剂和防冻剂的品质符合使用要求，存量充足，燃料和润滑剂的添加量在规定范围内，无油类物质溢出。

A.3.1.4 过滤器和油水分离器清洁，过滤器和储气罐内无冷凝水。

A.3.1.5 传动带防护装置完好，运行时机上无覆盖物。

A.3.1.6 排水拴、安全阀、单向阀及自动卸压装置功能正常。

A.3.1.7 启动后阀件、接头和管道等无泄漏。

A.3.1.8 有消防器材。

A.3.1.9 周围已悬挂警示标识，特别是自动启动的设备。

A.3.1.10 过滤器、油水分离器、储气罐的本体，以及安全阀、压力表的检定日期在有效期内。

A.3.1.11 有操作说明书及使用、维护保养记录，以及上次检定报告的副本。

A.3.2 储气罐

A.3.2.1 符合5.3.4的要求。

A.3.2.2 罐内无冷凝水。

A.3.2.3 进气口的单向阀功能正常，无泄漏。

A.3.2.4 排气口的阀件功能正常，无泄漏。

A.3.2.5 本体、安全阀、压力表的检定日期在有效期内。

A.3.2.6 有维护保养记录，以及上次检定报告的副本。

A.3.3 高压气瓶

A.3.3.1 符合5.3.5的要求。

A.3.3.2 外部无破损、凹陷、严重锈蚀。

A.3.3.3 气瓶阀位置正常，无破损、弯曲和泄漏。

A.3.3.4 压力在要求的充气压力范围内。

A.3.3.5 气体成分符合潜水呼吸气卫生学要求，并有标识。

A.3.3.6 过压安全装置位置正确，无破损和泄漏。

A.3.3.7 运送时，有气瓶阀保护罩，成组装运时，有气瓶阀和减压器保护框(罩)。

A.3.3.8 减压器及连接管无破损、无泄漏，供气畅通。

A.3.3.9 存放区域通风良好，避免高温和防止摔落。

A.3.3.10 氧气气瓶的存放区域为开放区域，并有禁止明火标识。

A.3.3.11 气瓶检定日期在有效期内。

A.3.3.12 有最新的气体成分和压力检测记录。

A.3.4 高压管道

A.3.4.1 符合5.3.6的要求。

A.3.4.2 布放合理、走向明确，容易受到撞击的部位，加盖保护罩。

A.3.4.3 吹净后连接。

A.3.4.4 接头处无泄漏。

A.3.4.5 氧气管道已做特别标识和用氧清洗，符合用氧要求。

A.3.4.6 管道上的阀门开闭功能正常。

A.3.4.7 最大工作压力检测日期在有效期内。

A.3.5 过滤器

A.3.5.1 符合5.3.7的要求。

A.3.5.2 冷凝水已排清。

A.3.5.3 进气和排气口阀件(如有)功能正常,无泄漏。

A.3.5.4 本体、安全阀(如有)、压力表的检定日期在有效期内。

A.3.5.5 有维护保养记录,以及上次检定报告的副本。

A.3.6 油水分离器

A.3.6.1 符合5.3.8的要求。

A.3.6.2 冷凝水已排清。

A.3.6.3 进气和排气口阀件(如有)功能正常,无泄漏。

A.3.6.4 本体、安全阀(如有)、压力表的检定日期在有效期内。

A.3.6.5 有维护保养记录,以及上次检定报告的副本。

A.3.7 空气纯度

A.3.7.1 有空气纯度检测报告。

A.3.7.2 气体质量符合GB 18435的要求。

A.4 甲板减压舱

A.4.1 符合5.4的要求。

A.4.2 布放位置尽可能接近潜水站,与甲板面的固定牢固。

A.4.3 布放场所整洁,无易燃易爆物品,并远离污染源。

A.4.4 主气源和应急气源储量、压力和纯度符合规定要求。

A.4.5 减压和治疗用氧气储量、压力和纯度符合规定要求。

A.4.6 舱内BIBS供气充足,呼吸畅通,如配舱外排氧装置,功能正常。

A.4.7 急救器材、药品和手册在位,符合配备要求。

A.4.8 舱门无变形和破损,密封圈无破损、老化和开裂,气密性能良好,加压后泄漏率在规定范围内。

A.4.9 阀件无变形和破损,活动自如,功能正常,无泄漏。

A.4.10 舱内舱外照明设施功能正常,亮度满足规定要求。

A.4.11 通信系统畅通,语音清晰,舱内应急呼叫装置功能正常。

A.4.12 观察窗无破损、老化和划痕,符合使用年限要求,清洁溶剂不含油漆稀释剂成分,未暴露在高温下(65.5 ℃以上)和高辐射条件下(4麦伏以上),也未暴露于强烈的阳光和紫外线下。

A.4.13 递物筒无变形、开闭功能正常,加压后门锁扣功能良好、气密性良好,无泄漏,压力表读数在正常范围内,检定期限有效。

A.4.14 舱内外有有效期内的消防器材。

A.4.15 控制面板上的管道、阀件、调压器功能标识清楚,无破损、变形,功能正常,无泄漏。

A.4.16 控制面板上的压力表读数正常,检定期限有效。

A.4.17 氧分析仪、二氧化碳分析仪、温度仪、湿度仪和计时器读数正常,校检期限有效。

A.4.18 如配视频监控系统,功能应正常、图像清晰。

A.4.19 供电系统无破损、漏电,接地正常。

A.5 潜水控制面板

A.5.1 符合5.5的要求。

A.5.2 通信系统畅通,语音清晰。

A.5.3 潜水员和预备潜水员的主气源供气畅通。

A.5.4 潜水员和预备潜水员的应急气源供气畅通。

A.5.5 压力表、测深表读数正常，检定期限有效。

A.5.6 管道、阀件、调压器等功能标识清楚，无破损、变形，功能正常，无泄漏。

A.6 入出水系统

A.6.1 潜水梯

A.6.1.1 符合5.6.3的要求。

A.6.1.2 无锈蚀、弯曲、变形。

A.6.1.3 扶手牢固。

A.6.2 潜水吊笼

A.6.2.1 符合5.6.4的要求。

A.6.2.2 框架无锈蚀、弯曲和变形。

A.6.2.3 安全防护链和内部扶手牢固，无锈蚀、弯曲和变形。

A.6.2.4 有应急气瓶和减压器，气瓶应符合5.3.5的要求，压力足够，减压器及呼吸器功能正常。

A.6.2.5 顶部起吊环(孔)牢固，无锈蚀、弯曲和变形。

A.6.2.6 顶部有备用起吊点，结构牢固，无锈蚀、弯曲和变形。

A.6.3 开式潜水钟

A.6.3.1 符合5.6.5的要求。

A.6.3.2 本体无锈蚀和变形。

A.6.3.3 钟内扶手牢固，无锈蚀、弯曲和变形。

A.6.3.4 管道、阀件、贯穿件、气瓶阀等的防护装置牢固，无锈蚀、弯曲和变形。

A.6.3.5 有应急气瓶，并按规定压力充气。

A.6.3.6 压力表读数正常，检定日期在有效期内。

A.6.3.7 照明系统功能正常，照明亮度符合规定要求。

A.6.3.8 电气系统符合电气使用安全要求。

A.6.3.9 贯穿件、阀件、仪表和管道的功能标识清楚。

A.7 吊放系统

A.7.1 符合5.7的要求。

A.7.2 支架结构无锈蚀、凹陷、弯曲和变形。

A.7.3 压重系统无锈蚀、无变形，且吊点状态良好。

A.7.4 主、副动力源功能正常。

A.7.5 绞车操作杆操作灵活，且档位标识清晰。

A.7.6 绞车刹车系统功能正常。

A.7.7 绞车润滑油添加量在规定范围内。

A.7.8 绞车钢索无断丝、扭伤等，并润滑良好。

A.7.9 钢丝绳保护装置安装牢固。

A.7.10 滑轮、卸扣及其安全销功能正常。

A.7.11 与潜水控制室之间的通信畅通，语音清晰。

A.7.12 起吊门架、绞车、吊索及索具附件检验期限有效。

A.7.13 布放场所合理，与甲板面的固定牢固，并经检验认可。

A.8 通信系统

A.8.1 符合5.8的要求。

A.8.2 通信畅通，语音清晰。

A.9 电气系统

A.9.1 符合5.9的要求。

A.9.2 线路无破损、漏电，接地正常。

A.10 仪器和仪表

A.10.1 压力表读数正常，检定期限有效。

A.10.2 氧分析仪、二氧化碳分析仪、温度仪、湿度仪和计时器读数正常，校检期限有效。

A.10.3 氧分析仪探头已按规定更换或补充化学检测液。

附　录　B
（规范性附录）
潜水报告的记录要求

B.1　每次潜水记录

每次潜水记录由潜水监督填报，内容包括：

a）业主单位名称和地址；
b）潜水从业单位名称和地址；
c）潜水作业地点、日期和时间；
d）水下能见度、水流速度、浪高和水温等；
e）潜水监督、潜水员、照料员和其他潜水人员的姓名；
f）所用的潜水方式；
g）所用的潜水设备；
h）最大潜水深度；
i）水下工作时间；
j）详细的作业内容和作业过程；
k）所用的减压表和减压方案；
l）任何异常情况。

B.2　每日潜水日报

每日潜水日报由潜水监督填报，内容包括：

a）业主单位名称和地址；
b）潜水从业单位名称和地址；
c）潜水作业地点和日期；
d）潜水监督、潜水员、照料员和其他潜水人员的姓名；
e）作业内容；
f）每次潜水员的入水和出水时间；
g）会议、演习、训练、设备维护、人员变更、环境变化等其他情况；
h）应急情况；
i）隐患与事故；
j）业主建议。

B.3　每日工作进度报告

每日工作进度报告由潜水监督填报，内容包括：

a）人员名单和人员变更情况；
b）设备状况（包括设备的增减）；
c）过去 24 h 完成的工作；
d）过去 24 h 的潜水次数和总潜水次数，潜水总时间；
e）已完成的工作量占总工作量比率；
f）超出计划工作范围的工作内容；
g）材料消耗与库存状况；

h) 气体消耗与库存状况。

B.4 其他报告及填报要求

B.4.1 需要时，潜水监督还应填报下列报告：

a) 如现场无潜水医生和生命支持员时，潜水员的体检记录；

b) 安全会议纪要；

c) 隐患和事故报告；

d) 应急演习和训练报告；

e) 潜水监督个人潜水监督经历记录。

B.4.2 潜水员填报的报告包括：

a) 潜水前个人装具的检查表；

b) 潜水员个人潜水作业经历记录；

c) 潜水监督要求的其他记录。

B.4.3 生命支持员填报的报告包括：

a) 如现场无潜水医师时，潜水员的体检记录；

b) 每天的气体消耗与库存表；

c) 根据需要，检测气体成分和纯度的检查表；

d) 供气系统检查表；

e) 甲板减压舱检查表；

f) 减压记录表；

g) 生命支持员个人作业经历记录等。

B.4.4 潜水机电员填报的报告包括：

a) 每日潜水设备、系统和工具的检查表；

b) 每次潜水设备、系统和工具的运转记录；

c) 每日潜水装具、设备、系统和工具的维护保养记录；

d) 详细的设备故障和损坏报告。

B.4.5 潜水医师填报的报告包括：

a) 潜水员的体检记录；

b) 潜水作业的医学保障计划；

c) 潜水疾病的诊断、治疗和处理报告；

d) 潜水事故的调查、分析和处理报告。

参 考 文 献

[1] GB/T 20801 压力管道规范.
[2] JJG 365 电化学电极气体氧分析器检定规程.
[3] JJG 635 一氧化碳、二氧化碳红外线气体分析器检定规程.
[4] 中国船级社(CCS)《潜水系统和潜水器入级与建造规范》(1996年).
[5] 中国船级社(CCS)《船舶与海上设施起重设备规范》(2007年).

ICS 73.040
D 23

中华人民共和国国家标准

GB/T 26126—2010

中小型煤粉工业锅炉用煤技术条件

Specifications of pulverized coal for small and medium-sized industrial boilers

2011-01-14 发布　　2011-06-01 实施

中华人民共和国国家质量监督检验检疫总局
中国国家标准化管理委员会　发布

前　　言

本标准按 GB/T 1.1—2009 给出的规则编写。

本标准由中国煤炭工业协会提出。

本标准由全国煤炭标准化技术委员会(SAC/TC 42)归口。

本标准起草单位:煤炭科学研究总院北京煤化工研究分院、北京神华昌运高技术配煤有限公司、中国矿业大学(北京)。

本标准主要起草人:涂华、王根社、王乃计、古宏伟、萧春雷、纪任山、刘宇、张宇宏、丁日佳。

中小型煤粉工业锅炉用煤技术条件

1 范围

本标准规定了中小型煤粉工业锅炉用煤的技术要求、试验方法和检验验收依据。

本标准适用于不大于35 t/h(24.5 MW)的固态排渣中小型煤粉工业锅炉用煤(简称工业锅炉用煤)。

2 规范性引用文件

下列文件对于本文件的应用是必不可少的。凡是注日期的引用文件,仅注日期的版本适用于本文件。凡是不注日期的引用文件,其最新版本(包括所有的修改单)适用于本文件。

GB/T 211 煤中全水分的测定方法

GB/T 212 煤的工业分析方法

GB/T 213 煤的发热量测定方法

GB/T 214 煤中全硫的测定方法

GB/T 219 煤灰熔融性的测定方法

GB 474 煤样的制备方法

GB 475 商品煤样人工采取方法

GB/T 2565 煤的可磨性指数测定方法(哈德格罗夫法)

GB/T 5751 中国煤炭分类

GB/T 18666 商品煤质量抽查和验收方法

GB/T 19494.1 煤炭机械化采样 第1部分:采样方法

GB/T 19494.2 煤炭机械化采样 第2部分:煤样的制备

3 技术要求和试验方法

3.1 工业锅炉用煤的煤炭类别为烟煤和褐煤,煤炭类别按GB/T 5751确定。

3.2 工业锅炉用烟煤的技术要求和试验方法应符合表1的规定。

表1

项目	符号	技术要求	试验方法
挥发分/%	V_{daf}	>37.00 >28.00~37.00	GB/T 212
发热量/(MJ/kg)	$Q_{net,ar}$	>24.00 >21.00~24.00	GB/T 213
灰分/%	A_d	≤10.00 >10.00~20.00	GB/T 212
全水分/%	M_t	≤8.0 >8.0~16.0	GB/T 211

表 1（续）

项　目	符　号	技术要求	试验方法
全硫/%	$S_{t,d}$	≤0.50 >0.50～1.50	GB/T 214
煤灰熔融性 软化温度/℃	*ST*	>1 350 >1 150～1 350	GB/T 219
哈氏可磨性	*HGI*	>70 >50～70	GB/T 2565
注：燃煤硫排放应符合当地环保要求。			

3.3　工业锅炉用褐煤的技术要求和试验方法应符合表 2 的规定。

表 2

项　目	符　号	技术要求	试验方法
挥发分/%	V_{daf}	>37.00	GB/T 212
发热量/(MJ/kg)	$Q_{net,ar}$	>18.00 >14.00～18.00	GB/T 213
灰分/%	A_d	≤10.00 >10.00～15.00	GB/T 212
全水分/%	M_t	≤30.0 >30.0～40.0	GB/T 211
全硫/%	$S_{t,d}$	≤0.50 >0.50～1.50	GB/T 214
煤灰熔融性 软化温度/℃	*ST*	>1 350 >1 150～1 350	GB/T 219
注：燃煤硫排放应符合当地环保要求。			

4　质量检验和验收

4.1　煤样的采取和制备

煤样按 GB 475 或 GB/T 19494.1 的规定采取，按 GB 474 或 GB/T 19494.2 的规定制备。

4.2　发送煤炭应附有质量证明书。

4.3　工业锅炉用煤的质量检验由具有资质的质量检验机构负责。

4.4　产品质量的验收按 GB/T 18666 的规定执行。

ICS 75.160
D 20

中华人民共和国国家标准

GB/T 26127—2010

车用压缩煤层气

Compressed coalbed methane as vehicle fuel

2011-01-14 发布　　　　2011-06-01 实施

中华人民共和国国家质量监督检验检疫总局
中国国家标准化管理委员会　发布

前　言

本标准由中国煤炭工业协会提出。

本标准由全国煤炭标准化技术委员会(SAC/TC 42)归口。

本标准起草单位:山西晋城无烟煤矿业集团有限责任公司、中国石油大学(北京)、山西省质量技术监督局、西安科技大学、沁水蓝焰煤层气有限责任公司。

本标准主要起草人:朱晓明、杨茂林、李国彪、王保玉、张遂安、冉春生、田永东、白建平、马东民、王晋萍。

车用压缩煤层气

1 范围

本标准规定了车用压缩煤层气的术语和定义、质量要求、检验方法、标识与储存。

本标准适用于压力不大于 20 MPa 的作为车用燃料的压缩煤层气。

2 规范性引用文件

下列文件对于本文件的应用是必不可少的。凡是注日期的引用文件，仅注日期的版本适用于本文件。凡是不注日期的引用文件，其最新版本(包括所有的修改单)适用于本文件。

GB/T 11060.2 天然气 含硫化合物的测定 第 2 部分:用亚甲蓝法测定硫化氢含量

GB/T 11061 天然气中总硫的测定 氧化微库仑法

GB/T 11062 天然气发热量、密度、相对密度和沃泊指数的计算方法

GB/T 13609 天然气取样导则

GB/T 13610 天然气的组成分析 气相色谱法

GB 17258 汽车用压缩天然气钢瓶

GB/T 17283 天然气水露点的测定 冷却镜面凝析湿度计法

GB/T 18605.2 天然气中硫化氢含量的测定 第 2 部分:醋酸铅反应速率单光路检测法

TSG R0004 《固定式压力容器安全技术监察规程》

《气瓶安全监察规程》劳动部【劳】锅字(1989)12 号

3 术语和定义

3.1

煤层气 coalbed methane

赋存在煤层及围岩中以甲烷为主要成分的天然气体。

本标准中特指煤层气开采过程中从煤层及围岩中涌入钻井的以甲烷为主要成分的天然气体。

3.2

车用压缩煤层气 compressed coalbed methane as vehicle fuel

净化、压缩后以专用压力容器储存、用作汽车燃料的煤层气。

4 质量要求

车用压缩煤层气分为Ⅰ类与Ⅱ类，质量要求应符合表 1 的规定。

表 1 车用压缩煤层气技术指标

项目	技术指标	
	Ⅰ类	Ⅱ类
甲烷含量(体积分数)/%	≥90	≥83～90
高位发热量 Q_{gr}/(MJ/m³)	≥34	≥31.4～34
总硫含量 S/(mg/m³)	≤150	
硫化氢含量/(mg/m³)	<12	
水露点	在煤层气交接点的压力和温度条件下，煤层气的水露点应比最低环境温度低 5 ℃	
注 1：当甲烷含量指标与高位发热量指标发生矛盾时，以甲烷含量指标为分类依据。 注 2：本标准中气体体积的标准参比条件是 101.325 kPa，20 ℃。		

5 试验方法

5.1 甲烷含量

按 GB/T 13610 执行。

5.2 高位发热量

按 GB/T 11062 执行。

5.3 总硫含量

测定按 GB/T 11061 执行。

5.4 硫化氢含量

按 GB/T 11060.2 或 GB/T 18605.2 执行。

5.5 水露点

按 GB/T 17283 执行。

6 取样、检验与判定

6.1 取样

按 GB/T 13609 执行。

6.2 检验

检验分出厂检验和型式检验。

6.2.1 出厂检验

检验项目为甲烷、硫化氢、水露点三项。

6.2.2 型式检验

检验项目为本标准规定的全部项目。型式检验时应从出厂检验合格的产品中抽取。

有下列情况之一，应进行型式检验：

——初次投入生产时；

——正常生产时，每两年进行一次型式检验；

——检验结果与上次型式检验结果有较大差异时；

——更换主要设备或有新型主要设备进入系统使用时；

——产品停产半年以上恢复生产时。

6.3 判定

出厂检验时甲烷含量、硫化氢含量、水露点三项中有一项不合格，则判定该批产品不合格。

型式检验时有一项不合格，则判定该产品不合格。

7 标识、储存与使用

7.1 标识

车用压缩煤层气标识应在醒目处注明“易燃品”、“严禁烟火”等明显字样。

7.2 加臭

车用压缩煤层气应有能察觉的臭味，无臭味或臭味不足的车用压缩煤层气应加臭。加臭剂的最小量应保证当车用压缩煤层气泄露到空气中甲烷的体积浓度达到1%时，可察觉。

7.3 储存

车用压缩煤层气的储存容器应符合TSG R0004和《气瓶安全监察规程》中的有关规定。车用压缩煤层气钢瓶应符合GB 17258的有关规定。

ICS 73.040
D 20

中华人民共和国国家标准

GB/T 26128—2010

稀缺、特殊煤炭资源的划分与利用

Classification and utilization of scarce and special coal resources

2011-01-14 发布　　2011-06-01 实施

中华人民共和国国家质量监督检验检疫总局
中国国家标准化管理委员会　发布

前　言

本标准由中国煤炭工业协会提出。

本标准由全国煤炭标准化技术委员会(SAC/TC 42)归口。

本标准起草单位:煤炭科学研究总院北京煤化工研究分院、山西国阳新能股份有限公司、北京神华昌运高技术配煤有限公司。

本标准主要起草人:陈洪博、王淮盛、王根社、姜英、丁自安、古宏伟、罗陨飞、萧春雷、缪希伟、陈亚飞。

稀缺、特殊煤炭资源的划分与利用

1 范围

本标准规定了稀缺、特殊煤炭资源的划分煤样要求与参数、划分与命名、利用和保护。

本标准适用于煤炭资源的勘查、开发和保护。

2 规范性引用文件

下列文件对于本文件的应用是必不可少的。凡是注日期的引用文件，仅注日期的版本适用于本文件。凡是不注日期的引用文件，其最新版本(包括所有的修改单)适用于本文件。

GB/T 212 煤的工业分析方法

GB/T 214 煤中全硫的测定方法

GB/T 217 煤的真相对密度测定方法

GB/T 220 煤对二氧化碳化学反应性的测定方法

GB/T 397 炼焦用煤技术条件

GB 474 煤样的制备方法

GB/T 480 煤的铝甑低温干馏试验方法

GB/T 482 煤层煤样采取方法

GB/T 1341 煤的格金低温干馏试验方法

GB/T 1574 煤灰成分分析方法

GB/T 1575 褐煤的苯萃取物产率测定方法

GB/T 2565 煤的可磨性指数测定方法(哈德格罗夫法)

GB 5751 中国煤炭分类

GB/T 8207 煤中锗的测定方法

GB/T 11957 煤中腐植酸产率测定方法

GB/T 18512 高炉喷吹用煤技术条件

GB/T 19494.2 煤炭机械化采样 第2部分:煤样的制备

MT/T 1011 煤基活性炭用煤技术条件

煤炭资源勘探煤样采取规程(原煤炭部1979年颁布)

3 划分煤样要求与参数

3.1 划分与评价用煤样的要求

3.1.1 用于稀缺、特殊煤炭资源划分与评价的煤样可以是勘查煤样、煤层煤样。

3.1.2 划分与评价用煤样的采取

3.1.2.1 勘查煤样的采取应按《煤炭资源勘探煤样采取规程》的规定执行。

3.1.2.2 煤层煤样的采取应按 GB/T 482 的规定执行。

3.1.3 划分与评价用煤样的制备

划分与评价用煤样的制备按 GB 474 和 GB/T 19494.2 的规定执行。

3.2 划分与评价用参数

划分与评价涉及到的参数如下：

——干基灰分：符号为 A_d，以%表示，其测定方法参见 GB/T 212；

——干燥无灰基挥发分：符号为 V_{daf}，以%表示，其测定方法参见 GB/T 212；

——干基全硫含量：符号为 $S_{t,d}$，以%表示，其测定方法参见 GB/T 214；

——干基真相对密度：符号为 TRD_d，其测定方法参见 GB/T 217；

——煤对二氧化碳反应性：符号为 α，以%表示，其测定方法参见 GB/T 220；

——干基焦油产率：符号为 $T_{ar,d}$，以%表示，其测定方法参见 GB/T 480 或 GB/T 1341；

——褐煤干基苯萃取物产率：符号为 $E_{B,d}$，以%表示，其测定方法参见 GB/T 1575；

——可磨性指数：符号为 HGI，其测定方法参见 GB/T 2565；

——干基锗含量：符号为 Ge_d，单位为 μg/g，其测定方法参见 GB/T 8207；

——干基总腐植酸产率，符号为 $HA_{t,d}$，以%表示，其测定方法参见 GB/T 11957；

——干基铁含量，符号为 Fe_d，计算方法为 A_d×煤灰中 Fe_2O_3 含量×112/160，以%表示，煤灰中 Fe_2O_3 含量测定方法参见 GB/T 1574。

4 划分与命名

4.1 划分原则

根据煤炭资源的稀缺性、用途的重要性及煤炭性质的特殊性、用途的特殊性划分。稀缺、特殊煤炭资源可以煤层、矿区或煤田为单位划定。

——稀缺煤炭资源是指具有十分重要的工业用途，其利用途径具有一定的产业规模，需求量大但资源量又相对较少的优质煤炭资源。

——特殊煤炭资源是指煤中某个或某些成分、性质与一般煤有所不同，其含量特高或特低，并具有一些特殊性质的煤炭资源。

4.2 稀缺煤炭资源的划分与评价

4.2.1 稀缺炼焦用煤

煤炭类别为肥煤、焦煤、瘦煤的炼焦煤资源。

4.2.2 稀缺高炉喷吹用无烟煤

灰分(A_d)小于 17.00%，硫分($S_{t,d}$)小于 1.00%的无烟煤资源。

4.2.3 稀缺高炉喷吹用贫煤、贫瘦煤

灰分(A_d)小于 15.00%，硫分($S_{t,d}$)小于 1.00%的贫煤、贫瘦煤资源。

4.2.4 特低灰、特低硫煤

灰分(A_d)小于 10.00%，硫分($S_{t,d}$)小于 0.50%的煤炭资源。

4.3 特殊煤炭资源的划分与评价

4.3.1 高锗煤

锗含量(Ge_d)大于 30.0 μg/g 的煤炭资源。

4.3.2 高腐植酸煤

总腐植酸产率($HA_{t,d}$)大于40.00%的煤炭资源。

4.3.3 高蜡褐煤

褐煤蜡含量(苯萃取物产率 $E_{B,d}$)大于3.00%的褐煤资源。

4.3.4 特高挥发分、特高油含量煤

挥发分(V_{daf})大于45.00%、焦油产率($T_{ar,d}$)大于12.00%的煤炭资源。

4.3.5 高可磨性、低灰煤

可磨性(HGI)大于100,灰分(A_d)小于10.00%的煤炭资源。

4.3.6 高活性、低灰煤

850 ℃下,煤对 CO_2 反应性(α)达到90%以上,灰分(A_d)小于10.00%的煤炭资源。

4.3.7 高密度、低灰、低硫无烟煤

真相对密度(TRD_d)达到2.20,灰分(A_d)小于10.00%,硫分($S_{t,d}$)小于0.50%的煤炭资源。

4.3.8 特低铁、低灰分煤

铁含量(Fe_d)小于0.30%,灰分(A_d)小于5.00%的煤炭资源。

5 利用

5.1 稀缺煤炭资源的利用

5.1.1 稀缺炼焦用煤

应全部入选,生产符合GB/T 397的炼焦用煤,并作为炼焦用。

5.1.2 稀缺高炉喷吹用无烟煤

优先生产符合GB/T 18512的高炉喷吹用煤,作为高炉喷吹用。

5.1.3 稀缺高炉喷吹用贫煤、贫瘦煤

优先生产符合GB/T 18512的高炉喷吹用煤,作为高炉喷吹用。

5.1.4 特低灰、特低硫煤

优先生产符合MT/T 1011的活性炭用煤,作为活性炭用原料煤;其次用于需要低灰、低硫的特殊用途方面。

5.2 特殊煤炭资源的利用

5.2.1 高锗含量煤

应先提锗,再利用;或在利用中提锗。

5.2.2 **高腐植酸煤**

优先用于作腐植酸产品。

5.2.3 **高含蜡褐煤**

优先用于提取褐煤蜡后再使用。

5.2.4 **特高挥发分、特高油含量煤**

优先用于解制气、提焦油，具有一定储量规模的可考虑煤制油。

5.2.5 **高可磨性、低灰煤**

优先用于作橡胶、塑料等的填充料的原料。

5.2.6 **高活性、低灰煤**

优先用于作还原剂。

5.2.7 **高密度、低灰、低硫无烟煤**

优先用于作高密度碳材料的原料。

5.2.8 **特低铁、低灰分煤**

优先用于作锌等的还原剂。

6 保护

6.1 在对煤炭资源开发利用以前，应对煤炭资源的稀缺性、特殊性进行评价。

6.2 稀缺、特殊煤炭资源要进行保护性开采。

6.3 稀缺、特殊煤炭资源应按优先用途进行利用。

ICS 13.220.10
C 85

中华人民共和国国家标准

GB/T 26129—2010

消防员接触式送受话器

Contact-type transmitter-receiver headset for fireman

2011-01-14 发布　　　　2011-06-01 实施

中华人民共和国国家质量监督检验检疫总局
中国国家标准化管理委员会　发布

前　言

本标准依据 GB/T 1.1—2009 给出的规则编写。

请注意本文件的某些内容可能涉及专利。本文件的发布机构不承担识别这些专利的责任。

本标准由中华人民共和国公安部提出。

本标准由全国消防标准化技术委员会消防员防护装备分技术委员会(SAC/TC 113/SC 12)归口。

本标准起草单位:公安部上海消防研究所。

本标准主要起草人:沈坚敏、马伟光、杨小时、张燕、李睿堃、李瑜璋。

消防员接触式送受话器

1 范围

本标准规定了消防员接触式送受话器的术语和定义、产品分类、技术要求、试验方法、检验规则、标志、包装、运输和贮存。

本标准适用于消防员接触式送受话器。

2 规范性引用文件

下列文件对于本文件的应用是必不可少的。凡是注日期的引用文件，仅注日期的版本适用于本文件。凡是不注日期的引用文件，其最新版本(包括所有的修改单)适用于本文件。

GB/T 2423.1 电工电子产品环境试验 第2部分:试验方法 试验A:低温

GB/T 2423.2 电工电子产品环境试验 第2部分:试验方法 试验B:高温

GB/T 2423.4 电工电子产品环境试验 第2部分:试验方法 试验Db 交变湿热(12 h+12 h循环)

GB/T 2423.5 电工电子产品环境试验 第二部分:试验方法 试验Ea和导则:冲击

GB/T 2423.8 电工电子产品环境试验 第二部分:试验方法 试验Ed:自由跌落

GB/T 2423.10 电工电子产品环境试验 第2部分:试验方法 试验Fc:振动(正弦)

GB 3836.1 爆炸性气体环境用电气设备 第1部分:通用要求

GB 4208 外壳防护等级(IP代码)

GB/T 15508 声学 语言清晰度测试方法

GB/T 15528 送受话器组合件测量方法

GB 16838 消防电子产品 环境试验方法及严酷等级

GB/T 17626.2 电磁兼容 试验和测量技术 静电放电抗扰度试验

GB/T 17626.3 电磁兼容 试验和测量技术 射频电磁场辐射抗扰度试验

3 术语和定义

下列术语和定义适用于本文件。

3.1

换能器 transducer

能将本系统接收信号向另一种类型的系统输出，通过能量转换使输出信号的某一所需特征出现于输出的器件。

3.2

骨传导 bone conduction

依托人体骨骼固体骨质为传输介质，通过换能器实现声音传导的方式。

3.3

全骨导 full mode bone conduction

送话和受话全部通过骨传导形式来实现。

3.4

半骨导　half mode bone conduction

送话或受话之一通过骨传导形式来实现。

3.5

喉式传声器　throat-conduction microphone

在发音人喉部附近接触而受激励的传声器。

3.6

骨导传声器　bone-conduction microphone

与发音人头部等部位(如额头或头顶)接触实现骨传导的传声器。

3.7

喉式送受话器　throat-conduction transmitter- receiver headset

送话器为喉式传声器、受话器为耳机传声的送受话器。

3.8

骨传导送受话器　bone-conduction transmitter- receiver headset

全部或部分通过骨传导形式来实现语音传导的送受话器。

3.9

消防员接触式送受话器　contact-type transmitter-receiver headset for fireman

消防员在灭火救援时佩带的，通过骨传导等形式来实现和通信设备连接完成语音发送接受功能的装置。

3.10

白噪声　white noise

用固定频带宽度测量时，频谱连续并且均匀的噪声。

4　产品分类

4.1　分类

消防员接触式送受话器(以下简称送受话器)按传导形式分为：

a)　喉式送受话器，代码 H；

b)　全骨导送受话器，代码 Q；

c)　半骨导送受话器，代码 B。

4.2　型号

送受话器型号编制应符合下列规定：

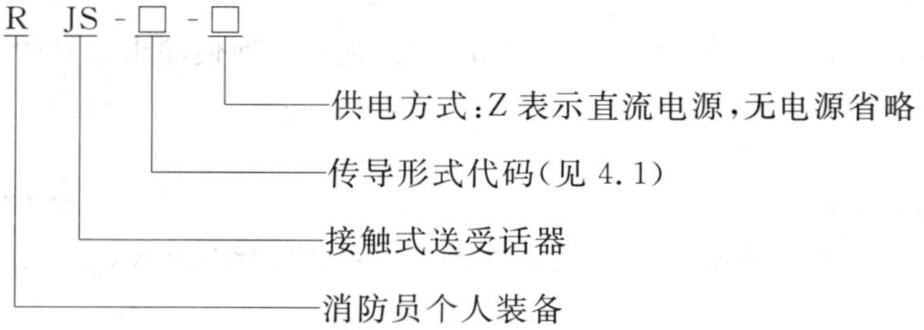

示例 1：型号 RJS-H-Z 表示直流电源供电型喉式消防员接触式送受话器；

示例 2：型号 RJS-Q 表示无电源型全骨导消防员接触式送受话器。

5 技术要求

5.1 功能要求

5.1.1 通信功能

送受话器通信时语音应清晰，无明显刺耳声及其他杂音。

5.1.2 手动送受话转换功能(PTT)

送受话器处于待机受话状态时，按下通话按键即转换为送话状态，松开通话按键即转换为受话状态。

5.2 佩带质量

送受话器的佩带质量应不大于 300 g。

5.3 外观、材质、结构

5.3.1 送受话器各部件应无锐边、毛刺等缺陷。

5.3.2 送受话器直接与佩带者皮肤接触的材料应不对人体皮肤产生刺激和不良反应。

5.3.3 送受话器应保证佩带后不影响消防员其他个人装备的有效佩带。

5.4 性能要求

5.4.1 送话灵敏度

在音频频率范围内(300 Hz～3 400 Hz)，送话灵敏度应为－20 dB±5 dB。

5.4.2 送话总谐波失真

在送话状态下送话的谐波失真系数 r 应不大于 10%。

5.4.3 噪音抗扰等级

送受话器噪音抗扰等级应不小于 95 dB。

5.4.4 送受话语音清晰度

送受话语音清晰度划分为以下 3 个级别：

——1 级(优)：重建语音和原始语音只有很少细节差异，若不进行对照听比就察觉不出这种差异；

——2 级(良)：重建语音的畸变或失真不明显，不注意听感觉不到；

——3 级(一般)：重建语音有比较明显可感知的畸变或失真，但语音自然度和清晰度仍很好，听起来无疲劳感。

送受话器语音清晰度应不低于 3 级。

5.4.5 受话输入阻抗

在受话状态下，受话器输入阻抗应不小于 8 Ω。

5.4.6 绝缘电阻

送受话器信号输入、输出端与外壳或导电金属之间的绝缘电阻应不小于 1 MΩ。

5.4.7 持续工作时间

直流电源供电型送受话器持续工作时间应不小于 8 h。

5.4.8 耐气候环境性能

送受话器应在表 1 所规定的气候环境条件下进行各项试验，试验后应符合 5.1 的要求。

表 1 气候环境试验

<table>
<tr><th>试验名称</th><th colspan="4">试验条件</th><th>工作状态</th></tr>
<tr><td>高温试验</td><td colspan="2">温度：+70 ℃±2 ℃</td><td colspan="2">持续时间：2 h</td><td>通电状态</td></tr>
<tr><td>低温试验</td><td colspan="2">温度：−25 ℃±2 ℃</td><td colspan="2">持续时间：2 h</td><td>通电状态</td></tr>
<tr><td rowspan="3">交变湿热试验</td><td>温度</td><td>25 ℃±2 ℃升至
40 ℃±2 ℃</td><td>40 ℃±2 ℃</td><td>40 ℃±2 ℃降至
25 ℃±2 ℃</td><td rowspan="3">通电状态</td></tr>
<tr><td>相对湿度</td><td>82%～85%</td><td>90%～96%</td><td>82%～85%</td></tr>
<tr><td>持续时间</td><td>3 h</td><td>9 h</td><td>3 h</td></tr>
<tr><td>高温贮存试验</td><td>温度：+70 ℃±2 ℃</td><td>持续时间：16 h</td><td colspan="2">常温下恢复时间：12 h</td><td>不通电状态</td></tr>
<tr><td>低温贮存试验</td><td>温度：−40 ℃±2 ℃</td><td>持续时间：16 h</td><td colspan="2">常温下恢复时间：12 h</td><td>不通电状态</td></tr>
</table>

5.4.9 耐机械环境性能

送受话器应在表 2 所规定的机械环境条件下进行各项试验，试验后应符合 5.1 的要求。

表 2 机械环境试验

<table>
<tr><th>试验名称</th><th colspan="2">试验条件</th><th>工作状态</th></tr>
<tr><td rowspan="6">振动(正弦)试验</td><td>频率范围</td><td>10 Hz～55 Hz</td><td rowspan="6">不通电状态</td></tr>
<tr><td>加速度幅值</td><td>1g</td></tr>
<tr><td>扫描速率</td><td>1 倍频程/min</td></tr>
<tr><td>轴线数</td><td>3</td></tr>
<tr><td>每轴线扫描循环次数</td><td>20</td></tr>
<tr><td>幅度</td><td>0.35 mm</td></tr>
<tr><td rowspan="5">冲击试验</td><td>峰值加速度</td><td>5g</td><td rowspan="5">不通电状态</td></tr>
<tr><td>脉冲持续时间</td><td>11 ms</td></tr>
<tr><td>脉冲波形</td><td>半正弦波</td></tr>
<tr><td>轴向数</td><td>6</td></tr>
<tr><td>每个轴向数连续冲击次数</td><td>3</td></tr>
<tr><td rowspan="2">自由跌落试验</td><td>跌落高度</td><td>2 m</td><td rowspan="2">不通电状态</td></tr>
<tr><td>跌落次数</td><td>4</td></tr>
</table>

5.4.10 静电放电抗扰度性能

送受话器应能承受 GB 16838 中静电放电Ⅱ级的抗扰度试验，试验后应符合 5.1 的要求。

5.4.11 电磁场辐射抗扰度性能

送受话器应能承受 GB 16838 中电磁场辐射Ⅱ级的抗扰度试验,试验后应符合 5.1 的要求。

5.4.12 外壳防护等级

送受话器的外壳防护性能应符合 GB 4208 规定的 IP55 的要求。

5.4.13 连接拉力

送受话器的各个组件的连接处的连接拉力应不小于 100 N。经拉力试验后,各连接端不应出现连接线松动、脱落现象,且应符合 5.1 的要求。

5.4.14 防爆性能

送受话器的防爆性能应符合 GB 3836.1 的规定。

6 试验方法

6.1 功能试验

6.1.1 通信功能试验

将送受话器与通信对讲机连接,试验人员根据送受话器的传导形式准确佩带送受话器进行通话,判别语音是否清晰。

6.1.2 手动送受话转换功能试验

将送受话器与通信对讲机连接,试验人员佩带上送受话器,用手按住通话开关,判别送受话器是否进入语音发送状态,语音终端是否收听到发送的语音。松开通话开关,判别送受话器是否处于待机受话状态。

6.2 佩带质量试验

用精度不低于 1 g 的电子秤测量送受话器佩带质量。

6.3 外观、材质、结构检查

佩带完送受话器后,再佩带消防头盔以及呼吸面罩等个人防护装备,检查送受话器是否影响装备的佩带和使用。感受送受话器接触佩带者的皮肤部位是否有刺激感和不良反应,目测送受话器各部件是否有锐边、毛刺等缺陷。

6.4 送话灵敏度试验

测量线路如图 1 所示。将被测的送话器用适配的夹具固定于振动台面上,校正激励加速度为 $0.316g$,测量其开路电压 E。

送话灵敏度按式(1)计算:

$$K = E/\alpha \qquad \cdots\cdots (1)$$

式中:

α ——振动加速度;

K——送话灵敏度。

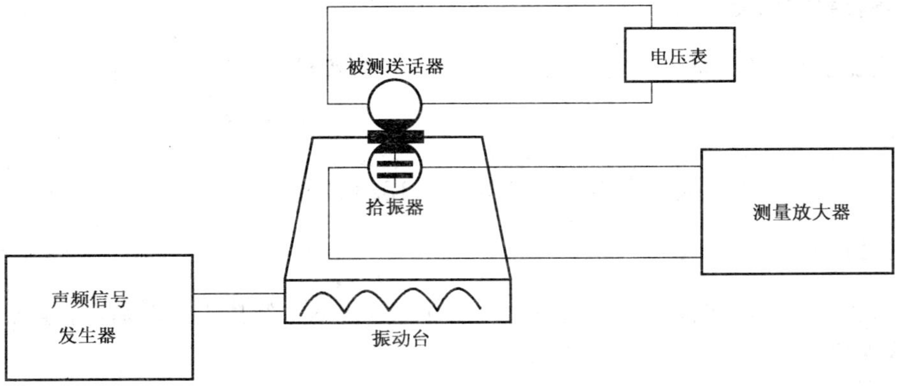

图 1 送话灵敏度测试图

6.5 送话总谐波失真试验

无源和有源送话器的测量分别按图 2 和图 3 所示的线路进行。测量频率为 1 000 Hz,测试声压$1.0^{+0.1}_{0}$ Pa。

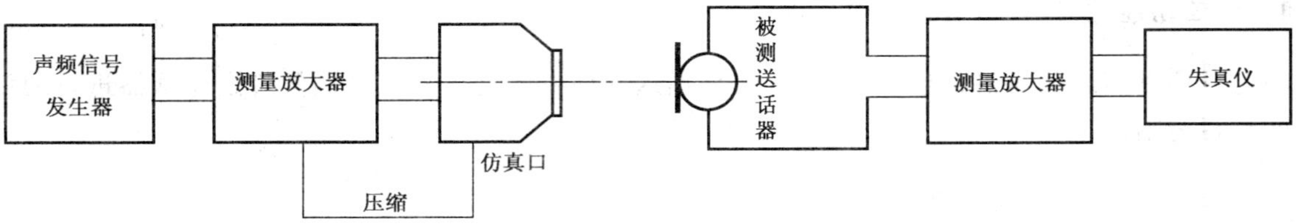

图 2 无源送话器送话总谐波失真测试图

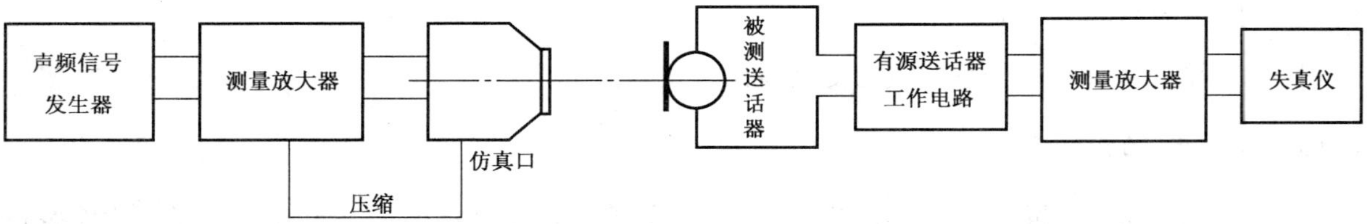

图 3 有源送话器送话总谐波失真测试图

6.6 噪音抗扰等级试验

如图 4 所示,在密闭扩散场内,送话测试人按照正常佩带要求佩带送受话器,并连接被测送受话器至无线电台 A,一组具有正常听力受话测试人在密闭扩散场外,通过无线电台 B 收听送话测试人发出的语音,无线电台 A 和 B 调谐至同样频段,保持正常通信,调节无线电台 B 至合适收听音量。送话测试人发送语音,逐步增加白噪声声压电平,所有受话测试人能够辨识送话测试人语音的最大白噪声声压电平即为被测送受话器噪音抗扰等级。

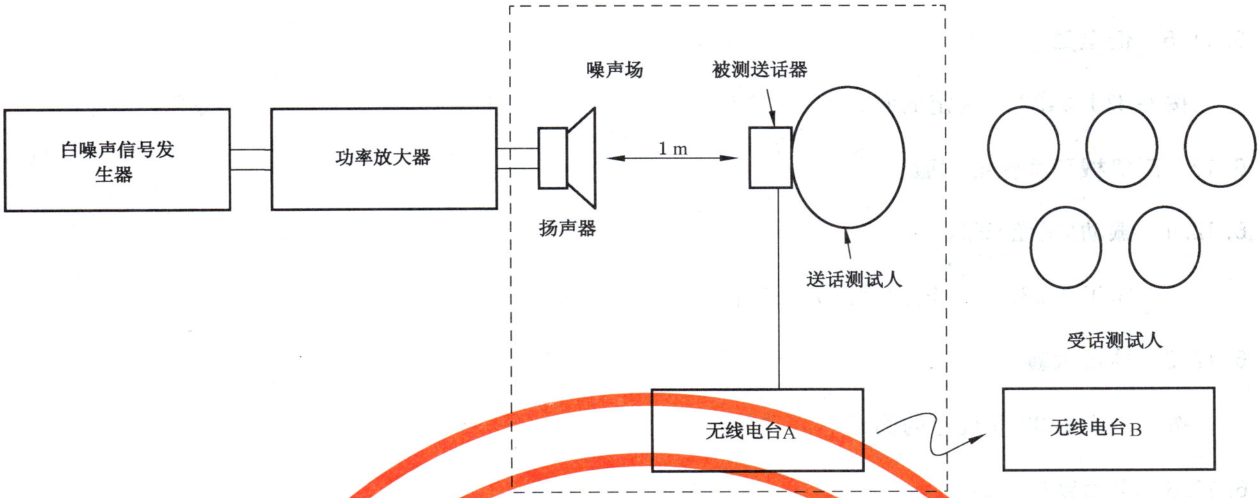

图 4 噪音抗扰等级测试图

6.7 送受话语音清晰度试验

按 GB/T 15508 规定的测试方法进行。

6.8 受话输入阻抗试验

按 GB/T 15528 规定的测试方法进行。

6.9 绝缘电阻试验

在送受话器信号输入、输出端和外部导电金属或外壳之间用精度不低于±5%绝缘电阻测试仪测量绝缘电阻值。

6.10 持续工作时间试验

按“送话”6 s、“受话”6 s、“待机守侯”48 s 的工作循环使送受话器处于连续工作状态，直至送受话语音清晰度低于 3 级要求。记录此时的送受话器持续工作时间。

6.11 耐气候环境性能试验

6.11.1 高温试验

按 GB/T 2423.2 规定的测试方法进行。

6.11.2 低温试验

按 GB/T 2423.1 规定的测试方法进行。

6.11.3 交变湿热试验

按 GB/T 2423.4 规定的测试方法进行。

6.11.4 高温贮存试验

按 GB/T 2423.2 规定的测试方法进行。

6.11.5 低温贮存试验

按 GB/T 2423.1 规定的测试方法进行。

6.12 耐机械环境性能试验

6.12.1 振动(正弦)试验

按 GB/T 2423.10 规定的测试方法进行。

6.12.2 冲击试验

按 GB/T 2423.5 规定的测试方法进行。

6.12.3 自由跌落试验

按 GB/T 2423.8 规定的测试方法进行。

6.13 静电放电抗扰度试验

按 GB/T 17626.2 规定的测试方法进行。

6.14 电磁场辐射抗扰度试验

按 GB/T 17626.3 规定的测试方法进行。

6.15 外壳防护等级试验

按 GB 4208 中规定的测试方法进行。

6.16 连接拉力试验

将送受话器固定在试验装置上,用 10 kg 标准砝码在送受话器各连接处加载,保持 60 s。

6.17 防爆性能试验

送受话器的防爆性能试验应符合 GB 3836.1 的规定。

7 检验规则

7.1 型式检验

7.1.1 凡属下列情况之一,应进行型式检验:

——新产品试制定型时;

——产品设计、材料、结构、工艺上有较大改变时;

——正常生产满三年时;

——停产一年恢复生产时;

——国家质量监督机构提出进行型式检验要求时。

7.1.2 型式检验的内容为第 5 章和 8.1.1 的规定。

7.1.3 型式检验的样本数为 3 台。

7.1.4 型式检验试验程序按表 3 的规定执行。

7.1.5 型式检验项目的结果全部符合本标准的规定,判产品型式检验合格。

表 3 型式检验试验顺序

试验程序			试样编号		
项目编号	试验项目		1	2	3
1	通信功能		√	√	√
2	手动送受话转换功能		√	√	
3	佩带质量		√	√	
4	外观质量、材质、结构		√	√	√
5	送话灵敏度		√	√	
6	送话总谐波失真		√	√	
7	噪音抗扰等级		√	√	
8	送受话语音清晰度		√	√	
9	受话输入阻抗		√	√	
10	绝缘电阻		√	√	
11	持续工作时间				√
12	耐气候环境性能	高温	√		
		低温		√	
		交变湿热			√
		高温贮存		√	
		低温贮存		√	
13	耐振动性能		√		
14	耐冲击性能			√	
15	自由跌落性能				√
16	静电放电抗扰度性能		√		
17	电磁场辐射抗扰度性能			√	
18	外壳防护等级			√	
19	连接拉力			√	
20	防爆性能				√
21	标志		√	√	√
注:"√"表示用此样品进行此项试验。					

7.2 出厂检验

7.2.1 每台送受话器出厂前应进行出厂检验。

7.2.2 出厂检验按 5.1～5.3、5.4.1～5.4.3、5.4.6 的规定进行。

7.2.3 出厂检验的结果全部符合本标准的规定,判产品出厂检验合格。

8 标志、包装、运输和贮存

8.1 标志

8.1.1 产品标志

产品上应标有：

a) 生产厂名、产品名称、型号；

b) 生产日期；

c) 防爆标志；

d) 执行标准代号。

8.1.2 包装标志

包装箱外壁应标明以下内容：

a) 生产厂名、厂址；

b) 产品名称、型号、标准号；

c) 生产日期。

8.2 包装

每台送受话器用塑料袋封装后装入包装盒，并附有产品合格证和使用说明书。

8.3 运输和贮存

8.3.1 送受话器在运输中应避免重压、碰撞和雨淋。

8.3.2 送受话器应贮存在干燥、通风、无腐蚀性化学品的场所。

ICS 43.040.60
T 26

中华人民共和国国家标准

GB 26134—2010

乘用车顶部抗压强度

Roof crush resistance of passenger cars

2011-01-14 发布　　　　2012-01-01 实施

中华人民共和国国家质量监督检验检疫总局
中国国家标准化管理委员会　发布

前　言

本标准第3章为强制性的，其余为推荐性的。

本标准与FMVSS 216《轿车车顶抗压强度》的一致性程度为非等效。

本标准自2012年1月1日起实施。

本标准由国家发展和改革委员会提出。

本标准由全国汽车标准化技术委员会归口。

本标准起草单位：中国汽车技术研究中心。

本标准主要起草人：朱其文、任山、李维菁、郭淼。

乘用车顶部抗压强度

1 范围

本标准规定了乘用车乘员舱顶部的抗压强度要求。

本标准适用于 M_1 类车，但不适用于敞篷车。

2 术语和定义

下列术语和定义适用于本标准。

2.1

可更换车顶 altered roof

车辆的原装车顶被部分或全部拆除后，重新安装的高度高于原装车顶的替换用车顶。

注：如果车辆的部分或全部原装车顶被带有安全玻璃材料(例如 T 形车顶和天窗使用的材料)的车顶替换，并且替换车顶安装在与原装车顶相同的平面上，那么该车顶则不被认为是可更换车顶。

2.2

高顶 raised roof

车顶上突出的区域。

2.3

前排座椅区域上部车顶 roof over the front seat area

位于前排外侧座椅位置 H 点向后 162 mm 的横向垂直平面前方的车顶部分，包括风窗玻璃装饰条。

2.4

风窗玻璃装饰条 windshield trim

风窗玻璃和车顶外表面间任何材料的饰件，包括覆盖在部分风窗玻璃或外部车顶表面上的材料。

3 要求

当使用第 4 章规定的试验设备按照第 5 章的规定的试验程序，向车顶前部边缘的任一侧施加载荷时，加载装置下表面的移动量不应超过 127 mm。载荷的大小为车辆整备质量的 1.5 倍，但不应超过 22 240 N。车顶结构的左前部和右前部都应满足要求。对于车身结构对称的车辆，在一侧进行测试后，另一侧不必再进行测试。

4 试验设备

试验设备的加载装置为刚性块，其下表面为 1 829 mm×762 mm 的平整矩形表面。

5 试验程序

5.1 将车辆刚性地固定在刚性水平面上，并将其固定住。关闭所有车窗。关闭并锁死所有车门。将活动车顶或可拆卸车顶固定在乘员舱顶部。拆除车顶行李架或其他不属于车顶结构的部件。

5.2 按图 1 所示定位加载装置，使其纵轴前倾角为水平面向下 5°(侧视)，并且纵轴平行于穿过车辆纵向中心线的垂直面；横轴外倾角为水平面向下 25°(正视)。

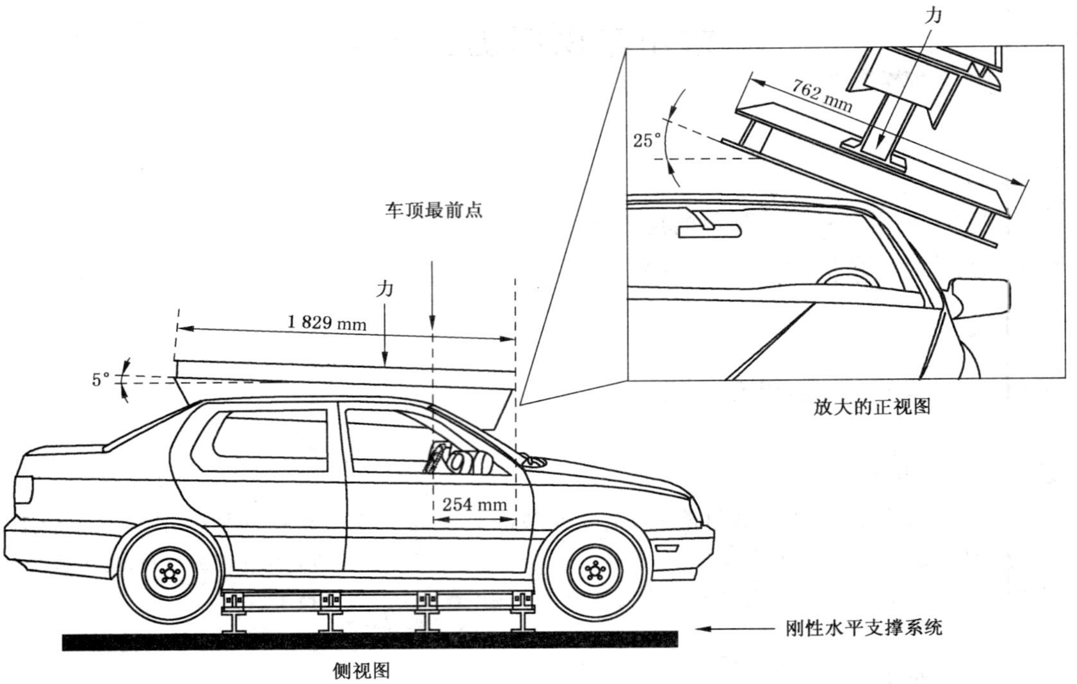

图 1 试验装置的定位

5.3 保持 5.2 规定的定位

5.3.1 向下调节加载装置，使其正好与车顶表面发生接触。

5.3.2 调整加载装置的位置，使其加载装置下表面的纵向中心线穿过与车顶的接触点或接触区域的中心；在除 5.4 规定的情况外，加载装置下表面的前缘中点在车顶外表面最前点，包括穿过车辆纵向中心平面的风窗装饰条，再向前 254 mm 的横向垂直平面不超过 10 mm 的范围内。

5.4 如果试验车辆带有高顶或可更换车顶，并且加载装置与车顶的接触点位于前排座椅上部车顶后部的高顶或可更换车顶上时，加载装置下表面后缘的中点应位于前排座椅区域上部车顶垂直平面不超过 10 mm 的范围内。

5.5 使加载装置沿垂直于下表面的方向向下移动，不应出现转动，加载速度不超过 13 mm/s，直至载荷的大小达到第 3 章的要求，整个试验在 120 s 内完成。

5.6 测量加载装置的位移，该位移是指加载装置下表面开始加载的初始位置，与所施加载荷达到第 3 章的规定时的位置间的距离。

ICS 23.100
J 70

中华人民共和国国家标准

GB/T 26135—2010

高压清洗机

High pressure cleaning unit

2011-01-14 发布

2011-07-01 实施

中华人民共和国国家质量监督检验检疫总局
中国国家标准化管理委员会 发布

前　言

本标准按 GB/T 1.1—2009 的规则起草。

本标准由机械工业联合会提出。

本标准由全国喷射设备标准化技术委员会(SAC/TC 493)归口。

本标准起草单位:合肥通用机械研究院、天津通洁高压泵制造有限公司、四川杰特机器有限公司。

本标准起草人:薛胜雄、陈正文、王永强、齐永健、李文、韩彩红。

高压清洗机

1 范围

本标准规定了高压清洗机的型式与基本参数、技术要求、试验方法、检验规则、标志、包装和贮存。

本标准适用于额定排出压力为10 MPa～300 MPa、额定输出功率为15 kW～500 kW、输送介质为常温清水、由电动机或其他原动机驱动的高压清洗机(以下简称清洗机)和专用高压清洗装置。

2 规范性引用文件

下列文件对于本文件的应用是必不可少的。凡是注日期的引用文件,仅注日期的版本适用于本文件。凡是不注日期的引用文件,其最新版本(包括所有的修改单)适用于本文件。

GB/T 321 优先数和优先数系

GB/T 1173 铸造铝合金

GB/T 1176 铸造铜合金技术条件

GB 3836.1 爆炸性气体环境用电气设备 第1部分:通用要求

GB/T 7784—2006 机动往复泵试验方法

GB/T 9439 灰铸铁件

GB/T 11352 一般工程用铸造碳钢件

GB/T 13384 机电产品包装通用技术条件

GB/T 14976 流体输送用不锈钢无缝钢管

GB 26148 高压水射流清洗作业安全规范

JB/T 6909 超高压泵

3 型式与基本参数

3.1 型式

高压清洗机主要包括四部分:高压水发生设备(以下简称泵)、控制系统、执行系统、辅助系统。清洗机按需要分为移动式、撬装式。

3.2 基本参数

3.2.1 清洗机的额定压力、理论流量、配带原动机功率应符合表1的规定。其实际流量应符合表2的要求。

3.2.2 清洗机的压力等级可以由制造商根据需要自行确定,流量参数也做相应调整。

3.3 柱塞直径

泵的柱塞直径按GB/T 321选取。

表 1 基本参数

配套动力 kW	压力/(MPa)												
	10	30	50	60	70	80	100	125	150	180	200	250	300
	流量/(L/min)												
15	75	25	15	—	—	—	—	—	—	—	—	—	—
30	155	55	30	25	—	—	—	—	—	—	—	—	—
37	295	65	40	30	28	—	—	—	—	—	—	—	—
45	—	80	50	40	35	30	—	—	—	—	—	—	—
55	—	95	60	50	40	35	30	—	—	—	—	—	—
75	—	130	80	65	55	50	40	30	—	—	—	—	—
90	—	155	95	80	65	60	45	40	30	—	—	—	—
110	—	190	115	95	80	70	55	45	40	30	—	—	—
132	—	—	140	115	95	85	70	55	45	40	35	25	20
160	—	—	170	140	120	105	85	65	55	45	40	35	25
200	—	—	—	175	150	130	105	85	70	60	50	40	30
250	—	—	—	215	185	165	130	105	90	70	65	50	40
300	—	—	—	—	225	195	155	125	105	85	80	65	50
400	—	—	—	—	300	260	210	165	140	115	105	—	—
500	—	—	—	—	380	330	265	210	175	145	—	—	—
550	—	—	—	—	410	360	285	230	190	—	—	—	—

表 2 实际流量与理论流量比

项　　目	额定压力/(MPa)			
	10～50	＞50～100	＞100～200	＞200
Q_a ∶ Q_t	≥85%	≥82%	≥80%	≥78%
注：Q_a 表示实际流量；Q_t 表示理论流量。				

4 技术要求

4.1 一般要求

4.1.1 清洗机应按规定程序批准的图样及技术文件制造。

4.1.2 清洗机按压力等级配置相应的进水过滤系统，必要时应采用有压进水方式。

4.1.3 清洗机在额定工况下运转时，润滑油温度应不超过 75 ℃，其温升应不超过 45 ℃。

4.1.4 清洗机主机在额定工况下运行时，不包括射流在内的噪声值不超过表 3 的规定。压力和功率超出表 3 范围则不规定噪声指标。柴油机组不执行表 3 规定。当泵机组噪声超过表 3 规定，应采用降噪方式使之符合。

表 3 主机的噪声值

输入功率 kW	额定压力/(MPa)		
	10～70	＞70～150	＞150～250
	噪声值/[dB(A)]		
2≤37	87	90	91
45～75	93	94	96
90～160	96	97	98
＞180	102		

4.1.5 清洗机连接部位的静密封不得有泄漏现象。

4.1.6 清洗机应有便于拆装运输的起吊装置。

4.2 性能要求

清洗机的初始工况应符合以下两种工况之一：

a) 在清洗机工作(即喷嘴射流)期间，泵的溢流阀(或其他阀)无泄漏，其初始排出压力为额定压力的 90%～105%。

b) 在清洗机工作(即喷嘴射流)期间，泵的排出压力不低于额定压力，其溢流阀(或其他阀)的初始溢流量不大于额定流量的 10%。

4.3 装配要求

4.3.1 清洗机的非加工表面应清理干净。与水接触的非加工表面涂防锈漆，与油接触的非加工表面涂耐油漆。

4.3.2 所有零件(包括外协件)应按图样技术要求检验合格后方能装配。

4.4 主要零部件要求

4.4.1 清洗机所用的材料应有合格证明，证明其符合有关标准方可使用。压力不小于 100 MPa 的高压清洗机承压件材料的选择应符合 JB/T 6909 的规定。

4.4.2 灰铁铸件应符合 GB/T 9439 的规定；铸钢件应符合 GB/T 11352 的规定；铝合金铸件应符合 GB/T 1173 的规定；铜铸件应符合 GB/T 1176 的规定；承压管件应符合 GB/T 14976 的规定。

4.4.3 结构复杂的主要零件(铸件、锻件、焊接件)应进行消除内应力处理。

4.4.4 泵体、填料函、进口分液块、出口集液块、阀体、容器、软管总成等承压件应做耐压试验，试验压力按表 4 的规定。试验压力达到规定值后，保压时间不少于 30 min。保压期间被试零件不应渗漏。

表 4 试验压力

额定压力/MPa	试验压力/MPa	试验介质
10～50	1.5 倍额定压力	清水
≥50～100	1.25 倍额定压力	
≥100～250	1.10～1.25 倍额定压力	

4.4.5 安全阀的动作应灵敏、可靠，安全阀的开启压力应符合表 5 的规定。

表 5 安全阀开启压力

泵额定压力/MPa	≤100	>100
系列安全阀开启压力	(1.10～1.15)倍泵额定压力	(1.05～1.10)倍泵额定压力

4.4.6 喷枪阀应灵敏、可靠。截流型喷枪关闭时，溢流阀开启，此时清洗机的排出压力应降为常压；溢流型喷枪关闭时，清洗机则处于工作状态。截流型喷枪一般应为常闭型，溢流型喷枪一般应为常开型。

4.4.7 调压溢流阀、脚踏控制阀、喷枪阀在清洗机连续运行期间，均应灵敏起跳，随机可靠运行。

4.4.8 阀与阀座应配研，研磨后进行煤油渗漏试验：将阀与阀座倒置，注入煤油，3 min 内不应渗漏。阀组允许修复。

4.4.9 手持喷枪(杆)的反冲力应不大于操作者体重的 1/3，当喷枪(杆)反冲力大于 200 N 时，必须另设置机构固定喷枪(杆)。

4.4.10 旋转喷头在清洗机连续运行期间应平稳旋转、无卡阻。二维旋转喷头在运行中应无啸声；三维旋转喷头转速值应在 200 r/min 以下。

4.4.11 喷枪、喷头、喷杆应做耐压试验，试验压力应执行表 4 规定。

4.4.12 磨料射流系统应保证供料均匀、连续、无堵塞。

4.5 安全要求

4.5.1 联轴器或带轮等外露的运动部件应设防护罩，防护罩应拆卸方便。

4.5.2 当清洗机在爆炸环境使用时，其电气设备应符合 GB 3836.1 的规定。

4.5.3 喷枪最小长度应符合 GB 26148 规定。喷枪须设置锁紧机构。

5 试验方法

5.1 一般要求

5.1.1 清洗机作为一个系统，其试验可独立进行，泵的单独试验应符合 GB/T 7784 的规定。

5.1.2 试验介质为 0 ℃～60 ℃的清水。

5.1.3 试验时，需要配置射流导流机构。射流导流机构做成“Z”型管路，改变射流的直接冲击方向。

5.1.4 清洗机试验工况参数应不低于初始工况参数。有偏差时应按 GB/T 7784 有关公式进行计算。

5.1.5 被测参数的测量仪器、仪表指示值的波动范围应不超过表 6 的规定。

表 6 测量仪器、仪表指示值的波动范围

被测参数	波动范围	被测参数	波动范围
压力	±5%	液体温度	±2 ℃
流量	±1%	泵的输入功率	±2%
泵速或转速	±1%	原动机的输入功率	±2%

5.1.6 试验时，确认清洗机运转达到稳定工况后，所有仪表读数应同时读出和记录。每个被测参数的测量次数应不少于 3 次，取算术平均值为测量值。

5.1.7 清洗机的所有试验操作应执行 GB 26148 的规定。

5.2 试验项目

5.2.1 试运转试验

5.2.1.1 负荷运转试验前应进行空载试运转试验，时间 30 min。

5.2.1.2 试运转中清洗机应无异常声响、振动和泄漏，润滑、温升和所有保护装置应正常。

5.2.2 负荷运转试验

5.2.2.1 负荷运转试验应在额定泵速下，排出压力从常压逐渐上升到初始工况压力的过程中进行。试验不少于四个压力等级，每个压力等级运转时间不少于 15 min，初始工况下运转 2 h。

5.2.2.2 测量初始工况下的压力与流量。

5.2.2.3 配管与连接应与清洗机的最大排出压力相适应。

5.2.3 性能试验

5.2.3.1 性能试验应确定流量、功率与压力的关系，并绘出性能曲线。

5.2.3.2 性能试验应按压力额定值 20%、40%、60%、80%、100%升压，在每一个排出压力下同时测量和记录泵速、流量、功率和排出压力值。

5.2.3.3 在额定工况下，喷枪和脚踏控制阀动作次数应不少于 5 次，调压溢流阀操作不少于 3 次，不得出现卡阻和失控现象。

5.2.4 安全阀试验

5.2.4.1 安全阀有弹簧预压式、膜片式。安全阀安装在泵排出端，型式不限。

5.2.4.2 逐渐关闭排出管路阀门，提高排出压力，在规定的起跳压力下，弹簧预压式安全阀应动作灵敏，试验应不少于 3 次，试验后安全阀能自动复位。

5.2.5 噪声试验

清洗机在额定工况下按 GB/T 7784—2006 附录 C 的规定测量其噪声。

5.2.6 喷射试验

5.2.6.1 清洗机在初始工况下，喷射开关试验应不少于 30 次，启闭灵敏、可靠、无泄漏。

5.2.6.2 每一种喷嘴或喷头按交验数量的 10%做抽查检验(最少为 1 个)，每只喷嘴或喷头的累计试验应不少于 1 h。

5.2.6.3 固定一种喷嘴或喷头进行试验，累积试验 100 h(中途允许停机，但不应更换喷嘴或喷头，停机时间应从累积时间中扣除)，检测初始工况的变化。

5.2.6.4 喷嘴射流非雾化区长度不小于 150 mm，累积试验 100 h 后，非雾化区长度不应小于 120 mm。

5.2.6.5 旋转喷头无卡阻、无啸声。

5.2.6.6 磨料射流的累积试验不少于 1 h，磨料的粒度、材料和消耗量应做记录。

5.2.7 连续运转试验

5.2.7.1 连续运转试验应在所有试验项目完毕后，在初始工况和最大泵速下连续运转。试验期间允许中途停机。运转中出现故障允许停机检查，主要零部件损坏情况下，试验应重新开始。

5.2.7.2 连续运转试验时间为 100 h，泵和射流部件同步进行。

5.2.7.3　易损件寿命指标应符合表7的规定，其指标考核的依据为运行或试验的积累纪录。

表7　易损件寿命

易损件名称	额定压力 MPa	
	≤100	>100
喷　嘴	200 h	100 h
密　封	1 000 h	500 h
阀　组	1 000 h(允许修复)	500 h(允许修复)
磨料射流喷嘴	50 h	

5.2.7.4　清洗机运行中排出压力比初始工况下降10%时，应更换合格喷嘴后再检测整机性能参数。若性能参数不符合，则检查其他易损件，确定其是否判废与更换，截止此时的累积工作时间也就是该易损件的寿命。

5.2.7.5　试验中应定时4 h记录压力、流量、泵速、功率、润滑油温度和密封泄漏量。

5.2.7.6　试验中应记录易损件的寿命、修复次数和停车时间。试验后应对清洗机进行解体检查、记录零部件的磨损和损坏情况。

5.3　数据处理、参数测量、性能曲线

5.3.1　数据处理、参数测量应符合GB/T 7784的规定。

5.3.2　试验记录表参见附录A。

5.3.3　清洗机性能曲线见图1。

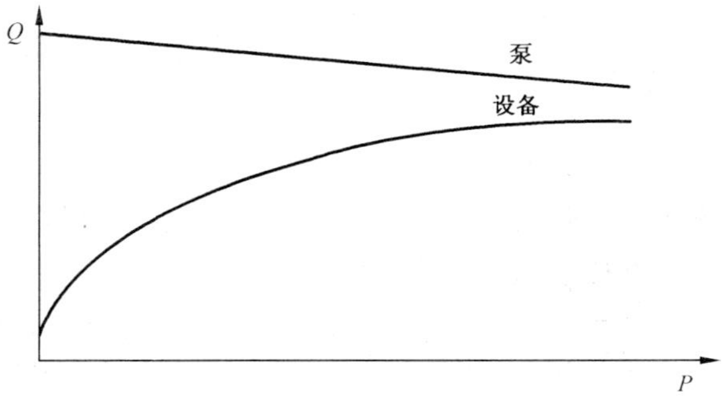

图1

6　检验规则

6.1　检验类别与项目

6.1.1　清洗机在制造精度检验、装配精度检验、主要零件材质检验、耐压试验检验合格后方能进行运转试验。

6.1.2　清洗机的各类检验按表8规定的项目进行。

表 8 检验项目

检验项目	要　　求	型式检验	抽样检验	出厂检验
性能	5.2.3	√	√	○
试运转	5.2.1	√	√	√
负荷运转	5.2.2	√	√	√
连续运转	5.2.7	√	×	×
安全阀	5.2.4	√	√	√
噪声	5.2.5	√	○	×
喷射	5.2.6	√	×	×
注：√表示进行；○表示按需要；×表示不进行。				

6.2 出厂检验

6.2.1 清洗机整机、零部件或附属装置，均应由制造商的质量检验部门检验合格并附有产品合格证方可出厂。

6.2.2 清洗机出厂检验时性能参数应达到初始工况值。出厂试验后应除尽腔内积水，整机进行防锈处理。

6.3 抽样检验

成批生产的清洗机每 10 台应取 1 台进行抽样检验，如检验结果不合格应加倍台数重检，如仍有不合格则应逐台检验。

6.4 型式检验

6.4.1 新产品首台样机应做型式检验。

6.4.2 用户有特殊要求时，可在用户处(新产品首台样机除外)检验。具体检验内容由双方协议规定，但不应低于本标准要求。

6.5 检验报告

6.5.1 出厂检验报告内容包括试验记录和试验结论。

6.5.2 抽样检验报告内容包括：试验记录、清洗机的性能曲线图、清洗机试验结论。

6.5.3 型式检验报告内容包括：

a) 试验前清洗机装配和主要零件检查的资料；

b) 试验后清洗机解体检验结果和主要摩擦副尺寸变动的资料；

c) 试验记录、清洗机的性能曲线图；

d) 试验用仪器、仪表的计量资料；

e) 清洗机系统布置图；

f) 清洗机外购件清单；

g) 试验条件；

h) 清洗机试验结论。

7 标志、包装和贮存

7.1 标志

7.1.1 每台清洗机上应在明显位置固定永久性产品铭牌，内容至少应包括：

a) 制造商名称；

b) 清洗机的名称和型号；

c) 清洗机主要技术参数：压力(MPa)；流量(L/min)；泵速(r/min)；主机功率(kW)；机组质量(kg)；

d) 出厂编号、日期；

e) 产品执行标准编号。

7.1.2 清洗机应标注原动机旋转方向，其他单方向旋转的部件上均应有转向箭头。

7.2 包装

7.2.1 整机的包装应符合 GB/T 13384 的规定。

7.2.2 每套清洗机出厂时应附带下列文件，并封存在防潮袋内。

a) 产品合格证明书；

b) 产品使用说明书；

c) 易损件清单；

d) 装箱清单；

e) GB 26148 标准。

7.3 贮存

清洗机贮存应干燥、通风。露天存放时应有防雨措施。

附　录　A
（资料性附录）
试验记录表

A.1　清洗机的各项试验记录见表 A.1。

表 A.1　试验记录表

基本参数		
清洗机型号：	出厂编号：	额定排出压力/MPa：
理论流量/(L/min)：	试验介质：	环境噪声/dB(A)：
电动机型号：	功率 kw：	额定电压 V：
额定电流/A：	电动机转速/(r/min)：	电动机编号：
电动机制造厂：	出厂日期：	环境温度：
压力测量方法：	流量测量方法：	噪声测量方法：

测试项目		测　量　点											
					1				2				3
排出压力　MPa													
流量	测量时间　min												
	液体质量/容积　kg/L												
	实际流量　L/min												
	容积系数　%												
泵速	电动机转速　r/min												
	泵速　r/min												
原动机功　率（额定泵速）	输入功率　kW												
	效率　%												
	输出功率　kW												
喷射试验	泵压力　MPa												
	喷嘴流量　L/min												
	射流非雾化区长度　mm												
其他	安全阀开启压力　MPa												
	溢流阀排放压力　MPa												
	噪声　dB(A)												
试验人员		试验负责人						试验日期					

ICS 23.100
J 70

中华人民共和国国家标准

GB/T 26136—2010

超高压水切割机

Ultra-high pressrue waterjet cutting machine

2011-01-14 发布　　　　2011-07-01 实施

中华人民共和国国家质量监督检验检疫总局
中国国家标准化管理委员会　发布

前　言

本标准按 GB/T 1.1—2009 的规则起草。

本标准由中国机械工业联合会提出。

本标准由全国喷射设备标准化技术委员会(SAC/TC 493)归口。

本标准起草单位:南京大地水刀股份有限公司、合肥通用机械研究院、广州华臻机械设备有限公司、沈阳奥拓福科技有限公司。

本标准主要起草人:薛胜雄、陈波、陈正文、赵红军、蒋镇汉、李岳峰、武子全。

超高压水切割机

1 范围

本标准规定了超高压水切割机的型式与基本参数、技术要求、试验方法、标志、包装、贮存和运输。

本标准适用于额定输出压力 150 MPa～400 MPa 的超高压水切割机(简称水切割机,其主机为超高压增压器或超高压泵)。

2 规范性引用文件

下列文件对于本文件的应用是必不可少的。凡是注日期的引用文件,仅注日期的版本适用于本文件。凡是不注日期的引用文件,其最新版本(包括所有的修改单)适用于本文件。

GB/T 3 普通螺纹收尾、肩距、退刀槽和倒角

GB/T 191 包装储运图示标志

GB/T 196 普通螺纹 基本尺寸

GB/T 197 普通螺纹 公差

GB/T 222 钢的成品化学成分允许偏差

GB/T 223.3～223.78 钢铁及合金化学分析方法

GB/T 228 金属材料 室温拉伸试验方法

GB/T 229 金属材料 夏比摆锤冲击试验方法

GB/T 230.1 金属材料 洛氏硬度试验 第1部分:试验方法(A、B、C、D、E、F、G、H、K、N、T标尺)

GB/T 231.1 金属材料 布氏硬度试验 第1部分:试验方法

GB/T 699 优质碳素结构钢

GB/T 700 碳素结构钢

GB/T 1220 不锈钢棒

GB/T 3077 合金结构钢

GB 5226.1 机械电气安全 机械电气设备 第1部分:通用技术条件

GB 5749 生活饮用水卫生标准

GB/T 13306 标牌

GB/T 14976 液体输送用不锈钢无缝管

GB/T 17421.1 机床检验通则 第1部分:在无负荷或精加工条件下机床的几何精度

3 型式与基本参数

3.1 型式

水切割机由超高压发生设备(主机),切割平台,切割执行机构及控制系统构成。水切割机的主机分液压驱动的增压器及超高压泵两种型式,原动机为电动机或柴油机。

3.2 基本参数

3.2.1 水切割机主机的基本参数按表1规定。

表 1

额定压力/MPa	流量/(L/min)	额定功率/kW	额定压力/MPa	流量/(L/min)	额定功率/kW
150	1	3	300	3	22
	2	5.5		4	30
	4	11		4.5	37
	7	18.5		6	45
200	1	5.5		7	55
	1.5	7.5		9.5	75
	2	11	350	1.5	15
	3	15		2	18.5
	4	22		3	30
	6	30		4	37
	7	37		5	45
250	1	7.5		6	55
	1.5	11		8	75
	2	15	400	1	11
	3	22		1.5	15
	4.5	30		2	22
	5.5	37		3	30
	7	45		3.5	37
	8.5	55		4.5	45
	11.5	75		5.5	55
300	1.5	11		7	75
	2	18.5		8.5	90

3.2.2 型号

3.2.2.1 主机型号

主机按压力、功率和型式分类。特征代号用三位英文字母表示;压力代号为二位数,用额定压力(单位 MPa)除以 10 表示;功率代号用一至二位数(功率为含小数的数值时取整数部分)表示,单位 kW;型式用一位英文字母表示,增压器式为 Z,柱塞泵式为 B;递进码用一位英文字母(A,B,C……)表示,用于区分经过重大改进的同类产品。

主机型号表示方法如下:

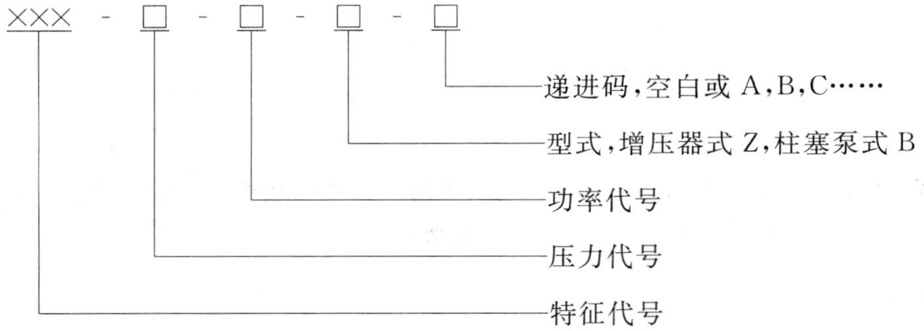

示例:×××-30-22-Z-A 表示额定压力为 300 MPa、功率为 22 kW、型式为增压器式的 A 型主机。

3.2.2.2 切割平台型号

切割平台按 X 向与 Y 向行程分类。特征代号用三位英文字母表示；X 向行程代号和 Y 向行程代号分别用实际行程(单位 mm)除以 100 表示；递进码用一位英文字母(A,B,C……)表示，用于区分经过重大改进的同类产品。

切割平台型号表示方法如下：

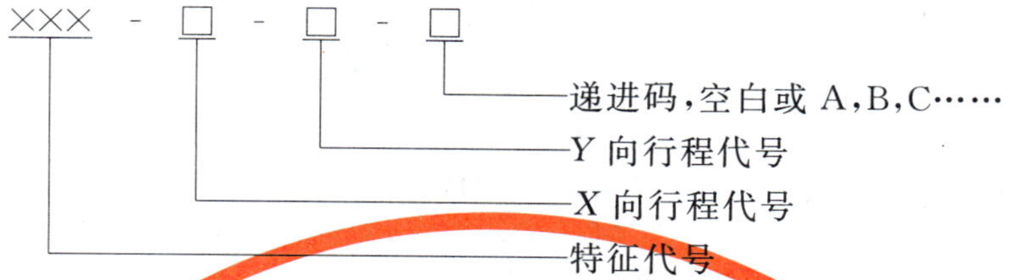

示例：×××-15-20-B 表示 X 向行程为 1 500 mm、Y 向行程为 2 000 mm 的 B 型切割平台。

4 技术要求

4.1 一般要求

4.1.1 水切割机应按规定程序批准的图样及文件制造。

4.1.2 水切割机的使用环境温度为 0 ℃～40 ℃。

4.1.3 水切割机在额定工况水槽降噪条件下，主机功率不大于 37 kW 时的噪声应≤90 dB(A)；主机功率不大于 45 kW 时的噪声应≤95 dB(A)。

4.1.4 主机型式为增压器式时应配置超高压蓄能器。

4.1.5 电气系统的设计和制造应符合 GB 5226.1 中的有关规定，主机电气系统设计应满足既可单独控制，又可在控制台上对其实现控制。

4.1.6 主机应能无级调节工作压力，并配有压力检测显示装置。

4.1.7 主机泵进水压力应≥0.3 MPa，增压器的进水压力应≥0.5 MPa，主机进水应连续、无异常振动和断流现象。

4.1.8 主机进水应配有精密过滤装置，额定压力＞300 MPa 时，过滤精度不低于 1 μm，额定压力≤300 MPa 时，过滤精度不低于 5 μm。

4.1.9 进水水质应符合 GB 5749 的要求，水质硬度大于 450 mg/L 时，应按制造商规定的方法进行软化处理。

4.2 性能要求

4.2.1 水切割机的工作压力不得低于额定压力的 90%。

4.2.2 主机应能在额定压力和额定流量工况下平稳运行，各静密封面处无泄漏，无异常声响与振动。

4.2.3 水切割机对试件的切割准确度为±0.1 mm，试件切断面的斜度误差不应超过 0.05 mm。

4.2.4 喷嘴出流为集束射流，射流直线段不小于 50 mm。

4.2.5 切割平台

4.2.5.1 切割平台应运行平稳，无抖动和爬行现象。

4.2.5.2 运行速度应可调，最高运行速度应不小于 8 m/min。

4.2.5.3 几何精度应符合表 2 中 G1～G4 的规定。

4.2.5.4 重复定位精度应符合表 2 中 G5 的规定。

4.2.5.5 反向间隙应符合表 2 中 G6 的规定。

4.2.5.6 数控轴补偿后的定位精度应符合表 2 中 G7 的规定。

4.2.5.7 数控轴的运动精度应符合表 2 中 G8 的规定。

4.2.6 切割执行机构

4.2.6.1 切割头应安装牢固,切割过程中不产生晃动及位移。

4.2.6.2 高压水开关阀应开关灵敏、无泄漏。

4.2.6.3 磨料供给系统应加装防回水装置,作业过程中不允许发生回水现象。

4.2.6.4 磨料控制阀应开关灵敏、工作可靠。

4.2.6.5 磨料供给应均匀、连续,无堵砂、断砂现象,磨料供给量可调节。

4.2.7 液压系统

4.2.7.1 液压系统在额定压力下工作时,所有焊缝和接合面应无渗漏。

4.2.7.2 液压系统在环境温度 0 ℃～40 ℃时可正常工作,额定工况下运行一个小时,液压系统温升应不超过 40 ℃,最高油温应不超过 65 ℃。

4.3 装配要求

4.3.1 检验合格后的零件方可装配,外购部件应有合格证才可装配。

4.3.2 装配前,各零件应清除毛刺并清洗干净。

4.3.3 装配时,所有的高压密封面应涂抹润滑脂,所有承受高压的螺纹应涂抹防咬死润滑脂。

4.3.4 柱塞和密封套应偶配研磨,其表面粗糙度 $Ra \leqslant 0.04\ \mu m$。

4.3.5 螺纹连接件应使用力矩扳手按规定的力矩紧固。

4.3.6 对于使用时可能发生拆装的接头应采用明显的文字或图形标识,以防接错。

4.3.7 装配完成后,盘车检查,无卡阻现象。

4.4 主要零部件要求

4.4.1 主机承压件的材料要求

4.4.1.1 主机承压件的材料按图样规定选择。

4.4.1.2 所有承压件的材料力学性能必须满足表 3 的规定。主机的使用温度低于 20 ℃(耐压试验温度)时,以较低的温度进行冲击试验,要同时满足表 3 中平均值和最小值的规定。

4.4.1.3 承压件材料应有化学成分和力学性能证明书,若无证明书时,应按 GB/T 222、GB/T 223.3～223.78、GB/T 228、GB/T 229、GB/T 230.1 和 GB/T 231.1 的规定进行化学成分分析和力学性能检验。材料的化学成分和力学性能应符合 GB/T 699、GB/T 700、GB/T 1220 和 GB/T 3077 的规定。

表 2

序号	简图	检验项目	允差 mm	检验工具	检验方法(参照 GB/T 17421.1 的有关规定)
G1	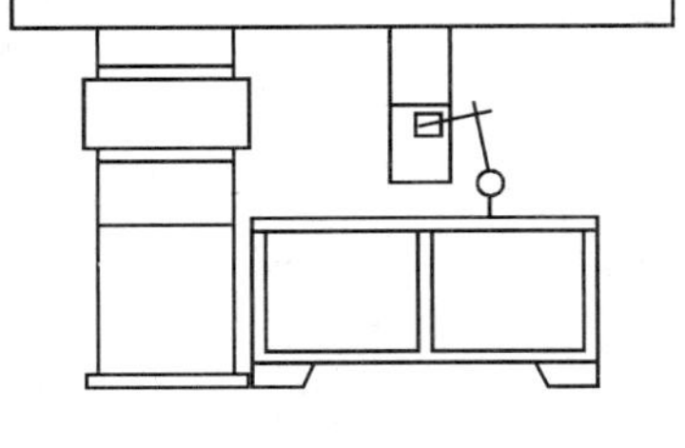	工作台的平面度	1 000 测量长度上为 0.5	平尺、量块、等高块或精密水平仪	工作台的长边值确定误差

表 2（续）

序号	简图	检验项目	允差 mm	检验工具	检验方法（参照 GB/T 17421.1 的有关规定）
G2	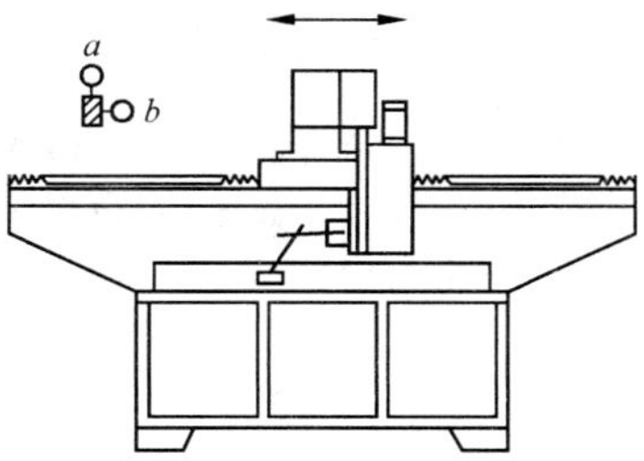	切割头纵向移动在垂直平面 *a* 内的直线度及水平面 *b* 内的直线度	行程≤1 000，0.08； 1 000<行程≤2 500，0.15； 行程>2 500，0.25	指示器、平尺	工作台面置一精确平尺，将指示器固定在切割头支架上，使其探头触及平尺平面上，调整平尺，使指示器在平尺两端的读数相等，移动滑台在全部行程上检验，*a* 在垂直平面内，*b* 在水平面内，*a*、*b* 误差分别计算，以指示器读数的最大代数差值为误差值
G3	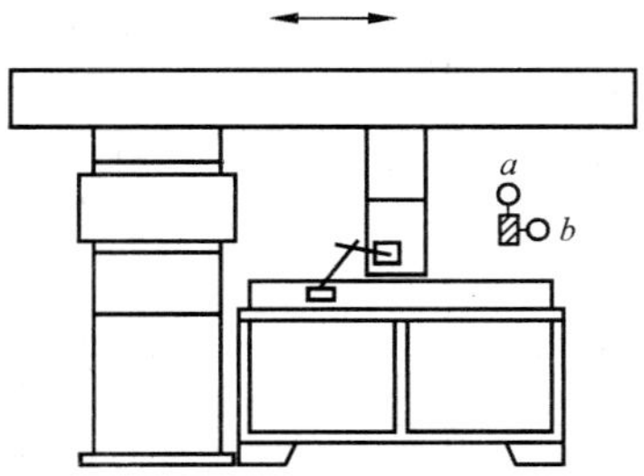	切割头横向移动在垂直平面 *a* 内的直线度及水平面 *b* 内的直线度	行程≤1 000，0.08； 1 000<行程≤2 500，0.15； 行程>2 500，0.25	指示器、平尺	工作台面置一精确平尺，将指示器固定在切割头支架上，使其探头触及平尺平面上，调整平尺，使指示器在平尺两端的读数相等，移动滑板在全部行程上检验，*a* 在垂直平面内，*b* 在水平面内，*a*、*b* 误差分别计算，以指示器读数的最大代数差值为误差值
G4	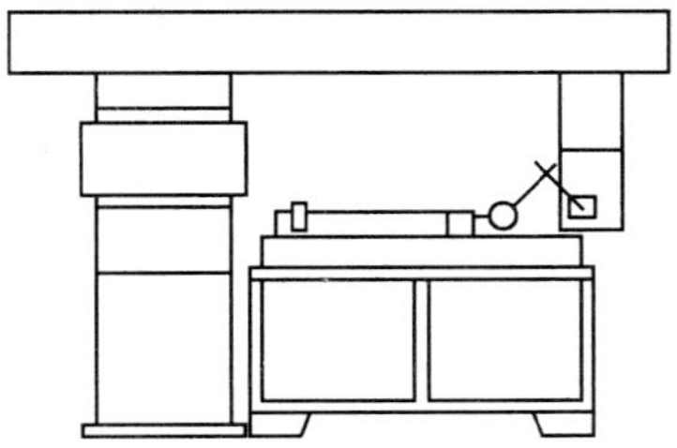	切割头横向移动对纵向移动的垂直度	行程≤1 000，0.05	指示器、角尺	角尺置于工作台面，指示器固定在切割头支架上，调整角尺，使得角尺一侧面与平台纵向移动方向平行，将指示器测头触及角尺另一测面，横向移动测头，指示器在角尺两端的读数差值为误差值
G5	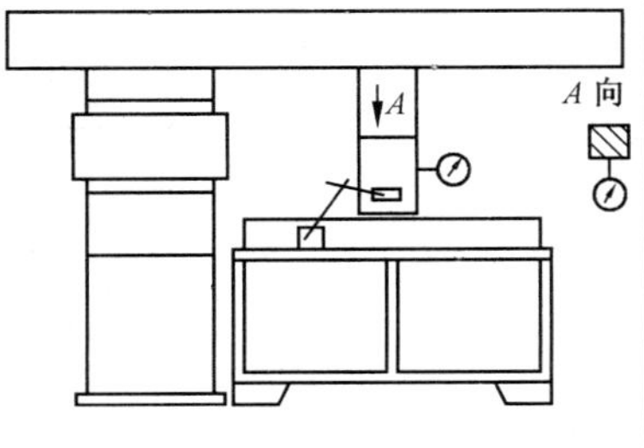	重复定位精度	*a*：0.03 *b*：0.03	指示器	固定指示器，使其探头触及切割头支架，纵向、横向分别移动 7 次，使其离开指示器一定距离后再返回，*a* 为横向；*b* 为纵向。*a*、*b* 向分别测量误差，分别计算，记录指示器读数的最大差值。在平台行程中间及靠近两端三个位置进行检验，以三个值中最大为误差值

表 2（续）

序号	简图	检验项目	允差 mm	检验工具	检验方法（参照 GB/T 17421.1 的有关规定）
G6	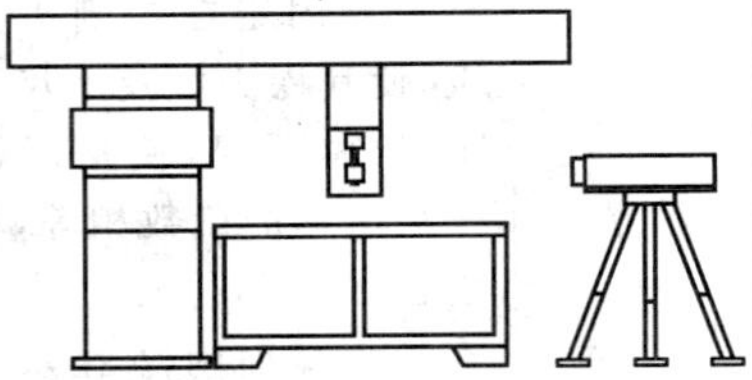	反向间隙	*a*:0.03 *b*:0.03	激光干涉仪	在所测轴向上架设激光干涉仪，调整光束保证信号强度，设置测试参数。切割平台运行检测程序，激光干涉仪采集数据，对数据进行分析得出反向间隙。*a* 为横向；*b* 为纵向。横向与纵向分别检测
G7	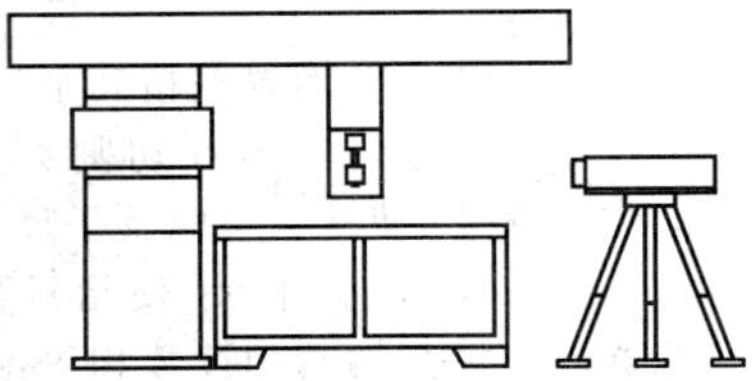	定位精度	*a*:0.08 *b*:0.08	激光干涉仪	在所测轴向上架设激光干涉仪，调整光束保证信号强度，设置测试参数。切割平台运行检测程序，激光干涉仪采集数据，对数据进行分析得出定位精度。*a*:横向；*b*:纵向。横向与纵向分别检测
G8	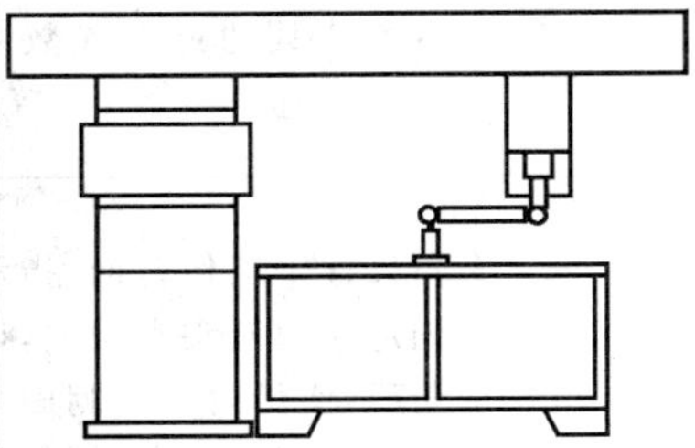	运动精度（圆度）	0.166	球杆仪	固定球杆仪中心定位球，对好中心点，设置测量参数，切割平台运行检测程序，球杆仪进行数据采集，对数据进行分析，得出圆度测量值。检测时运动半径为150 mm，速度为 3 000 mm/min

表 3

类别	等级	拉伸试验						冲击试验		
		极限强度	屈服极限	伸长率		断面收缩率		试验温度/℃	夏比冲击吸收功/J	
				%						
		MPa		轴向	切向	轴向	切向		平均值	最小值
锻件	A	700～850	>600	>17	>14	>45	>40	20	>20.6	>14.7
	B	850～1 000	>750	>16	>13	>35	>30			
	C	1 000～1 200	>900	>14	>12	>25	>22			
管子	a	800～900	>700	>17	>14	>50	>40	20	>20.6	>14.7
	b	900～1 000	>800	>16	>13	>50	>40			
	c	1 000～1 100	>900	>16	>12	>45	>35			

4.4.2 主机承压件的制造技术要求

4.4.2.1 密封面不应有划伤、凹陷等缺陷。

4.4.2.2 在承压零件上若有开孔和螺孔时，应考虑应力集中的影响。

4.4.2.3 主机所有承压零部件应进行耐压试验。

4.4.2.4 主机耐压试验应在设计温度下进行，试验介质为工作介质。

4.4.2.5 耐压试验压力为：

$$p_{\mathrm{P}} = (1.1 \sim 1.25)p \qquad \cdots\cdots(1)$$

式中：

p——主机额定压力。

当试验压力达到规定值时，稳压保压时间不低于 30 min，保压期间不应渗漏。

4.4.3 切割平台

4.4.3.1 切割平台的驱动电动机为步进式或交流伺服式。

4.4.3.2 工作台水箱应设置溢流装置，以控制水箱水位。

4.4.3.3 运动机构应当具有适当的防止灰尘和砂粒损害的防护装置。

4.4.3.4 切割平台应设置参考点（机械原点）、硬超程限位（机械限位）和软超程限位（电控限位）。

4.4.3.5 对于大规格工作台面（行程≥2 500 mm）的切割平台应配备手轮。

4.4.4 切割执行机构

4.4.4.1 磨料一般采用石英砂、石榴石等，粒度为 60 目～120 目。

4.4.4.2 超高压钢管采用无缝钢管，弯曲时采用冷弯工艺，钢管应符合 GB/T 14976 的有关规定。

4.4.4.3 超高压钢管管段螺纹应符合 GB/T 3、GB/T 196、GB/T 197 的有关规定。

4.4.4.4 超高压软管应进行 1.5 倍工作压力下的耐压试验，爆破压力应为工作压力的 2.5 倍。

4.4.4.5 布置超高压硬管时，如需折弯，应采用冷弯工艺；超高压软管布置时弯曲半径不得小于该型软管允许的最小弯曲半径。

4.5 可靠性要求

易损件在负荷下累计运行时间不低于表 4 的规定。

表 4

项　　目	累计运行时间/h		项　　目	累计运行时间/h
往复动密封	$p \leqslant 250$ MPa	250 MPa$<p<$400 MPa	水喷嘴	50
	500	300	磨料喷嘴	100
溢流阀组（允许修复）	500		进出水阀组（允许修复）	500

4.6 安全要求

4.6.1 主机安全阀应开启灵敏，其开启压力为 1.05 倍～1.1 倍额定压力。

4.6.2 主机配有安全爆破元件时，爆破压力为 1.1 倍～1.25 倍额定压力。

4.6.3 主机的安全监控系统至少包括:超压报警、油温超温报警和进水欠压报警。

4.6.4 主机应配有卸压装置,当主机或切割头发生故障时,应停机,卸压后再进行维修。

4.6.5 切割头上应设置防溅板。

4.6.6 对于操作、维护不当时可能发生人身或设备损伤的位置,应设置明显的警告标识。

4.6.7 水切割机应安装闪电牌、接地标志牌、插头标示牌和使用电压提示牌、不可带电插拔提示牌、接地提示牌等。

4.6.8 超高压管

4.6.8.1 超高压软管接头应有钢丝柔性扣以防脱离伤人。

4.6.8.2 人工操作处 1 m 范围内的高压管必须采取护管防护。所有超高压管路接头处必须有安全泄漏孔。

4.6.8.3 主机、切割平台间外露的超高压硬管连接处应有管夹固定。

4.6.9 电气设备

4.6.9.1 水切割机电柜内所有外露带电部件的直接触电防护等级应达到 IP2X,符合 GB 5226.1 的规定。

4.6.9.2 水切割机的电气耐压(泄漏电流、抗电强度)试验必须符合 GB 5226.1 的规定。

4.6.9.3 水切割机的绝缘电阻必须符合 GB 5226.1 的规定。

4.6.9.4 主机中所有电机防护等级不得低于 IP44。

4.6.9.5 主机、切割平台、控制柜应可靠接地,接地电路的连续性必须符合 GB 5226.1 的规定。

4.7 外观要求

4.7.1 外观表面不应有任何损伤、磕碰现象。

4.7.2 各种标牌、标识应清晰、醒目,安装牢固。

4.7.3 表面应涂防锈漆及外观漆,漆层光亮、平整且无色差。

4.7.4 高压管线走管整齐,弯曲半径统一,用管夹妥善固定,各种电气连接、电缆应整齐排列,用管夹固定,不得有折叠、扭弯等现象。

5 试验方法

5.1 试验条件

5.1.1 水切割机作为一个系统,其试验可独立进行。

5.1.2 试验介质为 0 ℃～40 ℃的软化水。

5.1.3 测量用仪器、仪表误差应符合表 5 的要求,所有测量用仪器、仪表应在有效期内,并有计量部门的检定合格证。

5.1.4 试验时,在确认设备运转达到稳定工况后,所有仪表读数应同时读出和记录,每个被测参数的测量次数应不少于 3 次,取算术平均值为测量值。

表 5

参数	型式与抽查试验的相对极限误差/%	出厂试验的相对极限误差/%
往复次数	±0.5	±1.0
压力	±1.0	±2.5

表 5（续）

参数	型式与抽查试验的相对极限误差/%	出厂试验的相对极限误差/%
流量	±2.0	±2.0
泵的输入功率	±2.0	±2.5
温度	±2.0	±2.0
噪声	±2.0	±2.0
时间	±0.5	±0.5

5.2 性能试验

5.2.1 基本参数检验

通过压力显示装置观察水切割机的压力，使用溢出法检测水切割机的流量。主机的基本参数应符合 3.2.1 的规定。

5.2.2 切割准确度检测

在切割平台上切割 5 mm 厚的 Q235A 钢板，形状为 ϕ100 mm 的圆或边长为 100 mm 的正方形，当切割平台调试稳定后，测量所切圆直径或正方形边长，准确度应符合 4.2.3。

5.2.3 切割精度检测

按表 2 规定的项目和方法进行切割平台精度检测，各项精度应符合表 2 的规定。

5.2.4 切割执行机构试验

5.2.4.1 在额定工况下，试验并观察喷嘴射流的长度，应符合 4.2.4 的规定。

5.2.4.2 观察磨料供给系统的工作情况，应符合 4.2.6 的规定。连续供砂试验不少于 10 min，磨料控制阀开、关次数应不少于 10 次。

5.2.4.3 观察高压水开关阀的工作情况，开关阀应灵敏，无泄漏，开关次数不少于 10 次。

5.2.5 液压系统试验

5.2.5.1 观察液压系统的运行情况，应符合 4.2.7.1 的规定。

5.2.5.2 液压系统的油温达到稳定温度时，检测液压油的温度和温升，应符合 4.2.7.2 的规定。

5.3 安全性检验

5.3.1 观察水切割机的安全防护装置的配置与性能，应符合 4.6 的规定。

5.3.2 安全阀试验

安全阀应在主机运转时进行试验和调整。逐渐提高主机压力，安全阀应在 4.6.1 规定的压力下灵敏动作，试验应不少于 3 次。

5.3.3 安全爆破元件试验

安全爆破元件的试验在主机运行时进行。逐渐提高主机压力，安全爆破元件应在 4.6.2 规定的压力下爆破，制造时每批按 10%进行抽样试验。

5.4 噪声检测

噪声检测在水切割机额定工况下运行时进行。传声器应面向水切割机噪声源,并与水平面平行;传声器距离地面高度为 1 500 mm,距水切割机外围 1 000 mm,选择若干点测量,测量的最大读数值作为该水切割机的噪声声压极值,其数值应符合 4.1.3 的规定。

5.5 外观检验

用目测法检验水切割机的外观质量,应符合 4.7 的要求。

5.6 试运转试验

5.6.1 主机试运转试验

5.6.1.1 试运转主要是检查主机的制造质量并对其进行跑合。

5.6.1.2 试运转包括轻载和升载试验,轻载试验应在系统压力为 100 MPa 的条件下进行,试验不少于 1 h,升载试验压力从 100 MPa 逐渐上升到额定压力的过程中进行,全压力范围每 20 MPa 为一个压力级进行升载试验。

5.6.1.3 试运转中主机的噪声、振动、温升、泄漏和所有保护装置应正常。

5.6.1.4 主机试运转的时间应不少于 16 h,其性能应符合 4.2.2 的规定。

5.6.2 切割平台试运转试验

切割平台的各项试验分别进行手动功能和自动功能操作,重复操作不少于 5 次,各项功能部件应灵活、可靠、准确,然后对其进行连续运转试验,即:输入一自动循环程序,程序中应含切割平台的所有功能和全部工作范围,各次自动循环之间休止时间不得超过 1 min,连续空运转时间不得少于 16 h,整个运转过程中不应发生故障。

5.7 累积运转试验

5.7.1 累积运转试验时间为各项试验时间的总和。

5.7.2 试验时,每 4 h 测量一次压力、流量、温升。

5.7.3 累积运转中连续运转试验不少于 50 h。

5.7.4 试验时,系统压力应保持在额定压力。若低于额定压力 10%,且不能恢复时,应停止试验。首先更换喷嘴,机组压力可恢复至额定压力时,则喷嘴判废,继续试验。若更换喷嘴后,不能恢复至额定压力,则应检查密封副、进出水阀,确定其是否应判作废或更换,此时累计运转时间即为该易损件寿命。

5.7.5 试验后,记录泵主要运动副的磨损数据,并与试验前的数据比较。

5.7.6 主机主要易损件的使用寿命应符合 4.5 的规定。

6 检验规则

6.1 检验类别与项目

水切割机各类检验项目按表 6 规定进行。

6.2 出厂检验

6.2.1 每台水切割机须经质量检验部门检验合格,并附有产品合格证方可出厂。

6.2.2 出厂检验中,具体检验项目如有不合格,允许一次修整,如仍不合格,则判此水切割机不合格。

6.3 抽样检验

成批生产的水切割机每10台应取1台进行抽样检验，如检验结果不合格应加倍台数重检，如仍有不合格则应逐台检验。

6.4 型式检验

6.4.1 有下列情况之一时，必须进行型式检验

a) 新产品试制定型鉴定；

b) 正式生产后，如改变结构、材料、工艺等有较大改变可能影响产品性能时；

c) 正常生产时每三年进行一次；

d) 停产二年后又恢复生产时；

e) 国家质量监督机构提出进行型式检验的要求时。

6.4.2 从出厂检验合格的产品中随机抽取一台进行项目测试，4.1、4.2及4.6所规定指标需一次性合格，其他项目如有不合格项，允许修整后复测，如仍不合格，则判本次型式检验不合格。

表6

检验项目	要求	出厂检验	抽样检验	型式检验
性能检验	5.2	√	√	√
安全性检验	5.3	√	√	√
噪声测试	5.4	√	√	√
外观检验	5.5	√	√	√
试运转检验	5.6	×	√	√
累积运转检验	5.7	×	×	√
注：√表示需进行；×表示不进行。				

7 标志、包装、贮存和运输

7.1 标志

7.1.1 标志应位于明显位置。

7.1.2 产品标牌应符合GB/T 13306的规定。

7.1.3 标牌的内容至少包括下列内容：

a) 产品的型号和名称；

b) 主要技术参数；

c) 制造商名称；

d) 出厂编号和生产日期；

e) 产品执行标准编号。

7.2 包装

7.2.1 主机、切割平台和控制部分应分别包装。所有部件都应包装，以防止有害物质的侵蚀和外来物质的进入。

7.2.2 产品分部件包装，内包装为塑料罩，外包装为木箱或简易钢结构焊接件。

7.2.3 包装内应附带下列文件，并封存在防水的袋内。

a) 产品合格证；

b) 使用说明书，内容应包括技术规格，安全事项，安装规程，主机调试与运行的方法步骤，控制面板基本操作，低压水系统，液压系统，电气系统，高压水系统，维护与维修措施等内容；

c) 易损件及备件清单；

d) 电气接线图；

e) 装箱单；

f) 基础布局图；

g) 紧急医疗处置卡。

7.2.4 包装图示标志应符合 GB/T 191 的规定，标志内容包括：

a) 产品名称和型号；

b) 重量和装箱日期；

c) 印有“向上”、“怕湿”、“小心轻放”等标志；

d) 制造商名称、地址、电话。

7.3 贮存和运输

7.3.1 水切割机须存放在干燥通风处。

7.3.2 运输过程中，应有防压、防潮措施。

7.3.3 应安装起吊装置，如起吊环，以方便进行安全运输。

ICS 23.140
J 72

中华人民共和国国家标准

GB/T 26137—2010

高炉煤气能量回收透平膨胀机热力性能试验

Thermodynamic performance testing for blast furnace gas energy recovery turbo-expander

2011-01-14 发布　　2011-07-01 实施

中华人民共和国国家质量监督检验检疫总局
中国国家标准化管理委员会　发布

前　　言

本标准由中国机械工业联合会提出。

本标准由全国风机标准化技术委员会(SAC/TC 187)归口。

本标准起草单位:沈阳鼓风机(集团)有限公司、陕西鼓风机(集团)有限公司。

本标准主要起草人:陈凤义、王斗、李杰、郑华、张三元。

高炉煤气能量回收透平膨胀机热力性能试验

1 范围

本标准规定了高炉煤气能量回收透平膨胀机(以下简称膨胀机)热力性能试验的试验方法。

烟气、硝酸尾气及其他能量回收透平膨胀机的热力性能试验可参照本标准。

2 规范性引用文件

下列文件中的条款通过本标准的引用而成为本标准的条款。凡是注日期的引用文件,其随后所有的修改单(不包括勘误的内容)或修订版均不适用于本标准,然而,鼓励根据本标准达成协议的各方研究是否可使用这些文件的最新版本。凡是不注日期的引用文件,其最新版本适用于本标准。

GB/T 1236 工业通风机 用标准化风道进行性能试验(GB/T 1236—2000,idt ISO 5801:1997)

GB/T 2624.1 用安装在圆形截面管道中的差压装置测量满管流体流量 第1部分:一般原理和要求(GB/T 2624.1—2006,ISO 5167-1:2003,IDT)

GB/T 2624.2 用安装在圆形截面管道中的差压装置测量满管流体流量 第2部分:孔板(GB/T 2624.2—2006,ISO 5167-2:2003,IDT)

GB/T 2624.3 用安装在圆形截面管道中的差压装置测量满管流体流量 第3部分:喷嘴和文丘里喷嘴(GB/T 2624.3—2006,ISO 5167-3:2003,IDT)

GB/T 2624.4 用安装在圆形截面管道中的差压装置测量满管流体流量 第4部分:文丘里管(GB/T 2624.4—2006,ISO 5167-4:2003,IDT)

JB/T 3165 离心和轴流式鼓风机和压缩机热力性能试验

3 符号和说明

3.1 本标准的符号和说明按表1规定。

表1 符号和说明

符号	名称	单位	说明
d	节流孔直径	m	节流孔直径指孔板内径、文丘里管喉径或喷嘴缩口直径
D	管道直径	m	流量计上游管道直径或试验管道直径
A	节流测量元件面积	m^2	
V	体积	m^3	
t	时间	s	
n	转速	r/min	
m	质量	kg	
ρ	密度	kg/m^3	$\rho=\frac{p}{RT}$
ρ_N	标准状态下的密度	kg/m^3	$\rho_N=\frac{101\ 325}{273.15R}$
p_N	标准状态下的压力	Pa	101 325

表 1（续）

符号	名　称	单位	说　明
p	测量压力	Pa	表压
p_a	大气压力	Pa	现场环境压力
$p_{\mu p}$	上游压力	Pa	节流元件上游取压口测得的绝对静压
Δp	节流压差	Pa	孔板、喷嘴或文丘里管上、下游取压口处的静压之差
N	输出功率	W	$N=G\cdot c_p\cdot\Delta t\cdot f_d$
N_{is}	等熵功率	W	$N_{is}=G\cdot c_p\cdot(T_1-T_{2is})$
η	效率		$\eta=\frac{N}{N_{is}}$
η_τ	机械效率		一般取 0.98
G	质量流量	kg/s	膨胀机进口的质量流量
Q	容积流量	m^3/s	
Q_N	标准状态下的流量	Nm^3/h	将质量流量换算到标准状态下的小时流量
T_N	标准状态下的热力学温度	K	273.15
T	测量热力学温度	K	$T=273.15+t$
t	测量温度	℃	$t=T-273.15$
Δt	测量温差		$\Delta t=t_1-t_2$
c_p	比定压热容	J/(kg・K)	$c_p=\frac{k}{k-1}R$
κ	等熵指数		$\kappa=-\frac{V}{p}\cdot\left(\frac{\partial p}{\partial V}\right)_s$
M	相对分子量		
R	气体常数	J/(kg・K)	$R=\frac{p\cdot V}{T}$
x	绝对湿度		
φ	相对湿度		
f_d	修正系数		汽化潜热的影响修正
标准状态			压力：$p_N=101\ 325$ Pa=0.101 3 MPa 温度：$t=0$ ℃

3.2　下标及定义按表 2 规定。

表 2　下标及定义

下标	定　义
g	干煤气
i	煤气成分中的第 i 种气体，包括 CO、CO_2、CH_4、H_2、N_2、O_2 等
p	等压
s	湿煤气

表 2（续）

下标	定　　义
is	等熵
up	上游
N	标准状态
0	设计条件下参数值，无下标的参数值为取自试验测试值
1	进口法兰处截面
2	出口法兰处截面

4　试验装置和仪器

4.1　试验装置

试验装置一般采用膨胀机现场的机组及进出口连接管道。试验装置见图 1～图 3。

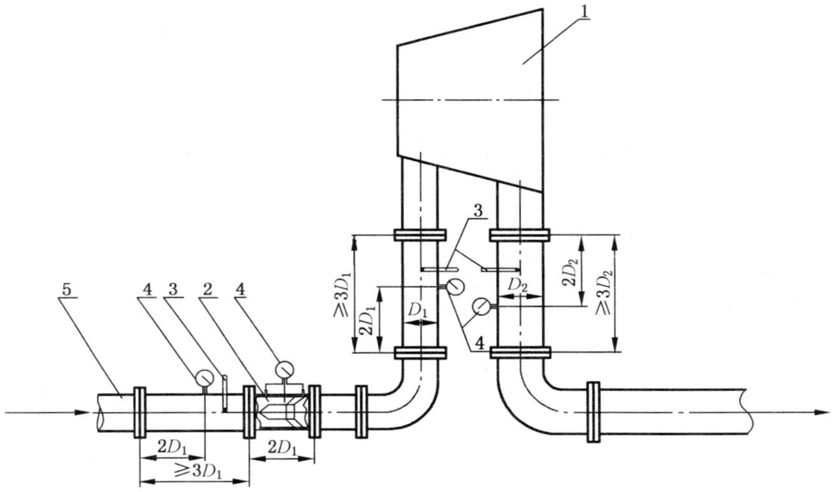

图 1　进出口管道为下进下出布置

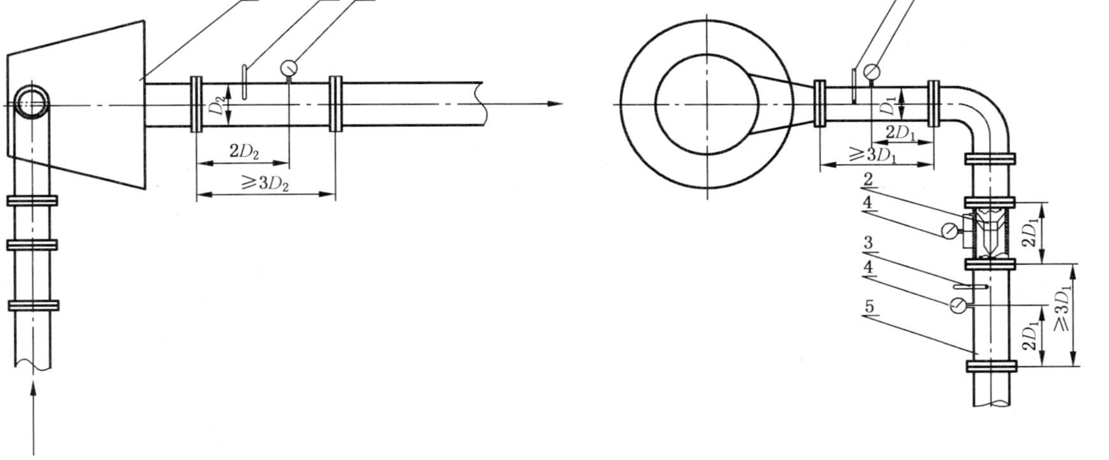

图 2　进出口管道为水平侧向进轴向出布置

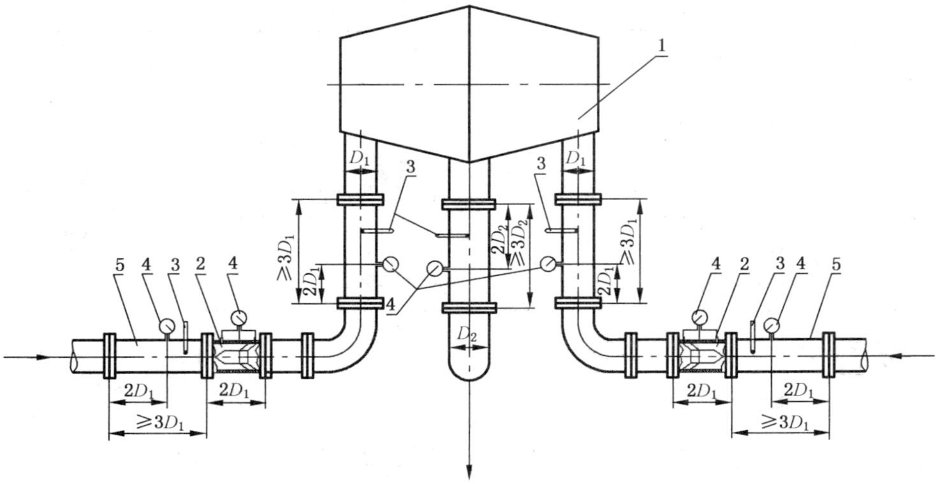

注：图 1～图 3 中序号名称：

1——膨胀机；　　3——温度计表；　　5——管道。

2——节流元件；　　4——压力计；

图 3　双进气单出口管道下进下出布置

4.2　试验管路

4.2.1　进气和出气试验管路的截面面积，应尽可能与膨胀机进、出口法兰面积相同。若不同时，应另用锥形接头连接。锥形接头的截面积比和外形尺寸应按 GB/T 1236 规定。

4.2.2　进、出气试验管道的内壁面应是平整、无尘垢和无起皮的光洁管壁，管道长度应分别符合图 1～图 3 的规定。

4.2.3　进、出气试验管道应分别设有测量静压和温度的测量孔。对于静压和温度测量孔的要求按 JB/T 3165 规定。

4.3　流量测量

4.3.1　试验管道应符合 JB/T 3165 的规定。

4.3.2　孔板结构尺寸应符合 GB/T 2624.1 和 GB/T 2624.2 的规定。

4.3.3　喷嘴结构尺寸应符合 GB/T 2624.1 和 GB/T 2624.3 的规定。

4.3.4　文丘里管结构尺寸应符合 GB/T 2624.1 和 GB/T 2624.4 的规定。

4.4　测量仪表

4.4.1　膨胀机的热力性能试验用仪表按表 3 规定。

表 3　试验用仪表

测量值名称	测量仪表	最小刻度	精度 %
压力	精密气压计 压力变送器	最大量程的 0.5%	±0.5
大气压力	精密气压计 绝对压力变送器	最大量程的 0.5%	±0.5
差压	精密气压计 压力变送器	最大量程的 0.5%	±0.5

表 3（续）

测量值名称	测量仪表	最小刻度	精度 %
温度	铂热电阻温度计	0.1 ℃	±0.5
转速	转速表	最大量程的 0.5%	±0.5
流量	流量计	最大量程的 0.5%	±0.5
电测法测功率	电流表	最大量程的 0.5%	±0.5
	电压表		
	功率因数表		±0.1
	功率表		±1.0
注：本标准推荐的测量仪表是最低限度要求，并不限制使用其他同等或更高精度的仪表。			

4.4.2　仪表校验

差压、压力、温度、转速和功率表等应定期进行计量检定。

4.5　功率测量

功率测量采用热平衡法或电测法。

5　试验规则

5.1　测量项目

a)　流量；

b)　进口压力；

c)　进口温度；

d)　出口压力；

e)　出口温度；

f)　主轴转速；

g)　大气压力；

h)　气体组分；

i)　输出功率。

5.2　性能试验条件

性能试验条件不应超过表 4 和表 5 的范围。

表 4　测量项目偏差量

测量项目	符号	单位	偏差量 %
进口压力	p_1	kPa	±5
进口温度	T_1	K	±8
介质密度	ρ_1	kg/m^3	±2
主轴转速	n	r/min	±2
流量	Q	m^3/h	±4
注：偏差量是指试验条件量与设计条件量的偏差的百分比。压力为绝对压力，温度为绝对温度。			

表 5 测量项目波动量

测量项目	符号	单位	波动量 %
进口压力	p_1	kPa	±2
进口温度	T_1	K	±0.5
出口压力	p_2	kPa	±2
节流装置压差	Δp	kPa	±2
节流装置上游压力	p_{up}	kPa	±2
节流装置上游温度	T_{up}	K	±0.5
介质密度	ρ	kg/m³	±0.25
主轴转速	n	r/min	±0.5
输出功率	N	kW	±1
注：温度、压力波动量是分别指平均绝对温度、平均绝对压力的百分比。			

5.3 试验转速

性能试验的转速偏差与波动量应满足表 4 和表 5 的规定。

5.4 流量测量

5.4.1 流量测量装置

试验时应采用 GB/T 2624 节流孔板或喷嘴作为流量测量节流装置测定流量。

节流装置上、下游所需直管段的最小长度应符合 GB/T 2624 的规定。

5.4.2 节流装置的安装

节流装置应放在系统温度低于 150 ℃的地方，以减小节流装置的热膨胀和热变形。节流装置的法兰和管道，应采用与节流件有相同热膨胀系数的耐腐蚀材料。

5.4.3 膨胀机的流量调节通过高炉顶压或减压阀组调节。

5.5 气体密度确定

气体的密度是根据测量出的压力、温度和煤气组分确定的。压力和温度的测量按照本标准的规定进行，煤气组分由符合精度要求的气体分析仪进行测量。

5.6 压力测量

5.6.1 测量压力

压力测量包括出口压力、进口压力，流量计上游压力、流量计节流压差、大气压力。

5.6.2 测压孔

测量的压力的取压口的位置应在能够避开局部阻力(如阀门、三通、弯头等)影响的直管段上。一般可在测量截面的四周壁面均匀布置 4 个测压孔，测压孔应垂直于介质流动的方向，孔口的边缘应是尖锐直角、无毛刺，孔壁应平直。孔的内径应取 3 mm～5 mm。

5.6.3 仪表

采用精度等级符合表 3 的压力(差压)变送器或绝对压力变送器作为测量压力的一次测量元件，或用巡回检测装置作为二次测量仪表。

5.7 温度测量

5.7.1 测量温度

测量温度包括进口、出口温度，流量计上游温度。

5.7.2 温度测点

节流装置上游温度测量应在差压装置的上游，且在上游压力测点下游 0.5D。进出截面温度测量在相应压力截面下游 0.5D。

测温应在一个截面上选 2 个互成 90°的测点。

温度计可置于距管壁 100 mm 或管道直径的 1/3 处以较小者为宜，测量后取两个测量读数的平均值作为该截面介质的温度。

5.7.3 **仪表**

温度测量仪表应采用经过校验并符合表 3 规定的铂电阻。

5.8 **功率测量**

5.8.1 功率可采用热平衡法测量，也可采用电测法测量。

5.8.2 通过测量轴承进、出口油温和油量确定机械损失功率。

6 试验条件的稳定

6.1 试验过程中每一试验工况的稳定时间至少为 30 min。

6.2 试验的各项测量值可以取同一时间内的平均值作为测量记录。

7 试验结果的计算

7.1 **性能计算**

7.1.1 **质量流量 G(kg/s)的计算**

$$G = Q_N \cdot \rho_N / 3\,600 \qquad \cdots\cdots(1)$$

式中：

Q_N——标准容积流量，单位为标准立方米每小时(Nm^3/h)；

ρ_N——标准状态下的煤气密度。

7.1.2 **进出口温差 Δt(℃)的计算**

$$\Delta t = t_1 - t_2 \qquad \cdots\cdots(2)$$

式中：

t_1——进口温度，单位为摄氏度(℃)；

t_2——出口温度，单位为摄氏度(℃)。

7.1.3 **输出功率 N(kW)的计算**

$$N = G \cdot c_p \cdot \Delta t \cdot f_d \qquad \cdots\cdots(3)$$

式中：

G——质量流量；

c_p——煤气的比定压热容，可按照附录 A 计算确定；

Δt——进出口温差；

f_d——湿煤气水汽冷凝过程中所释放汽化潜热热量修正系数。对于干式膨胀机 $f_d=1.0$。对于湿式膨胀机 f_d 见图 4。

7.1.4 **等熵功率 N_{is}(kW)的计算**

$$N_{is} = G \cdot c_p \cdot (T_1 - T_{2is}) \qquad \cdots\cdots(4)$$

式中：

T_{2is}——按照等熵过程计算的膨胀机出口温度。

7.1.5 **效率的计算**

效率为输出功率与等熵功率之比：

$$\eta = \frac{N}{N_{is}} \qquad \cdots\cdots(5)$$

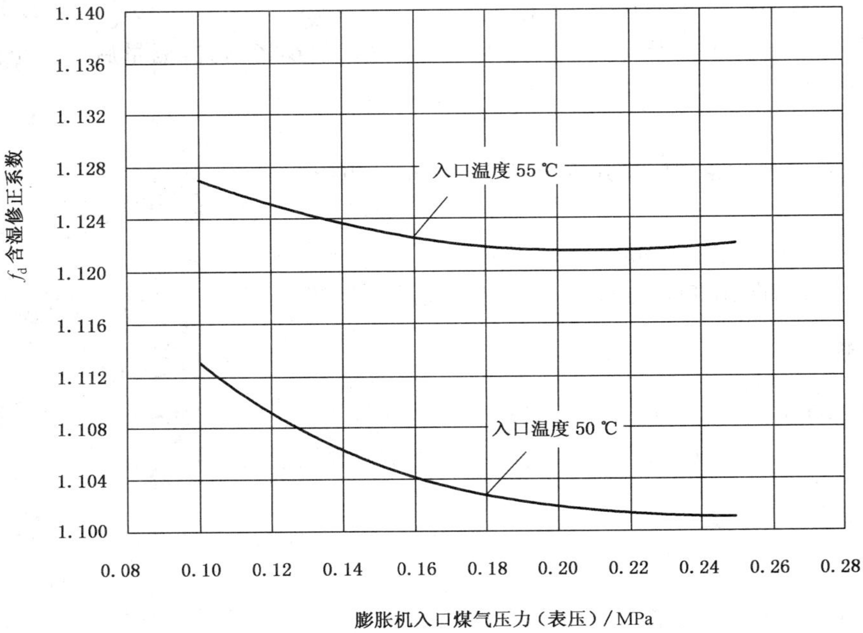

图 4　汽化潜热热量修正系数

7.2　性能换算

设计工况点回收功率按式(6)换算求得：

$$N_0=\frac{Q_0}{Q}\cdot\frac{\rho_0}{\rho}\cdot\frac{T_{10}}{T_1}\cdot\frac{1-(p_{20}/p_{10})^{\frac{k-1}{k}}}{1-(p_2/p_1)^{\frac{k-1}{k}}}\cdot N \qquad \cdots\cdots(6)$$

式中：

N_0——设计条件下输出功率，单位为瓦(W)；

N——试验条件下输出功率，单位为瓦(W)；

Q_0——设计条件下的容积流量，单位为立方米每小时(m^3/h)；

Q——试验条件下的容积流量，单位为立方米每小时(m^3/h)；

ρ_0——设计条件下的密度；

ρ——试验条件下的密度，可由公式 $\rho=p/(RT)$ 计算得到；

T_{10}——设计条件下进口温度，单位为摄氏度(℃)；

T_1——试验条件下进口温度，单位为摄氏度(℃)；

p_{20}——设计条件下出口压力，单位为千帕(kPa)；

p_{10}——设计条件下进口压力，单位为千帕(kPa)；

p_2——试验条件下出口压力，单位为千帕(kPa)；

p_1——试验条件下进口压力，单位为千帕(kPa)。

8　试验报告

8.1　试验报告内容包括：

a)　设计性能参数表；

b)　试验实测数据汇总表；

c)　试验结果计算与换算；

d)　试验性能曲线图；

e） 试验布置简图；

f） 试验结果分析；

g） 其他说明。

8.2 试验性能曲线可参照图 5 绘制。

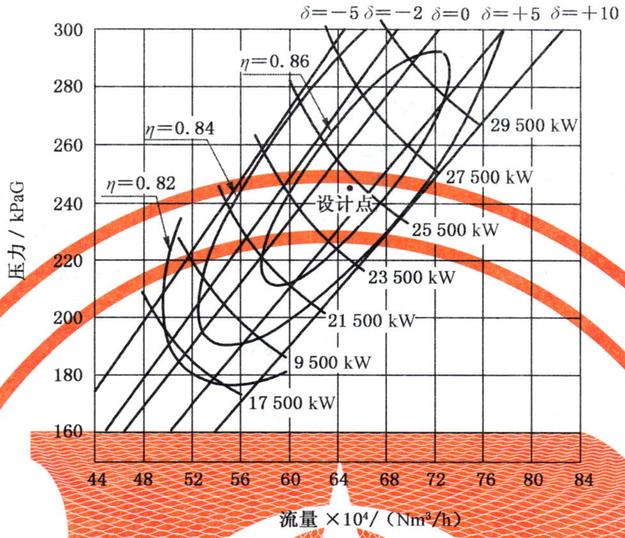

设计点：

δ——第一级静叶开度。

进口流量：65×104 Nm^3/h；

进口压力：245 kPa；

进口温度：190 ℃；

出口压力：12 kPa；

输出功率：25 300 kW。

图 5 试验性能曲线

附　录　A
（资料性附录）
热力学计算

A.1　热力学计算说明

高炉炼铁过程中产生的煤气称为高炉煤气，它由一氧化碳、二氧化碳、氢气、氮气等组成，并含有大量的灰尘，高炉煤气用集尘器及湿式或干式除尘设备除尘之后，再送入高炉煤气能量回收透平膨胀机。由于从湿式除尘设备中送出的高炉煤气是用除尘设备中的水清洗的，因此，煤气中含有水分，呈饱和状态。但是从干式除尘设备中送出的高炉煤气却不处于含有水分的饱和状态，没有湿气。

通常饱和状态的煤气在膨胀的时候要有冷凝水的产生，因此，计算过程要充分考虑冷凝水对膨胀机的影响。而在干式膨胀机中无冷凝水的产生。

对膨胀机进行热力学性能试验计算时，无论是从湿式还是干式除尘设备中送出的高炉煤气，为简化热力学计算，都作以下假设：

a）　将介质看作理想气体；

b）　热力学系统为绝热、稳定、开式系统（包含损失）。

A.2　高炉煤气物理参数的计算

高炉煤气物理参数的计算分两个阶段进行。首先计算除去高炉煤气中水分的干煤气物理参数，然后再考虑水分的影响。

干高炉煤气物理参数按公式（A.1）、（A.2）、（A.3）、（A.4）计算：

$$M_g = \sum M_i V_i \qquad \cdots\cdots（A.1）$$

$$G_i = V_i M_i / M_g \qquad \cdots\cdots（A.2）$$

$$R_g = \frac{8\,314.3}{M_g} \qquad \cdots\cdots（A.3）$$

$$c_{pg} = \sum G_i c_{pi} \qquad \cdots\cdots（A.4）$$

对于高炉煤气中的水分量可以用绝对湿度来表示，其中湿式除尘设备送出的高炉煤气可用公式（A.5）、（A.6）、（A.7）计算，而干式除尘设备送出的高炉煤气则使用用户提出的值。

$$x = \frac{\varphi p_s R_g}{R_s(p - \varphi p_s)} \qquad \cdots\cdots（A.5）$$

$$R = \frac{R_g + xR_s}{1 + x} \qquad \cdots\cdots（A.6）$$

$$\frac{\kappa}{\kappa - 1} = \frac{c_{pg} + xc_{ps}}{R_g + xR_s} \qquad \cdots\cdots（A.7）$$

式中：

p_s——饱和蒸汽分压力，单位为帕（Pa）；

R_s——水蒸气气体常数：462 J/(kg·K)；

c_{ps}——水蒸气的比定压热容：1 884 J/(kg·K)。

$$\rho_N = \frac{101\,325}{273.15 \times R_g} \qquad \cdots\cdots（A.8）$$

ICS 37.100.10;85.100
J87

中华人民共和国国家标准化指导性技术文件

GB/Z 26138—2010/ISO/TR 15847:2008

印刷机械　印刷机系统和印后系统以及相关辅助设备的图形符号

Printing machinery—Graphical symbols for printing press systems and finishing systems, including related auxiliary equipment

(ISO/TR 15847:2008, Graphic technology—Graphical symbols for printing press systems and finishing systems, including related auxiliary equipment, IDT)

2011-01-14 发布　　2011-07-01 实施

中华人民共和国国家质量监督检验检疫总局
中国国家标准化管理委员会　发布

前　言

本指导性技术文件按照GB/T 1.1—2009给出的规则起草。

本指导性技术文件使用翻译法等同采用ISO/TR 15847:2008《图形技术　印刷机系统和印后整饰系统以及相关辅助设备的图形符号》。

与本指导性技术文件中规范性引用的国际文件有一致性对应关系的我国文件如下：

GB/T 5465.11　电气设备用图形符号基本规则　第1部分:原形符号的生成(GB/T 5465.11—2007,IEC 80416-1:2001,IDT)

GB/T 16902.2　设备用图形符号表示规则　第2部分:箭头的形成和使用(GB/T 16902.2—2008,ISO 80416-2:2001,IDT)

本指导性技术文件做了下列编辑性修改：

——为与现行的印刷机械行业标准相协调,将指导性技术文件名称中的“图形技术”修改为“印刷机械”;

——将3.3第二段中“国际标准化组织TC 130工作组秘书处”改为“SAC/TC 192秘书处”(见3.3);

——将附录B的B.3中“国际标准化组织TC 130秘书处……”和“国际标准化组织TC 130 WG 5……”等内容修改为“SAC/TC 192秘书处”(见附录B中的B.3);

——增加了汉语拼音索引(见索引)。

本指导性技术文件由中国机械工业联合会提出。

本指导性技术文件由全国印刷机械标准化技术委员会(SAC/TC 192)归口。

本指导性技术文件负责起草单位:北京印刷机械研究所、陕西北人印刷机械有限责任公司、潍坊华光精工设备有限公司、浙江国威印刷机械有限公司。

本指导性技术文件参加起草单位:高斯图文印刷系统(中国)有限公司、宁波欣达印刷机器有限公司、温州天铭印刷机械有限公司。

本指导性技术文件主要起草人:严珠、刘锋、平瑶、张文波、林孝国、陈培明、张耀宗、张俊峰、吴立中、黄耀华。

印刷机械　印刷机系统和印后系统以及相关辅助设备的图形符号

1　范围

本指导性技术文件定义了适用于印刷机系统、印后系统以及相关的辅助设备的图形符号。这些图形符号用来区别用途或显示功能/状态(条件/方式),并用于设备的操作中。

这些图形符号主要用于设备控制,包括:按钮、触摸屏、键盘。

2　规范性引用文件

下列文件对于本文件的应用是必不可少的。凡是注日期的引用文件,仅注日期的版本适用于本文件。凡是不注日期的引用文件,其最新版本(包括所有的修改单)适用于本文件。

IEC 80416-1　电气设备用图形符号基本规则　第1部分:原形符号的生成(Basic principles for graphical symbols for use on equipment—Part 1:Creation of symbol originals)

ISO 80416-2　设备用图形符号表示规则　第2部分:箭头的形成和使用(Basic principles for graphical symbols for uses on equipment—Part 2:Form and use of arrows)

3　图形符号设计和放置要求

3.1　图形符号设计

在国际标准IEC 80416-1和ISO 80416-2中给出了图形符号设计的一般要求。

用于印刷机和印后系统的图形符号的附加要求包括以下内容,图案设计应清晰可辨。为了这个目的,符号的尺寸应至少是10 mm×10 mm,并且图案的线性与像素再现应是清晰的。但是,在某些情况下,为了适当的像素再现,符号的尺寸可以大于10 mm×10 mm。作为图形主要部分的文本(字母/数字)的高度应至少是4 mm,且在操作部位应容易解读。

图形符号应设计为高对比度的二维图案。

注:用等距画法表现三维物体的图形符号,因为只具有宽和高的特性,因此也被视为二维图案。

图形轮廓(小正方形、圆形、三角形等)应被填充(用黑色、暗黑色填充)。相反的应用空白(用白色或亮色填充)。因此,无论应用那种情况都要提供对应的背景。在本指导性技术文件中图形符号的含义不应因为颜色或形状作为依据或改变。

图形符号应体现运行中的功能。

3.2　图形符号放置方向

控制元件(钥匙、按钮、开关等)的图形符号应标注在控制元件上或其附近,当图形符号在控制区附近时,应与整个表盘一致并且与控制区的关系要清晰。

除非另外标明,否则图形符号的方向应按本指导性技术文件来标注。

当标明某图形符号的方向是镜像时,就意味着该图形符号在垂直方向上可以是镜像或颠倒的。

3.3　印刷机和印后系统新图形符号提案

一般来说,随着技术的变更,新图形符号的需求也越来越多,为了控制有关设备图形符号不同版本的增多，鼓励把本指导性技术文件的基本图形符号作为基础，来发展可满足其特定需求的图形符号。

若新的基本图形符号不能在本指导性技术文件找到，使用者可提交新图形符号的提案，以备将来进行本指导性技术文件版本修订时参考使用。这些提案应符合附录B中给出的规定。符合附录B的提案将保存在SAC/TC 192秘书处，直到本指导性技术文件修订时，这些提案将由SAC/TC 192技术委员会考虑。

4 图形符号类别或组别以及惯例

4.1 图形符号类别或组别

本指导性技术文件中图形符号的类别或组别，如表1所示。

表1 图形符号类别

编　号	组别代号	组　别　名　称	子　条　款
0.001～0.999	0	基本图形符号	5.1
1.001～1.999	1	操作相关图形符号	5.2
2.001～2.999	2	屏幕相关图形符号	5.3
3.001～3.999	3	印刷和过程(操作)相关符号	5.4
4.001～4.999	4	设计(组件/装置)相关符号	5.5
5.001～5.999	5	工作(用户项目)相关图形符号	5.6
6.001～6.999	6	安全相关符号	5.7

4.2 图形符号惯例

第5章中的符号的参考来源注明在方括号中。在某些情况下，图形符号的外形可能经过修改，此种情况下，参考来源的后面会注明“修改”。另一种情况是，符号的名称或说明/使用可能经过修改，使其更适用于印刷机系统和印后系统，此种情况下，参考来源的后面将标注“名称”和/或“说明修改”。

5 图形符号

5.1 基本图形符号，第0组(见表2)

本组是用于一般部件的基本图形符号，例如装置(如卷筒纸，泵)，或流体(如空气，油墨)。本组符号经常与其他线条和其他符号元素组成更复杂的图形符号。见附录A。

表 2 基本图形符号

编号	符　号	名　称	说明/使用 [来源]
0.001	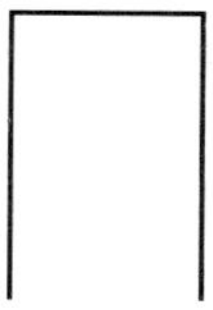	机器或系统组件/单元 machine or system module/unit	表示系统的一个设备或装置，赋予系统某种功能或程序 注：该符号与其他符号组合，示例见附录A中A.2.4。 [ISO 7000-2729]
0.002		外部设备 device, external	表示附加于系统的一个设备或装置，并给予系统某种功能或生产过程 [ISO 7000-2730]
0.003	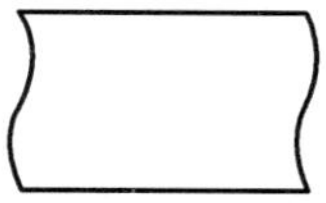	卷筒纸 web	表示用于卷筒纸、卷筒纸印刷机或印后整饰系统的纸或相似材料（参照0.004单张纸）。本符号不要求特定方向 [ISO 7000-2731]
0.004		单张纸 sheet	表示用于单张纸印刷机的某种规格的承印物（参照0.003卷筒纸）。符号不要求特定方向
0.005		物料方向 material direction	表示物料的运动或流动方向，或者工作的方向如箭头所示 [ISO 7000-0953，修改]
0.006	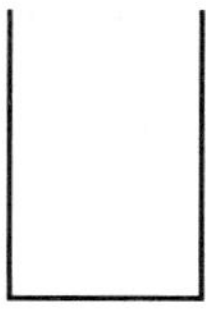	容器（槽） container（tank）	表示一个装有液体或粉末。例如：油墨、润版液、清洗液、喷粉等的容器，可与其他符号组合使用
0.007	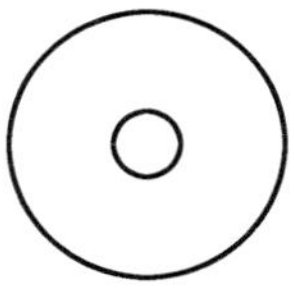	滚筒或辊子 cylinder or roller	表示用于印刷机系统或印后系统的滚筒、辊子，本符号与其他符号组合使用，与其他符号组合使用时应除去中间辊芯 [ISO 7000-0566]

表 2（续）

编号	符　号	名　称	说明/使用 [来源]
0.008		运动方向箭头 movement direction arrow	表示机器或设备运动或操作方向，如箭头所示。线条可以是直线也可以是曲线
0.009		油墨 ink	表示给承印物着色的颜料、液体、墨粉等成分组成的材料或物质 [IEC 60417-5048，名称和说明修改]
0.010		涂布、上光等材料 Coatings，varnish，etc	表示用于承印物上的乳状液、饰粉、涂料或相似的材料 [ISO 7000-2732]
0.011	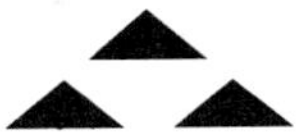	胶 glue	表示胶或粘合剂材料 [ISO 7000-2733]
0.012		液体 liquid	表示液体（例如水、溶液等），符号不要求特定方向 [ISO 7000-0536]
0.013		清洗液 washing solution	表示材料、溶剂或其混合物，用来清洗底层或润湿、上墨、喷涂滚筒或清洗设备，符号不要求特定方向 [ISO 7000-2734]
0.014		油 oil	表示一类有机可燃液体，用于润滑、加热等 [ISO 7000-1056]

表 2（续）

编号	符　号	名　称	说明/使用 ［来源］
0.015		液压 hydraulic	表示由压缩的水、油或其他液体的动力产生运动的一类操作 ［ISO 7000-0525，修改］
0.016		空气 air	表示通过气泵或风机产生的气流、吸风或负压。本符号不需特别定向 注：例如气流用来分离、导向或控制或吸附纸及相似材料，或用气流来干燥在印刷或清洗过程浸湿的承印物或材料，见附录 A.2.2。
0.017		加热/烘干 heating/drying	表示热量的转移、温度的升高，或加热、烘干或升温操作的元件 ［IEC 60417-5237］
0.018		冷却 cooling	表示冷冻或冷却材料、承印物、设备或机器上温度较低的部分 ［ISO 7000-0027］
0.019		电能 electric energy	表示电能，与其他符号组合使用(如：6.001) ［ISO 7000-0232］
0.020	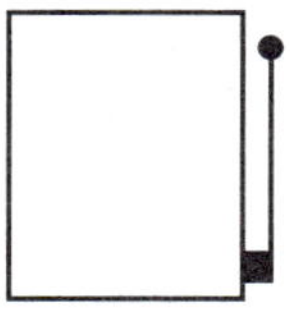	主开关控制 main shut-off control	表示电源、水压、气压及其他动力源的主开关控制，它通常与其他符号组合使用(如 6.001)
0.021		通 on	表示主开关或它们的位置处于连接状态，并且与安全有关的地方 ［IEC 60417-5007］

表 2（续）

编号	符　号	名　称	说明/使用 ［来源］
0.022	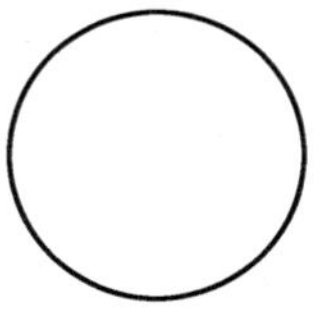	断 off	表示主开关或它们位置处于断开状态，并且与安全有关的地方 ［IEC 60417-5008］
0.023	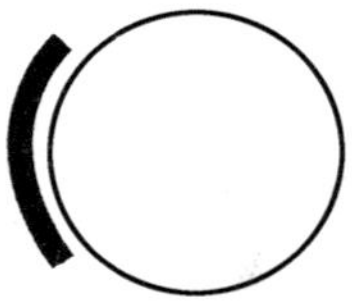	制动器 brake	表示一种装置，用来减速或停止机器、设备或机器一部分的旋转或直线运动，该符号可以镜像
0.024	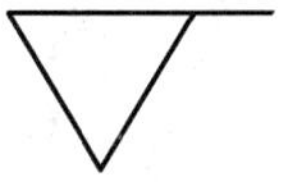	传感器/探测器 sensor/detector	表示由声、光、电、温度压力等物理状态发生变化所产生信号的一种装置，符号可以旋转 180°
0.025	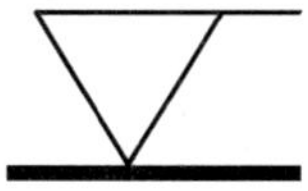	水准（标高） level(volume)	表示显示调节值，符号可以旋转 180° ［ISO 7000-0159］
0.026	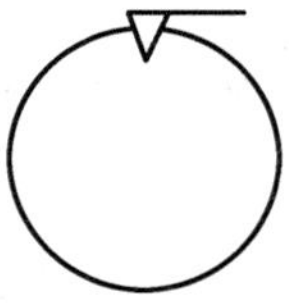	测量 measuring	表示控制测量器具的开关（例如：光密度扫描仪）
0.027		压力 pressure	表示由压缩空气、油或液体产生的压力或作用在物体上的压力，该符号不要求特定方向
0.028		取消/退出/废除 cancel/escape/reject	表示取消、退出或废除当前使用的控制动作 **注**：该符号在 ISO 7000-0654 中表示“乘号”。

表 2（续）

编号	符　号	名　称	说明/使用 [来源]
0.029	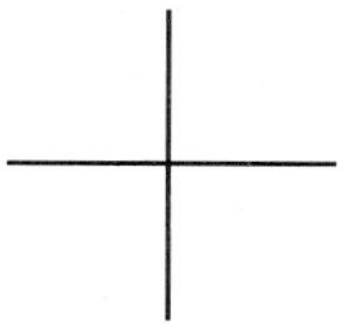	增加设定 increase setting	表示控制数量的增加，与其他符号组合使用 **注**：该符号在 IEC 60417-5005 中表示“加号；正极”。
0.030		减少设定 decrease setting	表示控制数量的减少，与其他符号组合使用 **注**：该符号在 IEC 60417-5006 中表示“减号；负极”。
0.031		变量 variability	表示量的控制装置。控制量随图形的高度而增大，该符号不要求特定方向 **注**：相关示例如运动的速度、加料量、清洗或烘干等作用的持续时间、温度的高低等。 [IEC 60417-5004，修改]
0.032	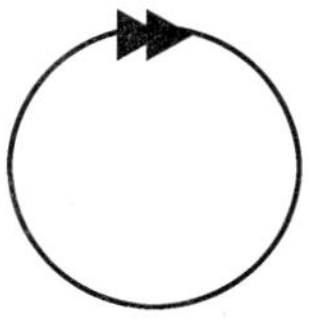	运转速度 speed	表示机器、设备或机器的一部分运转的速率，符号可以镜像
0.033		手动控制 manual operation	表示机器或装置的操作控制是手动方式（相对于自动操作）。可以采用双手的其他形式，该符号不要求特定方向 [ISO 7000-0096]
0.034		定位 positioning	表示将机器、设备或底片移动到特定位置的功能
0.035	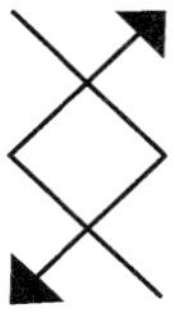	更换 change	表示底片、材料、机件、器具的更换，或机器、设备的状态、条件、功能的选择，符号不要求特定方向 [ISO 7000-0273，修改]

表 2（续）

编号	符　号	名　称	说明/使用 [来源]
0.036	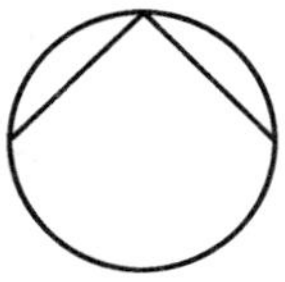	泵 pump	表示将空气、油、水、气体等介质强制吸入到某处或从某处排出的装置或设备，与其他符号组合使用 [ISO 7000-0134]
0.037	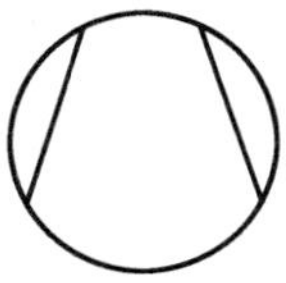	压缩机 compressor	表示用来压缩空气、气体等介质，并用于驱动另一设备的一种装置或设备，如气动工具等 [ISO 7000-0137]
0.038	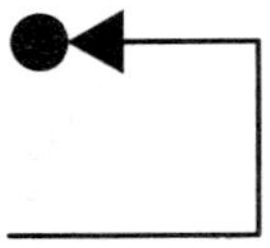	重置；复原/上一级状态 reset；return to initial/previous state	表示控制装置回到初始状态，这种状态包括返回上一级或前一步骤，如位置、程序、状态、条件、功能等，符号可以镜像 [IEC 60417-5495]
0.039	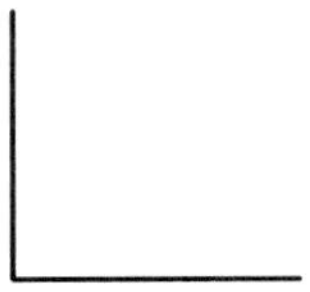	模式 mode	表示可执行的特定操作的功能、条件和状态。该符号与其他符号共同使用
0.040		返馈控制 feedback control	开始返馈的控制显示 [ISO 7000-0095，修改]
0.041	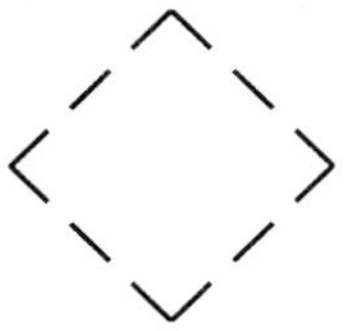	测试(常规) test (general)	与其他符号合用，表示检测过程 [ISO 7000-2735]
0.042	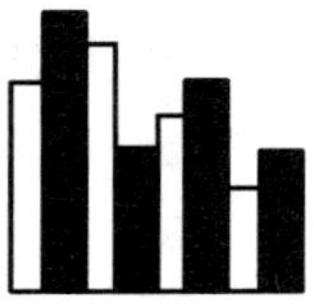	坐标图 profile	与其他符号合并共同使用，用于表示两变量之间的关系，诸如油墨分布图或表面覆盖率坐标图。此符号不需特定方向

表 2（续）

编号	符　号	名　称	说明/使用 ［来源］
0.043		堵塞 jam	表示机器上材料压皱（堵塞），符号不要求特定方向
0.044		区域（常规） zone(general)	表示允许独立适性的部分区域 **注：**与印刷设备相关时，一般理解为油墨区域（整体着墨部分）见 3.026。 ［ISO 7000-2736］
0.045		套准 register	表示将印刷在承印物上图像的各色进行准确定位，也指图像区域与印刷承印物两边的准确定位 ［ISO 7000-2737］
0.046		双张 double product or sheet	表示材料/承印物（例如纸张）的两个印张或两本书或书贴被同时加工、传输等。此符号不要求特定方向
0.047	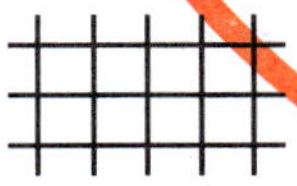	安全罩/防护 safety cover/guard	表示安全罩、防护、防护网或栅栏，此符号不要求特定方向 ［ISO 7000-0550］
0.048	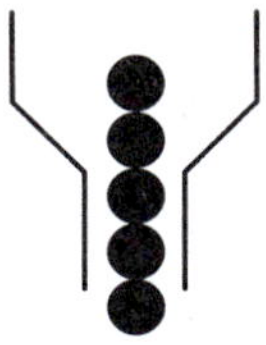	喷墨打印头 inkjet printhead	表示喷墨装置的一个部分，该部分用来计量喷墨，该符号不要求特定方向
0.049	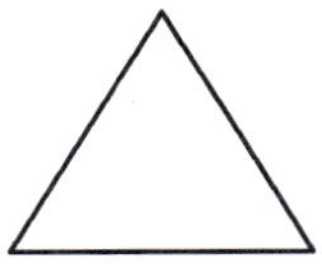	警告（基本含义） caution(basic meaning)	表示对使用功能状态控制的标识，与其他符号组合使用 **注：**当此符号用于警告标签上时涉及到其他标准。 ［IEC 61310-1:2007，表 4］

表 2（续）

编号	符　号	名　称	说明/使用 [来源]
0.050		危险警告 hazard warning	表示危险存在或可能存在 [ISO 7000-0085]
0.051		刀具 knife	表示切削、裁切、切齐、刀具等。符号不要求特定方向 [ISO 7000-2738]
0.052		风扇 fan	表示产生气流的一种旋转装置 [ISO 7000-1118,名称和说明修改]
0.053	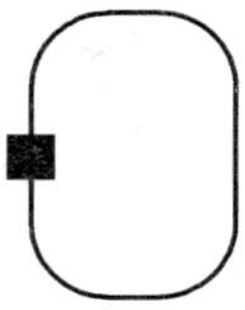	捆扎 strap	表示捆扎产品的控制 [ISO 7000-2739]
0.054		间歇操作 momentary operation	表示间歇操作,与其他符号组合使用。符号不要求特定方向,可以是直线或曲线

5.2　操作相关图形符号,第 1 组(见表 3)

本组包括那些用作一般功能或操作的图形符号,例如调整,测量,混合等。

表 3 操作相关图形符号

编号	符　号	名　称	说明/使用 [来源]
1.001	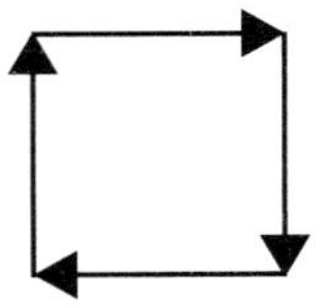	自动循环 automatic	表示预设一系列连续操作 [ISO 7000-0026,修改]
1.002		自动循环次数 automatic cycles	表示按预设循环次数执行预设连续循环操作 注:"#"显示预设循环次数。
1.003	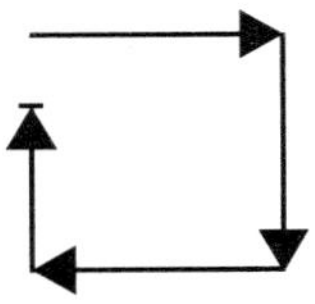	自动单循环 automatic single cycle	表示一个完整循环的功能,符号不要求特定方向 [ISO 7000-0426,修改]
1.004	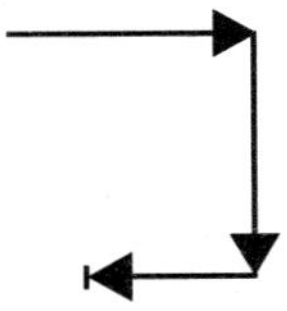	半自动循环 automatic half cycle	表示需要操作者干预以完成复杂运动的功能。符号不要求特定方向
1.005		持续增加/增加设定 ramp up/increase setting	表示控制量的增加。符号不要求特定方向
1.006		持续减少/减少设定 ramp down/decrease setting	表示控制量的减少,符号不要求特定方向
1.007		零位置 zero position	表示将状态或位置恢复到基本点(零点位置),或是真实的或虚拟的,符号不要求特定方向

表 3（续）

编号	符　号	名　称	说明/使用 ［来源］
1.008		运行位置 running position	表示控制用于移动设备或部件至运行位置或设备部件处于运行位置，符号不要求特定方向
1.009	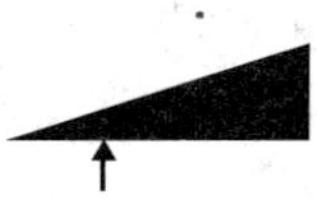	基本（设定）位置 basic (set) position	表示控制用于移动设备或部件至基本（设置）位置或设备或部件处于基本（设定）位置。此符号不要求特定方向
1.010		最终（极限）位置 final (max) position	表示控制用于移动设备或部件至最终（极限）位置或设备或部件处于最终（极限）位置，符号不要求特定方向
1.011	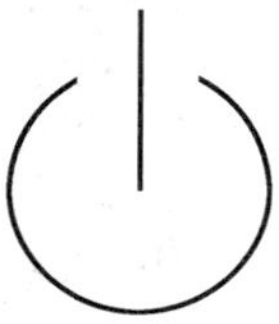	等待 stand-by	表示处于等待状态或将设备置于等待使用状态的控制或控制点 ［IEC 60417-5009］
1.012	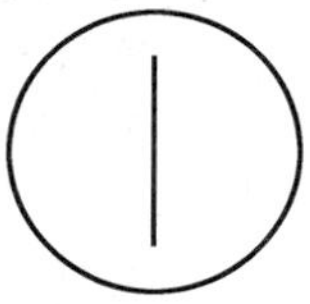	通/断（按-按） on/off (push-push)	表示一个通过改变前后状态控制开关的按钮 ［IEC 60417-5010］
1.013	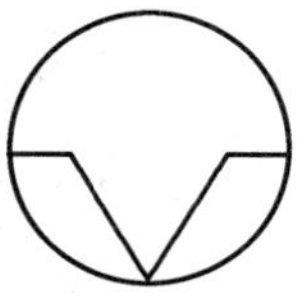	暂停 pause	表示控制可能导致控制系统暂停设备/系统操作 **注**：当暂停时，设备仍然在运行模式下。 ［IEC 60417-5111A］
1.014	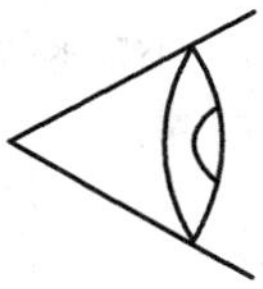	诊断/检查/检验 diagnosis/examine/check	表示使用光电传感器进行视觉检查或目测，符号可以镜像 ［ISO 7000-0421］

表 3（续）

编号	符　号	名　称	说明/使用 [来源]
1.015		微调 fine adjustment	表示用以进行精调/小幅度调整，而非粗调/大幅度调整控制
1.016		光源 light source	表示控制光源的开关 [IEC 60417-5012]
1.017		结合/平衡 combining/balancing	表示使一种混合物受控或平衡的功能，符号不要求特定方向
1.018		混合物 mixing substances	表示混合物质的控制或指示，此符号不要求特定方向 [IEC 60417-5657]
1.019		中心 centre	表示用于驱使产品或组件到中心位置的控制或表明产品或监测组件处于中心位置的状态，符号不要求特定方向 [ISO 7000-0514，修改]
1.020		单元同步调节 unit phasing	表示用于使印刷单元同步的控制 [IEC 60417-5278]
1.021	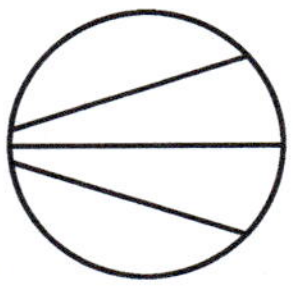	气动 pneumatics	表示气动系统的状态或控制 [ISO 7000-0231]

表 3（续）

编号	符　号	名　称	说明/使用 ［来源］
1.022		注润滑（油脂） lube (grease)	表示用以调整油脂润滑的控制。符号不要求特定方向。该符号作为指示器，与其他符号组合使用表示水平、压力和温度等 ［ISO 7000-1316，修改］
1.023	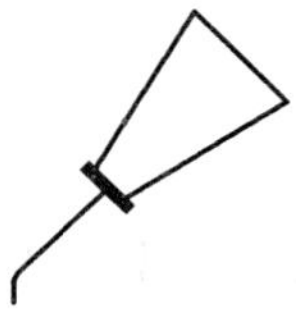	注润滑（油） lube (oil)	表示用以调整油润滑的控制。符号不要求特定方向。该符号作为指示器，与其他符号组合使用表示水平、压力和温度等 ［ISO 7000-0391］
1.024		保养/维修 service/mainaintence	表示应进行检修或表示检修的相关信息 ［ISO 7000-0717］
1.025		定期维修/定期保养 scheduled maintenance/scheduled service	表示应进行定期保养或检修或表示定期保养或检修的相关信息 ［ISO 7000-0717，修改］
1.026	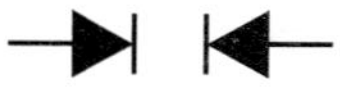	夹紧（绷紧） clamp (tighen)	表示关闭夹紧装置，符号不要求特殊定向
1.027	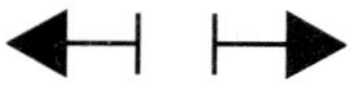	脱开（分开/放松） unclamp (separate/loosen)	表示脱开夹紧装置，符号不要求特殊定向
1.028		故障/缺陷/干扰 malfunction/fault/disturbance	表示错误或故障 ［ISO 7000-0228］

表 3（续）

编号	符　号	名　称	说明/使用 [来源]
1.029	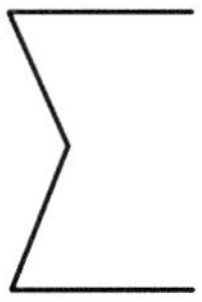	总数/合计 total/summation	表示当定位于相关计数器时，压印数量或跟踪产品单元总数的计数器。 当选择一台机器所有机组或机器各个装置时，作为标识与其他符号表示计数总量，总的浪费/丢失总量等
1.030		温度 temperature	表示被检测的温度或规范温度的控制 [ISO 7000-0034]
1.031		吹气分离 air separation	表示气流分离产品，该符号不要求特定方向
1.032		气压 air pressure	表示空气压缩的状态或控制，符号不要求特定方向
1.033		液压 hydraulic pressure	表示水压的状态或控制
1.034		油压 oil pressure	表示油压的状态或控制
1.035	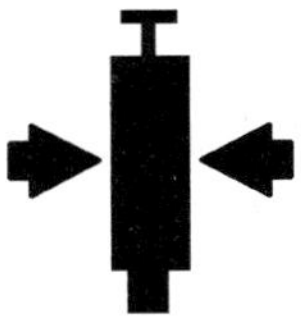	油脂压 grease pressure	表示油脂压控制或状态，符号不要求特定方向

表 3（续）

编号	符　号	名　称	说明/使用 ［来源］
1.036		水压 water pressure	表示水压控制或状态，符号不要求特定方向
1.037	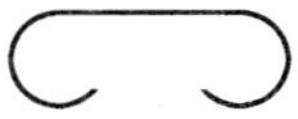	订书钉 staple	表示订书或订书装置，符号不要求特定方向 ［ISO 7000-0703］
1.038	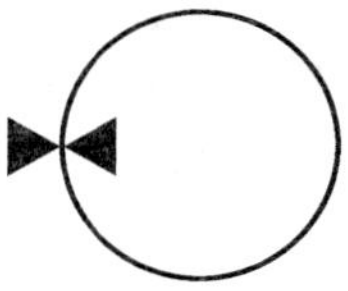	同步 synchronize	表示使机器元件同步运作控制，符号不要求特定方向 ［ISO 7000-2740］
1.039	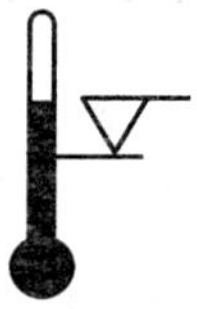	高于工作温度 above working temperature	表示高于期望或规定的温度 ［ISO 7000-0432］
1.040		低于工作温度 below working temperature	表示低于期望或规定的温度 ［ISO 7000-0433］
1.041	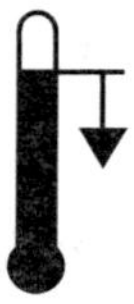	降温 decrease temperature	表示用来降低温度的控制 ［ISO 7000-0036，修改］
1.042		升温 increase temperature	表示用来增加温度的控制 ［ISO 7000-0035，修改］

表 3（续）

编号	符　号	名　称	说明/使用 [来源]
1.043	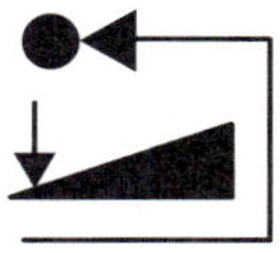	复原到前一级运行位置 return to previous running position	表示一种用来复原前一级工作位置/状态控制
1.044		缺省/复原到预定设置 default/return to pre-defined setting	表示一种复原限定的缺省背景或状态
1.045		预启动/准备运行 pre-start/warm-up	表示一种预启动或准备运行程序的控制
1.046	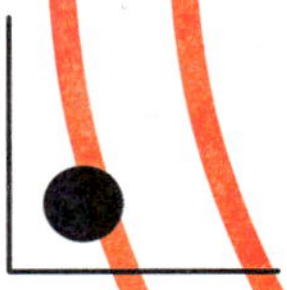	设置/准备 set-up/make-ready	表示设置或准备状态/条件或者使用启动此状态的控制
1.047	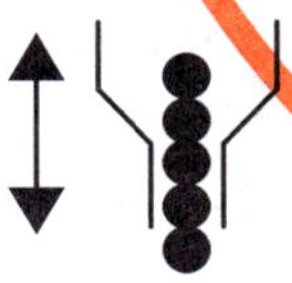	喷墨打印头高度 inkjet printhead height	表示喷墨打印头高度的控制
1.048	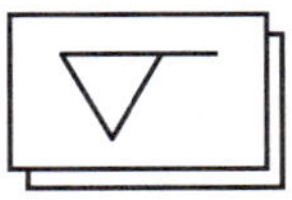	双张/单张传感器 double product/sheet sensor	表示一种控制或状态来检测双张或单张纸
1.049	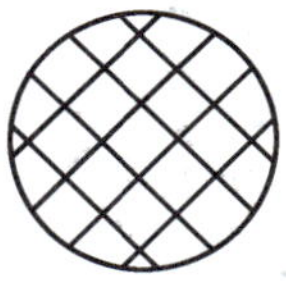	过滤器 filter	表示滤除气体或液体的杂物装置

表 3（续）

编号	符　号	名　称	说明/使用 [来源]
1.050	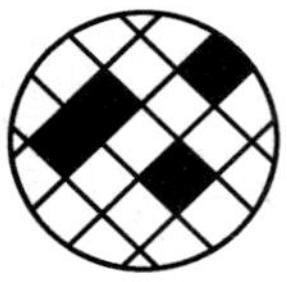	脏过滤器 filter,dirty	表示脏过滤器
1.051		钟/定时开关/定时器 clock/time switch/timer	表示钟的终端和定时器,定时自动开关和定时器 [IEC 60417-5184]
1.052	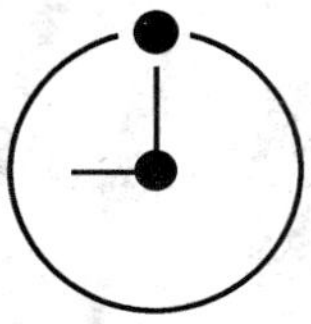	可编程序定时器 programmable timer	表示可编程序定时器的控制,例如操作可编程序功能 [IEC 60417-5440]
1.053		运行时间 elapsed time	表示从操作开始,运行时间显示的控制
1.054		可编程序持续时间 programmable duration	表示程序计时器设备一部分在某一时间点的条件下和特定持续时间内的控制 [IEC 60417-5417,修改]
1.055	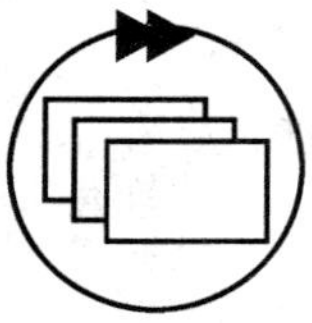	印张/产品,每小时数量 sheets/product per hour	表示以机器当前的速度,每小时生产的印张或单位产品的数量

5.3　屏幕相关图形符号,第 2 组(见表 4)

本组包括图形符号,用于显示对于计算机控制屏幕有相互影响的动作,零件和工具。

注:这些行为包括诸如输入、存储、退出、换码、准备、帮助等。

表 4 屏幕相关图形符号

编号	符　号	名　称	说明/使用 ［来源］
2.001		计算机 computer	表示一台计算机或计算机控制操作
2.002		屏幕/显示器 screen/display	表示一个视频终端或显示器的显示区，是显像管或一个平面显示技术
2.003		打印输出/打印机 printout/printer	表示用于开始或印刷输出表单控制或者一种印刷进行中状态显示
2.004	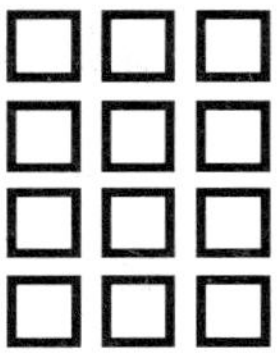	键盘/小型键盘 keyboard/keypad	表示一组有文字数字的输入键，这些键用于在显示器上或通过外部装置输入数据 ［IEC 60417-5770，方向修改］
2.005		回车 enter	表示键盘或显示屏上命令执行 ［ISO 7000-0651，修改］
2.006		确认 confirm	表示认可或接受 ［ISO 7000-0422，名称修改］
2.007		选择 select	表示对一个项目或功能的选择

表 4（续）

编号	符　号	名　称	说明/使用 [来源]
2.008		帮助 help	表示在屏幕显示关于某程序用法的操作说明
2.009		误差/差值 deviation/difference	表示参考值、默认值与实际值的变化量；一个Δ变化
2.010		数值，实际值/等于 value，actual/equals	表示输入值或域，或者是值或域的确定 [ISO 7000-0652]
2.011		文件 file	表示唯一名称数据组
2.012	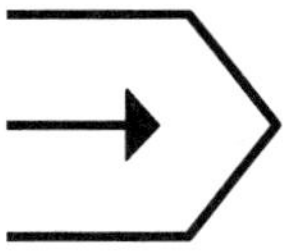	数据输入/参数输入 data input/parameter input	表示输入或读入数据，或处理状态 [ISO 7000-0991，修改]
2.013a		保存/存储 save/store	表示将工作中的数据（工作数据）、记录或图像复制到存储媒介上 [ISO 7000-1025，修改]
2.013b		保存/存储（可选符号） save/store (alternative symbol)	表示将工作中的数据（工作数据）、记录或图像复制到存储媒介上

表 4（续）

编号	符　号	名　称	说明/使用 [来源]
2.014a		打开文件/从存储器恢复数据 open file/retrieve data from storage	表示将数据从存储媒介中恢复到存储器中用以执行 [ISO 7000-1026，修改]
2.014b		打开文件/从存储器恢复数据 （可选符号） open file/retrieve data from storage (alternative symbol)	表示将数据从存储媒介中恢复到存储器中用以执行
2.015a		下一屏 next	表示转到下一屏幕或页面
2.015b		下一屏 （可选符号） next (alternative symbol)	表示转到下一屏幕或页面
2.016a		上一屏 previous	表示转到上一屏幕或页面
2.016b		上一屏 （可选符号） previous (alternative symbol)	表示转到上一屏幕或页面
2.017		尾屏/尾页 last screen/last page	表示转到尾屏或尾页

表 4（续）

编号	符　号	名　称	说明/使用 [来源]
2.018		首屏/首页 first screen/first page	表示转到首屏或首页
2.019		滚动屏 screen scrolling	表示窗口可展开以预览可用数据，此内部符号可在任何方向上旋转 90°以表示展开方向
2.020		油墨显示屏 ink screen	表示显示油墨控制的显示屏
2.021		润湿液显示屏 dampening screen	表示显示润湿液控制的显示屏
2.022		图解/图像的坐标图 diagram/graph profile	表示图形表现的信息，此符号不要求特定方向
2.023		灯具测试 lamp test	表示灯具或指示功能的检测 [IEC 60417-5857]
2.024		预选择 pre-select	表示提前选择

表 4（续）

编号	符　号	名　称	说明/使用 [来源]
2.025		文本方向 text orientation	表示字体在同一水平线上的旋转
2.026		缺省字体 default font	如果无其他说明，表示使用之前的字体和字号 [ISO 7000-2741]
2.027		单位 units	表示选择英制或公制测量单位
2.028		放大 zoom in	表示从远距离到更近距离的查看
2.029		缩小 zoom out	表示从近距离到更远距离的查看
2.030		亮度 brightness	表示光源强度的调节 [IEC 60417-5056]
2.031	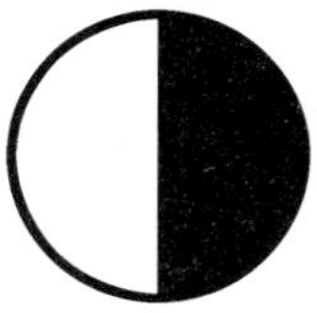	对比度 contrast	表示光源强度与暗调之间调整 [IEC 60417-5057]

表 4（续）

编号	符　号	名　称	说明/使用 [来源]
2.032		亮度和对比度 brightness and contrast	表示光源强度和对比度，组合调整 [IEC 60417-5435]
2.033		色彩饱和度 colour saturation	表示色彩强度调整 [IEC 60417-5058]
2.034		色调 hue	表示色彩强度平衡调整 [IEC 60417-5060]
2.035		聚焦 focus	表示图像清晰调整 [IEC 60417-5055，修改]
2.036		水平同步 horizontal sync	表示水平方向图像稳定调整 [IEC 60417-5061，经修改]
2.037		垂直同步 vertical sync	表示垂直方向图像稳定调整 [IEC 60417-5062，修改]
2.038		水平图像位移 horizontal picture shift	表示图像水平位移调整 [IEC 60417-5063，修改]

表 4（续）

编号	符　号	名　称	说明/使用 [来源]
2.039		垂直图像位移 vertical picture shift	表示图像竖直位移调整 [IEC 60417-5064,修改]
2.040		水平幅度 horizontal amplitude	表示水平方向图像大小调整 [IEC 60417-5065,修改]
2.041	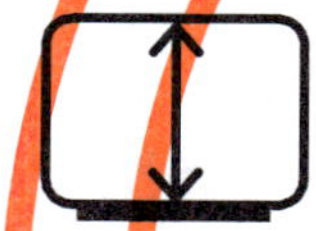	垂直幅度 vertical amplitude	表示竖直方向图像大小调整 [IEC 60417-5066,修改]
2.042	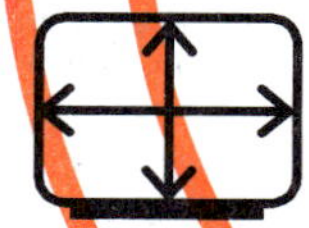	图像尺寸调整 picture size adjust	表示水平和竖直方向的图像大小调整 [IEC 60417-5067,修改]
2.043		水平线性 horizontal linearity	表示屏幕的水平尺寸调整 [IEC 60417-5068,修改]
2.044	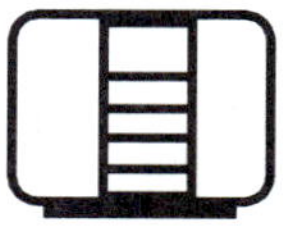	垂直线性 vertical linearity	表示屏幕的竖直尺寸调整 [IEC 60417-5069,修改]

5.4　印刷和过程(操作)相关图形符号,第 3 组(见表 5)

这组包括用来显示功能、运转或操作符号,这些符号是印刷机系统和印后系统及相关附助设备所特有的。

表 5 印刷和过程（操作）相关图形符号

编号	符　号	名　称	说明/使用 [来源]
3.001		自动生产 automatic production	表示自动开始印刷机上的印刷流程 **注**：此流程包括开始输纸、机器加速等。
3.002	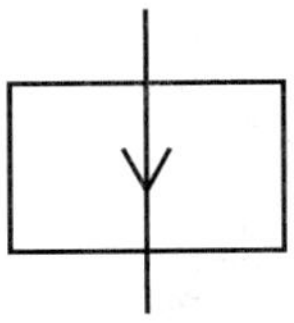	印张传送，横传 sheet transport，transverse	表示印刷材料向操作者的移动。这个符号不要求特定的方向 **注**：此符号要求从操作面看到
3.003	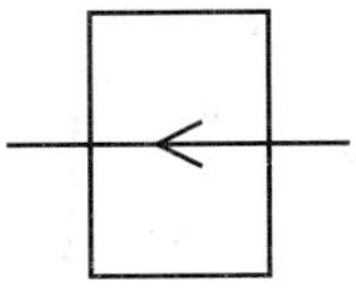	印张传送，纵传 sheet transport，lateral	表示印刷材料通过机器从输纸装置（右边）向收纸装置（左边）传递。这个符号不要求特定的方向 **注**：此符号要求从操作面看到。
3.004		滚筒合压 impression on	表示将橡皮滚筒与压印滚筒合压，以便图像转移到承印材料上，此符号可用于显示状态及激活该功能的操作
3.005	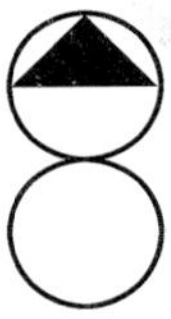	滚筒离压 impression off	表示将橡皮滚筒与压印滚筒离压，以停止图像向承印材料的转移，此符号可用于显示状态及解除该功能的操作
3.006	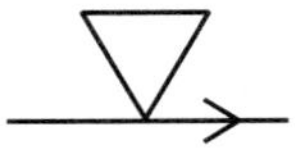	印刷单面（顶面/上面） Printing single-side (top/upper)	表示印刷材料上面在一次承印中的单面印刷，此符号可镜像用于显示材料向反方向运动
3.007	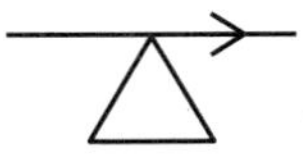	印刷单面（底面/下面） printing single-side (bottom/lower)	表示印刷材料下面在一次承印中的单面印刷，此符号可镜像用于显示材料向反方向运动

表 5（续）

编号	符　号	名　称	说明/使用 ［来源］
3.008	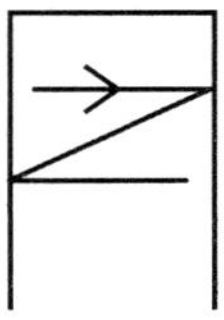	印刷双面 printing two sides	表示印刷材料在一次承印中的双面印刷，此符号可镜像用于显示材料向反方向运动
3.009	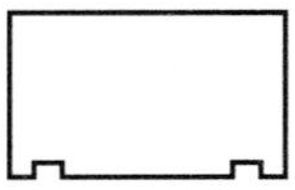	印版 printing plate	表示平版印刷机的印版
3.010	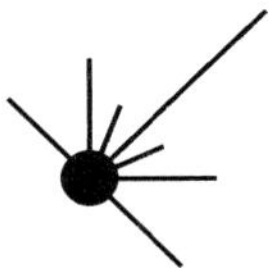	图像转移 image transfer	表示媒介上数字信息描绘进程
3.011	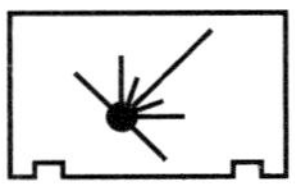	图像转移至印版 image transfer to printing plate	表示数字信息描绘印版图像
3.012	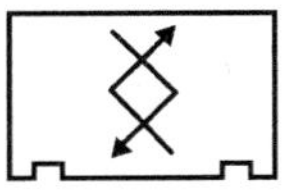	换版 printing plate change	表示印刷机上印版的更换
3.013		图像区覆盖率 image area percent coverage	表示用于图像区印刷的百分比
3.014		图像覆盖分布图 image coverage profile	表示在印版上印刷与非印刷区域的比值，这关系到在印刷方向上各墨区内每种油墨的墨量

表 5（续）

编号	符　号	名　称	说明/使用 ［来源］
3.015		润版液冷却 dampening solution cooling	表示胶印过程中润湿液温度的降低
3.016	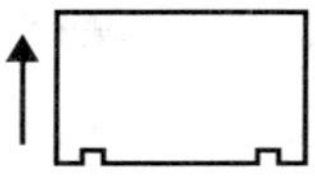	斜拉印版 plate cocking	表示斜拉印版(偏移),此箭头应指明印版的哪一边向哪一方向上移动,该符号可以镜像
3.017	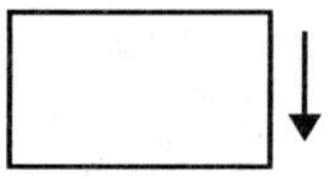	斜拉印张 sheet cocking	表示在任何方向上控制旋转印张,箭头应指明印张的哪一边向哪一方向上移动
3.018	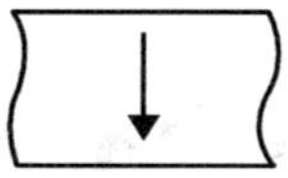	卷筒纸横向移动 transverse web movement	表示卷筒纸在箭头指向上侧向位移,符号可旋转 180°
3.019	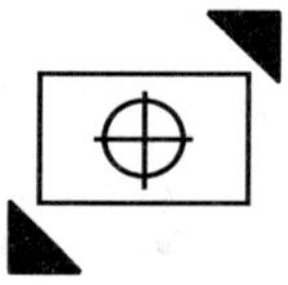	套准调整,对角/斜拉版 Register adjustment,diagonal/cocking	表示将印刷图像沿对角线移动到承印材料生产方向上,符号可以镜像
3.020	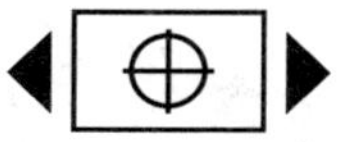	套准调整,侧面/侧规 register adjustment,lateral/sidelay	表示将印刷图像移动到与承印材料运行方向相交叉的位置
3.021	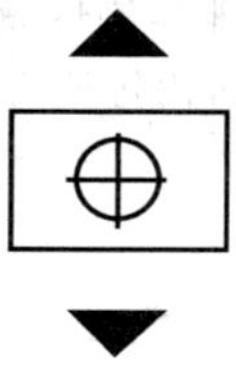	套准调整,周向 register adjustment,circumferential	表示将印刷图像沿着印刷材料承印物运行方向移动

表 5（续）

编号	符　号	名　称	说明/使用 ［来源］
3.022		间歇增加润湿量 momentary increase dampening quantity	表示间歇的、有效的增加润湿溶液量，使印刷材料上的润湿液获得更快速的变化
3.023		间歇增加墨量 momentary increase ink quantity	表示间歇的、有效的增加油墨量，使印刷材料在色彩上快速的变化
3.024		间歇减少墨量 momentary decrease ink quantity	表示间歇的、有效的减少油墨量，使印刷材料在色彩上快速的变化
3.025		墨量分布图 ink profile	表示在承印物宽度上，为印刷某图像而所需的各墨区的墨量
3.026	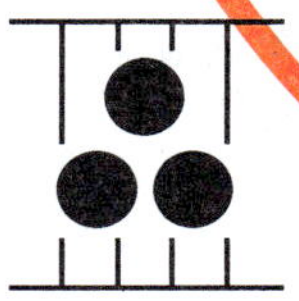	油墨区 ink zone	指出在印刷方向上允许一种油墨着墨量的着墨区域
3.027	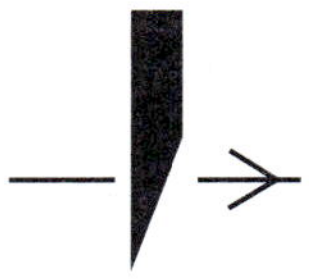	裁切 cut	表示裁切、光边、卷筒纸切纸或纵切产品，箭头可以翻转，以显示产品流向 ［ISO 7000-2742］
3.028	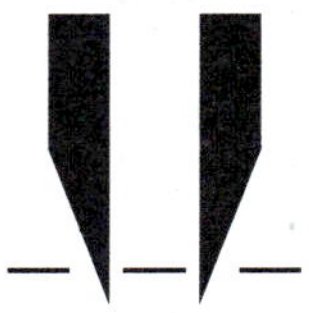	双刀切齐/裁切 two-knife trimming/cutting	表示印刷材料的裁切 ［ISO 7000-2743］

表 5（续）

编号	符　号	名　称	说明/使用 ［来源］
3.029		裁切计时调整 chopper timer adjust	表示在卷筒纸印刷机的折页机上对裁切时间的调整控制，符号可以镜像
3.030		穿孔 perforate	表示在承印物上进行直线打孔、开槽，用以将来进行分割，符号可以镜像
3.031		卷筒纸穿孔 perforate web	表示沿卷筒纸运行方向在印刷材料上进行直线打孔、开槽，用以将来进行分割，符号可以镜像
3.032		单张纸穿孔 perforate sheet	表示沿单张纸运行方向在承印物上进行直线打孔、开槽，用以将来进行分割，符号可以镜像
3.033	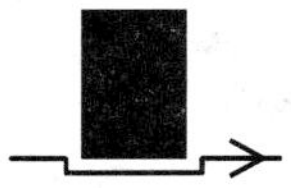	压凸/压凹 embossing/debossing	表示用模具在空白或已印刷的承印物上压凸、压凹的图像，符号可以镜像或旋转 180°
3.034	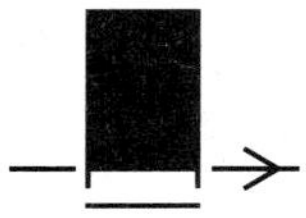	模切/穿孔/冲孔 diecutting/punching/drilling	表示模切、穿孔和冲孔的操作、功能和控制，符号可以镜像
3.035	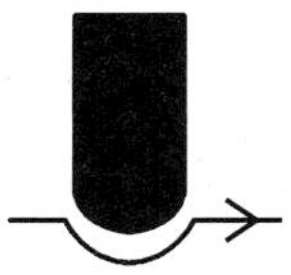	折痕/压痕 creasing/scoring	表示折痕或压痕的操作、功能和控制，符号可以镜像或旋转 180°

表 5（续）

编号	符　号	名　称	说明/使用 ［来源］
3.036	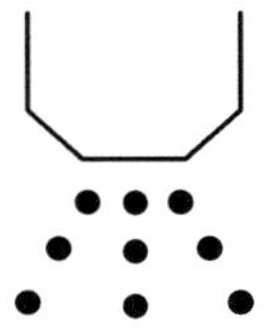	喷粉（粉末） dry spraying (powder)	表示在单张纸上撒布固体颗粒，以免两个连续印张之间接触时油墨蹭脏，符号不要求特定方向
3.037	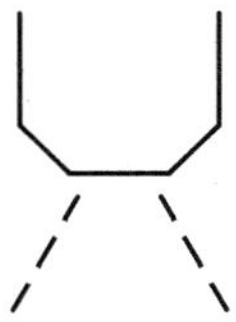	喷淋液体 liquid spray	表示用液体进行喷淋，符号不要求特定方向
3.038	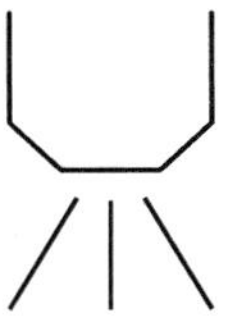	喷淋清洗液 spray washing	表示用液体清洗液进行喷淋，符号不要求特定方向
3.039		清洗墨辊 ink roller wash-up	表示清洗供墨单元的墨辊，符号不要求特定方向 ［ISO 7000-0707，修改］
3.040	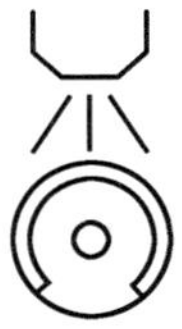	清洗橡皮布 blanket wash	表示清洗印刷单元的橡皮布，符号不要求特定方向 ［ISO 7000-0706，修改］
3.041	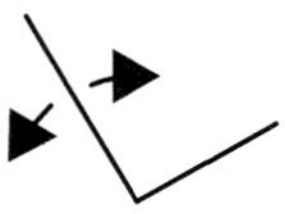	调整倾斜台 tilt table adjust	表示调整倾斜台的角度
3.042		输纸装置堵塞 feeder jam	表示输纸机上印刷材料的堵塞，本符号可以镜像

表 5（续）

编号	符　号	名　称	说明/使用 [来源]
3.043	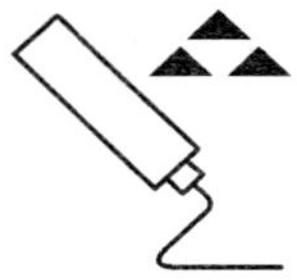	施胶(通用) gluing (general)	表示在印刷材料上施胶。只要“胶”的符号与在0.011条中的相符，本符号可以镜像
3.044	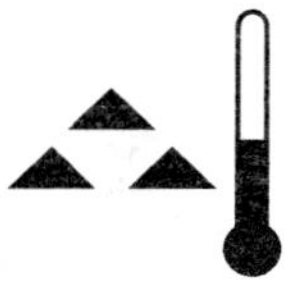	胶的温度 glue temperature	表示胶的温度,本符号可以镜像
3.045		直线式施胶 linear gule	表示在承印物上直线式施胶。只要“胶”的符号与在0.011条中的相符,本符号不要求特定方向
3.046	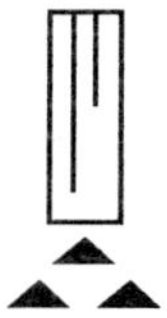	背胶 spine gule	表示对书脊或类似产品的施胶
3.047	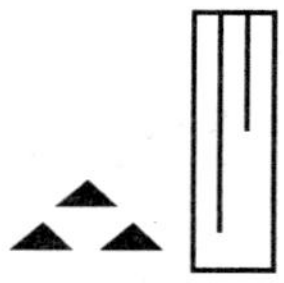	侧胶 side gule	表示对书芯或类似产品的侧面的施胶
3.048	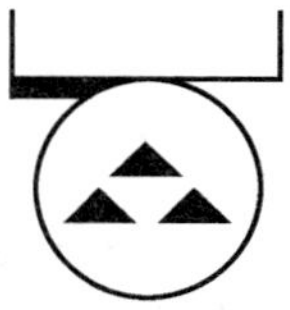	胶膜厚度 gule thickness	表示胶膜厚度的控制
3.049	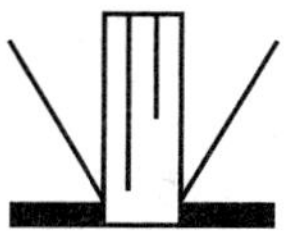	压紧 nipping	表示压紧封面书脊,以使封面与书脊粘合

表 5（续）

编号	符　号	名　称	说明/使用 ［来源］
3.050	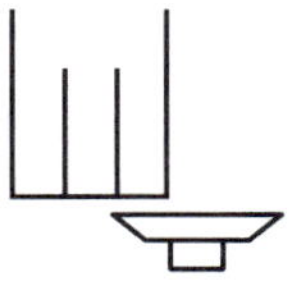	铣背功能/铣刀 milling function/cutter	表示施胶之前书脊的处理
3.051		料堆下降 pile down	表示降低料堆升降装置的控制 ［ISO 7000-0892,修改］
3.052		料堆上升 pile up	表示提高料堆升降装置的控制 ［ISO 7000-0891,修改］
3.053		副料堆下降 auxiliary pile down	表示降低副料堆升降装置的控制
3.054		副料堆上升 auxiliary pile up	表示提高副料堆升降装置的控制
3.055		料堆缓慢下降 pile down slow	表示缓慢降低料堆升降装置的控制
3.056		料堆缓慢上升 pile up slow	表示缓慢提高料堆升降装置的控制

表 5（续）

编号	符　号	名　称	说明/使用 ［来源］
3.057		输纸机开 feeder on	表示输纸机开，符号可以镜像
3.058		输纸机关 feeder off	表示输纸机关，符号可以镜像
3.059	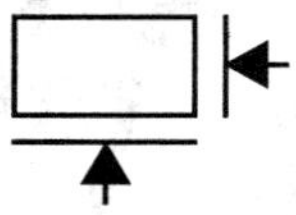	闯齐 jogging	表示闯齐纸张（单张纸），符号可以旋转 90°
3.060	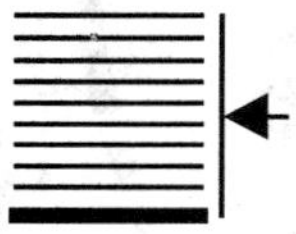	推进产品 push product	表示在侧边方向推进产品，符号可以镜像 ［ISO 7000-2744，修改］
3.061		推进产品，自动程序 push product，automatic sequence	表示在侧边方向推进产品的自动程序，本符号可以镜像 ［ISO 7000-2745，修改］
3.062		错落堆积 offset stack	表示错落堆叠配置 **注**：使用符号 4.006（料堆/堆积）以显示“整齐堆积”。 ［ISO 7000-2746］
3.063	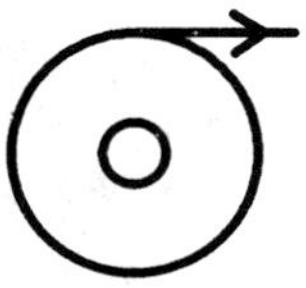	料卷 roll	表示承印物的料卷，符号不要求特定方向

表 5（续）

编号	符　号	名　称	说明/使用 [来源]
3.064	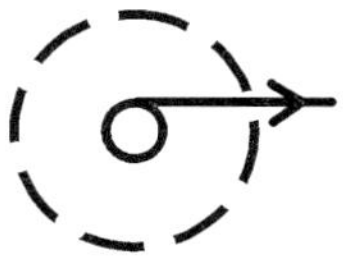	尾卷 end of roll	表示材料将用完，符号不要求特定方向
3.065	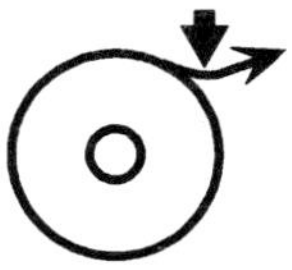	平卷(卷筒料展平) decurl，web	表示将纸卷平整，符号不要求特定方向
3.066	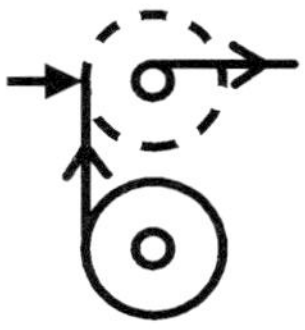	即将接料 splice imminent	表示即将接料，符号不要求特定方向
3.067	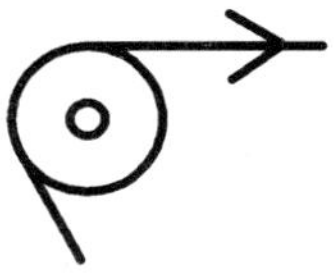	卷筒料传送 web transport	表示单张纸或卷筒纸绕着滚筒传送的方向，符号不要求特定方向 [ISO 7000-0043，修改]
3.068	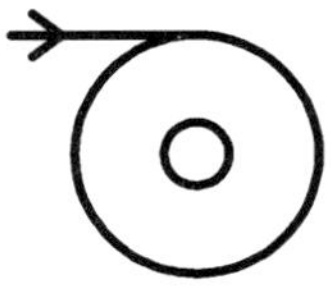	收卷 winding web	表示将印刷材料复卷到辊上的过程，符号不要求特定方向 [ISO 7000-0037，修改]
3.069	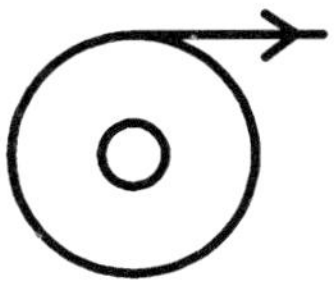	开卷 unwinding web	表示印刷材料开卷的过程，符号不要求特定方向 [ISO 7000-0038，修改]
3.070	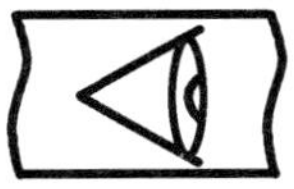	卷筒纸页面检查 web inspection	表示为进行质量控制，对卷筒纸印刷材料的观察

表 5（续）

编号	符　号	名　称	说明/使用 [来源]
3.071		卷筒纸张力 web tension	表示在机器运转时发生在卷筒纸印刷材料上的物理牵引力，符号不要求特定方向
3.072		卷筒纸断裂 web break	表示在机器运转时，由于牵引力导致卷筒纸印刷材料的断裂，符号不要求特定方向
3.073		操作人员 operator	表示为操作印刷机或设备的专业人员 [IEC 60417-5188]
3.074		负压 vacuum	表示吸入 [ISO 7000-0033，修改]
3.075		冷却空气 chill air	一般来说，表示冷却空气 **注**：本符号并不定义冷却空气的特殊用途。
3.076		定量润版 metering，dampening	表示通过使用橡胶挤压辊润湿印版的控制，符号可以镜像
3.077	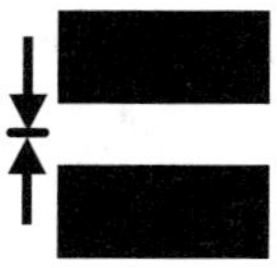	平压平 platen impression	表示相互的印刷压台的运动，基准线表示运动结束位置。本符号不要求特定方向

表 5（续）

编号	符 号	名 称	说明/使用 ［来源］
3.078	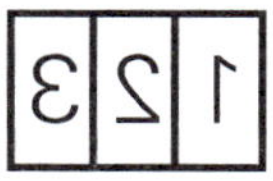	编号 numbering	表示分配给印刷材料或纸张复制份数连续编号过程，符号可以旋转 90°
3.079		复合 lamination	表示两个滚筒把两个单张纸或卷筒纸层压在一起，符号不要求特定方向 ［ISO 7000-0207］
3.080		干燥自动循环 automatic drying sequence	表示自动干燥的顺序
3.081		开始测试运行 start test run	表示机器运行测试的开始 ［IEC 60417-5659］
3.082		单张纸重叠/套叠 sheet overlap/shingle	表示对交叠单张纸进行间隔调节的控制，本符号不需特定方向 ［ISO 7000-2747］
3.083		配页/插页 collating/inserting	表示配页或插页操作，符号可以镜像
3.084	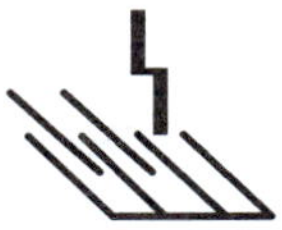	配页/插页故障 collating/inserting malfunction	表示配页或插页操作故障，符号可以镜像

表 5（续）

编号	符 号	名 称	说明/使用 ［来源］
3.085	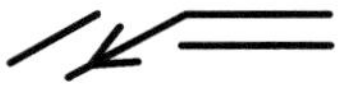	物流转向 divert	表示产品流的变化或转向，符号不要求特定方向
3.086	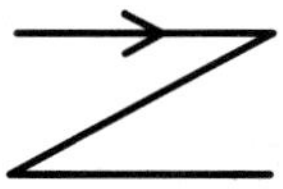	折页 folding	表示有系统地将已印刷或空白承印物(卷筒纸或单张纸)折叠。符号可以镜像
3.087	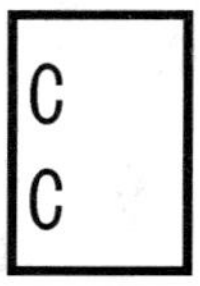	侧订 side stitch	表示一种装订方式——侧订
3.088		端订 top stitch	表示一种装订方式——订书头
3.089	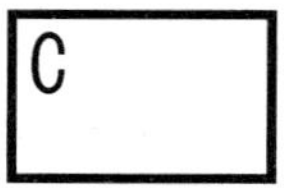	角订(左上角) corner stitch (far side)	表示一种装订方式——订书角(左上角)
3.090	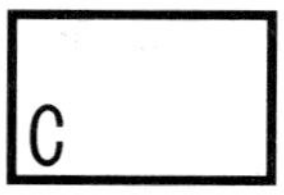	角订(左下角) corner stitch (near side)	表示一种装订方式——订书角(左下角)
3.091	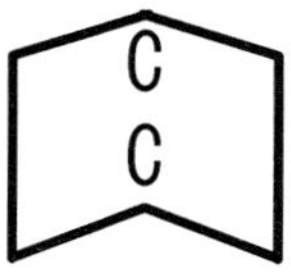	骑马订 saddle stitch	表示一种装订方式——骑马订

表 5（续）

编号	符　号	名　称	说明/使用 [来源]
3.092	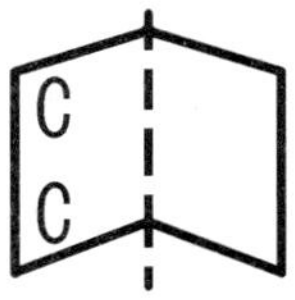	侧（天头）订和折页 side (top) stitch and fold	表示一种装订方式——侧（天头）订和折页
3.093	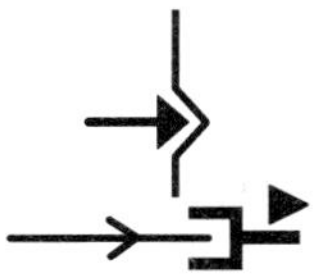	卷筒穿纸预置位置 web-up pre-set position	表示移动机器到需要开始穿纸的位置控制
3.094	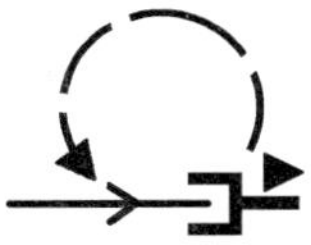	卷筒穿纸保持向前 web-up hold-to-run forward	表示在卷筒纸穿纸时使机器点动向前的控制
3.095	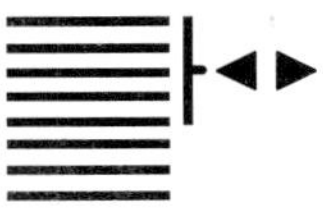	产品调整停止 product adjust stop	表示产品停止调整，符号可以镜像

5.5 设计（组件/装置）相关图形符号，第 4 组（见表 6）

本组包括那些表示对于印刷机系统和印后系统特有的设备和元件的符号，也包括一些相关辅助设备。

表 6　设计（组件/装置）相关图形符号

编号	符　号	名　称	说明/使用 [来源]
4.001	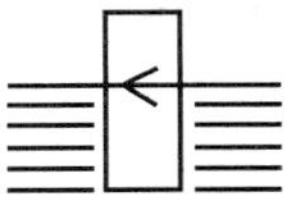	单张纸印刷机 printing press, sheet-fed	表示单张进纸的印刷机，符号可以镜像
4.002	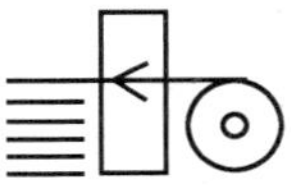	卷筒纸印刷机 printing press, web-fed	表示卷筒纸给纸的印刷机，符号可以镜像

表 6（续）

编号	符　号	名　称	说明/使用 ［来源］
4.003	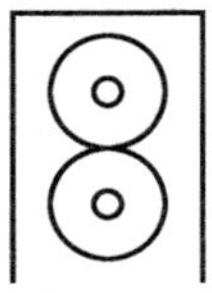	印刷单元 printing unit	表示一个印刷单元 ［ISO 7000-2748］
4.004		给纸单元 feeder unit	表示一个给纸单元，符号可以镜像
4.005	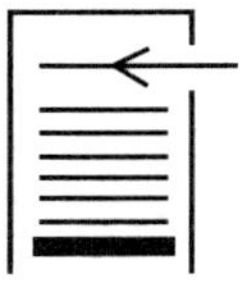	收纸单元 delivery unit	表示一个收纸单元，符号可以镜像
4.006		料堆/堆积 pile/stack	表示已印刷或未印刷的纸堆或堆积的承印物，也用于显示整齐堆积 **注**："错落堆积"的符号见 3.062。
4.007	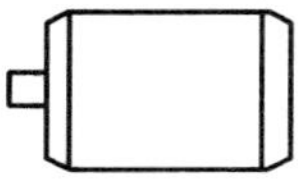	驱动器(电动机) drive(electric motor)	表示用来使机器部件产生运动的驱动器或电动机，符号不要求特定方向 ［ISO 7000-0011］
4.008	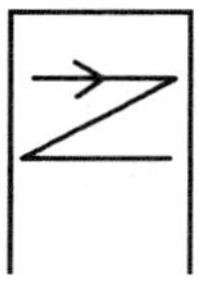	折页机 Folder unit	表示给承印物折页的单元部分，本符号可以镜像
4.009	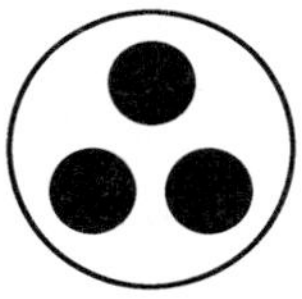	墨辊 ink roller	表示转移油墨的辊子
4.010		传墨辊 ink doctor roller	表示从墨斗辊转移到墨路上的一种传墨辊。符号可以镜像
4.011	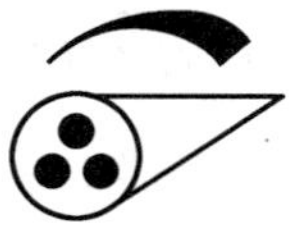	墨量控制 ink volume control	表示对着墨辊上的墨量进行调节的控制。符号可以镜像
4.012		着墨辊 ink form roller	表示把油墨着于印版的辊，只要墨的符号的方向与 0.009 条相符，符号不要求特定方向

表 6（续）

编号	符　号	名　称	说明/使用 [来源]
4.013	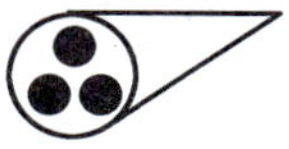	墨斗 ink fountain	表示在印刷机上存储油墨并供给油墨系统的装置，符号可以镜像
4.014	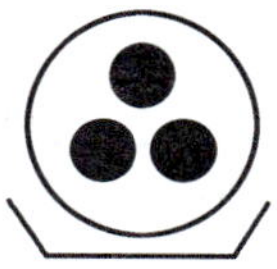	墨斗，柔版印刷/凹版印刷 ink fountain，flexo/gravure	表示在柔版或凹版印刷机上存储油墨并供给油墨系统的装置，符号可以镜像
4.015	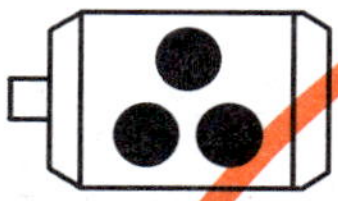	墨斗辊电机 ink motor	表示驱动墨斗辊的一种电机，只要墨的符号的方向与 0.009 条相符，符号不要求特定方向
4.016		供墨单元 ink unit	表示由墨斗和墨辊组成的，将油墨传递、涂布到印刷图像载体上的装置
4.017	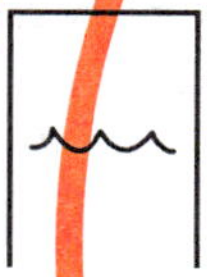	润湿单元 dampening unit	表示平版印刷过程润湿印版的装置
4.018		水辊 dampening roller	表示在润湿系统中的辊筒
4.019		润湿量控制 dampening volume control	表示调节印版润湿溶液量的控制
4.020		水斗 dampening fountain	表示贮存和供给润湿液的容器和水辊
4.021		着水辊 dampening form roller	表示将润湿溶液转移到印版的水辊，只要液体的符号的方向与 0.012 条相符，符号不要求方向
4.022		润湿喷雾单元 dampening spray unit	表示印刷系统中进行润湿喷雾的单元

表 6（续）

编号	符　号	名　称	说明/使用 ［来源］
4.023	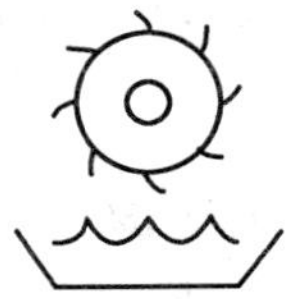	润湿刷辊 dampening brush roller	表示润湿刷辊的控制或状况
4.024	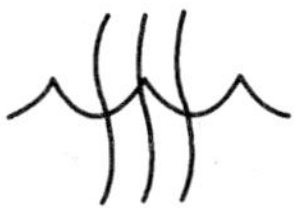	热水系统 hot water system	表示提供热水或其他加热溶液的系统
4.025		冷水系统 chill water system	表示提供冷水或其他冷却溶液的系统 ［ISO 7000-0544］
4.026		冷却设备/冷却器 cooling device/chiller	表示降低液体温度的设备，例如：平版印刷机的润湿溶液
4.027		冷却辊 chill roller	表示冷却辊的控制或状况
4.028		冷却辊单元 chill roll unit	表示通过冷却辊来降低承印物温度的机组
4.029	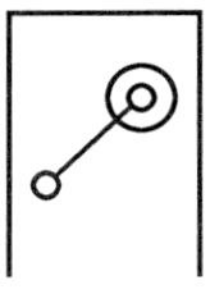	单臂式卷筒纸支架单元 one arm reel stand unit	表示一种设计用来支托单卷卷筒纸的支架，并用转臂将纸卷输入给卷筒纸印刷机、卷筒纸切纸机、联线上装饰机械或其他印刷机械，本符号不要求特定方向 ［ISO 7000-0888，修改］
4.030	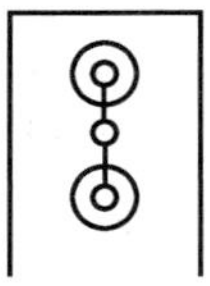	双臂式卷筒纸支架单元 two arm reel stand unit	表示一种设计用来支托两卷卷筒纸的支架，并用转臂将纸卷输入给卷筒纸印刷机、卷筒纸切纸机、联线上装饰机械或其他印刷机械，本符号不要求特定方向 ［ISO 7000-0889，修改］

表 6（续）

编号	符　号	名　称	说明/使用 ［来源］
4.031	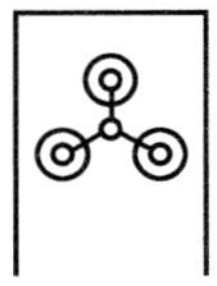	三臂式卷筒纸支架单元 three arm reel stand unit	表示一种设计用来支托三卷卷筒纸的支架，并用转臂将纸卷输入给卷筒纸印刷机、卷筒纸切纸机、联线上装饰机械或其他印刷机械，本符号不要求特定方向 ［ISO 7000-0890，修改］
4.032	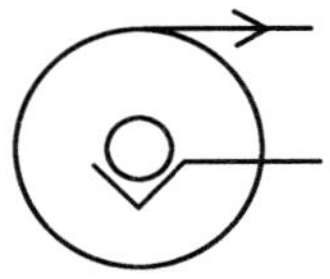	卷筒起重装置 roll lifting device	表示将卷筒纸放置到卷筒纸支架上的一个装置，本符号可以镜像
4.033	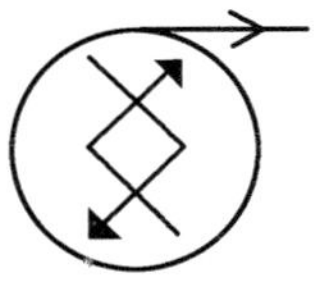	更换卷筒纸 roll change	表示更换卷筒纸过程
4.034	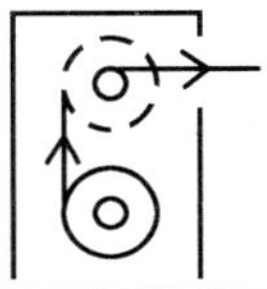	接纸单元 splicing unit	表示将一个新的卷筒纸接合到用完的卷筒纸末端的机组，符号可以镜像
4.035	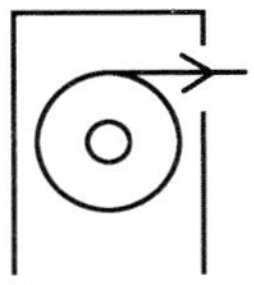	开卷单元 unwind unit	表示开卷卷筒纸的单元，符号可以镜像
4.036	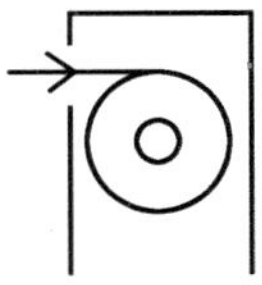	收卷单元 rewind unit	表示收卷卷筒纸的单元，符号可以镜像
4.037	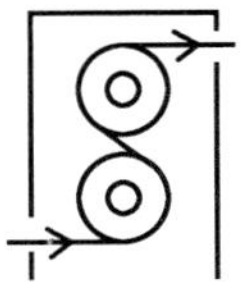	卷筒纸进给单元 web infeed unit	表示当卷筒纸输入印刷机组时控制卷筒纸张力的单元，符号可以镜像
4.038		卷筒纸进料辊 web infeed rollers	表示在印刷机组前控制张力的设备，或对进入印刷机中的承印物进行计量。符号不要求特定方向
4.039	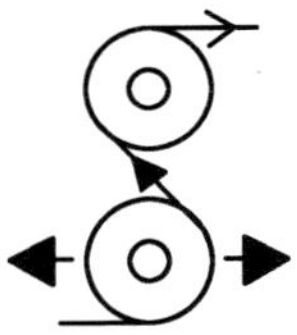	卷筒纸补偿装置 compensator，web	表示用于套准的辊式调整装置，可以显示为任意数量的辊子。符号不要求特定方向

表 6（续）

编号	符　号	名　称	说明/使用 ［来源］
4.040	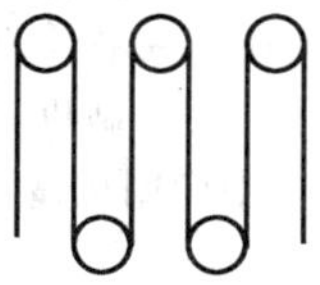	储纸排辊/补偿装置 festoon/compensator	表示一组提供可控制的、恒定供应卷筒材料的辊系，通常在接料操作中使用，符号不要求特定方向
4.041		夹送辊 nip roller	表示夹送辊的控制或状态，符号不要求特定方向
4.042		涂布器 coater	表示将涂料从料盘传输出去的装置
4.043		涂布单元 coating unit	表示将涂料涂于承印物上的单元
4.044	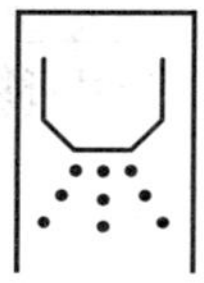	喷粉单元 spraying unit, powder	表示洒布喷粉/粉末材料的单元
4.045	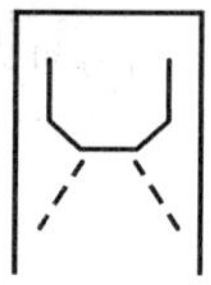	喷淋液体单元 spraying unit, liquid	表示喷淋液体材料的单元
4.046	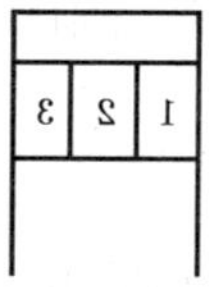	编号单元 numbering unit	表示给承印物编号的单元
4.047		裁单张纸/裁切/纵切/切边单元 sheeting/cutting/slitting/trimming unit	表示用来将承印物或产品裁单张、裁切、纵切或切边的单元，符号可以镜像
4.048	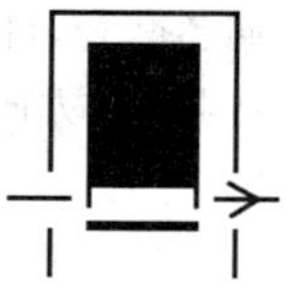	模切/打孔/钻孔单元 diecutting/punching/drilling unit	表示用来模切、打孔或钻孔的单元，符号可以镜像

表 6（续）

编号	符　号	名　称	说明/使用 [来源]
4.049	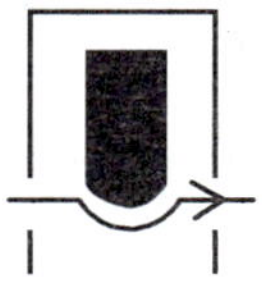	折痕/压痕单元 creasing/scoring unit	表示用来折痕或压痕承印物的单元，符号可以镜像
4.050	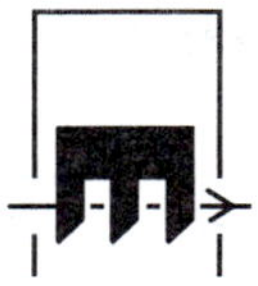	穿孔单元 perforating unit	表示用于单张纸或卷筒纸穿孔的单元，符号可以镜像
4.051		施胶装置 gluing,device	表示将胶涂于产品上的设备
4.052		胶槽 glue tank	表示胶槽和涂胶辊
4.053		离心泵 centrifugal pump	表示用离心力迫使材料转移的泵 [ISO 7000-0135]
4.054		水泵 water pump	表示抽取或输入水的一种装置或设备 [ISO 7000-0356]
4.055		冷却剂泵 coolant pump	表示抽取或输入冷却剂的一种装置或设备 [ISO 7000-0355]
4.056	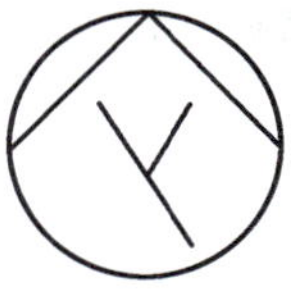	液压泵 hydraulic pump	表示抽取或输入液体的一种装置或设备
4.057		油泵 oil pump	表示抽取或输入油的一种装置或设备 [ISO 7000-0360]

表 6（续）

编号	符　号	名　称	说明/使用 [来源]
4.058		真空泵 vacuum pump	表示抽取空气的一种装置或设备
4.059	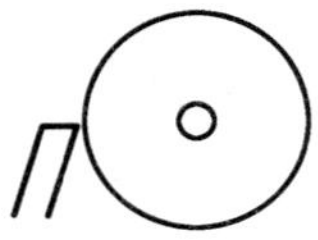	刮板/刮板靠紧 doctor blade/doctor blade on	表示刮板正处于“靠紧”的位置，符号不要求特定方向 [ISO 7000-0900]
4.060	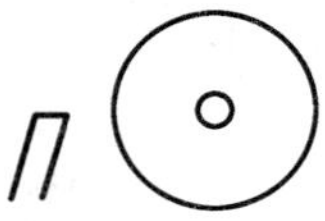	刮板脱开 doctor blade off	表示刮板正处于“脱开”的位置，符号不要求特定方向 [ISO 7000-0901]
4.061		输纸装置的吸纸头 suction head,feeder	表示机器中输送承印物的吸纸头，符号可以镜像
4.062		干燥器 dryer	表示一个用于干燥印品或涂布产品的单元
4.063	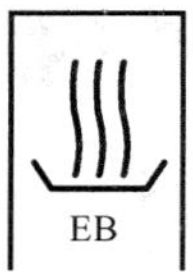	电子束干燥器 dryer,EB	表示用一个电子束装置来干燥
4.064	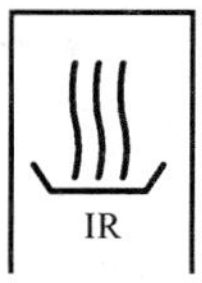	红外线干燥器 dryer,IR	表示用一个红外线装置来干燥
4.065	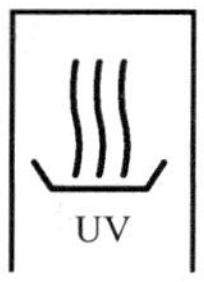	紫外线干燥器 dryer,UV	表示用一个紫外线装置来干燥
4.066	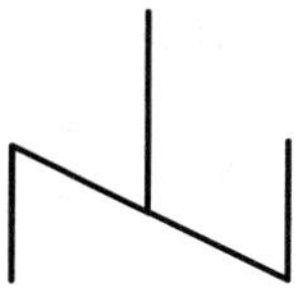	搅拌器 agitator	表示一个用来搅动材料的装置，符号可以镜像 [ISO 7000-0131]

表 6（续）

编号	符　号	名　称	说明/使用 [来源]
4.067	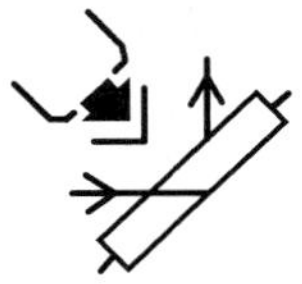	鼓风转向杆 air blast,angle bar	表示一个用于控制卷筒纸转向杆上气流方向和密度的装置,符号不要求特定方向
4.068		气刀 air knife	表示一个用于控制吹到承印物上的气流方向和密度的装置,符号不要求特定方向
4.069		送风 air blowdown	表示向下导送空气的装置,通常用来控制产品或承印物的定位,符号不要求特定方向
4.070	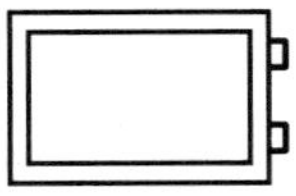	版框 chase	表示一个放置印模或印刷字模的装置。在印刷中使用,例如凸版印刷、压印、模切等,符号不要求特定方向
4.071	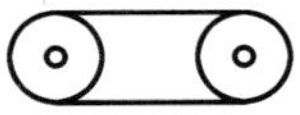	输送带 conveyor belt	表示一个在机器或机器组件之间运输产品的装置,符号不要求特定方向 [ISO 7000-0229,修改]
4.072		真空传送带 vacuum conveyor belt	表示用真空传送带控制产品移动,符号不要求特定方向
4.073	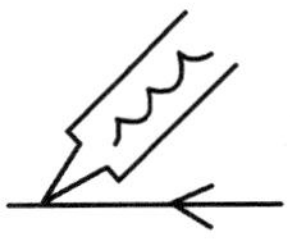	折痕软化剂 crease softener	表示一个在折痕或压折痕之前向承印物使用软化剂的装置,符号可以镜像
4.074		过桥辊 bridge roller	表示一个连接着墨单元和润版单元的辊
4.075	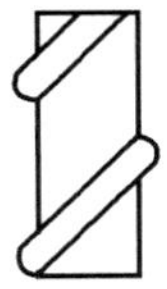	折子式折页机 spiral folder	表示一个在折页机中进行扇形折页的装置,符号不要求特定方向
4.076	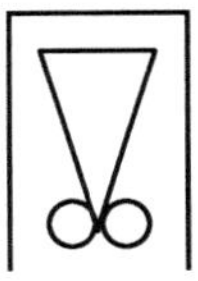	折页三角板 former	表示用来连续折叠卷筒纸用的三角形的板和折页滚筒

表 6（续）

编号	符　号	名　称	说明/使用 ［来源］
4.077	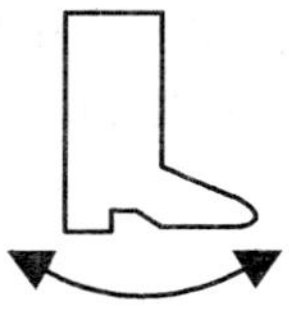	踢件器 kicker	表示一个导致产品偏离正常位置的装置。符号可以镜像
4.078	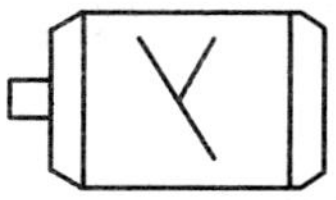	液压电动机 hydraulic motor	表示液压电动机，只要液压符号的方向与0.015相符，符号不要求特定方向
4.079	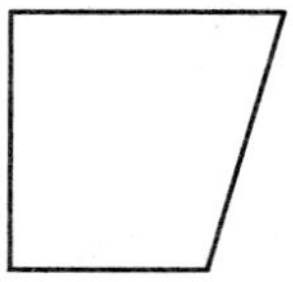	犁 plow	表示用来分离承印物或产品的装置，符号不要求特定方向
4.080		刷辊/打浆刷子 brush roller/beater brush	表示刷辊或打浆刷的控制或状况 **注**：放射状的“刷毛”的多少可以任意。 ［ISO 7000-0307］
4.081	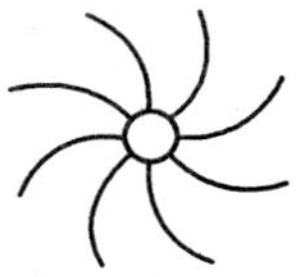	收纸扇 product delivery fan	表示接收单独的产品递送到输送机上的机械装置
4.082	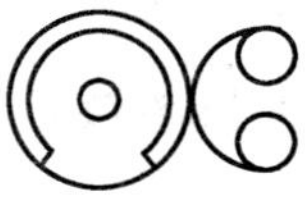	滚筒包衬清洗布 washing cloth ,blanket	表示清洗布的状况或控制。符号可以镜像
4.083		送丝辊 wire feed	表示用来输送铁丝的辊。符号不要求特定方向
4.084	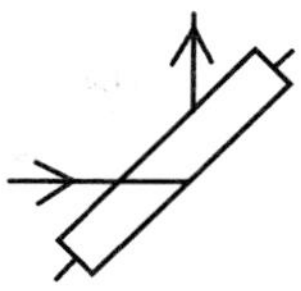	卷筒纸转向杆 turn bar,web	表示转向杆的控制或状况，符号不要求特定方向

表 6（续）

编号	符　号	名　称	说明/使用 [来源]
4.085	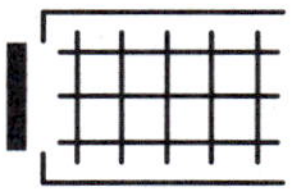	防护闭合/关闭防护 guard close/close guard	表示防护或安全罩闭合，或表示关闭防护罩或安全罩的控制 [ISO 7000-0915，修改]
4.086	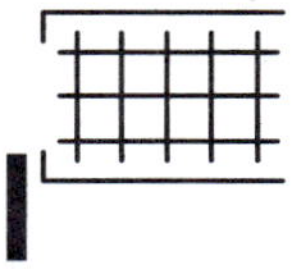	防护打开/打开防护 guard open/open guard	表示防护或安全罩打开，或表示打开防护罩或安全罩的控制 [ISO 7000-0914，修改]
4.087		丝网刮板 screen squeegee	表示一块在丝网印刷中使用的丝网刮板(通常用弹性材料制成)，用于使调合色料从丝网转移到承印物上，符号不要求特定方向
4.088		丝网提浆勺 screen scooper	表示丝网印刷中使用的勺，用于将调合色料从丝网的终端传送到起点，符号不要求特定方向
4.089		丝网刮刀 screen scraper	表示在丝网印刷中使用的刮刀，用于在丝网上将调合色料刮平，符号不要求特定方向
4.090		网框 screen frame	表示丝网印刷的网框。符号不要求特定方向
4.091		切纸盒标高 trim box level	表示装载切废纸容器的装载程度，符号可以镜像
4.092	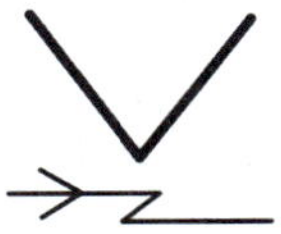	单折折页 single fold	表示一折(4 页)的折页模式，如需要符号可以镜像，表示反方向的折页
4.093		短折页 short fold	表示一个短折的折页模式，如需要符号可以镜像，表示反方向的折页
4.094	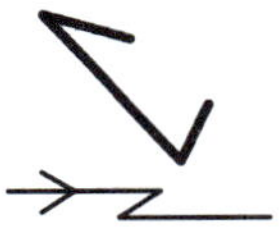	折叠插页折页 gate fold	表示一个折叠插页(8 页)的模式，如需要符号可以镜像，表示反方向的折页

表 6（续）

编号	符　号	名　称	说明/使用 ［来源］
4.095	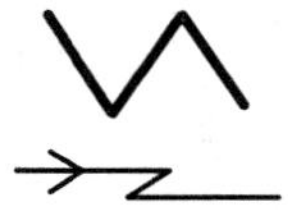	风琴折页 accordion fold	表示风琴式折页（6 页）模式，如需要符号可以镜像，表示反方向的折页
4.096	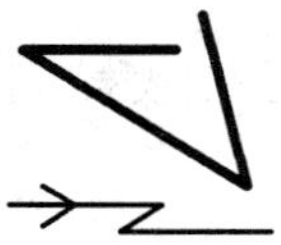	信折 letter fold	表示信函式（6 页）折页模式，如需要符号可以镜像，表示反方向的折页
4.097	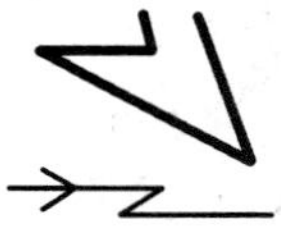	平行折页 parallel fold	表示平行折的折页模式，如需要符号可以镜像，表示反方向的折页
4.098	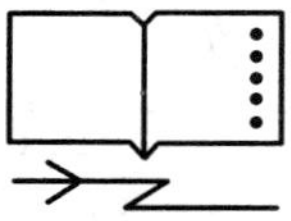	横折页 cross fold	表示横折式折页模式，如需要符号可以镜像，表示反方向的折页
4.099	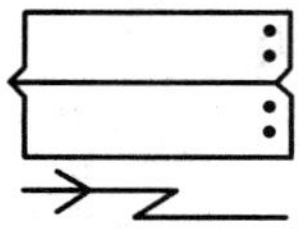	纵折页 longitudinal fold	表示纵折式折页模式，如需要符号可以镜像，表示反方向的折页
4.100	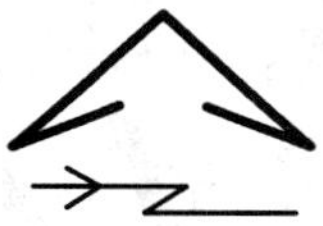	窗式折页 window fold	表示窗式折页模式，如需要符号可以镜像，表示反方向的折页
4.101	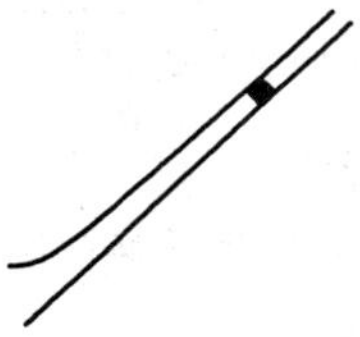	折页栅栏板 folder buckle plate	表示一个将经过折页机的承印物强迫进入两个辊之间的内旋卷入部位的装置。此装置通常有可调节的档楔用以调控承印物进入内旋卷入部位的长度
4.102	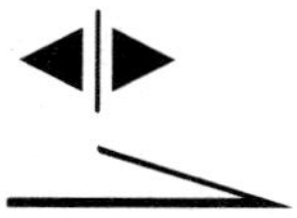	交叠调节 overlap adjustment	表示交叠的调节
4.103	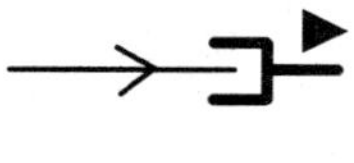	穿纸装置 web-up device	表示将卷筒纸穿过机器的装置
4.104	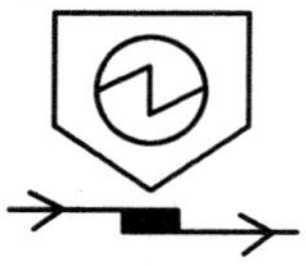	粘胶机/静电粘胶机 tacker/electrostatic paster	表示向承印物提供静电充电的装置
4.105		后挡规 backgauge	表示切纸机的后挡规，符号不要求特定方向

表 6（续）

编号	符　号	名　称	说明/使用 ［来源］
4.106	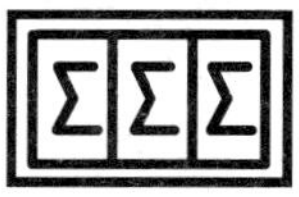	累加器 totalizer	表示设备寿命期内的总生产量
4.107	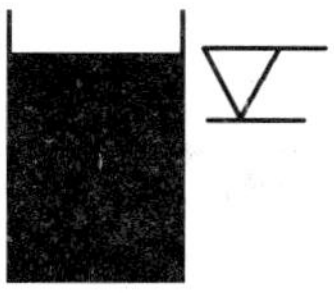	箱体高位水准 high tank level	表示水箱的水准高位，符号可以镜像
4.108	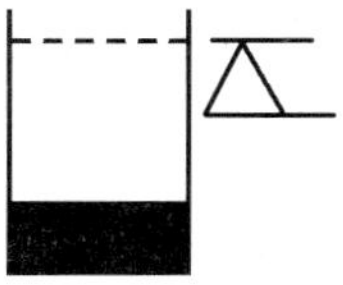	箱体低位水准 low tank level	表示水箱的水准低位，符号可以镜像
4.109	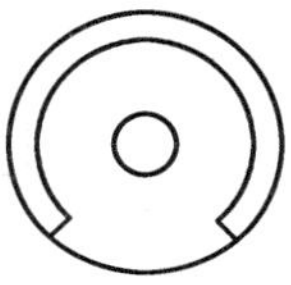	橡皮滚筒 blanket cylinder	表示被橡皮布覆盖的滚筒，用来在胶印过程中将图像从印版上转移到承印物上
4.110		印版滚筒 plate cylinder	表示承载印刷图像印版的滚筒
4.111	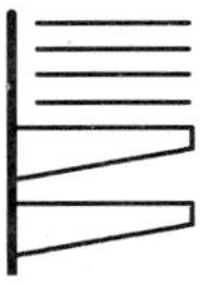	顶部印品台板 top product platform	表示印品位于顶面或上部平台
4.112	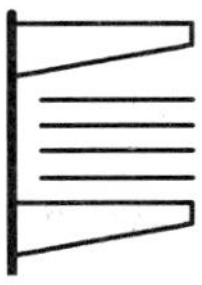	底部印品台板 bottom product platform	表示印品位于的底部或更低的平台
4.113	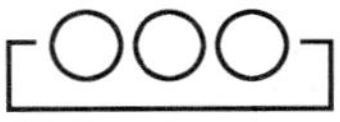	传输辊 conveyor rollers	表示传输用的辊子，符号不要求特定方向

5.6 工作（用户项目）相关的图形符号，第 5 组（见表 7）

本组包括将使用显示作用、印刷工作的组件，和测量的符号。

表 7　工作(用户项目)相关的图形符号

编号	符　号	名　称	说明/使用 [来源]
5.001		操作 operation	表示一个工作流程中的一个步骤
5.002		操作起始 operation beginning	表示动作行为的开始或启动过程
5.003		操作结束 operation end	表示动作行为的结束或完成过程
5.004	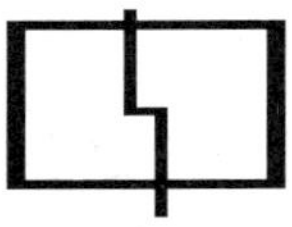	操作故障 operation malfunction	表示一个过程中一个特定动作的失误或故障
5.005		操作状态 operation status	表示行动或过程的情况。实地区域应反映完成比例,并随之而变化
5.006		工作传票/工作单 job ticket/job sheet	表示印刷设置和生产的有关工作信息
5.007		签名 signature	表示在工作中的一个签名(包括二页纸的签名)
5.008		用户 customer	表示购买物品或被服务的人
5.009		备忘录 memo	表示工作记录
5.010		计数器,批量 counter,batch	表示在当前批次里产品的数量
5.011	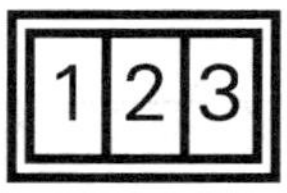	计数器,成品 counter,good	表示在当前工作中可接受的产品数量 [ISO 7000-0695,修改]
5.012		计数器,预设 counter,preset	表示在一个计数器中设置特定数字计数 [ISO 7000-2749]

表 7（续）

编号	符　号	名　称	说明/使用 ［来源］
5.013		计数器，总计 counter, total	表示从上次重新设置后产品的总计数
5.014		计数器，次品 counter, reject	表示在当前工作中次品的数量
5.015		计数器复位 counter, reset	表示将计数器的计数设置为零 ［ISO 7000-2750］
5.016	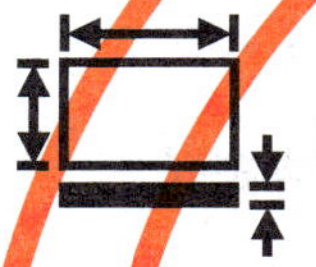	尺寸，单张纸 dimensions, sheet	表示承印物纸张尺寸的输入或读出
5.017	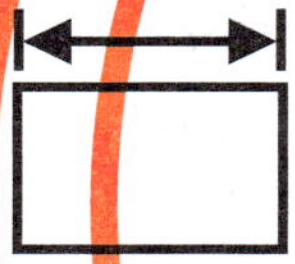	尺寸，单张纸长度 dimension, sheet, length	表示承印物纸张长度的输入或读出
5.018		尺寸，单张纸宽度 dimension, sheet, width	表示承印物纸张宽度的输入或读出
5.019		尺寸，承印物厚度（单张纸） dimension, substrate thickness (sheet)	表示一张的承印物厚度的输入或读出
5.020		尺寸，承印物厚度（卷筒纸） dimension, substrate thickness (web)	表示卷筒纸承印物厚度的输入或读出
5.021	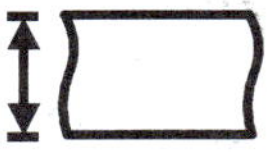	尺寸，卷筒纸宽度 dimension, web, width	表示卷筒纸承印物宽度的输入或读出
5.022		尺寸，卷筒纸卷直径 dimension, web, roll diameter	表示卷筒纸纸卷直径的输入或读出
5.023	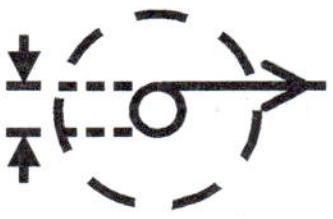	尺寸，卷筒纸筒芯直径 dimension, web, core diameter	表示卷筒纸筒芯尺寸的输入或读出

5.7 安全有关图形符号，第6组(见表8)

本组符号用于表示印刷机系统、印后系统以及相关辅助设备的安全功能和警告。

表8 安全有关图形符号

编号	符　号	名　称	说明/使用 [来源]
6.001	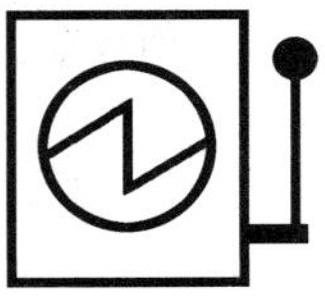	主电源开关 main power switch	表示主电源的开关 [ISO 7000-0353]
6.002		运行/开始 run/start	表示启动控制装置 [IEC 60417-5104]
6.003	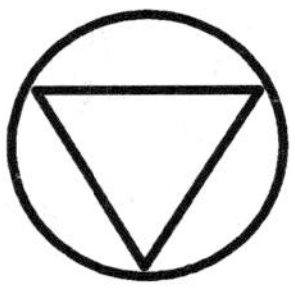	停止 stop	表示停止运行控制装置 [IEC 60417-5110A]
6.004		急停 emergency stop	表示紧急停止控制装置 [IEC 60417-5638]
6.005	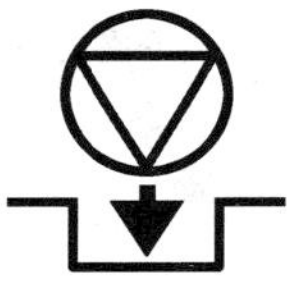	停止/安全 stop/safe	表示安全停止功能的按钮
6.006	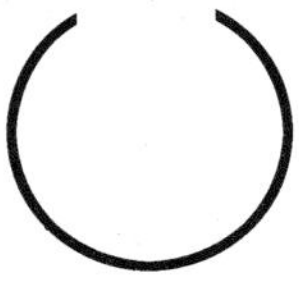	准备 ready	表示让机器进入准备状态的控制，在这种准备状态下，机器的运行可以由操作人员进行操作控制 [ISO 7000-1140]
6.007		通/断 on/off	表示连接或切断主开关，控制按键在稳定位置时为关，按钮被压下时为开 [IEC 60417-5011]
6.008	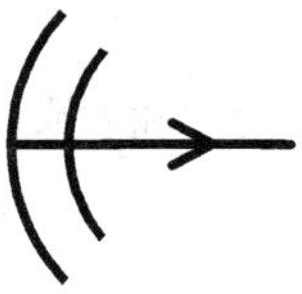	爬行速度 crawl speed	表示印刷机从正常运行速度大幅减速的功能，通常叫爬行速度 [ISO 7000-0528，修改]

表 8（续）

编号	符　号	名　称	说明/使用 [来源]
6.009	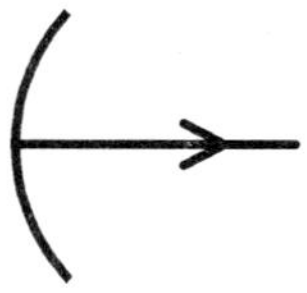	慢速 slow speed	表示印刷机从正常运行速度变慢的功能，通常叫慢速 [ISO 7000-0527，修改]
6.010		开启安全防护/联锁/限制 on safeguard/interlock/block	表示将安全联锁或安全防护改为开启状态的功能，符号不要求特定方向
6.011		关闭安全防护/联锁/限制 off safeguard/interlock/block	表示将安全联锁或安全防护开启状态关闭的功能。本符号不要求特定方向
6.012	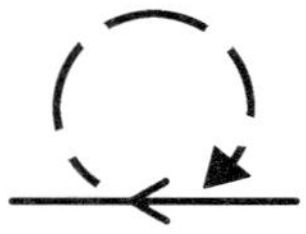	止-动向前 hold-to-run forward	表示只要控制被激活，在启动和保持机器动作向前的功能，符号可以镜像 [ISO 7000-0970，名称修改]
6.013	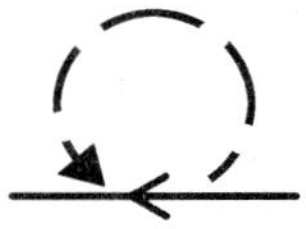	止-动反向 hold-to-run reverse	表示只要控制被激活，在一个相反方向上启动和保持机器动作的功能，符号可以镜像 [ISO 7000-0971，名称修改]
6.014	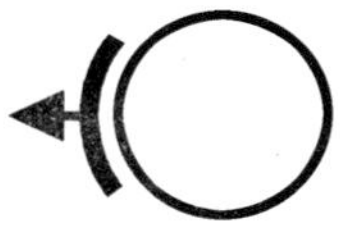	制动释放/制动断开 brake release/brake off	表示制动器关闭状态，符号不要求特定方向 [ISO 7000-0021，经修改]
6.015	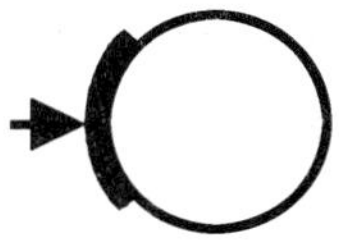	制动 brake apply brake off	表示制动器开启状态，符号不要求特定方向 [ISO 7000-0020，经修改]
6.016	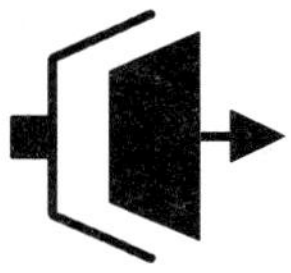	离合器脱开 clutch disengage	表示使离合器脱离的功能，符号不要求特定方向
6.017		离合器连接 clutch engage	表示使离合器连接的功能，符号不要求特定方向
6.018	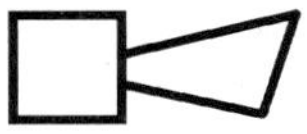	声响信号，喇叭 audible signal，horn	表示用喇叭声来警告机器开启的警报，符号可以镜像 [IEC 60417-5014]

表 8（续）

编号	符　号	名　称	说明/使用 ［来源］
6.019		声响信号，喇叭（替换物） audible signal，horn (alternate)	表示用喇叭声来警告机器开启的警报，符号可以镜像 ［ISO 7000-0244］
6.020	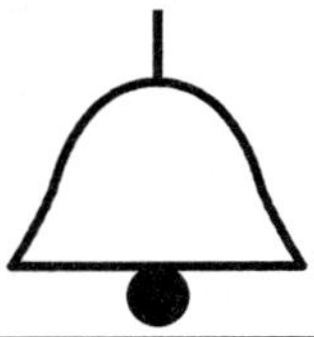	声响信号，响铃 audible signal，bell	表示用铃声来警告机器开启的警报 ［IEC 60417-5013］
6.021		锁定 locking	表示锁定功能的控制或表示上锁状态 ［IEC 60417-5569］
6.022		开锁 unlocking	表示开锁功能的控制或表示开锁状态 ［IEC 60417-5570］
6.023		小心/警告/注意 caution/warning/attention	表示有相关安全风险的用途 **注**：ISO 7000-0434A 可能使用。
6.024		危险电压 dangerous voltage	表示在危险电压与相关控制用途、作用或状态中引起危险 **注**：当在警报信号或标签上使用本符号时，参见其他标准譬如 ISO 3864-1。 ［IEC 60417-5036］

附　录　A
（资料性附录）
使用基本符号组合创造符号的范例

A.1　概述

如果设备设计师需要用一个图形符号表示一个意思，但该指导性技术文件或其他标准没有适用的符号时，可以创建适用的符号。在许多情况下，设计师可以使用该指导性技术文件中的符号结合起来组合成新的符号。设计师应铭记 3.1 中的信息。

基本设计要求见以下国际标准：

——IEC 80416-1　电气设备用图形符号基本规则　第 1 部分：原形符号的生成

——ISO 80416-2　设备用图形符号表示规则　第 2 部分：箭头的形成和使用

A.2　举例

A.2.1　可能的组合变化

使用一个标准化的图形符号作为基础来建立一个完整的图形符号族是可行的。下面是依据标准化的卷筒纸转向杆(4.084)建立的几个组合变化符号的示例。

图 A.1 显示了使用卷筒纸转向杆符号(4.084)进行多种组合变化的示例。

4.084

图 A.1　使用卷筒纸转向杆符号(4.084)变化的示例

A.2.2　空气和气流方向

由于机器在承印物控制、加热、冷却和干燥中对空气的广泛运用，与空气相关的图形符号是非常重要的。在这个指导性技术文件中，基本图形符号既表示空气(0.016)又表示了气流的方向。

图 A.2～图 A.5 示例将表示空气基本图形符号与其他符号相组合。

图 A.2 显示了将空气(0.016)的基本图形符号指向一个移动的承印物(0.005)符号上，组合形成气刀(4.068)的图解符号。

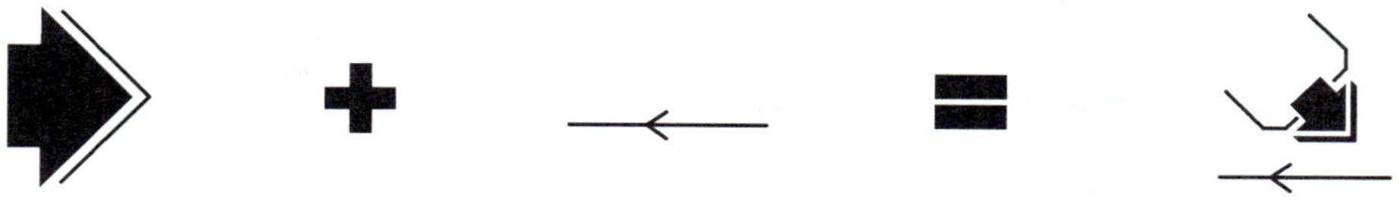

0.016　　0.005　　4.068

图 A.2　基本图形符号组合创建新符号的示例 1

图 A.3 显示了将空气(0.016)的基本图形符号与压力(0.027)符号组合形成气压(1.032)符号。

0.016　　0.027　　1.032

图 A.3　基本符号组合创建新符号的示例 2

图 A.4 显示了将空气(0.016)的基本图形符号指向卷筒纸转向杆(4.084)符号,组合形成鼓风转向杆(4.067)符号。

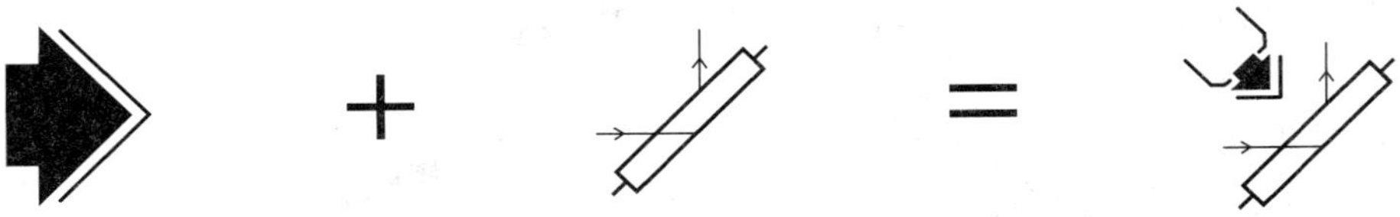

0.016　　4.084　　4.067

图 A.4　基本图形符号组合创建新符号的示例 3

图 A.5 显示了将空气(0.016)的基本图形符号指向料堆(4.006)的符号,并将料堆的符号进行修改,组合形成吹气分离(1.031)的符号。

0.016　　4.006　　1.031

图 A.5　基本图形符号组合创建新符号的示例 4

A.2.3　移动箭头

产品和屏幕上的图象、以及机器部件的运动有许多种。用箭头表示运动方向的示例见图 A.6。

a) 离合器脱开 6.016　　b) 滚动屏 2.019　　c) 卷筒纸穿孔 3.031　　d) 放大 2.028　　e) 闯齐 3.059

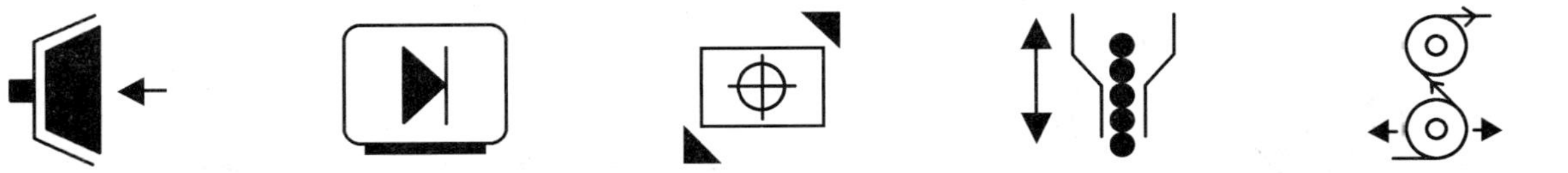

f) 离合器连接 6.017　　g) 下一屏 2.015a　　h) 对角线套准调整 3.019　　i) 喷墨打印头高度 1.047　　j) 卷筒纸补偿装置 4.039

图 A.6　在符号中使用箭头表示运动和运动方向的示例

A.2.4 印刷系统机组

组合图形符号当中最普遍的一个类型是用来显示机器一个机组或模块。图 A.7 显示机组(0.001)符号与各种图形组合起来,创建印刷机械机组和模块的图形符号。例如,在图 A.7 a)中,油墨(0.009)符号和机组符号组合形成供墨单元(4.016)符号。

a) 供墨单元 4.016　b) 冷却辊单元 4.028　c) 喷粉单元 4.044　d) 接纸单元 4.034　e) 纸卷单元 4.036　f) 紫外线干燥器 4.065

图 A.7　基本符号组合表示机械组件和模块的示例

A.2.5 任意配置举例

通过现有图形组合为一个指定意思创建出图形符号,有时这个新图案的布局可能不只有一种。例如,在图 A.8,两个符号都包含堵塞(0.043)符号和给纸单元(4.004)符号。

设计师应在基于为机器操作人员提供连续性的符号描述样式的基础上做出选择。例如,作为图 A.8a)(本指导性技术文件中 3.042)的另一种替代符号,如果设计师也使用下图 A.9 中使用的样式[与故障(1.028)符号组合],那么选择使用图 A.8 b)就会是合理的。

a)　b)

图 A.8　用相同的基本图形符号实现多个布局示例

图 A.9　用图形表示法表示输纸机故障示例

A.2.6 操作面和传动面的符号

本指导性技术文件没有规定符号应指明是设备的操作面还是传动面。然而,功能符号一般放在材料方向符号的适当面上,以显示与材料方向相应的面。

但是,在某些情况下,一些符号可能很合适,如图 A.10 中的符号,这些符号可以使用。

a）传动面　　b）传动面　　c）操作面　　d）操作面

图 A.10　传动面和操作面的样图

附 录 B
（规范性附录）
供考虑将来使用的印刷机和印后系统图形符号的提案

B.1 印刷机和印后系统的图形符号

供考虑将来使用所提交的图形符号应符合 3.1 和 3.2 的要求，图形符号应以 TIFF 和 EPS 格式提交，并需提交一份硬拷贝。EPS 文件的图样应符合 IEC 80416-1 的要求。

B.2 附随信息

除提供所使用的符号的电子文件之外（应按照 B.1 准备），所有供该指导性技术文件在将来改版时考虑使用的新图形符号的提案应包括以下信息：

a) 应用该图形符号的设备类型；

b) 该图形符号的名称（一般为 1～3 个描述性的词，表明其所标示的控制的功能）；

c) 说明用该符号所标记的设备的功能；

d) 如果图形符号与其他 ISO、IEC 或国家标准中的图形符号相同或相似，该标准的编号、标题和出版日期，在该标准中该符号的编号和名称，以及新符号与已发布符号是否相同或相似；

e) 该图形符号是否应有特定的方向（如：方向需如图显示；可以镜像；可以翻转；不要求特定方向）；

f) 建议该图形符号应添加在哪组符号中（参见第 4 章）；

g) 两个联络人的联络信息，以联系获知提案的详情。联络信息应包括：

——姓名；

——职务；

——公司或组织；

——邮寄地址[包括国家、省、市、街道，邮箱号（如有），邮政编码]；

——电话；

——传真；

——e-mail 地址；

h) 提议的日期。

B.3 提案递送的地点

针对该指导性技术文件的提案应递交到 SAC/TC 192 秘书处。

参 考 文 献

[1] IEC 61310-1:2007 Safety of machinery—Indication, marking and actuation—Part 1: Requirements for visual, acoustic and tactile signals

[2] IEC 60417 (all parts) Graphical symbols for use on equipment

[3] ISO 3864-1 Graphical symbols—Safety colours and safety signs—Part 1: Design principles for safety signs in workplaces and public areas

[4] ISO 7000 Graphical symbols for use on equipment—Index and synopsis

中 文 索 引

英 文 索 引

英文对应词 符号编号

A

B

英文对应词 符号编号

D

英文对应词 符号编号

G

H

I

英文对应词 符号编号

M

N

英文对应词 符号编号

英文对应词 符号编号

R

英文对应词 符号编号

英文对应词　　符号编号

V

W

ICS 53.100
P 97

中华人民共和国国家标准化指导性技术文件

GB/Z 26139—2010/ISO/TR 25398:2006

土方机械　驾乘式机器暴露于全身振动的评价指南　国际协会、组织和制造商所测定协调数据的应用

Earth-moving machinery—Guidelines for assessment of exposure to whole-body vibration of ride-on machines—Use of harmonized data measured by international institutes, organizations and manufacturers

(ISO/TR 25398:2006,IDT)

2011-01-14 发布　　2011-07-01 实施

中华人民共和国国家质量监督检验检疫总局
中国国家标准化管理委员会　发布

前 言

本指导性技术文件等同采用ISO/TR 25398:2006《土方机械 驾乘式机器暴露于全身振动的评价指南 国际协会、组织和制造商所测定协调数据的应用》(英文版)。

本指导性技术文件等同翻译ISO/TR 25398:2006。

为了便于使用,本指导性技术文件还作了下列编辑性修改:

——“本技术文件”一词改为“本指导性技术文件”;

——用小数点“.”代替作为小数点的“,”;

——删除了国际标准的前言;

——用已采用国际标准的我国标准,对应代替ISO/TR 25398:2006引用的国际标准;

——对附录A和附录B中的表,增加了表题。

本指导性技术文件的附录A、附录B、附录C、附录D、附录E和附录F为资料性附录。

本指导性技术文件由中国机械工业联合会提出。

本指导性技术文件由全国土方机械标准化技术委员会(SAC/TC 334)归口。

本指导性技术文件起草单位:天津工程机械研究院、厦门厦工机械股份有限公司、广西柳工机械股份有限公司。

本指导性技术文件主要起草人:阎堃、李蔚苹、黄中良。

引　　言

本指导性技术文件提供了如何评估土方机械司机全身振动暴露环境的相关信息。本评估方法是基于真实作业环境下所测得的振动发射值。应特别注意，振动发射值受许多不同的参数影响。这些参数来自：

——司机（如：培训程度、行为、模式、压力）；

——作业地点（如：组织情况、准备情况、环境、气候、材料）；

——机械（如：类型、座椅以及悬架系统的质量、附件、设备、状态）。

因此，不可能获得精确的暴露数值。本指导性技术文件中所给出的数值应小心使用，因为它们仅是由有限数量的司机在规定作业状态以及机械类型条件下测得的。

而特定机械司机的实际作业状态可能有很大不同，因而可能产生不同的振动。另一方面，在文献中找到的从真实作业状态所获得的值可能仅在特定的作业状态以及测量当时正确。本指导性技术文件的使用者应明白振动暴露不仅仅取决于所使用的机械，很大一部分还取决于司机、作业地点等因素。若要对振动量进行实际评估，这些因素也需要考虑在内。

附录 A 中列出了 GB/T 8498 所包含机械类型的典型作业条件清单。此清单可能不完整，但其代表了大部分的真实作业条件。

正确调整和维护机械、平稳操作机械以及保持稳定的地形条件可以减少全身振动。附录 E 中的指导方针可以帮助土方机械的使用者降低全身振动水平。

待评估的每日振动暴露量取决于与全身接触的表面振动量以及某一员工与该振动接触的每日总时长。

同一类型机械的振动水平都假设为一样的。如果机械上设有振动降低功能，则应使用较低的振动水平。若要确定某一机械振动降低功能的振动水平降低量，应制定适当的振动测量方法来确定振动降低量。附录 F 提供了振动测量的指导方针。

土方机械　驾乘式机器暴露于全身振动的评价指南　国际协会、组织和制造商所测定协调数据的应用

1　范围

本指导性技术文件对那些被要求确定、评估和提供文件证明驾乘式机器(根据 GB/T 8498)每日全身振动暴露的人员(如雇主、国家机构和土方机械制造商)提供了指导方针。同时本指导性技术文件也对机器为降低振动水平所作改进的机器减振水平及所确定的减振方式提供了指导方针。它能帮助制定在典型作业工况中特定土方机械的文件证明。

本指导性技术文件提供了有关如何根据 GB/T 13441.1 和 EN 14253:2003 来确定每日振动暴露量 A(8)的指导方针。它还提供了一个简单方法来确定每日的振动暴露量,通过一个注有每日暴露量的表格作为等效振动总值以及相关的暴露持续时间。即使在同一天有多次暴露量的情况下,这两种方法都能使用。

本指导性技术文件提供了使用报告发射值来计算暴露量的方法,对配备符合 GB/T 8419 座椅的机器同样适用。

注:其他信息在 EN 474 系列标准和 EN 500 系列标准中给出。

如果不具有适当的数据来代表特定作业工况下的振动,或如果计算结果不能确定是否超出振动暴露限值或暴露行动值,则要求进行作业场所测量。

重要的是,在暴露量评估中使用的振动值对机器的特定使用具有代表性。

本指导性技术文件并不涉及冲击暴露的评估。

注:用于确定、评估和提供文件证明驾乘式土方机械每日全身振动暴露量的本指导性技术文件也包含欧洲健康机构指令(振动)2002/44/EC。

2　规范性引用文件

下列文件中的条款通过本指导性技术文件的引用而成为本指导性技术文件的条款。凡是注日期的引用文件,其随后所有的修改单(不包括勘误的内容)或修订版均不适用于本指导性技术文件,然而,鼓励根据本指导性技术文件达成协议的各方研究是否可使用这些文件的最新版本。凡是不注日期的引用文件,其最新版本适用于本指导性技术文件。

GB/T 8419　土方机械　司机座椅振动的试验室评价(GB/T 8419—2007,ISO 7096:2000,IDT)

GB/T 8498　土方机械　基本类型　识别、术语和定义(GB/T 8498—2008,ISO 6165:2006,IDT)

GB/T 13441.1　机械振动与冲击　人体暴露于全身振动的评价　第 1 部分:一般要求(GB/T 13441.1—2007,ISO 2631-1:1997,IDT)

EN 14253:2003　机械振动　职业性暴露于全身振动对健康危害的测量和评估　操作指南(Mechanical vibration—Measurement and calculation of occupational exposure to whole-body vibration with reference to health—Practical guidance)

3　术语和定义

GB/T 13441.1 和 GB/T 8498 确立的以及下列术语和定义适用于本指导性技术文件。

3.1

作业时间　驾乘时间　operating time ride-on time

每日持续操作土方机械的时间。

注：该时间包括作业工况所需的中断时间及与使用直接相关的休息期。

3.2

暴露持续时间　exposure duration

T

指全身与振动表面(座椅)直接接触及暴露在相关振动中总的持续时间。

注：在确定每日暴露持续时间 T 时，暴露持续时间通常与作业时间相混淆。例如：司机估计在采石场中轮胎式装载机的作业时间为每天 7.5 h，然而暴露持续时间却只有装载自卸车(如等待自卸车)的 5 h 加上开采工况(如等待爆破)的 1 h 得出 $T=6.0$ h。

3.3

等效振动值　equivalent vibration value

$\boldsymbol{a}_{\mathbf{w,eq}}$

不同机器及其典型作业工况，在相关的暴露持续时间 T_i 内，暴露持续时间平均振动值 $a_{wi,x,y,z}$ 的最大值。

注 1：按公式(1)计算 $a_{w,eqx}$，$a_{w,eqy}$ 或 $a_{w,eqz}$ 中的最大值：

$$\left.\begin{aligned} a_{w,eqx} &= \sqrt{\frac{1}{T}\sum_{i=1}^{n}(a_{wxi})^2 \cdot T_i} \\ a_{w,eqy} &= \sqrt{\frac{1}{T}\sum_{i=1}^{n}(a_{wyi})^2 \cdot T_i} \\ a_{w,eqz} &= \sqrt{\frac{1}{T}\sum_{i=1}^{n}(a_{wzi})^2 \cdot T_i} \end{aligned}\right\} \qquad (1)$$

式中：

n——局部等效振动数。

注 2：x 轴方向和 y 轴方向的振动值要乘以系数 1.4，附录 B 中包含该数据。如果使用其他来源的数据，请注意确保该系数也已包含在内。

3.4

每日振动暴露　daily vibration exposure

A(8)

基于振动暴露水平的评估值，表示为超过 8 h 的等效持续加速度，按三条正交坐标轴(坐姿司机的 $1.4a_{wx}$，$1.4a_{wy}$，a_{wz})确定的频率计权加速度的最高(rms)值计算。

注 1：对于 A(8)的定义，见第 5 章、第 6 章、第 7 章、附录 A 和附录 B 以及 GB/T 13441.1。

注 2：按公式(2)计算 $A(8)_{x,y,z}$ 的最大值：

$$\left.\begin{aligned} A(8)_x &= \sqrt{\frac{1}{8\text{ h}}\sum_{i=1}^{n}(a_{wxi})^2 \cdot T_i} \\ A(8)_y &= \sqrt{\frac{1}{8\text{ h}}\sum_{i=1}^{n}(a_{wyi})^2 \cdot T_i} \\ A(8)_z &= \sqrt{\frac{1}{8\text{ h}}\sum_{i=1}^{n}(a_{wzi})^2 \cdot T_i} \end{aligned}\right\} \qquad (2)$$

式中：

n——局部等效振动数；

$a_{w,x,y,z,i}$——等效振动值；

T_i——相关暴露持续时间。

注3：x 轴方向和 y 轴方向的振动值要乘以系数1.4，附录B中包含该数据。如果使用其他来源的数据，请注意确保该系数也已包含在内。

3.5

局部振动暴露点　partial vibration exposure points

$\boldsymbol{P}_{\mathrm{E}i\mathrm{x,y,z}}$

在 x、y 和 z 轴方向上相关暴露持续时间内，单台机器和作业工况产生振动暴露的指标。

注1：相应方向按公式(3)计算：

$$\left.\begin{aligned} P_{\mathrm{E}i\mathrm{x}} &= \left(\frac{a_{\mathrm{wx}i}}{0.5\ \mathrm{m/s^2}}\right)^2 \cdot \frac{T_i}{8\ \mathrm{h}} \cdot 100 \\ P_{\mathrm{E}i\mathrm{y}} &= \left(\frac{a_{\mathrm{wy}i}}{0.5\ \mathrm{m/s^2}}\right)^2 \cdot \frac{T_i}{8\ \mathrm{h}} \cdot 100 \\ P_{\mathrm{E}i\mathrm{z}} &= \left(\frac{a_{\mathrm{wz}i}}{0.5\ \mathrm{m/s^2}}\right)^2 \cdot \frac{T_i}{8\ \mathrm{h}} \cdot 100 \end{aligned}\right\} \qquad \cdots\cdots(3)$$

式中：

$a_{w,x,y,z,i}$——等效振动值；

T_i——相关暴露持续时间。

注2：公式(3)为0.5 m/s² A(8)的振动暴露设定为100点的值。通过将其代入公式(3)的0.5 m/s²，另一个振动暴露A(8)可被设定为100点。

注3：x 轴方向和 y 轴方向的振动值要乘以系数1.4，附录B中包含该数据。如果使用其他来源的数据，请注意确保该系数也已包含在内。

3.6

总的振动暴露点　total vibration exposure points

$\boldsymbol{P}_{\mathrm{E\ tot}}$

一天内局部振动暴露点 $P_{\mathrm{E}i\mathrm{x,y,z}}$ 总值的最大值。

注1：按公式(4)计算 $P_{\mathrm{E\ totx}}$、$P_{\mathrm{E\ toty}}$、$P_{\mathrm{E\ totz}}$ 的最大值：

$$\left.\begin{aligned} P_{\mathrm{E\ totx}} &= \sum_{i=1}^{n} P_{\mathrm{E}i\mathrm{x}} \\ P_{\mathrm{E\ toty}} &= \sum_{i=1}^{n} P_{\mathrm{E}i\mathrm{y}} \\ P_{\mathrm{E\ totz}} &= \sum_{i=1}^{n} P_{\mathrm{E}i\mathrm{z}} \end{aligned}\right\} \qquad \cdots\cdots(4)$$

式中：

n——局部等效振动值。

注2：振动暴露点仅作为测定司机每天总的或者局部振动暴露的A(8)值的一个简单替代方法。例如：根据欧洲健康机构指令(振动)2002/44/EC的要求，其关系如公式(5)所示：

$$\mathrm{A}(8) = 0.5\ \mathrm{m/s^2}\ \sqrt{P_{\mathrm{E\ tot}}/100} \qquad \cdots\cdots(5)$$

一天中总的振动暴露100点的值等于A(8)=0.5 m/s² 的暴露行动值，而529点的值等于A(8)=1.15 m/s² 的暴露限值。其关系如图1所示。

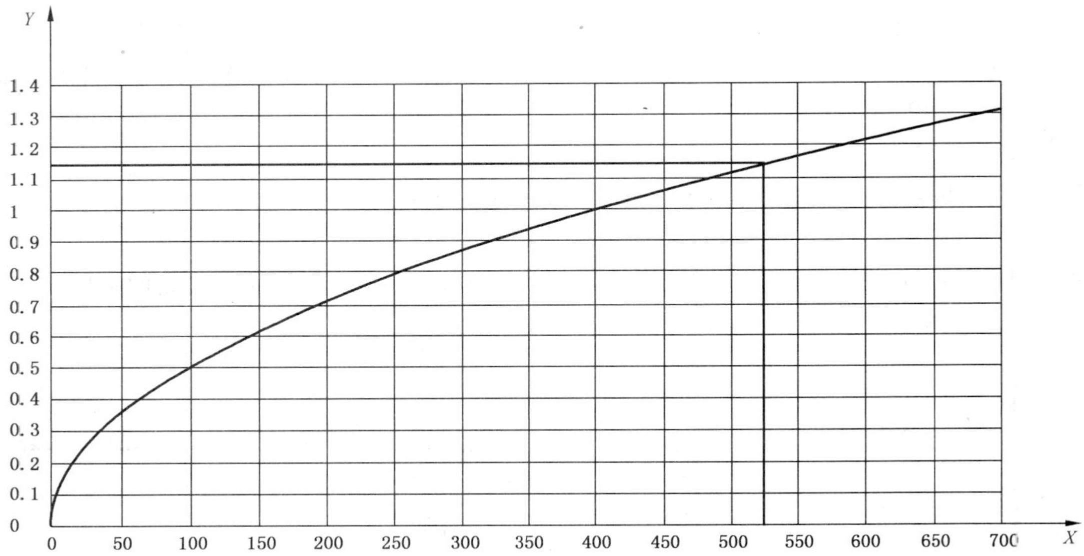

说明：

X——总振动暴露点，$P_{E\ tot}$；

Y——每日振动暴露，单位为米每二次方秒（m/s²）。

图 1 全身振动的振动暴露点与每日振动暴露之间的关系示例

4 振动量的评价

4.1 总则

附录 B 中提供了评价振动水平的数据。根据 GB/T 13441.1，振动量是以米每二次方秒（m/s²）为单位的频率计权均方根加速度值表示的。

一台机器的振动量可能会变化很大。例如，司机及其驾驶风格（如粗鲁、平稳）、不同的作业工况、地面条件、机器行驶速度或不同的物料都有可能影响到实际的振动量。振动量也经常随时间而变化。通常很难或者不可能获得精确值或缩小值的范围，因此平均值和不确定度的描述则是实际典型作业工况的最好体现。当评价暴露量时，应考虑到这些数值是在一系列不确定因素中获得的（见第 6 章）。

4.2 其他信息来源

振动量可以由其雇主或雇主代表在司机的位置测得。但是，这可能会十分困难，不可再现且不实用，并不十分必要。

振动数据的其他来源包括专业振动顾问、雇主组织（商业协会）以及政府机构。在许多技术或科技出版物以及互联网上也可获得这些数据。如果雇主使用从这些来源获得的数据，应对数据的质量和准确性进行检查。因此，建议对两个或多个来源的数据进行对比。雇主应尽量找到一个能够代表特定机器以及作业工况的合适的振动量值（或值的范围）。

5 每日振动暴露的评价

雇主应对每个司机以及相关机器和作业工况测定每日暴露持续时间。

这可能基于：

a） 通过测量少量的操作次数或作业周期的实际暴露持续时间并计算出平均值；

b） 每个工作日的操作次数或作业周期的相关信息。

上述 a）项通过测量确定司机在特定时间范围内的暴露时间及来源。可以使用各种不同的技术来测量，例如：

——使用秒表；

——录像分析；

——作业活动取样。

信息源可以是作业记录，如叉车装卸卡车的数量。

但是，确保该信息与进行每日振动暴露的评估所要求的信息相一致十分重要。例如，作业记录可能会很精确地提供有关每天作业结束后完成的作业项目数量信息，但是可能司机不只一人，或者在每班轮班结束后还有未完成的作业信息，则该信息可能不能直接适用于进行振动暴露评估。

注：司机提供的有关他们典型的每日振动暴露持续时间信息通常可能是包含没有发生振动时间（如叉车的空载、举升）的估算。因此，这种方法通常导致对暴露持续时间的过度评价。

应意识到对于大部分机器的振动暴露持续时间通常比作业时间短。

6 不确定度的考虑

对振动暴露全面评估的准确性取决于所确定振动值的准确性以及其代表实际振动值的能力。它还取决于预估的暴露持续时间的准确性。附录B中的数据表是基于在典型作业工况下进行至少5次～100次以上测量得出的结果。标准差则提供了有关测定值的分布信息。

在暴露持续时间评价中的不确定度是受以下不确定因素影响的：

——作业时间或作业周期的测量；

——每个工作日的操作次数或作业周期的估算；

——由司机（见第5章的注）提供的暴露时间估算；

——一天与另一天作业任务的变化性。

每日振动暴露评价中的不确定度是受以下不确定因素影响的：

——振动量的评价；

——暴露持续时间的评价。

注：有关测定的振动发射值不确定度的其他信息在EN 14253中给出。

由于振动暴露与振动值和暴露持续时间的平方根成比例，因此振动值的准确性比暴露持续时间平方根的准确性在对每日振动暴露量的准确性方面更有影响。

约半数作业工况中的值可能超出附录B中给出的平均值。当对暴露量作初步估算，或怀疑机器的作业工况特别恶劣时，建议所使用的值为平均数加上一个标准差。但平均值加上标准差后还有可能超出。这在大部分恶劣情况下发生的可能性占17%，即这个值（平均值加一个标准差）将涵盖所有情况的83%。在半数工况中，机器振动值将小于附录B给出的平均值。

可能导致全身振动水平变化的条件包含：粗糙或平坦地形、驾驶速度（适当或不适当）、司机驾驶技术以及培训水平（适当或不适当）。

通过附录E的指南可以降低振动水平。

7 振动暴露的确定和评估

7.1 总则

每日振动暴露取决于两个关键因素：

a) 通过座椅传输的全身振动的平均值；

b) 司机接触该振动的每日总时间。

每日振动暴露按第4章和第5章中规定得到的振动量和暴露持续时间来确定。

每日振动暴露量应使用在实际典型的作业工况下（见附录B）以及暴露持续时间 T 测得的振动值计算。确定和评估可以使用A(8)值，或更为简单的也可以使用总的振动暴露点 $P_{E\,tot}$。

7.2 使用每日振动暴露A(8)

7.2.1 一般程序

对于特定机器和作业工况，每日振动暴露A(8)可以通过等效振动值$a_{w,eq}$以及每日暴露持续时间T按照公式(6)进行计算：

$$A(8)=a_{w,eq}\sqrt{\frac{T}{8\ h}} \qquad \cdots\cdots(6)$$

如果一天的作业包含驾驶n台机器和/或n个典型作业工况，用局部等效振动值$a_{wi,x,y,z}$以及单个暴露持续时间T_i，按照公式(7)计算每日振动暴露A(8)：

$$A(8)_{x,y,z}=\sqrt{\frac{1}{8\ h}\sum_{i=1}^{n}(a_{wi,x,y,z})^2\cdot T_i} \qquad \cdots\cdots(7)$$

A(8)表示为在8 h内等效的持续加速度，为$A(8)_{x,y,z}$各值的最大值。

该程序是按照EN 14253:2003进行，进一步的指导在GB/T 13441.1的附录B中给出。示例见7.2.2。

每日振动暴露可用于跟暴露准则进行对比。

基于欧洲指令2002/44/EC定义暴露行动值为A(8)=0.5 m/s²和暴露限值为A(8)=1.15 m/s²，因此建立了雇主的必要行动(见表2)。每日暴露量具有一定的不确定度。如果估算的值与暴露行动值或暴露限值接近，最好认为该值已经超出，雇主应采取必要的行动。

7.2.2 示例——处于三种不同作业工况的轮胎式装载机

7.2.2.1 参数1：

——好的作业工况(平坦的地面条件、松软地形、处理的材料：砂砾)；

——经验丰富的司机；

——第一个典型的作业工况：转场，1 h；

——第二个典型的作业工况：V形作业，3.5 h。

根据不同的参数(如作业工况、司机的经验)，使用附录B的x、y和z轴向的值。示例如下，使用平均值减去标准差。使用附录B中的值以及相关暴露持续时间T_i，按照公式(2)计算每个轴向的每日振动暴露$A(8)_x$，$A(8)_y$和$A(8)_z$：

$$A(8)_x=\sqrt{\frac{1}{8\ h}\sum_{i=1}^{n}(a_{wxi})^2\cdot T_i}$$

$$A(8)_y=\sqrt{\frac{1}{8\ h}\sum_{i=1}^{n}(a_{wyi})^2\cdot T_i}$$

$$A(8)_z=\sqrt{\frac{1}{8\ h}\sum_{i=1}^{n}(a_{wzi})^2\cdot T_i}$$

A(8)表示为在8 h内等效的持续加速度，为$A(8)_x$，$A(8)_y$或$A(8)_z$中的最大值。

转场(示例)：

$1.4\times a_{wx}=0.43\ m/s^2 \quad T_i=1\ h$

$1.4\times a_{wy}=0.56\ m/s^2 \quad T_i=1\ h$

$a_{wz}=0.32\ m/s^2 \quad T_i=1\ h$

V形作业(示例)：

$1.4\times a_{wx}=0.7\ m/s^2 \quad T_i=3.5\ h$

$1.4\times a_{wy}=0.52\ m/s^2 \quad T_i=3.5\ h$

$a_{wz}=0.40\ m/s^2 \quad T_i=3.5\ h$

$$A(8)_x=\sqrt{\frac{1}{8\ h}[(0.43\ m/s^2)^2\times 1\ h+(0.7\ m/s^2)^2\times 3.5\ h]}=0.49\ m/s^2$$

$$A(8)_y=\sqrt{\frac{1}{8\ h}[(0.56\ m/s^2)^2\times 1\ h+(0.52\ m/s^2)^2\times 3.5\ h]}=0.4\ m/s^2$$

$$A(8)_z=\sqrt{\frac{1}{8\ h}[(0.32\ m/s^2)^2\times 1\ h+(0.4\ m/s^2)^2\times 3.5\ h]}=0.29\ m/s^2$$

$A(8)=A(8)_x,A(8)_y,A(8)_z$ 的最大值$=A(8)_x=0.49\ m/s^2$

结果：

根据欧洲指令 2002/44/EC，该每日振动暴露值没有超过振动暴露行动值 $A(8)=0.5\ m/s^2$。如果结果接近行动值，需采取适当的行动将振动暴露减少至最低，并向作业人员提供有关振动降低的信息和培训。

7.2.2.2　参数 2：

——正常的作业工况(正常的地面条件、硬质地形、处理的物料：砂砾)；

——经验丰富的司机；

——第一个典型的作业工况：转场，1 h；

——第二个典型的作业工况：V 形作业，4 h。

根据不同的参数，(如作业工况、司机的经验)，使用附录 B 的 x、y 和 z 轴向的值。示例如下，使用平均值。使用附录 B 中的值以及相关暴露持续时间 T_i，按照公式(2)计算每个轴向的每日振动暴露 $A(8)_x$，$A(8)_y$ 和 $A(8)_z$：

$$A(8)_x=\sqrt{\frac{1}{8\ h}\sum_{i=1}^{n}(a_{wxi})^2\cdot T_i}$$

$$A(8)_y=\sqrt{\frac{1}{8\ h}\sum_{i=1}^{n}(a_{wyi})^2\cdot T_i}$$

$$A(8)_z=\sqrt{\frac{1}{8\ h}\sum_{i=1}^{n}(a_{wzi})^2\cdot T_i}$$

A(8)表示为在 8 h 内等效的持续加速度，为 $A(8)_x$，$A(8)_y$ 或 $A(8)_z$ 中的最大值。

转场(示例)：

$1.4\times a_{wx}=0.76\ m/s^2$　$T_i=1\ h$

$1.4\times a_{wy}=0.91\ m/s^2$　$T_i=1\ h$

$a_{wz}=0.49\ m/s^2$　$T_i=1\ h$

V 形作业(示例)：

$1.4\times a_{wx}=0.99\ m/s^2$　$T_i=4\ h$

$1.4\times a_{wy}=0.84\ m/s^2$　$T_i=4\ h$

$a_{wz}=0.54\ m/s^2$　$T_i=4\ h$

$$A(8)_x=\sqrt{\frac{1}{8\ h}[(0.76\ m/s^2)^2\times 1\ h+(0.99\ m/s^2)^2\times 4\ h]}=0.75\ m/s^2$$

$$A(8)_y=\sqrt{\frac{1}{8\ h}[(0.91\ m/s^2)^2\times 1\ h+(0.84\ m/s^2)^2\times 4\ h]}=0.68\ m/s^2$$

$$A(8)_z=\sqrt{\frac{1}{8\ h}[(0.49\ m/s^2)^2\times 1\ h+(0.54\ m/s^2)^2\times 4\ h]}=0.42\ m/s^2$$

$A(8)=A(8)_x,A(8)_y,A(8)_z$ 的最大值$=A(8)_x=0.75\ m/s^2$

结果：

根据欧洲指令 2002/44/EC，该每日振动暴露值超过振动暴露行动值 $A(8)=0.5\ m/s^2$，应采取措施减少暴露并将风险降至最低。对于处于振动暴露中的作业人员，需保证实施健康监督。

7.2.2.3　参数 3：

——恶劣的作业工况(恶劣的地面条件、硬质地形、处理的物料:岩石);
——经验低的司机;
——第一个典型的作业工况:转场,1 h;
——第二个典型的作业工况:V 形作业,6 h。

根据不同的参数(如作业工况、司机的经验),使用附录 B 的 x、y 和 z 轴向的值。示例如下,使用平均值加上标准差。使用附录 B 中的值以及相关暴露持续时间 T_i,按照公式(2)计算每个轴向的每日振动暴露 $A(8)_x$,$A(8)_y$ 和 $A(8)_z$:

$$A(8)_x=\sqrt{\frac{1}{8\ \mathrm{h}}\sum_{i=1}^{n}(a_{wxi})^2\cdot T_i}$$

$$A(8)_y=\sqrt{\frac{1}{8\ \mathrm{h}}\sum_{i=1}^{n}(a_{wyi})^2\cdot T_i}$$

$$A(8)_z=\sqrt{\frac{1}{8\ \mathrm{h}}\sum_{i=1}^{n}(a_{wzi})^2\cdot T_i}$$

A(8)表示为在 8 h 内等效的持续加速度,为 $A(8)_x$,$A(8)_y$ 或 $A(8)_z$ 中的最大值。

转场(示例):

$1.4\times a_{wx}=1.09\ \mathrm{m/s^2}\quad T_i=1\ \mathrm{h}$

$1.4\times a_{wy}=1.26\ \mathrm{m/s^2}\quad T_i=1\ \mathrm{h}$

$a_{wz}=0.66\ \mathrm{m/s^2}\quad T_i=1\ \mathrm{h}$

V 形作业(示例):

$1.4\times a_{wx}=1.28\ \mathrm{m/s^2}\quad T_i=6\ \mathrm{h}$

$1.4\times a_{wy}=1.16\ \mathrm{m/s^2}\quad T_i=6\ \mathrm{h}$

$a_{wz}=0.68\ \mathrm{m/s^2}\quad T_i=6\ \mathrm{h}$

$$A(8)_x=\sqrt{\frac{1}{8\ \mathrm{h}}[(1.09\ \mathrm{m/s^2})^2\times 1\ \mathrm{h}+(1.28\ \mathrm{m/s^2})^2\times 6\ \mathrm{h}]}=1.17\ \mathrm{m/s^2}$$

$$A(8)_y=\sqrt{\frac{1}{8\ \mathrm{h}}[(1.26\ \mathrm{m/s^2})^2\times 1\ \mathrm{h}+(1.16\ \mathrm{m/s^2})^2\times 6\ \mathrm{h}]}=1.1\ \mathrm{m/s^2}$$

$$A(8)_z=\sqrt{\frac{1}{8\ \mathrm{h}}[(0.66\ \mathrm{m/s^2})^2\times 1\ \mathrm{h}+(0.68\ \mathrm{m/s^2})^2\times 6\ \mathrm{h}]}=0.63\ \mathrm{m/s^2}$$

$A(8)=A(8)_x,A(8)_y,A(8)_z$ 的最大值 $=A(8)_x=1.17\ \mathrm{m/s^2}$

结果:

根据欧洲指令 2002/44/EC,该每日振动暴露值超过振动暴露行动值 $A(8)=0.5\ \mathrm{m/s^2}$,应立即采取措施将暴露降低至暴露限值以内。

7.3 欧洲指令仅使用振动暴露点 P_E

7.3.1 一般程序

对特定机器(见第 4 章)以及相关暴露持续时间 T_i(见第 5 章),可使用等效振动值 $a_{w,eqx,y,z}$ 简单确定振动暴露。对应的振动暴露点 $P_{Eix,y,z}$ 可从表 1 中直接读取。

如果发生多个暴露的情况(即一天中操作两台或两台以上的机器和/或不同的作业工况),对于考虑的每个暴露 i,总的振动暴露点 $P_{E\,totx,y,z}$ 可通过简单将所有 n 个局部振动暴露点 $P_{Eix,y,z}$ 相加总和来确定。

若要进行评估,总的振动暴露点分配在相应的暴露范围(见表 2),表示雇主根据健康机构指令 2002/44/EC 采取适当的进一步行动。

振动暴露点使用示例见附录 D、附录 E 和附录 F。

表 1　从全身振动的等效振动值以及相关暴露持续时间测定振动暴露点 P_E

等效振动值 $a_{w,eq}$/(m/s²)	暴露持续时间 T									
	0.1 h	0.2 h	0.5 h	1 h	2 h	3 h	4 h	5 h	6 h	8 h
	6 min	12 min	30 min	60 min	120 min	180 min	240 min	300 min	360 min	480 min
0.2	0	0	1	2	4	6	8	10	12	16
0.25	0	1	2	3	6	9	13	16	19	25
0.3	0	1	2	5	9	14	18	23	27	36
0.35	1	1	3	6	12	18	25	31	37	49
0.4	1	2	4	8	16	24	32	40	48	64
0.45	1	2	5	10	20	30	41	51	61	81
0.5	1	3	6	13	25	38	50	63	75	100
0.55	2	3	8	15	30	45	61	76	91	121
0.6	2	4	9	18	36	54	72	90	108	144
0.65	2	4	11	21	42	63	85	106	127	169
0.7	2	5	12	25	49	74	98	123	147	196
0.75	3	6	14	28	56	84	113	141	169	225
0.8	3	6	16	32	64	96	128	160	192	256
0.85	4	7	18	36	72	108	145	181	217	289
0.9	4	8	20	41	81	122	162	203	243	324
0.95	5	9	23	45	90	135	181	226	271	361
1	5	10	25	50	100	150	200	250	300	400
1.05	6	11	28	55	110	165	221	276	331	441
1.1	6	12	30	61	121	182	242	303	363	484
1.15	7	13	33	66	132	198	265	331	397	529
1.2	7	14	36	72	144	216	288	360	432	576
1.25	8	16	39	78	156	234	313	391	469	625
1.3	8	17	42	85	169	254	338	423	507	676
1.35	9	18	46	91	182	273	365	456	547	729
1.4	10	20	49	98	196	294	392	490	588	784
1.45	11	21	53	105	210	315	421	526	631	841
1.5	11	23	56	113	225	338	450	563	675	900
1.55	12	24	60	120	240	360	481	601	721	961
1.6	13	26	64	128	256	384	512	640	768	1 024
1.65	14	27	68	136	272	408	545	681	817	1 089
1.7	14	29	72	145	289	434	578	723	867	1 156
1.75	15	31	77	153	306	459	613	766	919	1 225
1.8	16	32	81	162	324	486	648	810	972	1 296
1.85	17	34	86	171	342	513	685	856	1 027	1 369

表 1（续）

等效振动值 $a_{w,eq}$/(m/s²)	暴露持续时间 T									
	0.1 h	0.2 h	0.5 h	1 h	2 h	3 h	4 h	5 h	6 h	8 h
	6 min	12 min	30 min	60 min	120 min	180 min	240 min	300 min	360 min	480 min
1.9	18	36	90	181	361	542	722	903	1 083	1 444
1.95	19	38	95	190	380	570	761	951	1 141	1 521
2	20	40	100	200	400	600	800	1 000	1 200	1 600
2.05	21	42	105	210	420	630	841	1 051	1 261	1 681
2.1	22	44	110	221	441	662	882	1 103	1 323	1 764
2.15	23	46	116	231	462	693	925	1 156	1 387	1 849
2.2	24	48	121	242	484	726	968	1 210	1 452	1 936
2.25	25	51	127	253	506	759	1 013	1 266	1 519	2 025
2.3	26	53	132	265	529	794	1 058	1 323	1 587	2 116
2.35	28	55	138	276	552	828	1 105	1 381	1 657	2 209
2.4	29	58	144	288	576	864	1 152	1 440	1 728	2 304
2.45	30	60	150	300	600	900	1 201	1 501	1 801	2 401
2.5	31	63	156	313	625	937	1 250	1 563	1 875	2 500

表 2　由于振动暴露雇主所采取的行动

总的振动暴露点 $P_{E\ tot}$ [a]	每日振动暴露 A(8)	振动暴露范围	雇主所采取的行动
$P_{E\ tot} \leqslant 100$	A(8)≤0.5 m/s²	未超过暴露行动值	如果结果接近行动值，采取适当的行动将振动暴露减少至最低，并向作业人员提供有关振动降低的信息和培训
$100 < P_{E\ tot} \leqslant 529$	0.5 m/s²＜A(8)≤1.15 m/s²	大于暴露行动值，但未超过暴露限值	实施一套措施将暴露和风险降至最低； 对于处于振动暴露中的作业人员，确保实施健康监督
$529 < P_{E\ tot}$	1.15 m/s²＜A(8)	大于暴露限值	请立即采取措施将暴露降低至暴露限值以内
[a] 有关 100 和 529 数值，见 3.6 的注 2。			

7.3.2　示例

7.3.2.1　总则

当操作一台机器或多台机器，或当在同一个工作日内不同的作业工况下操作一台机器或多台机器时，可通过单台机器的振动暴露点 $P_{Eix,y,z}$ 与其作业工况（附录 B）的总和确定总的振动暴露点 $P_{E\ totx,y,z}$。

确定不同机器和/或其不同的作业工况以及相关暴露持续时间 T_i。

出于简化目的，附录 C 提供了计算表。

根据不同的参数（如作业工况、司机的经验），决定了用于 x、y 和 z 轴各向的正确值（平均值、平均值加或减标准差，或在两者之间）。

暴露量 $a_{w,eqx,y,z}$ 以及时间 T_i 所对应振动暴露点 $P_{Eix,y,z}$ 见表 1。

将 x、y 和 z 每个轴向的暴露点 $P_{Eix,y,z}$ 相加。

所得出的最大值 $P_{E\ tot}$应与表 2 中的值进行对比，如有必要，还应采取进一步的行动。另外，还可以使用图 1 或表 1 中的阴影区。

7.3.2.2 **示例 1——小型轮胎式装载机**

参数：

——好的作业工况（平坦的地面条件）；

——经验丰富的司机；

——典型的作业工况：装载和运料，4 h。

使用附录 B 中的平均值减去标准差：

机器作业工况	T_i/h	$1.4\times a_{w,eqx}$/(m/s²)	P_{Ex}	$1.4\times a_{w,eqy}$/(m/s²)	P_{Ey}	$a_{w,eqz}$/(m/s²)	P_{Ez}
小型轮胎式装载机（装载和运料）	4	0.67	85	0.57	61	0.52	50
			Σ=85		Σ=61		Σ=50

$P_{E\ tot}=\sum P_{Ex}$，$\sum P_{Ey}$或$\sum P_{Ez}$之中的最大值=85

结果：

由于每日总的振动暴露点低于 100，没有超出振动暴露行动值。如果结果接近行动值，采取合理的行动将来自振动暴露的危险减少至最低，并给工作人员提供关于减振的资料和培训。

7.3.2.3 **示例 2——轮胎式装载机和履带式挖掘机**

参数：

——正常的作业工况（平坦的地面条件）；

——经验丰富的司机；

——轮胎式装载机的典型作业工况：V 形作业（装载自卸车），4 h；

——履带式挖掘机的典型作业工况：采矿工况，2.5 h。

使用附录 B 的平均值：

机器作业工况	T_i/h	$1.4\times a_{w,eqx}$/(m/s²)	P_{Ex}	$1.4\times a_{w,eqy}$/(m/s²)	P_{Ey}	$a_{w,eqz}$/(m/s²)	P_{Ez}
轮胎式装载机（V 形动作）	4	0.99	200	0.84	145	0.54	61
履带式挖掘机（采矿）	2.5	0.65	53	0.42	20	0.61	45
			Σ=253		Σ=165		Σ=106

$P_{E\ tot}=\sum P_{Ex}$，$\sum P_{Ey}$或$\sum P_{Ez}$之中的最大值=253

结果：

由于每日总的振动暴露点在 100～529 之间，超出振动暴露行动值，但没有超出振动暴露限值。如果暴露保持在暴露行动值以上，应实施合适的控制措施计划和健康监督。

7.3.2.4 **示例 3——小型滑移装载机**

参数：

——恶劣的作业工况（恶劣的地面条件）；

——经验低的司机；

——典型的作业工况：装载和运料，7 h。

使用附录 B 中的平均值加上标准差：

机器作业工况	T_i/h	$1.4\times a_{w,eqx}$/(m/s²)	P_{Ex}	$1.4\times a_{w,eqy}$/(m/s²)	P_{Ey}	$a_{w,eqz}$/(m/s²)	P_{Ez}
小型滑移轮胎式装载机（装载和运料）	7	1.16	463	1.06	386	1.28	592
			$\sum=463$		$\sum=386$		$\sum=592$

$P_{E\ tot}=\sum P_{Ex}$，$\sum P_{Ey}$或$\sum P_{Ez}$之中的最大值$=592$

结果：

由于每日总的振动暴露点在529以上，超出了振动暴露限值。应立即采取行动将暴露降低到暴露限值以下，如果暴露仍保持在暴露行动值以上，应实施合适的控制措施计划和健康监督。

8 证明文件

EN 14253:2003中包含进行振动暴露评估时需报告在信息清单。

如果使用附录B的数据且未在现场对全身振动进行测量，则以下信息需要提交证明文件：

a) 使用的振动数据的来源以及对其质量的评测结果。

b) 振动数据的描述，如：

——机器类型；

——机器制造商；

——机器质量；

——制造年份；

——作业小时数。

c) 暴露持续时间及其测定方式的描述。

d) 评测时间。

附 录 A
（资料性附录）
机器类型及其典型作业工况

表 A.1 机器类型及其典型作业工况

机 器 类 型		典型作业工况
推土机	履带式推土机	通过前进/倒退运动进行推土作业
		通过松土器松土
		转场
	轮胎式推土机	通过前进/倒退运动进行推土作业
		转场
装载机	履带式装载机	装载和运料
		V 形作业
		采矿工况（矿物挖掘；岩石工况）
		转场
	带（橡胶）履带的小型滑移装载机 （作业质量≤4 500 kg）	装载和运料
		V 形作业
		转场
	轮胎式装载机	装载和运料
		V 形作业
		采矿工况（矿物挖掘；岩石工况）
		转场
	小型装载机 （作业质量≤4 500 kg）	装载和运料
		V 形作业
		转场
	小型滑移装载机 （作业质量≤4 500 kg）	装载和运料
		V 形作业
		转场
轮胎式挖掘装载机		装载和运料
		V 形作业
		挖掘
		转场
挖掘机	履带式挖掘机	挖掘 （正铲或抓斗附件）
		采矿工况 （矿物挖掘）
		液压破碎锤工况
		转场

表 A.1（续）

机器类型		典型作业工况
挖掘机	小型履带式挖掘机 （作业质量≤6 000 kg）	挖掘 （正铲或抓斗附件）
		液压破碎锤工况
		转场
	轮胎式挖掘机	挖掘 （正铲或抓斗附件）
		液压破碎锤工况
		转场
	小型轮胎式挖掘机 （作业质量≤6 000 kg）	挖掘 （正铲或抓斗附件）
		液压破碎锤工况
		转场
	履带式机械挖掘机	挖掘 （正铲或抓斗附件）
		采矿工况 （矿物挖掘）
		转场
	轮胎式机械挖掘机	挖掘 （正铲或抓斗附件）
		采矿工况 （矿物挖掘）
		转场
挖沟机	履带式挖沟机	作业周期
		转场
	小型履带式挖沟机	作业周期
		转场
	轮胎式挖沟机	作业周期
		转场
	小型轮胎式挖沟机 （作业质量≤4 500 kg）	作业周期
		转场
自卸车	自卸车 刚性车架自卸车	装载
		带载行驶
		卸载
		无载行驶
	小型车架自卸车（现场自卸车） （作业质量≤4 500 kg）	作业周期
		转场

表 A.1（续）

机器类型		典型作业工况
自卸车	铰接车架自卸车	装载
		带载行驶
		卸载
		无载行驶
	小型铰接车架自卸车 （作业质量≤4 500 kg）	作业周期
		转场
	履带式自卸车	作业周期
		转场
	小型履带式自卸车 （作业质量≤4 500 kg）	作业周期
		转场
轮胎式铲运机		作业周期
		转场
自行式平地机		精平
		粗平
		转场
土方回填压实机		作业周期
压实机 单轮振动压实机		泥土振动压实（圆石）
		泥土振动压实（粗砂砾）
		泥土振动压实（粉料）
		沥青振动压实
		沥青无振动压实
		转场
压路机	充气轮胎压路机	泥土压实（沙）
		沥青压实
		转场
	静作用三轮压路机	泥土压实（沙）
		沥青压实
		转场
	带振动双轮压路机	泥土振动压实
		泥土无振动压实

附　录　B
（资料性附录）
土方机械全身振动发射的等效振动值

表 B.1　土方机械全身振动发射的等效振动值

机器族	机器种类	典型作业工况	平均值			标准偏差		
			$1.4\times a_{w,eqx}$	$1.4\times a_{w,eqy}$	$a_{w,eqz}$	$1.4\times s_x$	$1.4\times s_y$	s_z
			m/s²					
压实机	单轮振动压实机	压实(大石块)	0.47	0.53	0.41	0.17	0.22	0.12
		压实(粉料)	0.29	0.28	0.28	0.08	0.17	0.11
	双轮振动压实机	沥青，带振动	0.33	0.40	0.48	0.11	0.08	0.14
		沥青，不带振动	0.35	0.43	0.36	0.13	0.20	0.19
自卸车	铰接车架自卸车	装载	0.29	0.41	0.24	0.17	0.23	0.16
		带载行驶	0.64	0.89	0.67	0.21	0.29	0.21
		空载行驶	0.82	1.02	0.81	0.26	0.26	0.28
		卸载	0.49	0.42	0.30	0.25	0.33	0.18
	小型铰接车架自卸车	工作循环	0.49	0.61	0.48	0.08	0.07	0.05
	刚性车架自卸车	装载	0.20	0.22	0.21	0.19	0.17	0.19
		带载行驶	0.61	0.63	0.82	0.21	0.24	0.34
		空载行驶	0.73	0.73	0.87	0.20	0.25	0.33
		卸载	0.37	0.37	0.33	0.14	0.13	0.08
挖掘机	小型履带式挖掘机	挖掘	0.33	0.21	0.19	0.19	0.12	0.10
		使用液压破碎锤	0.49	0.28	0.36	0.20	0.13	0.17
		转场	0.45	0.39	0.62	0.17	0.18	0.28
	履带式挖掘机	挖掘	0.44	0.27	0.30	0.24	0.16	0.17
		使用液压破碎锤	0.53	0.31	0.55	0.30	0.18	0.28
		采矿	0.65	0.42	0.61	0.21	0.15	0.32
		转场	0.48	0.32	0.79	0.19	0.20	0.23
	轮胎式挖掘机	挖掘	0.52	0.35	0.29	0.26	0.22	0.13
		转场	0.41	0.53	0.61	0.12	0.20	0.19
土方回填压实机	土方回填压实机	作业周期	0.55	0.83	0.34	0.17	0.33	0.15
装载机	小型滑移转向装载机	装载和运料	0.86	0.73	0.93	0.30	0.33	0.35
	小型轮胎式装载机	装载和运料	0.94	0.86	0.65	0.27	0.29	0.13
	履带式装载机	装载和运料	0.89	0.67	0.52	0.12	0.16	0.10
		转场	0.58	0.49	0.60	0.18	0.12	0.15
		V 形作业	1.24	0.93	0.63	0.41	0.35	0.18

表 B.1（续）

机器族	机器种类	典型作业工况	平均值			标准偏差		
			$1.4\times a_{w,eqx}$	$1.4\times a_{w,eqy}$	$a_{w,eqz}$	$1.4\times s_x$	$1.4\times s_y$	s_z
			m/s²					
装载机	滑移转向装载机（履带）	V 形作业	1.21	1.00	0.82	0.30	0.84	0.32
	轮胎式挖掘装载机	挖掘	0.28	0.26	0.20	0.09	0.16	0.06
	轮胎式装载机	装载和运料	0.84	0.81	0.52	0.23	0.20	0.14
		采矿	1.27	0.97	0.81	0.47	0.31	0.47
		转场	0.76	0.91	0.49	0.33	0.35	0.17
		V 形作业	0.99	0.84	0.54	0.29	0.32	0.14
自行式平地机	自行式平地机	精平	0.41	0.48	0.38	0.22	0.26	0.14
		粗平	0.61	0.64	0.78	0.21	0.21	0.30
		转场	0.39	0.36	0.58	0.25	0.25	0.34
吊管机	吊管机	作业周期	0.21	0.23	0.24	0.09	0.11	0.14
铲运机	轮胎式铲运机	作业周期	1.05	1.18	1.12	0.34	0.40	0.42
推土机	履带式推土机	推土	0.74	0.58	0.70	0.31	0.25	0.31
		用松土器松土	1.25	1.19	1.02	0.40	0.41	0.28
		转场	0.87	0.80	0.97	0.43	0.40	0.34
注：2005 年 4 月统计。								

附 录 C
（资料性附录）
总的振动暴露点的计算格式表

机器工况	T_i/h	$1.4\times a_{w,eqx}$/(m/s²)	P_{Ex}	$1.4\times a_{w,eqy}$/(m/s²)	P_{Ey}	$a_{w,eqz}$/(m/s²)	P_{Ez}
			Σ=		Σ=		Σ=

$P_{E\,tot}$=max. $\sum P_{Ex}$，$\sum P_{Ey}$或$\sum P_{Ez}$=

附 录 D
（资料性附录）
全身振动暴露的文件格式示例

日期：

机器种类：	座椅类型：
机器类型：	座椅制造商：
机器制造商：	座椅悬挂装置：
序列号：	座椅符合 GB/T 8419：
功率/kW：	座椅行程/mm：
机器质量/t：	座椅状态：
制造年份：	司机质量/kg：
工作小时数：	座椅是否按质量调节：
机器状态：	轮胎/履带等尺寸：
轮胎压力/bar：	
工地类型：	司机的经验：

典型运行条件	地面条件	地面硬度	要处理的物料	驾驶风格	暴露时间/h

备注：

附 录 E
（资料性附录）
使用和降低土方机械作业工况振动水平的指南

正常调整和维修机器，平稳地操作机器和维修地面状况可以降低全身振动。下列措施可帮助土方机械用户降低全身振动水平：

a) 使用正确类型和型号的机器、工作装置和附属装置。

b) 按照制造商的建议保养机器：

——轮胎压力；

——制动和转向系统；

——操作装置，液压系统和联动装置。

c) 保持机器作业和行驶的地面状况良好：

——清除一切大岩石或障碍物；

——填平一切壕沟和坑洞；

——提供机器并安排计划来维修地面状况。

d) 采用符合 GB/T 8419 的座椅并保持座椅的保养和调整：

——按照司机的质量和体型调整座椅及其悬挂装置；

——检查和保养座椅悬挂装置和调节机构。

e) 平稳地转向、制动、加速、换挡和移动附属装置。

f) 为使振动水平最小，调节机器速度和行驶途径：

——绕过障碍物和粗糙的地面；

——当必需行过粗糙地面时，放慢速度。

g) 尽量降低长作业周期或长距离行驶的振动；

——使用配备悬挂装置的机器；

——在轮胎式装载机上使用斗杆悬挂装置；

——如果没有悬挂装置，降低速度以防止颤动；

——长距离工地间应拖运机器。

h) 全身振动带来的背痛可能是由其他危险因素引起，为尽量减少背痛的危险，应：

——调节座椅和操纵装置达到良好的坐姿；

——调节后视镜，尽量减少扭转身体；

——为减少长时间坐着，提供休息时间；

——避免从司机室或通道装置处跳下；

——尽量减少重复的搬运和提升负荷；

——在运动和休闲活动时间尽量减少一切撞击和摇晃。

附　录　F
（资料性附录）
土方机械减振的建立和报告指南

F.1　通则

很难精确建立降低传递给机器司机全身振动的减振装置(具体的硬件或软件)的有效性。土方机械上的振动等级因司机的技术、地面状况和机器特定工况的不同变化很大。这些变化对测量的振动等级的影响可能比为降低振动等级所作的机器修改更大。为建立机器改进后的减振,在振动测量期间需要对变量控制采取全面的试验设计,还需要对设计的减振按附录A所列机器的每种工况进行测量。

F.2　测量振动数据用试验的设计

司机振动等级的测量受很多因素影响,包括座椅调节、司机体重指数、司机风格、司机驾驶技巧、司机对振动的容忍、生产率要求、操作类型、地面条件、机器状态和机器设置。任何证明某特定机器设计能降低司机振动水平的试验均应进行试验方法的设计,设计的方法应能证明减振是由可控因素(验证中设计或机器)引起的,而不是由于干扰因素(以上描述的条件)引起的。在比较两台机器配置的振动测量中,耐用试验中宜采用合适的设计(如Taguchi设计)来控制干扰因素。应仔细选择外部排列的干扰因素并且可能需要进行初步试验。要求重复每项试验以进一步建立干扰因素的影响。试验中应给予司机充分的提醒。对一台机器操作熟练的司机可能对另一型号或另一个制造商的机器不熟练。

F.3　减振报告

建立降低机器振动水平所作改进的减振振动试验应报告下列信息:

a)　描述减振装置和降低传递振动的一般方式。

b)　找出能从该装置得到效益的机器族。

c)　在附录A的每种工况和所有三个振动方向,对每个机器族,报告下列振动水平和全身减振百分比:

——机器有无改进的振动测量中的平均测量振动水平和标准偏差;

——期望的减振的百分率。

d)　关于试验条件的详细资料(例如地面、操作工况、司机驾驶技能和运行速度)。

参 考 文 献

[1] 98/37/EC,欧洲议会和欧盟理事会关于使各成员国有关机械设备的法律趋于一致的指令(1998年6月22日)(Directive of the European Parliament and of the Council of 22 June 1998 on the approximation of the laws of the member states relating to machinery).

[2] 2002/44/EC,欧洲议会和欧盟理事会关于工作人员暴露于物理要素(振动)引起的危险的最低健康与安全要求的指令[指令89/391/EEC的条款16(1)意义以内的第十六项个别的指令](2002年6月25日)[Directive of the European Parliament and of the Council of 25 June 2002 on the minimum health and safety requirements regarding the exposure of workers to the risks arising from physical agents (vibration)(sixteenth individual Directive within the meaning of Article 16(1)of Directive 89/391/EEC)].

[3] EN 474(所有部分) 土方机械 安全(Earth-moving machinery—Safety).

[4] EN 500(所有部分) 移动式道路建筑机械 安全(Mobile road construction machinery—Safety).

ICS 19.100
J 04

中华人民共和国国家标准

GB/T 26140—2010/ISO/TS 21432:2005

无损检测 测量残余应力的中子衍射方法

**Non-destructive testing—
Standards test method for determining residual stresses
by neutron diffraction**

(ISO/TS 21432:2005,IDT)

2011-01-14 发布 2011-10-01 实施

中华人民共和国国家质量监督检验检疫总局
中国国家标准化管理委员会 发布

前　言

本标准等同采用 ISO/TS 21432:2005《无损检测　测量残余应力的中子衍射方法》(英文版)。

本标准等同翻译 ISO/TS 21432:2005。

为便于使用,本标准作了如下修改:

——“本国际标准”一词改为“本标准”;

——删除国际标准的前言;

——将国际标准 ISO/TS 21432:2005/Cor. 1:2008(E)技术勘误纳入本标准;

——用 GB/T 1.1—2000 规定的引导语代替国际标准中的引导语;

——勘误了国际标准图 1 中图例 2 和图例 3 的错误,互换了图例 2 和图例 3 的内容;

——勘误了国际标准图 2 中对散射角的表述错误,将 $2\theta^{a}$ 修改为 2θ,相应的图例[a] 也修改为 2θ;

——勘误了国际标准图 8 c)中 SGV 质心的标示错误,将“O”改为“X”;

——勘误了国际标准附录 A. 5. 1 中的引用错误,将 A. 4. 4 改为 A. 4. 5。

本标准附录 A 和附录 B 为资料性附录。

本标准由全国无损检测标准化技术委员会(SAC/TC 56)提出并归口。

本标准起草单位:中国工程物理研究院核物理与化学研究所、上海泰司检测科技有限公司、上海诚友实业有限公司、上海威诚邦达检测技术有限公司、上海材料研究所。

本标准主要起草人:陈波、孙光爱、黄朝强、熊智明、金宇飞。

引　言

中子衍射是一种测定晶体材料残余应力和外施应力的无损检测方法，可用于测定材料内部和近表面的应力，测量时将样品或工程部件运送到中子源处，测量得到弹性应变，然后再转换为应力。本标准制定的目的是为工程应用中应力的可靠测定提供技术规范。

无损检测
测量残余应力的中子衍射方法

警告：本标准不涉及任何安全问题，即使有任何这方面的内容，也是与其应用有关。适用的安全和健康行为规范由本标准的用户建立，并在使用本标准时加以遵守。

1 范围

本标准规定了中子衍射测量多晶材料残余应力的方法。本标准适用于均匀和非均匀材料以及含不同晶相的块状样品检测。

本标准简要介绍了中子衍射技术的原理，测量不同种类材料时对应采用的衍射晶面给出了建议，为如何选择与被测材料晶粒尺寸和应力状态有关的测量方向和待测体积提供了指导。

本标准描述了准确定位和校正中子束内检测部位的过程，目的是在测量时能够准确定义样品材料的取样体积。

本标准描述了标定中子衍射装置需要注意的问题，介绍了获取无应力参考值的技术方法。

本标准详细描述了中子衍射测量各种弹性应变的方法，阐明了结果分析和确定统计相关性的过程，对如何从应变数据获得可靠的残余(或外施)应力，以及如何评价结果的不确定度提出了建议。

2 规范性引用文件

下列文件中的条款通过本标准的引用而成为本标准的条款。凡是注日期的引用文件，其随后所有的修改单(不包括勘误的内容)或修订版均不适用于本标准，然而，鼓励根据本标准达成协议的各方研究是否可使用这些文件的最新版本。凡是不注日期的引用文件，其最新版本适用于本标准。

EN 13925-3 无损检测 多晶和非晶材料的X射线衍射 第3部分：仪器

3 术语和定义

下列术语和定义适用于本标准。

3.1

吸收 absorption

中子被原子核俘获。

注：原子核俘获截面表可以在此网址及其连接处查阅：http://www.webelements.com。

3.2

校正 alignment

装置所有单元部件和样品的摆放与取向调整，目的是能够对样品的待测位置进行可靠的中子衍射应变测量。

3.3

各向异性 anisotropy

材料特性对取向的依赖性。

3.4

衰减 attenuation

中子强度的减弱。

注：衰减可用包含吸收和不同核散射过程的“中子总截面”计算，衰减长度是中子在材料内部强度减少至1/e倍时的距离。

3.5

本底　background

不属于衍射信号的强度。

注：经常有依赖于散射角或飞行时间的本底，并在数据分析中影响衍射峰的位置。

3.6

限束光学系统　beam defining optics

为确定中子束性能(如：中子波长、强度分布、发散度和形状)所安置的设备。

注：这些设备包括孔径、狭缝、准直器、单色器和反射镜。

3.7

布拉格边　bragg edge

中子强度随波长或衍射角的突然改变，对应关系为$\lambda = 2d_{h'k'l'}$，这里$h'k'l'$代表衍射晶面。

3.8

布拉格峰　bragg peak

对应特定(hkl)晶面的衍射强度分布。

3.9

峰高　peak height

扣除本底后布拉格峰的最大强度。

3.10

峰形函数　peak function

描述衍射线形状的解析表达式。

3.11

峰位　peak position

描述布拉格峰位置的数值。

注：峰位是计算应变的决定量。

3.12

衍射　diffraction

基于干涉现象的散射。

3.13

衍射弹性常数　diffraction elasticity constants

多晶材料中与各自(hkl)晶面有关的弹性常数。

注：通常称为弹性常数，可表示为E_{hkl}(衍射弹性模量)和ν_{hkl}(衍射泊松比)。

3.14

衍射谱　diffraction pattern

能够得到的波长或飞行时间和/或散射角范围内散射中子的分布。

3.15

半高宽　full width at half maximum

FWHM

扣除本底后衍射峰高一半处的宽度。

3.16

全谱分析　full pattern analysis

从测得多晶材料的衍射谱确定多晶的晶体结构和/或微结构。

注：全谱分析通常根据使用方法命名(例如：里特沃尔德精修)，单峰分析也是如此。

3.17

规范体积　gauge volume

获得衍射数据的体积。

注：这个体积由入射束和衍射束交叉部分确定。

3.18

晶格参数　lattice parameters

晶体学单胞的线性尺寸和角度。

注：大多数工程材料具有立方或六方晶体学结构，因此，晶格参数通常仅是指单胞的边长。

3.19

晶格间距　lattice spacing

d 间距　*d*-spacing

相邻晶面之间的距离。

3.20

宏观应力　macrostress

第一类应力　type Ⅰ stress

包含大量晶粒的体积的平均应力。

注：也称为第一类应力。

3.21

微观应力　microstress

宏观应力限定体积内的平均应力偏差。

注：有两类微观应力：

——晶粒或相尺度上测定的宏观应力平均偏差（也称为第二类应力）；

——几个原子尺度上第二类应力的平均偏差（也称为第三类应力）。

3.22

单色装置　monochromatic instrument

利用很窄中子能量（波长）段的中子装置。

3.23

单色中子束　monochromatic neutron beam

具有很窄能量（波长）段的中子束。

3.24

取向分布函数　orientation distribution function

晶体学织构的定量描述。

注：取向分布函数对于计算织构材料的弹性常数是必需的。

3.25

多色中子束　polychromatic neutron beam

在一定范围内具有连续能量（波长）的中子束。

3.26

参考点　reference point

装置规范体积的质心。

注：见 6.5。

3.27

可复现性　reproducibility

相同被测物理量在改变测量条件后所得测量结果之间的一致性程度。

[VIM:1993]

注 1：可复现性的有效陈述要求具有条件改变说明，包括：测量原理、测量方法、观测人、测量装置、参考标样、位置、使用条件和时间。

注 2：可复现性可以根据结果的离散特征定量表示。

注 3：本标准所用结果通常认为是正确的结果。

3.28

散射　scattering

相干散射　coherent scattering

中子在有序散射中心产生的干涉相长或相消的散射。

3.29

非相干散射　incoherent scattering

中子以一种互不相关的方式进行散射。

3.30

单峰分析　single peak analysis

测量衍射数据中对单峰和本底特征进行统计分析的过程。

3.31

织构　texture

样品内晶体(晶体学织构)或强化(形态学织构)的择优取向。

3.32

穿过表面扫描　through surface scan

确定样品表面或界面位置的过程。

注：有时也称为表面扫描或强度扫描，而扫描结果常被称为进入曲线。

3.33

飞行时间　time-of-flight

一定速度(能量或波长)的中子穿行从定义起点到探测器之间距离所需要的时间。

3.34

测量不确定度　uncertainty of measurement

表征合理地赋予被测量量之值的分散性，与测量结果相联系的参数。

[VIM：1993]

注 1：例如，这个参数可能是一个标准偏差(或是它的倍数)，或是具有既定可信度区间的半宽度。

注 2：测量不确定度通常由许多因素组成。其中一些因素可由一系列测量结果的统计分布评价，用实验的标准偏差表征；另外一些因素也可以利用标准偏差表征，其评价基于经验或其他信息的假定几率分布。

注 3：测量结果被理解为测量值的最佳估计，所有不确定度因素，包括那些来自系统效应的，如矫正和参考标准方面的因素，都对偏差有贡献。

注 4：不确定度需区别于测量准确度，测量准确度会受系统偏差影响。

3.35

壁扫描　wall scan

见 3.32。

4　符号和缩略语

4.1　符号

a、b、c	单胞的边长，这里是指晶格参数	nm
B	在峰位处的本底	—
d	晶格间距	nm
e	能量	
E	弹性模量	GPa

E_{hkl}	与(hkl)衍射晶面有关的弹性模量	GPa
g	应变梯度	mm^{-1}
h	普朗克常数	J·s
hkl	晶体学晶面指数	
$hkil$	六方结构可选用的晶体学晶面指数	
H	峰高	
I	扣除本底后布拉格峰的中子积分强度	
$\boldsymbol{k}_i$、$\boldsymbol{k}_f$	入射和散射中子的波矢	nm^{-1}
L	从中子源到探测器的路径长度	m
l	中子衰减长度	mm
m_n	中子质量(1.67×10^{-27} kg)	kg
N_n	记录中子总数	
$\boldsymbol{Q}$	散射矢量($\boldsymbol{k}_f-\boldsymbol{k}_i$)	nm^{-1}
t	从源到探测器的中子飞行时间	
T	温度	℃或 K
u	标准不确定度	—
x、y、z	样品坐标轴	
α	热膨胀系数	K^{-1}
Δ	参数的改变或变化	
ε	弹性应变	—
ε_{ij}	弹性应变张量分量	—
ε_{hkl}	(hkl)衍射晶面相关的正弹性应变	—
λ	中子波长	nm
ν	泊松比	
ν_{hkl}	与(hkl)衍射晶面相关的泊松比	
σ	应力	MPa
σ_{ij}	应力张量分量	MPa
σ_y	屈服应力	MPa
2θ	衍射角	(°)
φ,Ψ,ω	方位角	(°)

4.2 下标

hkl,hkil	表示晶体学晶面指数
x、y、z	表示有关量沿 x,y,z 轴方向的分量
$\varphi\Psi$	表示有关量在($\varphi\Psi$)方向的法向分量
0(零)	表示有关量的无应变值
ref	表示有关量的参考值

4.3 缩略语

PSD	位置灵敏探测器
TOF	飞行时间
IGV	装置规范体积
NGV	标称规范体积
SGV	样品规范体积

5 方法概要

5.1 导言

本标准主要涉及工程分析中残余或外施应力的测定问题，方法是通过中子衍射测量晶体学平面之间的晶格间距，从晶格间距的改变，导出弹性应变，然后根据应变计算应力。通过平移被测样品或部件穿过中子束，可以测得不同位置的应变，提供不同位置的应力。本章将简要介绍应变的测量过程。

5.2 原理概述——布拉格定律

当晶体材料受到与其晶面间距相近波长的射线照射时，射线将被衍射从而形成特定的布拉格峰，衍射线产生的角度由布拉格衍射定律给出：

$$2d_{\mathrm{hkl}}\sin\theta_{\mathrm{hkl}}=\lambda \qquad \cdots\cdots(1)$$

式中：

λ——射线波长；

d_{hkl}——产生布拉格峰的(hkl)晶面间距；

θ_{hkl}——布拉格角。

衍射峰观察位置与入射束成 $2\theta_{\mathrm{hkl}}$ 角，如图 1 所示。

5.3 中子源

中子衍射利用的中子由裂变或散裂产生，前者主要是见于稳态核反应堆，后者是脉冲散裂源。两种情况产生的中子能量都要慢化至热中子范围，即波长 $\lambda \geqslant 0.09$ nm。在反应堆源上，通常利用晶体单色器从多色中子束中选出特定波长的中子；在散裂源上，中子束通常由一系列含有不同波长中子的短脉冲组成，每个中子的能量(也即波长)可根据中子飞行至探测器的距离和飞行这段距离所用的时间[称为飞行时间(TOF)]确定。因此，飞行时间是测量波长(有时称为能散)与在任意特定散射角记录的整个衍射谱之间的关系。多色中子短脉冲可利用一个或多个斩波器将连续中子或长脉冲斩断得到。

5.4 应变测量

当样品受到已知波长的单色平行中子束照射时，它的晶格间距可根据布拉格定律公式(1)得到。样品无应变时，晶格间距对应于材料的无应变(无应力)值，定义为 $d_{0,\mathrm{hkl}}$。有应力的样品中，晶格间距改变并且每一个布拉格峰都将偏移，弹性应变可表示为：

$$\varepsilon_{\mathrm{hkl}}=\frac{d_{\mathrm{hkl}}-d_{0,\mathrm{hkl}}}{d_{0,\mathrm{hkl}}}=\frac{\Delta d_{\mathrm{hkl}}}{d_{0,\mathrm{hkl}}}=\frac{\sin\theta_{0,\mathrm{hkl}}}{\sin\theta_{\mathrm{hkl}}}-1 \qquad \cdots\cdots(2)$$

在飞行时间装置(应用飞行时间的仪器)上，具有一定速度(也即波长)范围的中子脉冲直接到达样品，测量中子的飞行时间 t，由德布罗意关系可计算它们的波长：

$$\lambda=\frac{h}{m_{\mathrm{n}}L}\cdot t \qquad \cdots\cdots(3)$$

将公式(3)代入布拉格定律公式(1)，特定波长和晶体平面的对应飞行时间变成：

$$t_{\mathrm{hkl}}=2\frac{m_{\mathrm{n}}}{h}\cdot L\cdot\sin\theta\cdot d_{\mathrm{hkl}} \qquad \cdots\cdots(4)$$

探测器放在 2θ 角处。

由于入射中子是多色的，记录了所有与应变测量方向垂直的晶面反射，每个反射产生于不同的晶粒族，使得特定的(hkl)平面衍射至探测器。弹性应变可根据任何反射的飞行时间偏移计算，描述方式类似于公式(2)，只是 2θ 角是固定的：

$$\varepsilon_{\mathrm{hkl}}=\frac{\Delta d_{\mathrm{hkl}}}{d_{0,\mathrm{hkl}}}=\frac{t_{\mathrm{hkl}}-t_{0,\mathrm{hkl}}}{t_{0,\mathrm{hkl}}}=\frac{\lambda_{\mathrm{hkl}}-\lambda_{0,\mathrm{hkl}}}{\lambda_{0,\mathrm{hkl}}} \qquad \cdots\cdots(5)$$

需要指出的是同时记录多个晶面反射有利于利用多峰拟合或全谱分析方法分析数据(见 6.3.2)。

对于单色和飞行时间装置，应变测量的方向沿着散射矢量方向，即 $\boldsymbol{Q}=\boldsymbol{k}_f-\boldsymbol{k}_i$，该矢量在入射束和衍射束中间并垂直于衍射平面，如图 1 所示。

5.5 中子衍射仪

反应堆源上用于测量应变的典型单色装置如图 2 所示。首先，用合适的单色器反射多色中子束得到特定的单色波长，然后利用限束光学系统对这种单色中子束进行空间限定，得到所需尺寸的束流，这种束流经样品衍射后被中子探测器捕获。在单色装置上获得的衍射峰如图 3 所示。

飞行时间衍射仪主要用在脉冲源上，每个脉冲都给出一个跨越大范围晶格间距的衍射谱。脉冲源上可同时在两个方向进行应变测量，典型的飞行时间装置见图 4。由于散射角固定，散裂源上的许多装置使用了径向(聚焦)准直器，这比利用狭缝系统能够获得更大的立体角，然而这需要保证大多数被探测中子来自于确定的规范体积(见 6.5)。根据不同角度位置将探测器各个单元获得的信号合并，带径向准直器的两个或更多的探测器可以同时测量多个 $\boldsymbol{Q}$(应变)方向。在这种装置上获得的典型衍射谱见图 5，图中也显示了里特沃尔德峰形精修的结果，该方法是利用最小二乘法将晶体学模型结构与衍射数据进行拟合(见 6.3.2)。

5.6 应力确定

应力和弹性应变是通过固体的弹性常数相联系的二阶张量，由于中子衍射可以测量晶体一定体积内的弹性应变，如果相关弹性常数已知，便可以计算相应体积内的平均应力。完全确定应变张量需要测量至少六个独立方向的弹性应变；如果主应变方向已知，沿三个方向测量就足够了；在平面应力或平面应变情况下，则可能进一步减少为两个方向；对于单轴加载的情况，仅需要测量一个方向。

样品内的应力和应变通常依赖方向和位置，这就需要在多个位置和方向测量应变；相应地，也就需要准直中子束与探测器准确地定位样品，实现方法通常是靠样品台的平移或转动。

顺序地移动样品通过入射束和衍射束相交所形成的空间体积(称为规范体积，见 6.5)，改变弹性应变空间和测量不同方向，可以绘制样品或部件内的应力分布图。

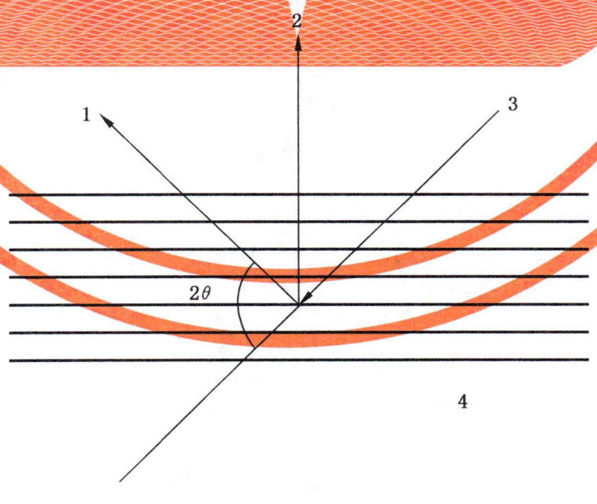

1——衍射波矢 $\boldsymbol{k}_f$；

2——散射矢量 $\boldsymbol{Q}$；

3——入射波矢 $\boldsymbol{k}_i$；

4——衍射平面。

图 1　布拉格散射几何示意图

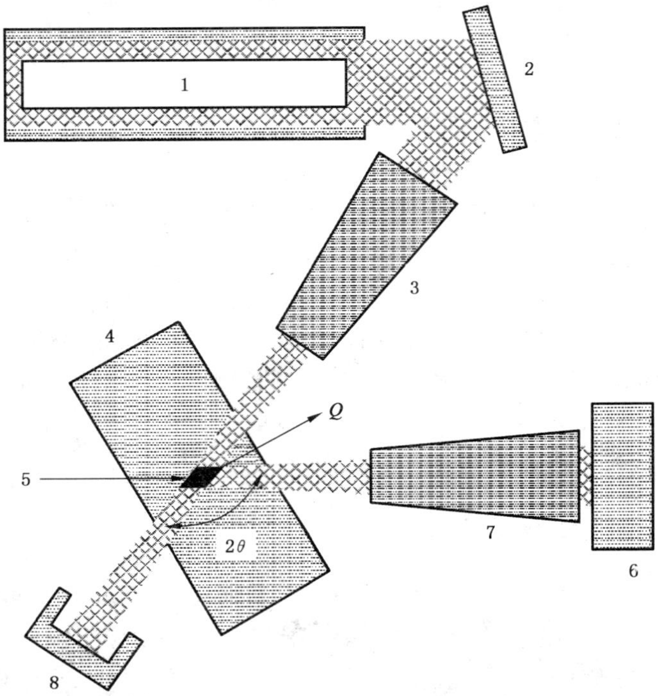

1——从源出射的中子束；
2——单色器；
3——限定入射束的光路系统和屏蔽；
4——样品；
5——规范体积；
6——探测器；
7——限定衍射束的光路系统和屏蔽；
8——束流阻挡器。
Q——散射矢量；
2θ——散射角。

图 2 基于稳态源的应变测量衍射仪示意图

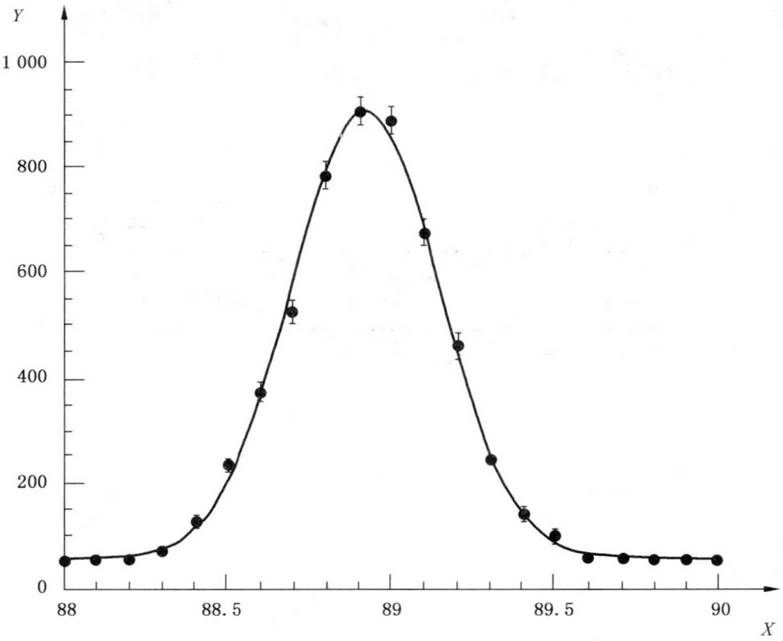

X——2θ/(°)；
Y——中子计数。

图 3 利用高斯分布拟合的基于反应堆(稳态源)衍射仪测量的布拉格峰

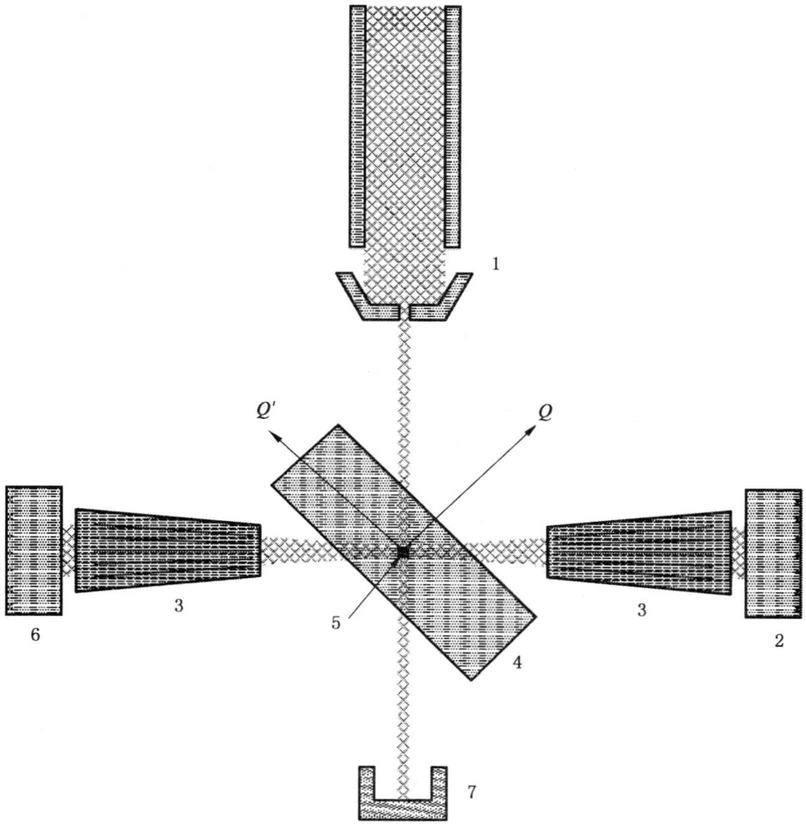

Q——散射矢量,右探测器；　　2——右探测器；　　5——规范体积；

Q′——散射矢量,左探测器。　　3——径向准直器；　　6——左探测器；

1——从源出射的中子束；　　4——样品；　　7——束流阻挡器。

图 4　基于脉冲源的飞行时间应变测量衍射仪示意图

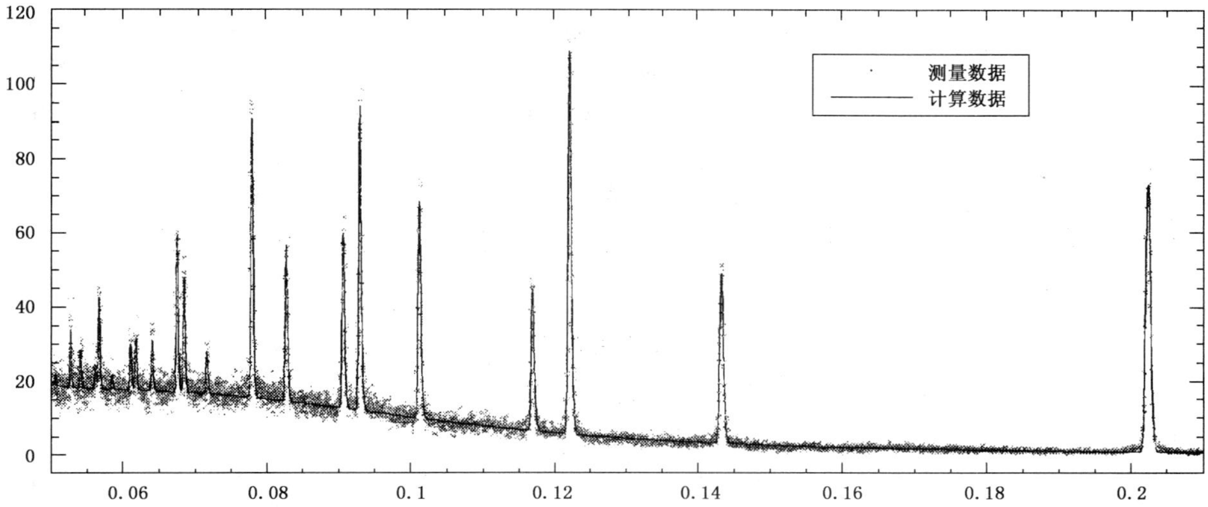

图 5　产生于脉冲源的衍射谱——实线是 6.3.2 所描述的里特沃尔德方法的拟合结果

6 测量准备

6.1 导言

在实际测量应变之前，需要校正装置和/或验证装置是否已校正，然后选择合适的衍射测量条件，将样品准确地放置在衍射装置上，同时也需要确定规范体积的尺寸和形状，估计待测应变所对应的 d 间距值。

6.2 装置的校正与标定

校正和标定所使用的衍射装置是十分必要的(参见 A.4.4)。使用单色束装置时，要确保在整个测量过程中波长保持不变和探测器的角度响应已标定(参见 EN 13925-3 中的附录 C)。对于飞行时间装置，飞行路径和探测器角度响应都应标定。这两类装置的标定都采用无应力样品，典型的有硅、二氧化铈或氧化铝粉末，之所以选用这类样品是因为它们能够较好地衍射中子，具有已知且准确的晶格参数，并且内禀衍射峰宽小。对于飞行时间装置，若要得到强度信息，则需确定入射中子注量率及探测器效率与波长之间的函数关系，其中一种办法就是使用非相干散射体，例如：钒。

6.3 衍射条件选择

6.3.1 单色装置

6.3.1.1 波长选择

在单色装置上，用户需要从可选的波长范围内根据具体实验要求确定所用的中子波长，实验中所选波长和衍射平面应该使衍射角在 90°附近。如果波长接近样品内衍射平面 d 间距的 2 倍，将会因“布拉格边”产生衍射谱变形，从而引起衍射峰的伪偏移，参考文献[1]列出了应变测量中几种常用金属的“问题”波长。对于立方材料，特别应该避免使用 90°散射角，因为对所有的(hkl)衍射晶面，都有对应引起布拉格边效应的($h'k'l'$)。

实验测量的有效性依赖于以下参数：所选波长对应的入射束强度、衍射中子强度、峰宽和所研究衍射峰与相邻峰之间的分离程度。由于以上这些因素，选择远离 90°的衍射角比接近 90°的可能更合理。

6.3.1.2 衍射晶面选择

由于材料的弹性和塑性各向异性，不同的(hkl)平面对宏观应力场的响应可能也不同[2]，这可以通过在中子衍射装置上安装拉力棒原位加载和卸载并测量应力和应变来显示，如图 6 和图 7。图中展示了拉力棒上加载单元记录的应力和中子衍射测量的弹性应变之间的关系。

显然，在弹性区域内，用于测量的任何晶面都是线性响应的，见图 6，表明在这个区域内，只要选择了合适的衍射弹性常数，任何(hkl)晶面都可以用于应力测定。一般来讲，这里的弹性常数既不是体弹性常数也不是单晶值，而是对应于特定(hkl)晶面的多晶集合值。这些常数可以用实验的方法获得，如图 6 所示，也可以计算得到(见第 9 章)，计算方法包括 Reuss[3]、Voigt[4]、Neerfeld-Hill[5],[6]和自洽方法，例如 Kroner[7]。通常 Neerfeld-Hill 方法能提供可靠的近似，并且比自洽方法更容易实现。除使用的方法外，晶体织构也需要加以考虑，关于织构重要性的讨论可参见文献[8]和[9]。

对不同取向的晶粒，塑性变形开始时加载单元记录的应力值也不同，表现在加载时是非线性响应而卸载时是线性的弹性响应，如图 7 所示。在这个区域卸载至零外力时，对每个(hkl)晶面会测量到不同的残余弹性应变，通常称为晶间应变。如果试验棒上没有剩余加载，根据平衡条件，也应当没有工程(宏观)残余应力，此时任何晶体学平面的残余应变都将会转换为残余应力。因此，对于工程残余应变测量，选择在卸载时为基本无残余应变的晶面是非常重要的[例如：图 7 中的(220)或(331)晶面]。

如果不知道合适的(hkl)晶面，或检验新材料，需要在塑性区域使用拉力棒以确定合适的晶面，如图 7所示。

在一些情况下需要并适合采用晶间应变影响强的(hkl)晶面，但这种情况下要对晶间应变进行补偿。其中一种办法就是在所研究样品上取下小片，对其测量获得 d_0 值，这种小片要求足够小，不包含宏观应力[10]。表 1 列出了几种材料晶间应变影响强和弱的(hkl)晶面。

表 1　不同对称性材料中对晶间应变敏感性强和弱的晶面举例

材料	对晶间应变敏感性弱的晶面	对晶间应变敏感性强的晶面
fcc(Ni[11]、Fe[12]、Cu[13])、fcc(Al[14],[15]、Ni[2])	111、311、422	200
bcc(Fe[15])	110、211	200
hcp(Zr[16]、Ti[17])	$10\bar{1}2$、$10\bar{1}3$(锥面)	0002(基面) $10\bar{1}0$、$\bar{1}210$(柱面)
hcp(Be[18])	$20\bar{2}1$、$11\bar{2}2$(次级锥面)	$10\bar{1}2$、$10\bar{1}3$ (基面、柱面和初级锥面)

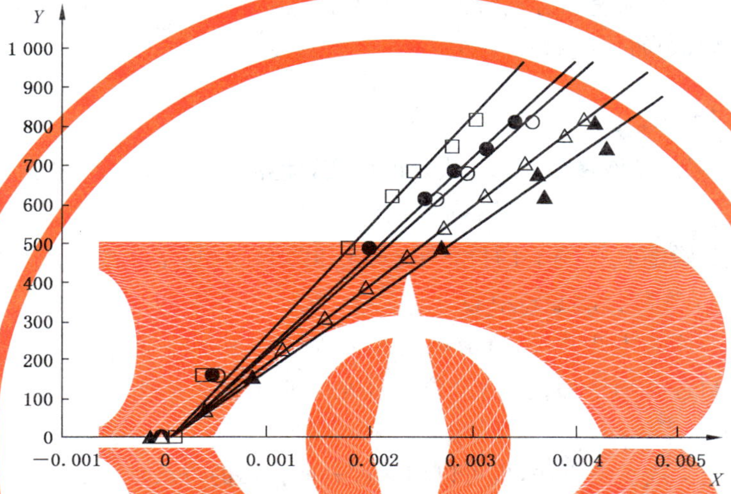

□——111；　●——峰形精修；　X——应变；
▲——200；　△——抵抗应变。　Y——应力/MPa。
○——311；

图 6　镍基合金不同晶面的弹性响应[2]

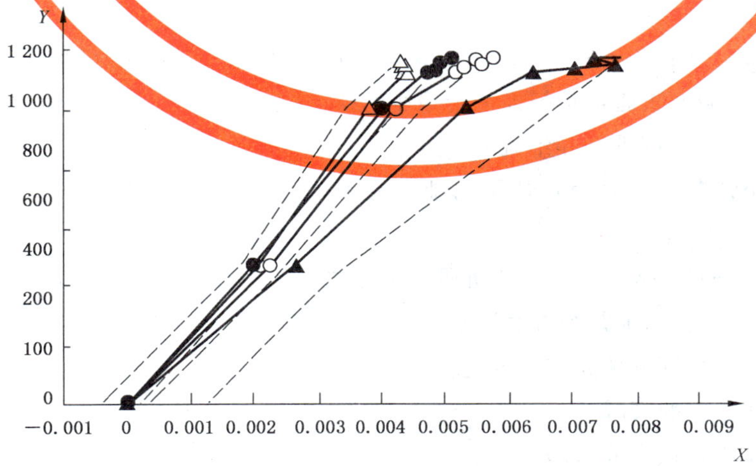

—▲— 200；　—●— 峰形精修；　X——应变；
—○— 311；　— — —卸载。　Y——应力/MPa。
—△— 220；

图 7　镍基合金不同晶面对拉力棒加载和卸载的屈服效应[2]

6.3.2 飞行时间装置

在飞行时间装置上可同时记录许多衍射峰，因此，可以像在单色装置(见 6.3.1)上所描述的选用一个或多个各自的(hkl)晶面计算应变，也可以选用更多的衍射峰利用里特沃尔德精修程序进行全谱分析[19]。后一种情况是根据定义单胞尺寸的晶格参数改变计算得到应变，研究表明这种方法可以测量得到拉力棒上卸载后仅剩百分之几塑性应变时很小的残余应力，并适合工程上残余应力的测量[2],[20](见图 7)。

对于晶格参数为 a_0 的立方材料，可得应变为：

$$\varepsilon = \frac{a - a_0}{a_0} \quad \cdots\cdots\cdots\cdots\cdots\cdots\cdots\cdots\cdots (6)$$

式中晶格参数 a 的数值从全谱分析得到[它代替了公式(2)中的晶格间距 d]。对于非立方材料，需要选择合适的应变参数，例如：对于无织构的六方材料，应变 ε 可表示为：

$$\varepsilon = \frac{2\varepsilon_a + \varepsilon_c}{3} \quad \cdots\cdots\cdots\cdots\cdots\cdots\cdots\cdots\cdots (7)$$

式中 ε_a 和 ε_c 是分别由晶格参数 a 和 c 决定的应变，计算方式与公式(6)相同[18]。

6.4 定位过程

初始校正过程需要确定 IGV 质心的位置[见 6.5 和图 8b)]，这个位置就是所有实验测量的参考点，在理想情况下，它应该是样品台的旋转中心。

精确的样品定位过程描述见 A.2，精确程度虽依赖于测量的种类，但通常要求是在 ±0.1 mm 以内。在应变梯度很大和近表面测量时，高定位精度是很重要的。测量时明确定位不确定度是非常重要的。

装置校正可以用光学或机械方法，也可以用穿过表面扫描的方法(参见 A.2.3)，这三种方法都能实现样品边缘和中子束之间 0.1 mm 不确定度的定位。

6.5 规范体积

标称规范体积(NGV)的定义为平行的入射和衍射中子束穿过限定孔径(例如：狭缝、准直器)后相交部分所占的空间体积[图 8a)]，标称规范体积的质心是这个体积的几何中心(见 6.4)。

对使用径向准直器的装置，标称规范体积概念的定义与上述相同，但是每个径向准直狭缝都对它有影响。

装置规范体积(IGV)是实际中子束通过限束孔后所形成的空间体积，考虑了束流发散和流强度分布[图 8b)]，确定 IGV 的方法通常是扫描一个很小的探针(参见 A.4.1)，根据衍射束强度的半高宽确定 IGV 的尺寸，任何具体过程都需要详细说明。

在取样体积很小情况下，IGV 和 NGV 可能会有明显的不同，需要指出的是 IGV 和 NGV 都表示衍射仪自身的性能。

最后，样品规范体积(SGV)是 IGV 和所研究样品之间的交叉部分[见图 8c)]，它是获得平均应变的实际体积，这个平均主要受以下几个方面影响：

——所研究样品的相部分填充装置规范体积；

——中子束在样品内的衰减；

——中子束的波长和强度分布。

基于以上原因，SGV 质心相对 IGV 质心的不同位置如图 8c)所示。

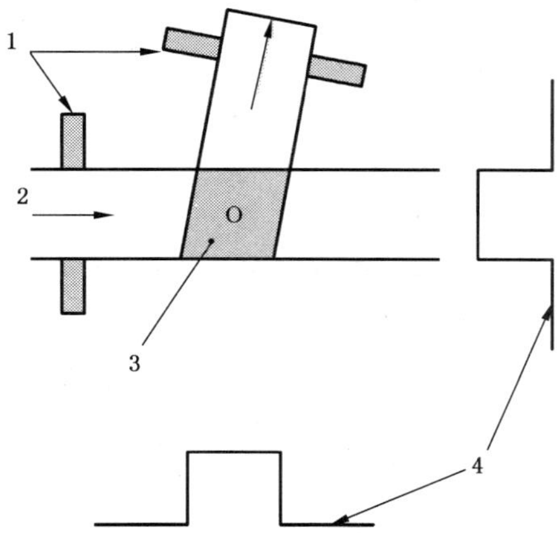

1——孔径；　　3——标称规范体积；

2——入射中子束；　　4——中子强度分布谱。

a)

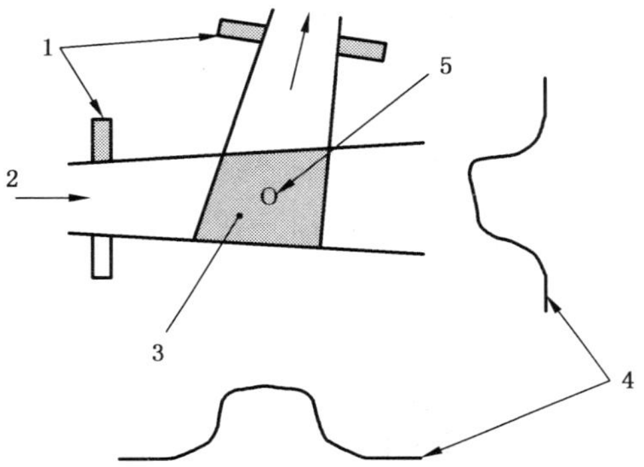

1——孔径；　　4——中子强度分布谱；

2——入射中子束；　　5——参考点。

3——装置规范体积；

b)

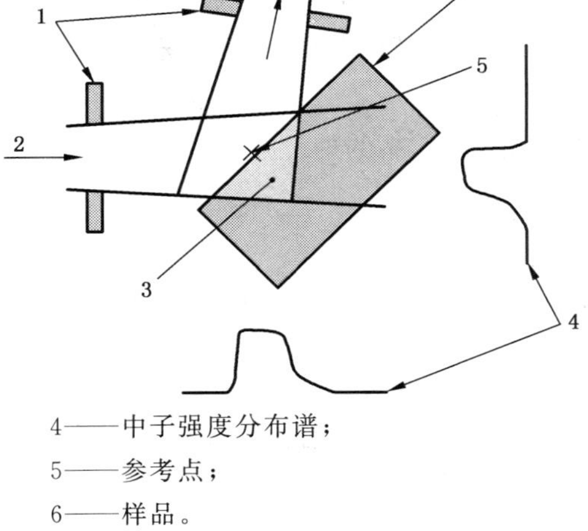

1——孔径；　　4——中子强度分布谱；

2——入射中子束；　　5——参考点；

3——装置规范体积；　　6——样品。

c)

图8　平面示意图——a)标称 b)装置 c)样品规范体积，“O”表示NGV和IGV的质心，“X”表示SGV的质心，IGV的质心就是参考点

每次测量都要确定 SGV 及其质心，平均应变的位置就是 SGV 质心的强度加权位置，在报告中说明应变测量的这个位置是很重要的。研究表面、界面和强衰减材料时，强度分布效应是非常明显的。对 SGV 质心偏离参考点导致结果的讨论参见 A.4.5 和 A.5。

6.6 无应变或参考晶格间距测定

衍射测量就是要确定晶格间距，为了测量弹性应变，就需要有一个测定应变的晶格间距参考值。有些情况下，是可能测定无应变晶格间距 d_0 的，而在另外一些情况下，仅能确定参考晶格间距 d_{ref}（也就是其他测量能够比对的晶格间距）。需要指出的是只有根据 d_0 计算了应变才能得到实际的应力值，因此，只有无法得到 d_0 时才考虑利用 d_{ref}。

除了应力和装置误差外，还有一些晶格间距影响因素，其中最重要的就是化学成分和温度，要根据实际应用情况选择确定 d_0 的合适方法，主要包括：

——测量材料内可忽略应力的部分；

——测量能够代表被测材料的粉末，这种方法特别适合于多相材料；

——测量从大块材料上切下的小条，这适合于焊接，因为利用许多穿过焊接部位的小条能够确定 d_0 的间距和方向变化[10]；

——通过力平衡和力矩平衡计算 d_0，这种方法适合于 d_0 没有变化的样品部位能够进行足够的测量，建议尽可能使用这种方法，这种平衡主要用于检验一致性；

——通过保证垂直于自由表面的应力为零计算 d_0，这仅适合 d_0 在远离表面时没有改变，而且能够实现准确近表面应变测量的情况。

需要注意的是应该避免在制备“无应力”材料时引入残余应力或在加工过程中改变微结构。

7 材料表征

7.1 导言

与被测样品或部件有关的热和机械处理过程都会影响材料的残余应变状态、应变状态的测量和应变-应力的转换。测量时对这些方面都应该加以说明，其中大多数都列在了下面。有些情况下，应开展初步衍射测试用于建立研究的大致信息，例如：这种信息可用于估算衍射的弹性常数、束流衰减、衍射束强度、本底强度以及与放射性活化有关的问题。

7.2 成分

表明化学成分和处理过程的标准材料标识可用于选择适当的实验条件，对于多相材料（含混合物）而言，其化学成分、百分比、取向和各相形态的影响在应力测定时都应该予以考虑。

7.3 热/力学历程

设计实验时应考虑塑造、成形或连接样品的处理过程，包括热处理。当测量服役后的部件时，可能与以前的使用条件也有关。

7.4 相和晶体结构

被测合金、陶瓷和混合物的相应该是已知的，并明确测量相的晶体学结构。

7.5 均匀性

成分分布或相分布的空间改变与实验有关，可能影响到与实际测量位置的一致性，以及测量结果对整个样品或部件是否具有代表性。尤其是微结构或成分的不均匀性还会引起无应力晶格间距随样品或部件内测量位置的改变而改变（见 6.6）。

7.6 微结构

规范体积内的晶粒数对测量衍射谱的质量非常重要，大尺寸的晶粒或复合强化会导致不同衍射峰强度的涨落，这种涨落通常说明参与衍射的晶粒数量不够。因此，晶粒尺寸同规范体积和待测应力分布间的关系应当明确。

7.7 织构

晶体学织构会影响衍射峰的强度和应变-应力转换，如果材料确实因处理或使用过程产生了织构，应该对织构进行表征。

8 记录要求和测量过程

8.1 导言

有三个参数需要以合适的精度测定：a）应变，b）应变测量方向和 c）测量点在样品中的位置。需要记录足够充分的信息，以便能够理解、评价和复现实验方法和数据分析。关于本章补充的详细资料参见附录 A 和附录 B。

8.2 记录要求

通常，应当提供项目题目、相关研究人员、测量日期和以下信息。

8.2.1 基本信息——装置

装置相关信息：

——装置负责人；

——中子源和位置，装置的名称和型号；

——温度及变化；

——入射和衍射束的光学部件，对于狭缝，应该指出其高度和宽度，以及到参考点的距离；对于径向准直器，应该提供聚焦长度、隔片的长度和厚度、隔片间的夹角、所有的孔径尺寸和振荡参数。

单色装置参数：

——单色器的类型，使用的晶体和反射面，探测器的类型，单色器到参考点的距离，探测器到参考点的距离；

——波长及其测定方法；

——垂直和水平规范强度分布谱（如果对于测量十分重要）；

——探测器分辨率。

飞行时间装置参数：

——飞行路径总长度 L，探测器到参考点的距离，探测器的类型，探测器的角度范围；

——波长范围及其测定方法；

——垂直和水平规范强度分布谱（如果对于测量十分重要）；

——数据分析中所用的布拉格峰数或 d 间距范围；

——时间分辨和道宽；

——随波长变化的入射强度。

8.2.2 基本信息——样品

样品相关信息：

——样品材料，化学组分、晶体结构；

——标有尺寸、参考标记或参考位置以及坐标系的样品图。

8.2.3 每个应变测量所需的细节信息

应当记录并得到所有的原始数据和这些数据的处理方法。

与具体测量有关的信息：

对单色装置：

——峰位 $2\theta_{hkl}$ 及不确定度；

——无应变时晶面的峰位 $2\theta_{0,hkl}$（或参考峰位 $2\theta_{ref,hkl}$）及不确定度。

对飞行时间装置：

——飞行时间 t_{hkl} 或全谱分析时的晶胞参数及不确定度；

——无应变时晶面的飞行时间 $t_{0,hkl}$(或参考飞行时间 $t_{ref,hkl}$)或全谱分析时的晶胞参数及不确定度。

对所有装置:

——与散射矢量 $\boldsymbol{Q}$ 有关的样品取向及不确定度;

——与参考点有关的样品和规范体积位置及不确定度;

——应变及不确定度;

——d 间距测量及不确定度(如果需要绝对值)。

对单峰拟合:

——角度或时间增量;

——采用峰形函数和获得的参数,包括:

- FWHM 及不确定度;
- 峰高 H 或积分强度 I 及不确定度;
- 本底 B 及不确定度。

对多峰拟合或全谱分析(如里特沃尔德精修方法):

——峰谱和相关参数包括:

- 宽度与波长或衍射角的函数关系;
- 峰形的不对称性。

——本底拟合方式。

——关于如何考虑织构和弹塑性各向异性的描述。

8.3 样品坐标系

应当明确样品内测量位置和方向的坐标系,如果样品形状和/或主应力方向已知,应当与它们关联。

注:对绝大多数形状规则的样品或部件,适合根据其对称性特点采用直角或极坐标系。

8.4 样品定位

样品定位要根据装置参考点确定(见 6.4)。样品坐标系的方向应与定义 $\boldsymbol{Q}$ 的坐标系相关联,尽量准确地确定参考点位置,参见 A.2。

8.5 测量方向

为了确定应力/应变张量,通常要沿至少六个独立的方向进行测量。然而,沿任意三个正交坐标轴(如样品坐标系)测量便可得到应力张量的三个法向分量,因此,可以在主应力方向未知和不超过三个独立方向测量的情况下获得到应力的重要信息(见 5.6)。

8.6 测量点的数目和位置

测量点的数目和位置与所要求的应变细节有关,与所研究部位的形状和尺寸有关,与规范体积的尺寸有关。

对有些待检测位置,需要中子束在样品内穿越较长的距离,此时,为了能够实现测量可能需要切除部分材料。

参见 A.3。

8.7 规范体积

规范体积由入射束和衍射束上的束流限定光路系统以及束流的方向与发散度确定。规范体积的选择与待测部位的形状和尺寸有关,同时也与材料参数(如:晶粒尺寸和衰减长度)有关,参见 A.4。

8.8 规范体积质心

SGV 质心位置需要根据装置的束流发散和衰减确定,扫描表面和界面时需要特别加以注意,参见 A.5。

8.9 温度

测量时应对样品的温度进行监视和控制,目的是让晶胞尺寸相对应变的测量不确定度变化很小,或在分析时能够予以说明,参见 A.7。

9 应力计算

9.1 导言

中子衍射方法测量弹性应变，进而计算应力。同X射线衍射一样，测量的只能是正应变，剪应变和应力应当通过计算得到。

基本上所有衍射方法研究应力和应变都是基于连续力学，利用胡克定律计算应力。如6.3所述，唯一不同就是采用了特定的衍射弹性常数而不是所有晶粒的平均，因此，广义胡克定律中的平均弹性常数可以被简单地替换为衍射弹性常数(E_{hkl}，ν_{hkl})。各向同性材料应力的计算过程描述见9.2～9.4。

9.2 正应力测定

某点的正应力可由沿该点正交坐标轴 x，y 和 z 方向测量的应变计算，此时，应力可表示为：

$$\sigma_{xx}=\frac{E_{hkl}}{(1+\nu_{hkl})(1-2\nu_{hkl})}[(1-\nu_{hkl})\varepsilon_{xx}+\nu_{hkl}(\varepsilon_{yy}+\varepsilon_{zz})] \cdots\cdots (8)$$

$$\sigma_{yy}=\frac{E_{hkl}}{(1+\nu_{hkl})(1-2\nu_{hkl})}[(1-\nu_{hkl})\varepsilon_{yy}+\nu_{hkl}(\varepsilon_{zz}+\varepsilon_{xx})] \cdots\cdots (9)$$

$$\sigma_{zz}=\frac{E_{hkl}}{(1+\nu_{hkl})(1-2\nu_{hkl})}[(1-\nu_{hkl})\varepsilon_{zz}+\nu_{hkl}(\varepsilon_{xx}+\varepsilon_{yy})] \cdots\cdots (10)$$

当坐标轴与主变形方向一致时，这些正应力就是主应力。

在平面应力情况时，其中一个应力(称为 σ_{zz})为0，方程可简化为：

$$\sigma_{xx}=\frac{E_{hkl}}{(1-\nu_{hkl}^{2})}[\varepsilon_{xx}+\nu\varepsilon_{yy}] \cdots\cdots (11)$$

$$\sigma_{yy}=\frac{E_{hkl}}{(1-\nu_{hkl}^{2})}[\varepsilon_{yy}+\nu\varepsilon_{xx}] \cdots\cdots (12)$$

对 $\varepsilon_{zz}=0$ 的平面应变情况，通过将 $\varepsilon_{zz}=0$ 代入公式(8)、公式(9)和公式(10)可得到 σ_{xx} 和 σ_{yy} 的表达式，此时，σ_{xx} 变为：

$$\sigma_{zz}=\nu_{hkl}(\sigma_{xx}+\sigma_{yy}) \cdots\cdots (13)$$

任意测量点应力的确定都需要在该点测量足够取向的应变。

9.3 应力状态的测定

主应力方向未知时，为了确定规范体积内的应变状态，至少需要测量六个独立取向的应变。应力分量可由测量的正应变 $\varepsilon_{\varphi\Psi}$ 计算得到，公式如下：

$$\varepsilon_{\varphi\Psi}=\left(\frac{1+\nu_{hkl}}{E_{hkl}}\right)\begin{bmatrix}(\sigma_{xx}\cos^2\varphi+\sigma_{yy}\sin^2\varphi+\sigma_{xy}\sin2\varphi)\sin^2\Psi+\\ \sigma_{xz}\cos\varphi\sin2\Psi+\sigma_{yz}\sin\varphi\sin2\Psi+\sigma_{zz}\cos^2\Psi\end{bmatrix}-\frac{\nu_{hkl}}{E_{hkl}}[\sigma_{xx}+\sigma_{yy}+\sigma_{zz}] \cdots (14)$$

公式(14)中的下标xy，xz和yz分别对应剪应力分量，角度如图9所示。

此时，需要能够选择六个测量方向，并使它们之间有尽可能大角度。

9.3.1 $\sin^2\Psi$ 法

如果样品中待测位置的一个主方向已知，例如 z 方向，则可以采用 $\sin^2\Psi$ 法。这种情况下，剪切应力 σ_{xx} 和 σ_{yy} 为0，公式(14)得到简化，这时将可以计算x-y平面内给定方向的正应力 σ_{φ} 和由公式(14)简化得到的 σ_{zz} 之差：

$$\varepsilon_{\varphi\Psi}=\frac{1+\nu_{hkl}}{E_{hkl}}(\sigma_{\varphi}-\sigma_{zz})\sin^2\Psi-\frac{\nu_{hkl}}{E_{hkl}}[\sigma_{xx}+\sigma_{yy}+\sigma_{zz}]+\frac{1+\nu_{hkl}}{E_{hkl}}\sigma_{zz} \cdots\cdots (15)$$

式中：

$\sigma_{\varphi}=\sigma_{xx}\cos^2\varphi+\sigma_{yy}\sin^2\varphi+\sigma_{xy}\sin^2\varphi$

由于公式(15)中，期望值($\sigma_{\varphi}-\sigma_{zz}$)是 $\sin^2\Psi$ 的线性函数，该方法常被称为“$\sin^2\Psi$ 法”，并广泛应用于传统的X射线衍射应力测定[21]。Ψ 的范围越宽，测定的应力越可靠，当有些方向不能测量时，这种方法是很有用的。

9.4 弹性常数选择

公式(8)～公式(15)都需要衍射弹性常数(E_{hkl},ν_{hkl})。正如6.3所述,只有特定情况下才可能使用通常力学方法所测定的宏观弹性模量和泊松比,因为衍射弹性常数往往依赖于化学成分、其他相的含量和/或晶胞缺陷(如:塑性形变后的位错),因此,此时的弹性常数更倾向于使用通过单轴加载衍射实验获得的数值[2]。具有晶体学织构时,衍射弹性常数是依赖于取向的,因此,应该在足够多的方向上开展这种单轴加载衍射实验。如果无法获得实验数据,则应利用合适的模型进行估算[3]~[7],见6.3。

如果没有合适的衍射弹性常数,可以通过单轴加载实验测定,但是由于化学成分、相体积分数、织构、微结构,甚至温度都可能影响弹性性能,因此,应仔细确保单轴加载和所研究的样品具有相同的材料特性。同样,两次检验也应该具有相同的实验条件,并建议使用相同的数据处理方法(比如:单峰拟合)。

如果通过全谱拟合计算弹性应变,对无织构的立方和六方相样品可以利用"宏观"的 E 和 ν 值。

样品有织构时,应修正这些计算。织构越强越陡,弹性常数修正也越多。对所有的晶体学系统,织构问题都可以通过测量所谓的取向分布函数(ODF)并将其引入到衍射弹性常数的计算中进行考虑[8]。

9.5 数据分析

采用适当的数学函数对实验数据进行拟合便可以得到布拉格峰位。这种数学函数拟合衍射谱的峰形,也包括本底,应注意的是应变测定的准确度可能受下述和附录中各项不恰当考虑的影响。

9.5.1 峰形拟合函数

在单色束时,峰位通常由高斯函数拟合实验数据获得。

对于散裂源,峰形本身是非对称的,拟合一般采用指数衰减函数和Voigt函数的卷积。

在获得多峰衍射谱时,可以采用全谱分析法计算得到应变,如里特沃尔德精修方法[19](参见A.6.3)。

9.5.2 本底函数

本底函数的拟合依赖于装置的设置和中子源的类型,因为本底斜率是随衍射角或飞行时间变化的函数,峰位可能与其相关联,对这种情况要特别注意。除非本底可以单独确定,一般建议采用固定斜率。如果本底不是常数,对拟合函数及其参数应当予以说明。

9.5.3 峰-底比

随着峰高 H 与本底 B 比值的下降,特别是当本底不为常数时,区分本底拟合对峰位的影响就更加困难。

9.5.4 畸变峰形

除非采用了适当的修正,应慎重处理由于峰形叠加、样品效应(如:材料的不均匀性和层错)或仪器效应引起的衍射峰形畸变。研究多相材料时重叠峰往往不可避免,可根据A.6所描述的过程采用多峰拟合进行分析。

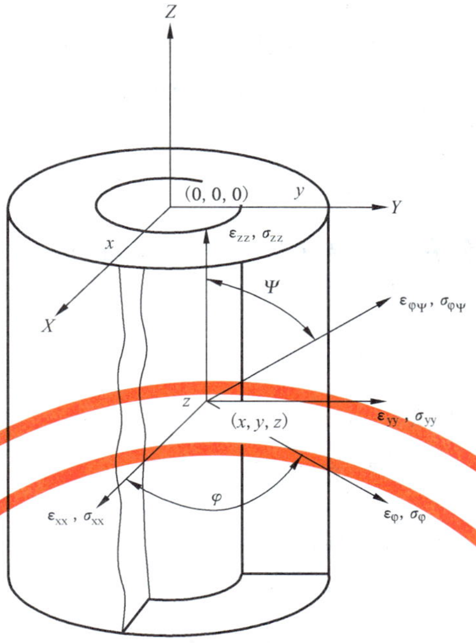

图 9 样品坐标系（X,Y,Z）中测量点（x,y,z）的应力和应变分量

10 结果可靠性

测量不确定度的确定与结果本身一样重要，否则无法评价测量的可靠性。第 11 章列举了应力或应变测量报告中应该包含的参量，所有这些数据都应该说明不确定度。建议所有这些不确定度都与 ISO 标准《测量不确定度表示指南》[28]相一致，文献[23]给出了附加指南，附录 B 简要介绍了计算合成标准误差的术语和方法。

11 报告

11.1 导言

报告的基本原则是描述实验过程、测量结果以及怎样进行数据分析，使得使用者有足够的信息去复现、理解、评估和进一步解释结果。这里不再提出严格的报告格式，因为对不同的材料、信息和研究对象，格式可能也有很大的不同，可以由用户与实验提供者具体协商测试报告的准确格式。

11.2 应变或应力值

测量得到的应变或应力值出具的报告应包括以下内容：

——应变或应力分量及其数值，包括它们的不确定度；

——测量位置，如 IGV 或 SGV 的加权质心；

——IGV 或 SGV 的尺寸和形状；

——不确定度的来源及其影响结果可靠性的方式。

11.2.1 无应力或参考晶格间距

用于获得参考或无应力晶格间距的数值、不确定度和方法，或用于确定相对或绝对应变的单胞参数值，都应予以描述。

11.2.2 应变-应力转换

将应变转换为应力时所用的关系和假设都应出具报告。

11.2.3 弹性常数

若将测量的应变转换为应力，应提供所采用的衍射弹性常数值及其出处。

11.2.4 定位

应报告样品定位的不确定度,并评估其对应变或应力值的影响。

11.3 中子源和装置

应提供以下信息:

——中子源;

——所使用的装置;

——波长和单色器描述(单色装置)或波长范围(TOF 装置);

——装置标定过程和标定测量结果。

11.4 通常的测量过程

以下方面应进行报告:

——用于样品平移和取向的方法;

——定位表面和其他参考点的方法;

——规范体积确定方式;

——采用的衍射峰拟合函数和拟合过程;

——数据处理方法,如:平滑、排除不合理点;

——表明结果可靠性的方法。

11.5 样品/材料性质

所检测材料的以下几个方面也宜予以报告:

——样品大小和形状;

——成分;

——热/力学历程;

——相和晶体结构;

——均匀性;

——晶粒、第二相颗粒或强化相的尺寸和形状;

——织构。

11.6 原始数据

如果需要,报告应包含原始数据。原始数据经任何平滑处理后导出的数据同样都应加以描述。

附 录 A
（资料性附录）
测量过程

本附录是有经验的工作者针对第8章提供的测量过程。

许多内容在两个国际预标准化研究项目（VAMAS TWA 20[24]、[25]和RESTAND[26]）中已经明确，在下文中可获得进一步的信息[27]~[30]。

A.1 样品坐标系

对于大多数规则形状的样品，直角坐标或极坐标根据样品的对称性选取是合适的。

A.1.1 具有对称元素的样品

大多数部件具有明显的对称元素，很多具有矩形、环形或单轴特征。这些样品的坐标应当根据对称方向确定：

——矩形样品：x，y沿表面内相互垂直对称的方向，z垂直于表面；

——圆柱状样品：柱坐标系分别沿轴向、径向和环绕（切线）方向；

——延展后具有固定横截面的样品：轧制、拉伸和挤压成型的部件具有恒定但有可能复杂的横截面，此时，坐标轴应该是一个方向与长轴平行，另外两个方向沿着正交垂直轴。

举例：

铁轨：纵向、横向和竖直方向。

棒和管道：轴向、径向和环（切线）向。

规则多变形截面：三角形、正方形、六边形等；轴向、面的法向和平行方向。

A.1.2 非规则形状样品

通常非规则形状的样品，坐标系应沿三个适合的方向，优先使用正交坐标系，在整个实验或多个系统的局部扫描中尽量采用一个坐标系统。

A.2 样品定位

样品应该根据装置参考点定位。

A.2.1 参考点

应尽可能精确的确定参考点位置，最好在所使用规范体积最小尺寸的10%以内。

A.2.2 规范体积

在旋转样品台中心定位IGV的质心（也就是参考点）是比较好的，定位要尽可能准确，一般需在规范体积尺寸的10%以内。规范体积的位置可以通过（如A.4.1所述）扫描散射中子的强度谱确定。

A.2.3 样品

样品的位置和取向应当利用参考点和相应坐标系（参见A.1）下散射矢量的方向进行描述。样品定位准确度基本上与参考点类似，可用光学或机械方法测定，也可以相对规范体积采用壁扫描的方式确定。在样品上标明测量点和测量方向对样品定位是非常有用的，为达到所需的定位精度，标识应足够精细和明锐。如果定位时使用正交平移装置，它们应精确地垂直，角度偏差小于±0.1°（±1.7 mrad）。扫描陡峭应力梯度、界面、表面或需要大范围平移扫描时，样品校正将尤为重要。

注1：一个有经验的实验人员肉眼调整极限约为0.5°，当需要更高精度校正时，须借助于光学或机械仪器。

注2：样品相对参考点不能准确的定位将在测量时引入系统误差。若参考点与样品旋转中心不一致，样品旋转也将会引起规范体积的偏移，这将在应力测定中引入严重的误差，特别是在应变梯度大或成分分布不均时。例如，定位不确定度Δx引起该点的应变系统不确定度$\Delta\varepsilon$可表示为$\Delta\varepsilon=(\partial\varepsilon/\partial x)\Delta x$。因此，当某区域应变梯度

为 2 000×10^{-6}/mm 时，±50 μm 的定位不确定度将导致±100×10^{-6} 的应变系统误差。

注 3：如果光学或机械方法不能满足样品的定位精度要求，应采用壁扫描的方式测定 IGV 相对样品表面的位置。这种方法将产生一个峰强分布谱，称为“进入曲线”，由于样品表面是平移通过规范体积，它给出了表面和规范体积位置的实际测量关系，对每个测量取向和沿表面平移的一些位置都需要进行重复的壁扫描。尤其要注意的是测量表面处理后，有织构、大晶粒或高吸收材料的情况，因为，这些因素会导致进入曲线与期望值具有实质性的不同。

A.3 应变测量点的数量和位置

为了获得明显或特定的应变变化，应当在样品中取足够充分的数据点和测量位置。具体点的数量和位置依赖于所要求的细节、应变图的变化和规范体积的尺寸。

A.3.1 单个位置点的测量

有些情况下仅需要测量指定的某一个位置，这种测量在材料和应变均匀分布的区域是可信的，然而，在分布不均匀时为了确保结果可靠，需要在特定位置进行附加的插补测量。

A.3.2 应变分布图

为了获得有效的应变分布图，往往是先用规则分布点的稀疏阵列获得大致轮廓，然后根据需要在特殊位置附近增加点的密度。当在某个测量方向应变梯度或其变化很大时，为了得到足够的空间分辨，需要在该方向增加应变分布图的密度。

A.3.3 切除材料以利于测量

由于束流衰减或样品与装置不匹配，可能使待测的特定位置难以或无法测量。在这种情况下，用户可以考虑从样品中切除部分材料，这需要利用实验技术进行仔细检验(例如：应变仪，和/或数学方法，如有限元分析)以确定切除材料导致应力重新分布的程度。

A.4 规范体积

A.4.1 仪器规范体积(IGV)测定

由于装置设置产生的束流发散和其他不可避免的不确定度，IGV 应进行实验测定，如 6.5 所示。

可以通过扫描细丝探针穿过规范截面获得完整的 IGV 参数，在每个扫描位置记录被探针散射的积分强度，称为强度分布谱。

细丝可以是布拉格散射体(如钢或铜)或非相干散射体(如尼龙)。在单色装置上，最好采用前者，后者适合 TOF 装置上的多色束流。当扫描穿过某个束流时，其他束流应足够宽，不影响前一个束流的强度分布谱。

这种扫描可以得到强度分布和 IGV 的尺寸、形状和位置，以及参考点的位置(见图 8)。对于单色装置，规范体积的形状依赖于散射角，因此，规范体积测定的衍射布拉格角应尽可能地靠近测量反射角。探针的尺寸应当足够小，否则应进行衰减修正。

装置规范体积强度分布可以用三个一维强度分布谱或一个三维强度等高线图表示，这种谱图也表示了束流的均匀程度。然而，对大多数实际应用，可以用三维尺寸和衍射角描述 IGV，这里的尺寸应对应入射和衍射束强度分布的 FWHM，为了表示 IGV 边界的锐利程度，强度分布的全宽度也应予以提供。

薄金属片可以用于测量散射面内的规范体积。扫描时分两次通过规范体积，其中一次表面法向平行于散射矢量，另一次垂直于散射矢量，扫描方向由表面法向给出。

A.4.2 限束光学系统的调整

校正限束光学系统的目的是使参考点在所需要的位置，为此，上述扫描和其他技术[31]可用于束流限定光学系统定位所需的矫正。

另外一种方法是将圆柱形散射体的规范体积放在需要的位置，让每个限束光学部件被相应的束流扫描穿过，同时记录强度分布谱，根据谱分布的质心决定光学部件的正确位置。

将散射体替换为狭缝并在其后放置一个探测器，利用前面所述的方法也可以有效地调整入射束流。

注1：入射和衍射限束光学系统相对于参考点的径向距离须设置得当。对于狭缝系统，距离应当尽可能小，以便减小发散度的影响，但同时也要注意避免扫描时样品在运动过程中发生碰撞。当采用径向准直器时，宜校正使其聚焦点与参考点重合。

注2：如果不能保证束流定位的可复现性，规范体积变化后，应重复定位过程。

A.4.3 规范尺寸

选择的规范尺寸应能够实现获得所需要的细节，如果规范尺寸超过了重要特征尺寸或它们之间的距离，细节将无法反映在应变图中。

描述限束光学系统对复现测量和评估装置规范体积是非常重要的。

A.4.4 晶粒尺寸

多晶材料衍射法测应变要求有足够数量的晶粒散射中子进入探测器。如果取样晶粒很少，将在定峰中引入严重的系统误差。尽量增加规范体积的尺寸，并充分考虑空间分辨和束流衰减，可能会提高统计平均，但同时也可能由于探测器位置与角度灵敏性的关联而增加峰位的不确定度。为了增加贡献晶粒提高统计平均程度，更好的做法也许是让样品做限幅振荡，而不是增加规范体积。

A.4.5 衰减

中子衰减可能使衍射峰产生位移，若不加以考虑，将出现非应力引起的明显应变。参考图8可知，规范体积不同部位散射的中子显然具有不同的路径长度。中子在样品内强吸收时，在SGV总路径越短的部分探测的中子也越多，这样SGV的质心可能相对IGV质心发生位移。这通常仅在反射几何中加以考虑(图8)，除非样品形状本身相对中子路径不对称。

对于单色装置，波长相对其平均值有一定的展宽，而且，这种展宽在衍射束平面内的分布是不均匀的。因此，对强吸收材料，衍射中子的平均波长可能与入射中子不同，使测量产生错误的 d 间距和应变。

测量中对这些效应应予以特别重视，包括表面和界面效应[33](参见A.5.3)。

A.4.6 计数时间

数据统计质量是中子计数的函数，与SGV和计数时间有关。为了减少计数时间和本底噪声的影响，应尽可能增大规范(体积)尺寸，并考虑与空间分辨、晶粒尺寸和衰减的影响相当。

A.5 其他影响规范体积因素

A.5.1 SGV及其位置

当穿过表面或界面扫描时，将改变样品材料(或多种材料)在IGV中所占的比例，就像表面或界面横过IGV部分形状的改变一样，使SGV质心不在IGV的质心位置，结果可能导致应变值错误。因此，当穿过表面或界面扫描时，应对SGV质心相对参考点的偏移做几何修正。

如果需要也应考虑衰减效应，原因如A.4.5所述。

A.5.2 装置误差

衍射峰偏移会受装置特点影响，尽管PSD探测器记录比单个计数管快，但由于探测结果更易受SGV质心偏移影响，如果不能合理地对测量数据进行解释，将在应变测量中引入误差；相反，高分辨单计数管装置通常对SGV质心偏移的敏感程度较低，这一点在穿过表面或界面扫描时应当特别注意。

在使用晶体单色器的单色装置上，中子进入规范体积的角度与其波长有关。当穿过表面或界面扫描时，规范体积并不完全沉浸在所研究的相中。入射束的限定狭缝仅允许经单色器后的部分中子进入SGV，因此，SGV内的平均波长和分布随测量位置而改变，引起探测峰宽和峰位的变化。这种效应引起的应变误差可能相当可观，甚至超过实际的应变值[34]。

在衍射束方面，狭缝会截取峰的形状，导致探测的峰宽和峰位错误。

A.5.3 减小误差的方法

用于限束的狭缝通常应尽可能的靠近规范体积以减小上述装置误差，但由于样品尺寸和形状的限制，并不一定在任何时候都能实现。

在晶体单色器装置上，一种减小这种误差的可靠方法是在入射束中使用径向聚焦准直器。这种准直器可确保 IGV 内每一点的波长分布相同，在规范体积完全沉浸时，可得到相同的平均波长，此时测量仅受很小的几何效应影响，而这种效应主要依赖于衍射束的宽度尺寸[32]。

在衍射束方面，这种径向准直器可以避免截取衍射峰，将衍射峰准确的传输到 PSD，甚至允许对在表面测量的衍射峰进行分析[33]。

另外一种矫正误差的方法是利用计算机模型模拟实验[35]。尽管这种模型有待提高，对于尽可能的减小装置误差总是一种很好的尝试。

A.6 数据分析

对于单色装置是进行单峰研究，通常是利用高斯函数拟合衍射峰，但有时仅能获得重叠的衍射峰，这就需要谨慎处理，下面的方法在适当条件下已经取得了部分成功的应用。

A.6.1 两个重叠衍射峰分析

对两个重叠峰（如图 A.1 和图 A.2 所示）有时可以通过最小二乘法拟合相关部分数据得到精确的 d 间距，实际上，全谱分析方法也可以通过拟合部分实验谱估计得到整个实验谱的情况，文献[36]给出了这种方法适用条件的一些建议。一些影响拟合可信度的相关参数有包括：两个峰的 FWHM、相对强度、质心间隔和本底水平。

A.6.2 多个重叠衍射峰分析

通过分析衍射谱的多峰重叠部分可以实现多个重叠衍射峰的拟合，通常，拟合过程产生的结果不确定度要增大，可信度要降低。然而，如果可以固定某些参数或它们之间的相互关系，可信度便可以得到提高，例如：如果两相材料中各相的体积分数和相对峰强已知，它们的衍射谱强度比就可以计算得到并固定。

A.6.3 全谱分析

在 TOF 源上记录到的是多个衍射峰，除了单峰或多峰拟合外，经常需要进行全谱拟合，一种典型的全谱拟合方法最初由里特沃尔德提出[19]。在里特沃尔德精修中，先要假定材料的晶体结构，然后根据假定预测衍射谱，将预测与实际测量谱相比较，利用最小二乘拟合调整晶体结构参数，最终使计算谱与测量谱相符合。

全谱分析的优点是获得参数的不确定度比单峰拟合小；如果存在织构、多相和应变各向异性时，能够获得微结构信息，但要精修程序中含有适当的微结构模型；同时，研究还发现里特沃尔德精修获得的晶格参数不易受到 6.3 所描述的塑性各向异性效应影响。

里特沃尔德精修时，转换应变-应力的弹性常数为体杨氏模量和泊松比，同时要根据织构情况做相应的调整。在立方材料中，应变可以由精修得到的晶格参数直接根据公式(6)计算。对低对称性材料，精修得到不只是一个晶格参数，此时，应确定有关织构权重的应变参数(见 6.3)。

A.7 温度测量和记录

晶格间距不仅受应力，也受温度影响。热膨胀是材料的特性，温度变化将产生与力学应变无法区分的“热应变”。对许多工程材料，热膨胀线性系数 α 在$(10\sim20)\times10^{-6}\,K^{-1}$范围内，在 5 ℃～10 ℃小范围内的温度变化将导致$(50\sim200)\times10^{-6}$的应变。因此，整个应变测量过程中，监视和控制温度变化使其不引起晶格间距的明显改变是非常重要的。

注：温度变化也可能会影响测量装置的性能。

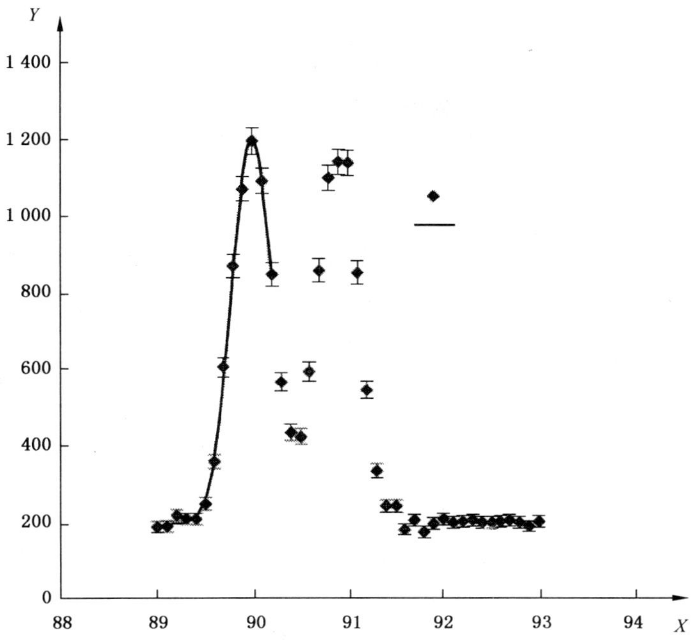

X——2θ;

Y——计数。

◆—— 模拟数据;

—— 拟合结果。

图 A.1 衍射峰小部分重叠的例子,此时峰形参数可以独立确定

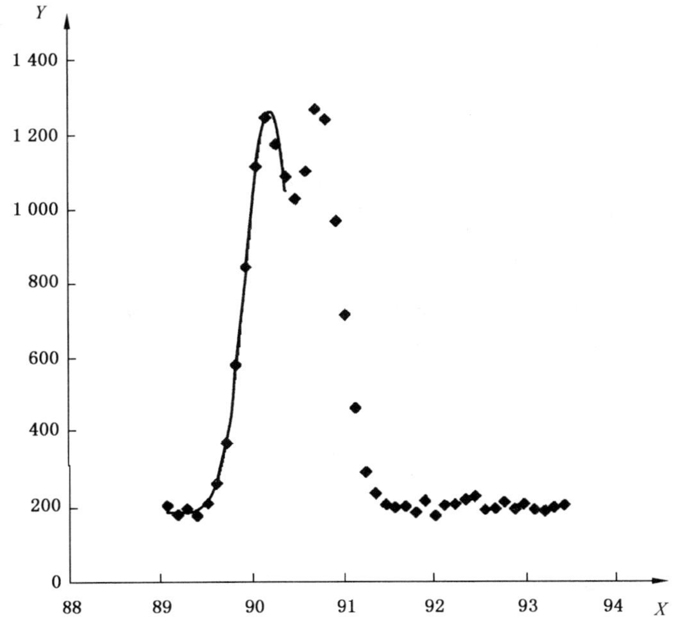

X——2θ;

Y——计数。

◆—— 模拟数据;

—— 拟合结果。

图 A.2 衍射峰大部分重叠的例子,此时峰形参数不能独立确定

附 录 B
（资料性附录）
被测物理量不确定度的测定

B.0 引言

测量参数不确定度是对参数真实值了解程度的估计，矫正了已知的系统影响后，还有许多不确定度来源。

实验人员应对产生测量不确定度的潜在因素进行评价，如果认为它们会产生明显的影响，则应进行说明并给出不确定度评价。关于不确定度测定的详细描述参见文献[22]和[23]。

参数 y 的累积不确定度 u 可以根据起作用的所有独立不确定度值 $u(x)$ 计算获得：

$$u^2(y)=\sum_{i=1}^{N}\left(\frac{\partial y}{\partial x_i}\right)^2 u^2(x_i) \qquad \text{(B.1)}$$

其中 x_i 为 y 所依赖的 N 个参数，u^2 为方差。

B.1 应力测定不确定度

应力依赖于应变和弹性常数（见第 9 章），因此，评价应力不确定度应有应变和弹性常数不确定度。

例如，公式(8)计算得到应力分量 σ_{xx} 的方差可由下式给出：

$$u^2(\sigma_{xx})=\left(\frac{\partial\sigma_{xx}}{\partial\varepsilon_{xx}}\right)^2 u^2(\varepsilon_{xx})+\left(\frac{\partial\sigma_{xx}}{\partial\varepsilon_{yy}}\right)^2 u^2(\varepsilon_{yy})+\left(\frac{\partial\sigma_{xx}}{\partial\varepsilon_{zz}}\right)^2 u^2(\varepsilon_{zz})+\left(\frac{\partial\sigma_{xx}}{\partial E_{hkl}}\right)^2 u^2(E_{hkl})+\left(\frac{\partial\sigma_{xx}}{\partial\nu_{hkl}}\right)^2 u^2(\nu_{hkl}) \qquad \text{(B.2)}$$

B.2 应变测定不确定度

影响应变测量不确定度的因素包括：

——d、θ 或 t 以及各自无应力值（d_0、θ_0 或 t_0）或参考值（d_{ref}、θ_{ref} 或 t_{ref}）的测量不确定度；

——入射束波长的不确定度；

——样品成分或温度随位置或时间的改变；

——样品内位置的测量不确定度。

这些不确定度的产生原因包括：光学部件或探测器的移动，入射波长的不均匀，中子束在样品中的衰减，规范体积填充不完整和温度的改变。

基于公式(B.1)，应变方差 $u^2(\varepsilon)$ 由下式给出：

$$u^2(\varepsilon)=\sum_{i=1}^{N}\left(\frac{\partial\varepsilon}{\partial x_i}\right)^2 u^2(x_i) \qquad \text{(B.3)}$$

其中 x_i 为影响应变的 N 个参数，各自对应的评价方差为 $u^2(x_i)$。

基于公式(2)，公式(B.3)服从：

$$u(\varepsilon)^2=\frac{u(d)^2}{d_0^2}+\frac{u(d_0)^2}{d_0^2}\approx\frac{u(d)^2}{d^2}+\frac{u(d_0)^2}{d_0^2} \qquad \text{(B.4)}$$

注：如果在一系列应变测量中采用相同的参考值，它们的相对不确定度简化为：

$$u(\varepsilon)^2\approx\frac{u(d)^2}{d^2} \qquad \text{(B.4a)}$$

也就是说，测定相对不确定度时，计算的应变不确定度不包含参考值的不确定度，但是要将参考值的不确定度看作应变“零点”的不确定度进行单独说明。因此，通过分别说明不确定度，应变的相对变化比其绝对值更容易确定。

B.3 晶格间距不确定度

根据布拉格定律公式(1),公式(B.1)服从:

$$u(d)^2=\left(\frac{\partial d}{\partial \lambda}\right)^2 u(\lambda)^2+\left(\frac{\partial d}{\partial \theta}\right)^2 u(\theta)^2 \quad \cdots\cdots (B.5)$$

而且,位置 x 和温度 T 的不确定度也影响晶格间距的测量不确定度,因此,测量晶格间距的评价总不确定度表示为:

$$u(d)^2=\left(\frac{\partial d}{\partial \lambda}\right)^2 u(\lambda)^2+\left(\frac{\partial d}{\partial \theta}\right)^2 u(\theta)^2+\left(\frac{\partial d}{\partial T}\right)^2 u(T)^2+\left(\frac{\partial d}{\partial x}\right)^2 u(x)^2 \quad \cdots\cdots (B.6)$$

注:对立方材料,可以用晶格参数 a 替换公式(B.5)和公式(B.6)中晶格间距 d。

温度不确定度对 d 不确定度的贡献与材料的热膨胀系数 α 成正比。

定位不确定度可能在高应变梯度区域作用更为明显,对其评价有时需要一系列的测量。

B.4 举例

根据上述分析,基于假设的铝样品应变测量,下面计算了应变的累积不确定度:

——测量铝的衍射峰为 $\theta=39.850°\pm0.008$,不确定度 0.008 通过最小二乘法拟合衍射峰得到;

——参考峰位为 $39.900°\pm0.005$;

——波长为 $0.300\ 00\pm0.000\ 01$ nm,认为 0.000 01 nm 的不确定度包含了所有的装置不确定度;

——d 测量期间的温度不确定度为 ±3 ℃;

——d_0 测量期间的温度不确定度为 ±1 ℃;

——在 x、y 和 z 方向,样品位置的不确定度为 ±0.10 mm;

——应变梯度 g 在 x 方向估计为 500×10^{-6} mm,在 y 和 z 方向可以忽略;

——热膨胀系数 α 为 24×10^{-6} ℃$^{-1}$;

——对于该特定实验,其他的所有影响均认为可以忽略。

在这种情况下,公式(B.6)变为:

$$\frac{u(d)^2}{d^2}\approx\left[\frac{u(\lambda)}{\lambda}\right]^2+[u(\theta)\cot\theta]^2+[u(T)\alpha]^2+[u(x)g]^2 \quad \cdots\cdots (B.7)$$

对独立测量的 d_0,有 $u(d_0)$:

$$u(d_0)^2\approx\left[\frac{u(\lambda)}{\partial \lambda}\right]^2+[u(\theta_0)\cot\theta_0]^2+[u(T)\alpha]^2 \quad \cdots\cdots (B.8)$$

在公式(B.8)中没有应变梯度项,因为测量 d_0 的位置不允许有应变或应变梯度。

根据公式(2)计算应变并由公式(B.4)、公式(B.7)和公式(B.8)计算不确定度,本例的应变为 $1\ 045\pm222\times10^{-6}$。如果计算中[公式(B.4a)和公式(B.7)]不包括参考值测量的不确定度,应变不确定度为 192×10^{-6}。

参 考 文 献

[1] ISO 5725-1,Accuracy (trueness and precision) of measurement methods and results—Part 1:General principles and deilnitions (BSI 5497:Part 9).

[2] ISO 9001,Quality management systems—Requirements.

[3] EN 1330-11, Non-destructive testing—Terminology—Part 11: Terms used In X-ray diffraction testing.

[4] EN 13925-1, Non-destructive testing—Diffraction from polycrystalline and amorphous material—Part 1:General principles.

[5] EN 13925-2,Non-destructive testing—X-ray diffraction from polycrystalline and amorphous materials—Part 2:Procedures.

[6] International vocabulary of basic and general terms used in metrology (VIM). BIPM,IEC, IFCC,ISO,IUPAC,IUPAP,OIML,2nd edition,1993.

[7] T. C. Hsu,F. Marsiglio,J. H. Root and T. M. Holden,J. Neutron Res. ,3,27-39 (1995).

[8] A. N. Ezeilo, G. A. Webster, P. J. Webster and X. Wang, Physics B, 180&181, 1044-1046 (1992).

[9] A. Reuss,Z. angew. Math. Mech. ,9,49-58 (1929).

[10] W. Voigt,Lehrbuch der Kristallphysik,Teubner,Berlin,(1910).

[11] H. Neenfeld,Mitt. K. W. I. Fisenforsch. ,Düsseldorf,24,61-70 (1942).

[12] R. Hill,Proc. Phys. Soc. (London) A65 (i952) 349-354.

[13] E. Kröner,Zeitschrift fuer Physik,151. 504-518,(1958).

[14] P. van Houtte and L. de Buyser,Acta Metall. Mater. ,Vol. 41,No. 2,323-338 (1993).

[15] U. F. Kocks,C. N. Tomé,and H. -R. Wenk,Texture and Anisotropy,Cambridge (1998).

[16] C. Ohms,A. G. Youtsos,P. v. d. Idsert and Th. Timke,Materials Science Forum,Vol. 347-349 (2000),pp. 658-663.

[17] T. M. Holders,A. P. Clarke,and R. A. Holt,Met. Trans. ,28A,2565-2576 (1997).

[18] B. Clausen,T. Lorentzen,M. A. M. i3ourke,and M. R. Daymond,Mat. Sci. Eng. 259,17-24 (1999).

[19] B. Clausen,PhD Thesis,Riss-R-985(EN) Thesis,Riso National Laho:story (1997).

[20] J. W. L. Pang,T. M. Holders,and T. E. Mason,Acta Mater. ,46,1503-1518 (1998).

[21] J. W. L. Pang, T. M. Holders, and T. E. Mason, J. Strain Analysis, Vol. 33, No. 5, 373-384,1998.

[22] J. W. L. Pang,T. M. Holders,and T. E. Mason,Proceedings of ICRS-5,Linkoping,Sweden, Vol. 2,610-615,1997.

[23] M. R. Daymond and N W Bonner,Mat. Science and Eng. A,Vol. 340,Issue 1-2,263-271 (2002).

[24] M. R. Daymond, M. A. M. Bourke, and R. B. Von Dreele, J. App. Phys. , 85, 739-747 (1999) .

[25] H. M. Rietveld,J. Appl. Cryst. ,2,65-71 (1969).

[26] M. R. Daymond,M. A. M. Bourke,R. B. Von Dreele,B. Clausen,and T. Lorentzen,J. Appl. Phys,82,1554-1562 (1997).

[27] H. Dölle,J. Appl. Cryst,12,489-501 (1979) .

[28] ISO/IEC NP Guide 98-3,Uncertainty of Measurement—Part 3:Guide to the expression of uncertainty in measurement (GUM 1995).

JJF 1059-1999,测量不确定度评定与表示.北京:国家质量技术监督局,1999.

[29] B. N. Taylor and C. E. Kuyatt,"Guidelines for Evaluating and Expressing the Uncertainty of NIST Measurement Results",NIST Technical Note 1297,1994; see also http://physics. nist. gov/cuu/Uncertainty/index. html.

[30] VAMAS report No 38 "Neutron diffraction measurements of residual stress in a shrink-fit ring and plug',G. A. Webster (Ed),NPL,Teddington,UK,Jan 2000.

[31] Polycrystalline materials—Determination of residual stresses by neutron diffraction ISOITTA 3 Sept. 2001 . ISO. Geneva.

[32] Residual Stress Standard using Neutron Diffraction, Final Report of European project RESTAND,A. G Youtsos (editor),April 2002.

[33] Measurement of Residual and Applied Stress Using Neutron Diffraction. NATO Asi Series. Series E,Applied Sciences, No 216,Michael T. Hutchings,Aaron D. Krawitz (Eds.),Kiuwer Academic Publishers; 1992.

[34] Introduction to Diffraction in Materials Science and Engineering,Aaron D. Krawitz,John Wiley&Sons; 2001.

[35] Analysis of Residual Stress by Diffraction using Neutron and Synchrotron Radiation,Alain Lodini,Michaef Fitzpatrick (Eds.),Taylor and Francis; 2003.

[36] I. C. Noyan and J. B. Cohen,Residual Stress—Measurement by Diffraction and Interpretation, Springer-Verlag,New York(1987).

[37] P. C. Brand and H. J. Prask,J. Appl. Cryst. 27 (1994),pp. 164-176.

[38] T. Pirling,Materials Science Forum Vols 312-324 (2000),pp. 206-211.

[39] T. Pirling,Materials Science Forum 347-349 (2000) pp. 207-212.

[40] P. J. Webster,G. Mills,X. D. Wang,W. P. Kang and T. M. Holden J. Neutron Res. ,3,223-240,(1996).

[41] E. Pluyette, J. M. Sprauel, A. Lodini, M. Perrin and P. Todeschini, Residual stresses evaluation near interfaces by means of neutron diffraction: modelling a neutron spectrometer, Proceedings of the ECRS-4,S. Denis et al. (eds),Cluny,June (1996),pp. 153-163.

[42] J. Pang and P. J. Withers, in: Residual Stress Standard using Neutron Diffraction, 3rd Annual Progress Report,A. G. Youtsos (editor),July 2001,pp. 49-55.

ICS 19.100;37.040.25
J 04

中华人民共和国国家标准

GB/T 26141.1—2010/ISO 14096-1:2005

无损检测　射线照相底片数字化系统的质量鉴定　第1部分:定义、像质参数的定量测量、标准参考底片和定性控制

Non-destructive testing—Qualification of radiographic film digitisation systems—Part 1:Definitions,quantitative measurements of image quality parameters,standard reference film and qualitative control

(ISO 14096-1:2005,IDT)

2011-01-14 发布　　　　2011-10-01 实施

中华人民共和国国家质量监督检验检疫总局
中国国家标准化管理委员会　发布

前　　言

GB/T 26141《无损检测　射线照相底片数字化系统的质量鉴定》分为两个部分：

——第 1 部分：定义、像质参数的定量测量、标准参考底片和定性控制；

——第 2 部分：最低要求。

本部分为 GB/T 26141 的第 1 部分。

本部分等同采用 ISO 14096-1:2005《无损检测　射线照相底片数字化系统的质量鉴定　第 1 部分：定义、像质参数的定量测量、标准参考底片和定性控制》(英文版)。

本部分等同翻译 ISO 14096-1:2005。

为便于使用，本部分作了下列编辑性修改：

——“本国际标准”一词改为“本部分”；

——用小数点“.”代替作为小数点的逗号“,”；

——删除国际标准的前言和引言；

——用 GB/T 1.1—2000 规定的引导语代替国际标准中的引导语。

本部分由全国无损检测标准化委员会(SAC/TC 56)提出并归口。

本部分起草单位：济南希瑞检测科技有限公司、上海英华检测科技有限公司、上海材料研究所、上海泰司检测科技有限公司、上海诚友实业有限公司、上海威诚邦达检测技术有限公司、上海竹阳自动化设备有限公司、硕德(北京)科技有限公司、通用电气检测科技有限公司。

本部分主要起草人：李博、孔凡琴、金宇飞、章怡明、赵成、丁鸣华、张颖、香勇、孙宝江。

引　言

射线照相胶片系统用于工业 X 射线和伽玛射线照相检测。为了利用计算机在数据分析、传输与存储方面的先进性，存储于射线照相底片内的信息宜被转换成数字化数据(数字化)。GB/T 26141 的本部分规定了最低要求，以确保在底片数字化处理过程中，有效保存用于评定的数字化数据的相关信息。

无损检测　射线照相底片数字化系统的质量鉴定　第1部分:定义、像质参数的定量测量、标准参考底片和定性控制

1　范围

GB/T 26141 的本部分规定了射线照相底片数字化处理的基本性能参数评价规程，譬如:空间分辨力、空间线性、密度范围、密度对比灵敏度和特性传递曲线。它们可以与标准参考底片(见第5章)一起被集成到软件系统中，对数字化处理过程进行质量控制。参考底片提供了一系列进行性能评价的测试目标。测试目标适用于评价空间分辨力小至 25 μm、密度对比灵敏度小至 0.02 光学密度、密度范围为 0.5～4.5、底片尺寸为(350×430)mm^2 的数字系统。本部分不涉及数字数据的信号处理和显示。

2　规范性引用文件

下列文件中的条款通过 GB/T 26141 的本部分的引用而成为本部分的条款。凡是注日期的引用文件，其随后所有的修改单(不包括勘误的内容)或修订版均不适用于本部分，然而，鼓励根据本部分达成协议的各方研究是否可使用这些文件的最新版本。凡是不注日期的引用文件，其最新版本适用于本部分。

GB/T 19348.1　无损检测　工业射线照相胶片　第1部分:工业射线照相胶片系统的分类(GB/T 19348.1—2003,ISO 11699-1:1998,IDT)

GB/T 26141.2　无损检测　射线照相底片数字化系统的质量鉴定　第2部分:最低要求(GB/T 26141.2—2010,ISO 14096-2:2005,IDT)

3　术语和定义

下列术语和定义适用于 GB/T 26141 的本部分。

3.1

射线照相底片数字化系统　radiographic film digitisation system

数字化仪(扫描仪)

依次完成下列两个功能:

a)　通过一个光学探测器对底片中的小区域(像素，图像单元)的漫透射率进行探测，输出电信号(几何数字化);

b)　把上述电信号转换成一个数字化值(光密度数字化)。

3.2

扫描孔径　scanning aperture

S_A

指射线底片上的空间范围(区域)，数字化仪在这个区域上完成一个像素的扫描，用于几何数字化。扫描孔径的尺寸对应于:

——矩形孔径:取长边;

——环形孔径:取直径。

扫描孔径限制着数字化仪的空间分辨力。

3.3

像素尺寸　pixel size

P

在被扫描的图像上，某一行(水平)或某一列(垂直)相邻像素中心到中心的几何距离。

3.4

光学密度　optical density

D

射线照相底片扫描前的弥漫光强度 I_0 与扫描后的弥漫光强度 I_D 之比，取以 10 为底的对数，根据公式(1)计算：

$$D=\lg\frac{I_0}{I_D} \qquad \cdots\cdots(1)$$

3.5

边扩展函数　edge spread function

ESF

数字化后横穿过一个阶梯模块得到的轮廓函数。

注：这个函数可以被看作光强度，也可以被看作光学密度。

3.6

数字化仪的不清晰度　digitiser unsharpness

U_D

由于扫描孔径、散射光、反射或者电子带宽引起的尖锐边缘的模糊。

不清晰度由光强度阶梯的边扩展函数 ESF 的 10%处与 90%处之间的几何距离决定。

3.7

空间频率　spatial frequency

f

通过沿几何轴的正弦强度变化来描述。

这个函数周期用每毫米的线对数量来测量(lp/mm)。

3.8

空间频率最大值　spatial frequency maximum value

f_c

理论上，每毫米的线对数量，是通过 Nyquist 定理给出的，见公式(2)：

$$f_c=\frac{1}{2P} \qquad \cdots\cdots(2)$$

实际上，扫描孔径、数字化仪的结构和电子装置都会减少这个理论值。

3.9

调制传递函数　modulation transfer function

MTF

对空间光学密度边扩展函数(ESF)的微分进行傅立叶变换，归一化其幅值(见图 1)，就可以得到 MTF。

它描述数字化仪的不清晰度函数(作为物体尺寸函数的对比度传递)。

注：MTF 的计算是基于光学密度，它和 X 射线剂量对应。

3.10

密度范围　density range

D_R

最小光学密度和最大光学密度的范围，它可由数字化仪测量得到。

它依赖于数字化仪的构造，这个密度范围可被分成几个工作范围(例如，不同的光照能量和/或不同的探测器积分时间)。

3.11

特性传递曲线　characteristic transfer curve

CTC

底片光学密度和数字化数据之间的关系。

3.12

用位数表示的数字分辨力　digital resolution in bit

数字化仪中用于光密度数字化的模/数转换部分所提供的位数。

注：N 位数字分辨力对应着 2^N 的数字值。

3.13

密度采样间距　density sampling pitch

ΔD_{SP}

数字化值每增加 1 时对应的光学密度变化。

注：密度变化依赖于数字化仪的特性传递曲线。密度采样间距可以是密度的函数。

3.14

密度对比灵敏度　density contrast sensitivity

ΔD_{CS}

数字化底片的最小密度变化，由所用的数字化仪决定。

它主要由数字化仪的数字噪声决定(光探测器的量子噪声)。

3.15

工作范围　working range

D_{WR}

光学密度范围，在这个密度范围内，数字化仪保证了单次数据获取中的最小密度对比灵敏度。

只有在这个密度范围内，数字化的数据才能用于评估。数字化仪结构不同，可以有不只一个工作范围，例如更亮或更暗的底片。

3.16

单次数据获取　single acquisition

通过单次扫描完成一张射线照相底片的数字化。

单次数据获取的结果不受任何类型的后处理影响。数字化系统在获取单次数据时采用特有的参数设置。

3.17

标准参考底片　standard reference film

一张工业射线底片的照相图像，它包含本部分所描述的所有参考目标。

3.18

测试目标　targets

在标准参考底片上的实物模型的图案，它被用于评估数字化仪。

4　评估过程

4.1　特性传递曲线、密度范围、像素尺寸和密度对比灵敏度的评估

4.1.1　阶梯密度目标

为了测量数字化仪的特性传递曲线、密度范围和密度对比灵敏度，在一个参考 X 射线照相中(标准参考底片)需要一个阶梯密度目标，且满足下列要求：

——要覆盖从 $D=0.5$～$D=4.5$ 的光学密度；

——两个相邻阶梯的光学密度间距不大于 $\Delta D=0.5$；

——每个阶梯的面积至少为 100 mm^2；

——一张被曝光过的微粒类型底片(在 GB/T 19348.1 中系统分类为 C1)将会产生微细的颗粒度，从而使底片噪声小于 $\Delta D=0.01$(像素尺寸$=88.6\ \mu m$)。

4.1.2 特性传递曲线(CTC)

在特有的数字化仪参数设置下,完成参考底片上阶梯密度目标的数据获取。每一个密度阶梯 D_i,像素区域(15×15)中数字化值 $gl_{j,i}$ 的算术平均值 $\overline{gl_i}$ 应由公式(3)来确定:

$$\overline{gl_i} = \frac{1}{225} \times \sum_{j=1}^{225} gl_{j,i} \quad \cdots\cdots(3)$$

数字化仪的特性传递曲线从 $D_i \sim \overline{gl_i}$ 的对照表中构建。

密度阶梯之间缺失的密度值可以按照下列条件内插得到:

——对于线性系统(数字化数据与光强度成比例),插值曲线应是对数的;

——对于对数系统(数字化数据与光学底片密度成比例,并由电子对数放大器或数字 LUT 提供),插值曲线应是线性的。

由数字化仪输出的数字化数据以及对应的光学密度值应被记录在表格和/或图表里。

用数字化数据表示的离散密度值称为 $D(gl)$。

由于数字化仪的结构,阶梯密度目标在扫描方向上和垂直方向上的 CTC 可以是不同的。

4.1.3 密度范围(D_R)

数字化仪的密度范围由特性传递曲线决定。它在最小和最大光学密度上是不同的,这由数字化仪决定。对于给定参数设置的数字化仪,可以从对应的特性传递曲线中找出最小和最大光学密度。但是也可以选择一个不同 CTC 的数字化仪参数。因此密度范围由所有可能 CTC 的最大和最小光学密度值进行计算。

4.1.4 像素尺寸(P)

像素尺寸由评估标准参考底片的空间线性目标决定。用这些目标的已知距离除以数字化图像的像素个数,就可以计算出像素尺寸 P。这个计算需要在图像的行方向和列方向上进行。

4.1.5 密度对比灵敏度(ΔD_{CS})

密度对比灵敏度 ΔD_{CS} 的评估是在光学密度固定的底片区域中,通过计算相邻像素间标准偏差 σ_D 的基础上进行的。计算需要在校正过的光学底片密度 $D(gl)$ 对应的数字化值上完成。为了方便,定义一个具有 225 个像素的邻域来考虑下列所有情况。根据公式(4),在一个给定的密度阶梯上,这 225 个像素的校正密度 $D(gl_i)$ 的标准差 σ_D 可按公式(4)计算:

$$\sigma_D = \frac{1}{\sqrt{224}} \sqrt{\sum_{n=1}^{225} \left\{ D(gl_n) - \frac{1}{225} \sum_{m=1}^{225} [D(gl_m)] \right\}^2} \quad \cdots\cdots(4)$$

σ_D 代表着在被评估的密度值上数字化仪本身的噪声。因此它与密度对比灵敏度(与 88.6 μm 的像素尺寸成比例,P 代表数字化仪实际的像素尺寸)满足公式(5):

$$\Delta D_{CS} = 2\sigma_D \times (P/88.6\ \mu\text{m}) \quad \cdots\cdots(5)$$

为了比较不同像素尺寸数字化仪的密度对比灵敏度,ΔD_{CS} 的值与 88.6 μm 像素尺寸的平方有关。这是与 GB/T 19348.1 测量底片颗粒度所用的显微光密度计光圈的 100 μm 直径相对应的。

标准偏差的实际值确定宜按照下列方法执行:

标准参考底片阶梯密度目标的每一个密度阶梯,可以评估一个(15×15)方阵的邻域像素。这组 225 个值的校准密度 $D(gl_i)$ 标准差可以按照上述计算,也就给出了在这个密度值上数字化仪自身的噪声。这种方法只有在阶梯密度目标的底片噪声小于扫描器数字噪声的情况下,结果才是正确的。

注:对显示的被评估区域进行视觉检查,确保标准参考底片上没有任何灰尘或者划伤干扰评估。

4.2 空间频率最大值、数字化仪的不清晰度和调制传递函数的评估

4.2.1 概述

数字化仪的空间频率受系统光学孔径、电子响应和机械系统准确度影响。光学孔径通常产生一个线性空不变响应,它的总影响是使图像模糊。这种模糊不依赖于密度。有一些设备,如未经过校正的飞点平板扫描仪,空间分辨力依赖于在底片上的位置。

4.2.2 空间频率最大值(f_c)

用汇聚线对或平行线对测试目标(见5.2.1的描述)确定的以每毫米线对数表示的最高可见空间频率,可以看到所有的亮线从暗线中分离。

注:小心!由于数字伪像(混淆!)很难识别正确的最大值,尤其对于平行线对的测试目标。测试样本与扫描方向的一个微小的不平行都会极大地改变线对模式。

4.2.3 数字化仪的不清晰度(U_D)

为了测量数字化仪的不清晰度(用mm表示),要使用由于密度测试目标得到的密度阶梯函数。被扫描的密度阶梯的边扩展函数(ESF)决定着数字化仪的不清晰度。这个不清晰度是以光强度为单位的ESF值10%处和90%处之间的几何距离。ESF的值应当从扫描方向和与它垂直的方向来决定。用于MTF计算的ESF应从校正的密度轴中得到。

4.2.4 调制传递函数MTF的确定

MTF计算的起点是源于不清晰度评估的ESF(见图1)。对垂直于密度阶梯的至少9条邻近线的ESF值进行平均是非常有用的,它可以降低噪声。

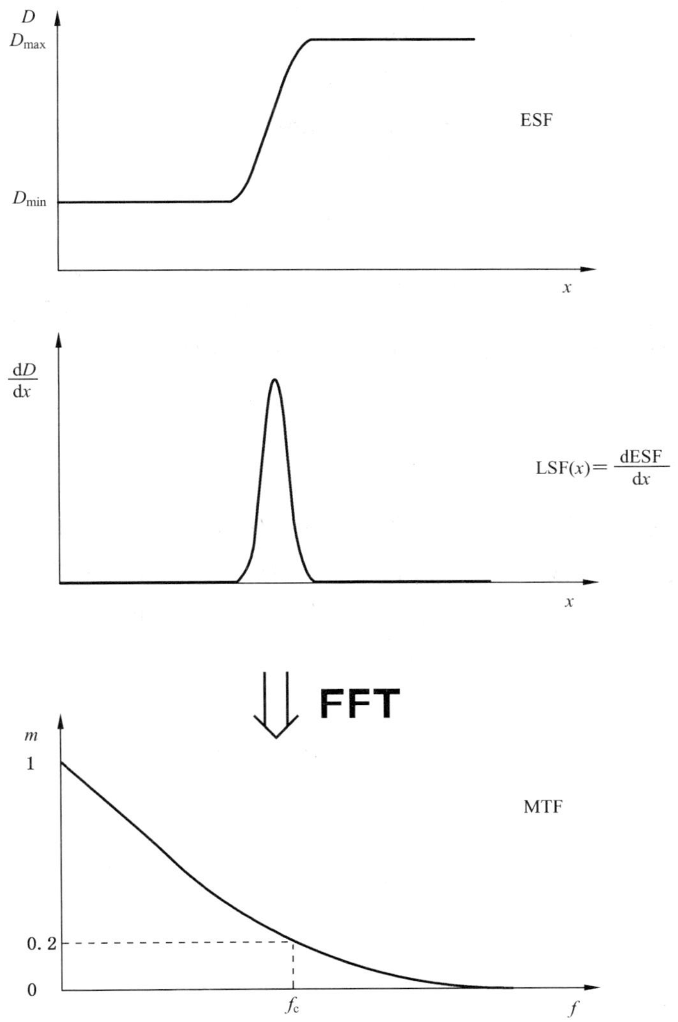

m——调制度;
f——空间频率。

图1 MTF的基本原理

下一步，被平均过的 ESF 应当被数字微分（如下列点的微分计算）以获得线扩展函数 LSF，见公式(6)：

$$\mathrm{LSF}_i=\mathrm{ESF}_i-\mathrm{ESF}_{i-1} \qquad \cdots\cdots(6)$$

最后一步，MTF 可以根据公式(7)从 LSF 的傅立叶变换计算得到：

$$\mathrm{MTF}_m=\frac{1}{\sum_{n=0}^{N-1}\mathrm{LSF}_n}\left|\sum_{n=0}^{N-1}\mathrm{LSF}_n\exp\left(\frac{2\pi inm}{N}\right)\right| \qquad \cdots\cdots(7)$$

MTF 描述了物体尺寸函数的对比度传递。对于数字化仪的图像质量，它是一个灵敏度函数。

注 1：MTF 分辨力（f_c 为空间频率的最大值）宜取 20％幅值处的值（$\mathrm{MTF}_{f_c}=0.2$）。

注 2：在同样额定的空间分辨力下，通常 CCD 扫描仪相比于激光扫描仪有一个更强的 MTF 衰减。

4.3 其他评估

4.3.1 过照射或者反射

检查数字化的标准参考底片（见第 5 章），以证明光过度照射或在高密度对比度区域（例如，阶梯密度目标的周围环境）会产生条纹的现象。这种现象可能是光探测器的饱和造成的，也可能是强度从高强度光区域传递到低强度暗区域造成的，按照 4.2.2 或 4.2.3 测量。

4.3.2 数字化伪像

应检查获取的图像，以证实是否存在没有出现在被扫描底片上的伪像（例如，垂直或水平线、条纹、灰尘或者脏斑点，等等）。

扫描后，应当检查底片，察看是否有来自于底片传输机械系统的刮伤。

4.3.3 几何变形

数字化仪的空间线性应当通过标准参考底片上 X 方向和 Y 方向的标尺进行检查。底片传输系统不应当允许底片在扫描过程中有倾斜或者扭曲，这会导致几何图像变形。

5 标准参考底片

5.1 概述

标准参考底片上有五种测试目标，用于评价数字化系统的不同参数。测试目标位于背景密度 $D=3$ 的区域里。标准参考底片被分成 3 个区域，每个尺寸为(200×250)mm²、(280×350)mm²、(350×430)mm²。对于不能容纳最大底片尺寸为(350×430)mm² 的数字化仪，可使用上述小尺寸。标准参考底片也可被剪裁，使其适合特定的数字化仪，并且在每一个区域里依然包含所有必要的测试目标（一幅底片图像，见图 2）。

注：GB/T 26141 的本部分描述了与 ASTM E1936 相同的标准参考底片。

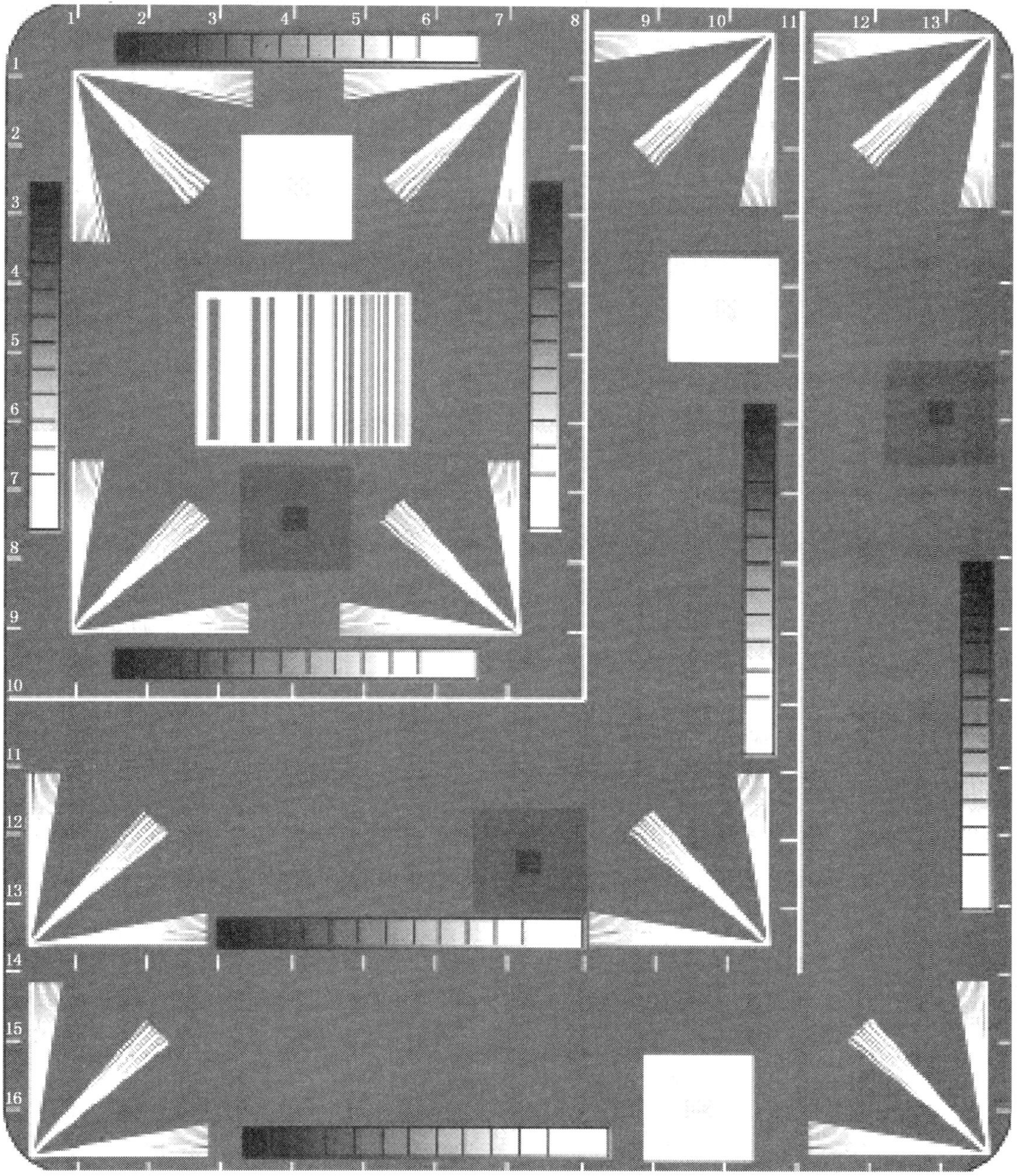

图 2 标准参考底片

5.2 测试目标的描述

5.2.1 汇聚的空间分辨力测试目标

由完全相同的 3 个组组成，每个组至少包含 6 个汇聚线对。这些测试目标最大分辨力至少为 20 lp/mm，最小分辨力为 1 lp/mm，密度对比度 $\Delta D = 2.5 \pm 0.5$，亮线最大密度为 $D = 0.5$。这三个测试目标的取向为 0°、45°和 90°。最大分辨力朝向参考测试底片的角落。在空间分辨力为 1、2、3、4、5、6、7、8、9、10、15、20 lp/mm 处设置参考标记。

5.2.2 密度对比灵敏度测试目标

由一些 $(10\times10)\,mm^2$ 的区域组成，这些区域位于密度有轻微不同的 $(40\times40)\,mm^2$ 方块的中心处。将使用两个系列的方块，一个方块系列在背景黑度 $D = 1.95$ 上有 $D = 2.00$ 的光学密度。第二个方块系

列在背景黑度 $D=3.4$ 上有 $D=3.5$ 的光学密度。相对密度变化比绝对密度更重要。在参考测试底片上，这两个方块系列分布于 6 个面积上。

5.2.3 阶梯密度测试目标

这些测试目标将用于决定密度范围、密度对比灵敏度和 MTF。包括一系列的 (10×10) mm^2、密度从 $D=0.5\sim D=4.5$ 的方块。沿着行方向排列有 13 个块区，它们有下列的近似密度：4.50、4.02、4.00、3.50、3.02、3.00、2.50、2.02、2.00、1.50、1.02、1.00 和 0.5。

这些方块在参考底片上被组合成 8 个区域。

为了评估数字化仪的不清晰度和 MTF，所有阶梯密度目标的外边缘都应是尖锐的（不清晰度 $<10\ \mu$m），见 4.2.2 和 4.2.3。

5.2.4 空间线性测试目标

这些测试目标提供 25.4 mm 的测量单元。它们应位于水平和垂直方向。空间线性测试目标，或者测量刻度，把标准底片分成 3 个不同的底片尺寸：(200×250) mm^2，(280×350) mm^2 和 (350×430) mm^2。

5.2.5 平行线对测试目标

这个测试目标包括一个平行线对标尺，这个标尺的空间分辨力从不大于 0.5 lp/mm 开始，分辨力会增加至不小于 20 lp/mm，并且密度对比度为 $\Delta D=2.5\pm0.5$，亮线的最大密度为 $D=0.5$。它被置于标准底片上接近 (200×250) mm^2 中心的区域。

5.2.6 附加测试目标

只要不妨碍到 5.2.1～5.2.5 描述的测试目标，就可以在参考底片上设置附加测试目标。

5.3 标准参考底片的准备

标准参考底片由一个高质量的工业射线照相底片做成，它已经被可见光曝光以减少密度测试目标的颗粒度。在 5.2 中规定的光学密度是通过校正过的密度计量设备测定的，并且与标准参考底片一起提供。光学密度被记录在每一个密度阶梯测试目标的中心（±1.5 mm）。

根据 5.2.2 和 5.2.3，在测试目标内，$\Delta D=0.02$、0.05、0.1 允许的光学密度变化范围是 ±0.005。

密度应处于 5.2.2 和 5.2.3 中规定值的 ±0.15 之内。实际密度应被记录，并且与标准参考底片一起提供。

没有测试目标处的背景密度应有 $D=3\pm0.5$ 的光学密度。

标准参考底片应有唯一的识别标志，当被数字化时它会出现在图像中。

5.4 存储和处理标准参考底片

5.4.1 存储

射线照相底片在处理和使用时易于磨损和卷曲。图像随时间降质的程度是存储条件、小心处理和使用次数的函数。底片应被保护免于光照、受热和粘污。

5.4.2 处理

如果时间过长，则标准参考底片也许会丢失一些信息。因此每一次都宜对底片进行检查，是否有磨损、卷曲，包括刮伤、磨损、粘污等等。一个过于磨损、卷曲的标准参考底片，会影响评价结果，所以宜被替代。

5.5 标准参考底片的文档

标准参考底片的提供者应提供符合本部分的证书，包含下列数据：

——在底片和证书上的序列号；

——阶梯密度测试目标的标记和每一个阶梯的光学密度；

——使用、存储和处理的指导书；

——证书的日期和有效期；

注：标准参考底片的证书从第一次开始使用应当有3年有效期。

——与本部分的偏离(如果有)；

——证书应签字。

6 数字转换系统的质量控制和长期稳定性

6.1 常规检查

在规定的范围内，使用者应检查下列数字转换系统的参数，主要有：

——汇聚空间分辨力测试目标：空间频率的最大值(f_c)；

——密度测试目标(分别有 ΔD=0.02、0.05、0.1)：密度对比灵敏度(测试目标能否在监控器上分开)；

——空间线性测试目标：用像素个数表示的在参考长度和宽度上的尺寸稳定度(例如，在 X 方向和 Y 方向)；

——阶梯密度测试目标：识别的密度范围(最大和最小密度)。

确认方法可以使用一个软件，它从数字化的标准参考底片产生数据，或者在一个能显示图像灵敏度和分辨力的监控器上浏览数字化参考底片，也可以使用软件工具。在这种情况下，可以使用对比度和亮度调整。

6.2 扩展检查

扩展检查宜包含4.1～4.3中描述的所有过程。

这个检查应在数字化系统规定的最大空间分辨力下和所有的工作模式下进行。

扩展检查应保证数字化系统能够满足GB/T 26141.2中规定的最小需求。扩展检查将决定数字化系统的类别(如在GB/T 26141.2中的规定)。

6.3 测试阶段和长期稳定性

在对数字系统进行安装和维修以后，宜立即进行扩展检查。便于长期稳定性检查，扩展检查结果应被记录。常规检查和扩展检查的周期，还有可接受的水平，宜通过一个质量保证系统进行规定。

ICS 19.100;37.040.25
J 04

中华人民共和国国家标准

GB/T 26141.2—2010/ISO 14096-2:2005

无损检测　射线照相底片数字化系统的质量鉴定　第2部分:最低要求

Non-destructive testing—Qualification of radiographic film digitisation systems—Part 2:Minimum requirements

(ISO 14096-2:2005,IDT)

2011-01-14 发布　　2011-10-01 实施

中华人民共和国国家质量监督检验检疫总局
中国国家标准化管理委员会　发布

前　言

GB/T 26141《无损检测　射线照相底片数字化系统的质量鉴定》分为两个部分：

——第1部分：定义、像质参数的定量测量、标准参考底片和定性控制；

——第2部分：最低要求。

本部分为GB/T 26141的第2部分。

本部分等同采用ISO 14096-2:2005《无损检测　射线照相底片数字化系统的质量鉴定　第2部分：最低要求》(英文版)。

本部分等同翻译ISO 14096-2:2005。

为便于使用，本部分作了下列编辑性修改：

——“本国际标准”一词改为“本部分”；

——用小数点“.”代替作为小数点的逗号“,”；

——删除国际标准的前言和引言；

——用GB/T 1.1—2000规定的引导语代替国际标准中的引导语。

本部分由全国无损检测标准化委员会(SAC/TC 56)提出并归口。

本部分起草单位：上海英华检测科技有限公司、济南希瑞检测科技有限公司、上海材料研究所、上海泰司检测科技有限公司、上海诚友实业有限公司、上海威诚邦达检测技术有限公司、上海竹阳自动化设备有限公司、硕德(北京)科技有限公司、通用电气检测科技有限公司。

本部分主要起草人：李博、孔凡琴、金宇飞、章怡明、赵成、丁鸣华、张颖、香勇、孙宝江。

引　言

射线照相胶片系统用于工业 X 射线和伽玛射线照相检测。为了利用计算机在数据分析、传输与存储方面的先进性，存储于射线照相底片内的信息宜被转换成数字化数据(数字化)。GB/T 26141 的本部分规定了最低要求，以确保在底片数字化处理过程中，有效保存用于评定的数字化数据的相关信息。

无损检测　射线照相底片数字化系统的质量鉴定　第2部分:最低要求

1　范围

GB/T 26141 的本部分针对无损检测的需求规定了三个底片数字化质量级别,所选择的级别依赖于射线能量、被检材料的厚度以及原始射线照相底片的质量水平。本部分不涉及信号处理、显示和数字化数据的存储。

2　规范性引用文件

下列文件中的条款通过 GB/T 26141 的本部分的引用而成为本部分的条款。凡是注日期的引用文件,其随后所有的修改单(不包括勘误的内容)或修订版均不适用于本部分,然而,鼓励根据本部分达成协议的各方研究是否可使用这些文件的最新版本。凡是不注日期的引用文件,其最新版本适用于本部分。

GB/T 3323　金属熔化焊焊接接头射线照相(GB/T 3323—2005,EN 1435:1997,MOD)

GB/T 5677　铸钢件射线照相检测(GB/T 5677—2007,ISO 4993:1987,IDT)

GB/T 19943　无损检测　金属材料 X 和伽玛射线　照相检测　基本规则(GB/T 19943—2005,ISO 5579:1998,IDT)

GB/T 26141.1　无损检测　射线照相底片数字化系统的质量鉴定　第1部分:定义、像质参数的定量测量、标准参考底片和定性控制(GB/T 26141.1—2010,ISO 14096-1:2005,IDT)

3　术语和定义

下列术语和定义适用于 GB/T 26141 的本部分。

3.1

射线照相底片数字化系统　radiographic film digitisation system

数字化仪(扫描仪)

依次完成下列两个功能:

a)　通过一个光学探测器对底片中小区域(像素,图像单元)的漫透射率进行探测,输出电信号(几何数字化);

b)　把上述电信号转换成一个数字化值(光密度数字化)。

3.2

像素尺寸　pixel size

P

在被扫描的图像上,某一行(水平)或某一列(垂直)相邻像素中心到中心的几何距离。

3.3

光学密度　optical density

D

射线照相底片扫描前的弥漫光强度 I_0 与扫描后的弥漫光强度 I_D 之比,取以 10 为底的对数,根据公式(1)计算。

$$D = \lg \frac{I_0}{I_D} \quad \cdots\cdots(1)$$

3.4

空间频率 spatial frequency

f

通过沿几何轴的正弦强度波动来描述。

这个函数周期用每毫米的线对数量来测量(lp/mm)。

3.5

调制传递函数 modulation transfer function

MTF

对空间光学密度边扩展函数(ESF)的微分进行傅立叶变换,归一化其幅值,就可以得到MTF(见GB/T 26141.1的图1)。

它描述数字化仪的不清晰度函数(作为物体尺寸函数的对比度传递)。

注:MTF的计算是基于光学密度,它和X射线剂量对应。

3.6

用位数表示的数字分辨力 digital resolution in bit

数字化仪中用于光密度数字化的模/数转换部分所提供的位数。

注:N 位数字分辨力对应着 2^N 的数字值。

3.7

密度对比灵敏度 density contrast sensitivity

ΔD_{CS}

数字化底片的最小密度变化,由所用的数字化仪决定。

它主要由数字化仪的数字噪声决定(光探测器的量子噪声)。

注:在GB/T 26141.1的4.1.5中描述了此值的确定。

3.8

密度范围 density range

D_R

最小光学密度和最大光学密度的范围,它可由数字化仪测量得到。

它依赖于数字化仪的构造,这个密度范围可被分成几个工作范围(例如,不同的光照能量和/或不同的探测器积分时间)。

3.9

工作范围 working range

D_{WR}

光学密度范围,在这个密度范围内,数字化仪保证了单次数据获取中的最小密度对比灵敏度。

只有在这个密度范围内,数字化的数据才能用于评估。数字化仪结构不同,可以有不只一个工作范围,例如更亮或更暗的底片。

4 数字化转换质量级别

射线照相底片数字化系统分成3个级别:DS、DB和DA。

DS——增强技术,一种信噪比和空间分辨力没有明显降低的数字化转换。

应用领域:底片的数字化归档(数字存储)。

DB——增强技术,允许图像质量有一些降低。

应用领域:对底片进行数字化分析,射线底片原件必须归档。

DA——基本技术,允许图像质量有某些降低,并且也允许空间分辨力有进一步的减少。

应用领域:对底片进行数字化分析,射线底片原件必须归档。

无损检测应用的每一种射线底片数字化系统应适于光学密度的所有工作范围。它应通过表1的质量级别和20% MTF最大值进行分类，与系统执行的GB/T 26141.1相对应。

示例：一个级别为DS4.2的数字化系统[扫描仪级别为DS(见表1)，20% MTF最大值=4.2 lp/mm(见表2)]，它可以应用于超过200 keV的X射线和伽玛射线照相的归档，并且可以应用于DB和DA级的所有数字化任务。

5 底片数字化质量级别的最低要求

5.1 底片数字化系统的密度范围和工作范围

表1规定了射线数字化系统的最小密度范围。在这个密度范围内，数字化仪应提供密度对比灵敏度 $\Delta D_{CS} \leqslant 0.02$ 的 ΔD_{CS}。根据数字化仪的结构，密度范围可以被划分成几个工作范围。

设备依据光学密度的比例转换数字化值时，会提供最小数字分辨力。如果数字值是依据光强度比例转换的，则数字分辨力至少增加2个额外的位。

表1 最小密度对比度的射线数字化系统的最小密度范围

参数	DS级	DB级	DA级
密度范围[a] D_R	0.5～4.5	0.5～4.0	0.5～3.5
以位表示的数字分辨力	≥12	≥10	≥10
在 D_R 内密度对比灵敏度 ΔD_{CS}	≤0.02	≤0.02	≤0.02

a 密度范围可被分成几个独立的工作范围。

5.2 底片数字化系统的最小空间分辨力

由于工业X射线胶片系统固有的不清晰度与射线能量有关，应检查下列参数(见表2)。

表2 底片数字系统的最小空间分辨力

能量/keV	DS级		DB级		DA级	
	像素尺寸/μm	MTF 20%/(lp/mm)	像素尺寸/μm	MTF 20%/(lp/mm)	像素尺寸/μm	MTF 20%/(lp/mm)
≤100	15	16.7	50	5	70	3.6
>100～200	30	8.3	70	3.6	85	3
>200～450 Se-75、Yb-169	60	4.2	85	3	100	2.5
Ir-192	100	2.5	125	2	150	1.7
Co-60，>1 MeV	200	1.25	250	1	250	1

注1：对应GB/T 26141.1的常规检查，20%的MTF值可通过汇聚空间分辨力测试目标来决定。

注2：由于可能的混淆，汇聚空间分辨力测试目标可以给出比MTF测量更低准确度的值。

注3：能量低于70 keV，射线底片的空间分辨力可以比级别DS16.7所要求的扫描仪分辨力要更好一些。在此情况下，扫描仪的空间分辨力应当与底片的分辨力适合，或者射线底片的原件应当被归档。

5.3 依赖于射线透照级别的数字化级别

标准GB/T 19943、GB/T 3323或GB/T 5677规定了两种射线透照级别A和B。基于这些标准的射线照相应数字化，并与表3相符合。

表 3 基于 GB/T 19943、GB/T 3323 或 GB/T 5677 等射线照相标准级别 A 和 B 的最小数字化级别

厚度/mm 钢	DS 级	DB 级	DA 级
<5	B	A	—
≥5	B	B	A
注：对裂纹和细小不连续的检测，宜使用 DB 级或者更好的级别。			

数字化处理后，所要求的像质计在数字图像上应是可见的，就像在射线底片原件上一样。

ICS 23.100.50
J 20

中华人民共和国国家标准

GB/T 26142.1—2010/ISO 15407-1:2000

气动五通方向控制阀 规格 18 mm 和 26 mm 第 1 部分:不带电气接头的安装面

**Pneumatic fluid power—
Five-port directional control valves, sizes 18 mm and 26 mm—
Part 1: Mounting interface surfaces without electrical connector**

(ISO 15407-1:2000, IDT)

2011-01-14 发布　　2011-10-01 实施

中华人民共和国国家质量监督检验检疫总局
中国国家标准化管理委员会 发布

前　言

GB/T 26142《气动五通方向控制阀　规格 18 mm 和 26 mm》共分为 2 个部分：

——第 1 部分：不带电气接头的安装面；

——第 2 部分：带可选电气接头的安装面。

本部分为 GB/T 26142 的第 1 部分。

本部分按照 GB/T 1.1—2009 给出的规则起草。

本部分使用翻译法等同采用 ISO 15407-1:2000《气压传动　五气口方向控制阀　规格 18 mm 和 26 mm　第 1 部分：不带电气接头的安装面》。

与本部分中规范性引用的国际文件有一致性对应关系的我国文件如下：

——GB/T 131—2006　产品几何技术规范(GPS)　技术产品文件中表面结构的表示法(ISO 1302:2002,IDT)；

——GB/T 1182—2008　产品几何技术规范(GPS)　几何公差　形状、方向、位置和跳动公差标注(ISO 1101:2004,IDT)；

——GB/T 17446—1998　流体传动系统及元件　术语(idt ISO 5598:1985)。

本部分做了下列编辑性修改：

——制图标准按我国国家标准执行。

本部分由中国机械工业联合会提出。

本部分由全国液压气动标准化技术委员会(SAC/TC 3)归口。

本部分负责起草单位：宁波索诺工业自控设备有限公司。

本部分参加起草单位：广东省肇庆方大气动有限公司、宁波亚德客自动化工业有限公司。

本部分主要起草人：毛信强、吴登奎、陈定芝、林伟强、沈维平、柳东望。

引　　言

在气动系统中，动力的传递和控制是在压力气体回路中进行的。

用于气体分配和控制的各种装置可以直接安装在管路上或安装面上，安装在安装面上的可达到快速装拆和互换的目的。

安装在安装面上的气动五通方向控制阀的作用在于控制压缩气体的流向。

为了提高气动方向控制阀安装的互换性，规定了安装面上的主气口和控制气口识别标志、阀的工作状态、安装面上的尺寸与公差要求。

气动五通方向控制阀 规格 18 mm 和 26 mm 第 1 部分:不带电气接头的安装面

1 范围

GB/T 26142 的本部分规定了规格为 18 mm 和 26 mm,最高额定使用压力为 1.6 MPa 的不带电气接头的气动五通方向控制阀安装面的下列要求:

——安装面尺寸和形位公差;

——主气口和控制气口的标识;

——控制装置控制结果的标识。

本部分不适用于安装面的功能特征。

注:对于规格 18 mm 和 26 mm 带可选电气接头安装面的气动五通方向控制阀的要求在 GB/T 26142.2 中规定。

2 规范性引用文件

下列文件对于本文件的应用是必不可少的。凡是注日期的引用文件,仅注日期的版本适用于本文件。凡是不注日期的引用文件,其最新版本(包括所有的修改单)适用于本文件。

ISO 1101 产品几何技术规范(GPS) 几何公差 形状、方向、位置和跳动公差标注(Geometrical Product Specifications(GPS)—Geometrical tolerancing—Tolerances of form, orientation, location and run-out)

ISO 1302 产品几何技术规范(GPS) 技术产品文件中表面结构的表示法(Geometrical Product Specifications(GPS)—Indication of surface texture in technical product documentation)

ISO 5598 流体传动系统及元件 词汇(Fluid power systems and components—Vocabulary)

ISO 11727 气压传动 控制阀和其他元件的气口和控制机构的标识(Pneumatic fluid power—Identification of ports and control mechanisms of control valves and other components)

3 术语和定义

ISO 5598 界定的术语和定义适用于本文件。

4 尺寸要求和公差

4.1 对规格 18 mm 和 26 mm 的尺寸要求见图 1 和表 1。

4.2 安装面的气口与安装孔形位公差、气口标识见图 2 和图 3。

4.3 在图 1 中,包括点画线框定的连续表面要求如下:

——表面粗糙度:$Ra \leqslant 1.6\ \mu m$(见 ISO 1302);

——平面度:在 100 mm 距离内为 0.1 mm(见 ISO 1101)。

4.4 阀的安装面不应有图示以外的其他气口。安装面所示的气口应包括连接到阀座上的气口。

5 主气口和控制气口的标识

5.1 在安装面上气流通道的控制气口与主气口关系标识如下(见图4):

——气口1、2、3、4、5为主气口;

——气口12和14为控制气口。

注:对于单一的电磁阀外部控制气源,控制气口14是首选。

5.2 对单稳态阀,阀的强制稳态位置应始终与控制机构12的控制结果相一致,如图4所示。

5.3 对双稳态阀,当施加压力信号作用于控制气口12时,气口1应与气口2连通(而气口4与气口5连通),当施加的压力信号作用于控制气口14时,气口1应与气口4连通(而气口2与气口3连通)(见ISO 11727)。

5.4 控制气口12和14相对于主气口1、2、3、4和5的位置关系如图5所示。

6 标注说明

当选择遵守本部分时,建议制造商在测试报告、产品样本和销售文件中使用以下说明:

"安装面尺寸符合GB/T 26142.1—2010《气动五通方向控制阀 规格18 mm和26 mm 第1部分:不带电气接头的安装面》"。

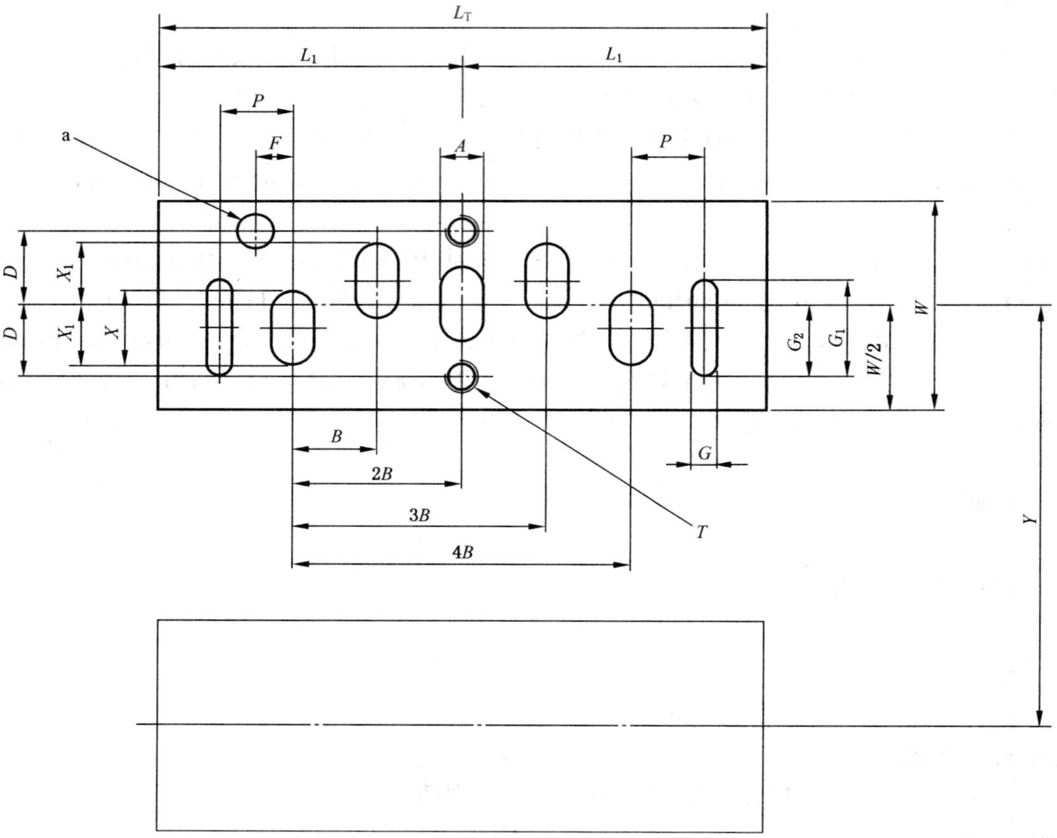

[a] 定位孔直径 ϕU,深度 V。

图1 安装面 规格18 mm和26 mm

表 1　安装面尺寸　规格 18 mm 和 26 mm

单位为毫米

规格	A	B	D	F	G[a]	G_1	G_2	L_1 min	L_T min	P	T	U	V	W min	X	X_1	Y[b]	气口面积/mm^2
18	3.5	7	6.25	3	2	8	6	25	50	6	M3	ϕ3.2	4	18	6.5	5.25	19	20
26	5.5	9.5	9.5	5	3	13	9	33	66	8.5	M4	ϕ3.2	4	26	9	8.5	27	43

[a] 控制气口宽度为 G，最小深度为 G。

[b] Y 表示在集装阀座上连续两个相同规格安装面中心线之间的最小距离。

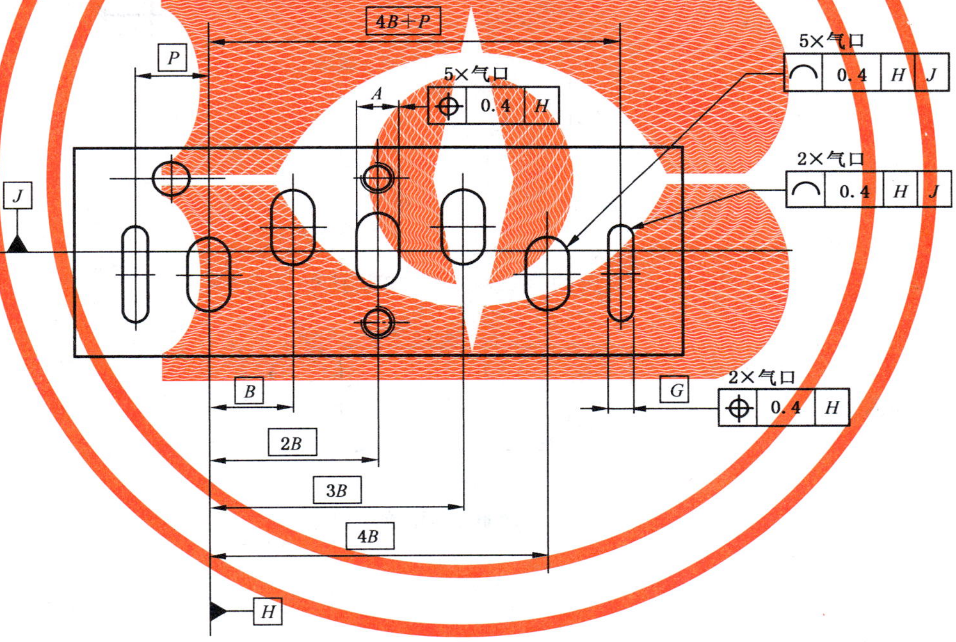

图 2　安装面气口的位置尺寸和形位公差

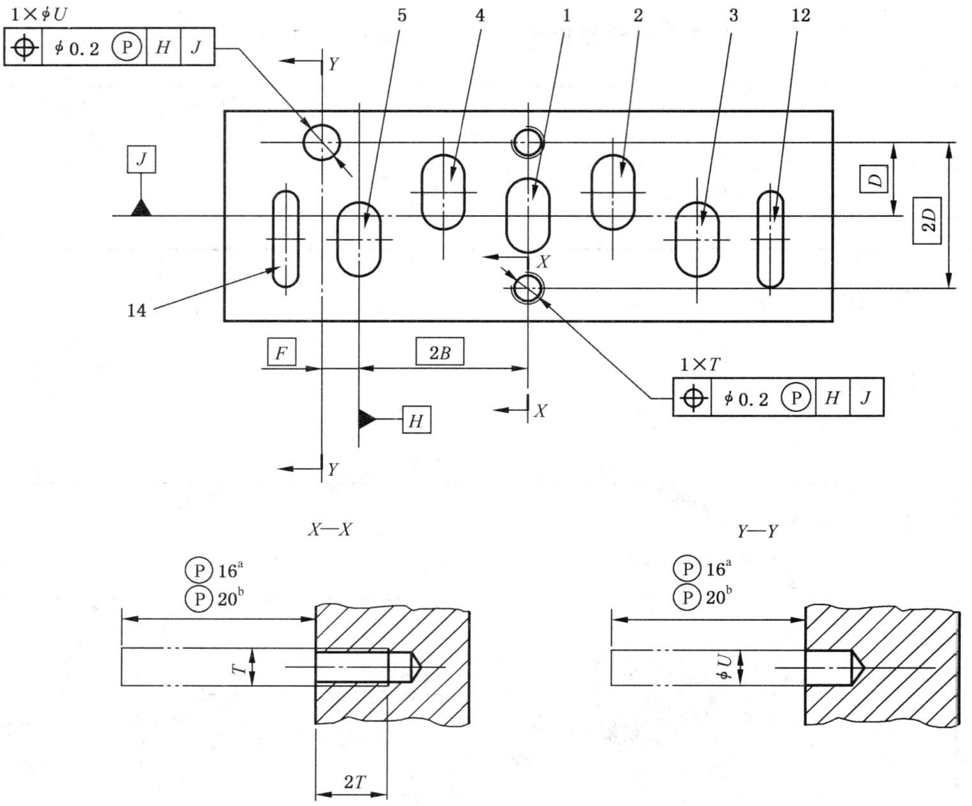

a 用于规格 18 mm。

b 用于规格 26 mm。

图 3　安装面的气口标识和安装孔位置公差

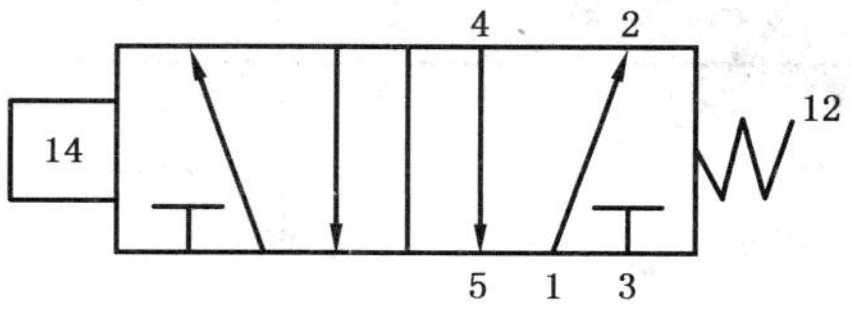

图 4　单稳态阀强制稳态位置

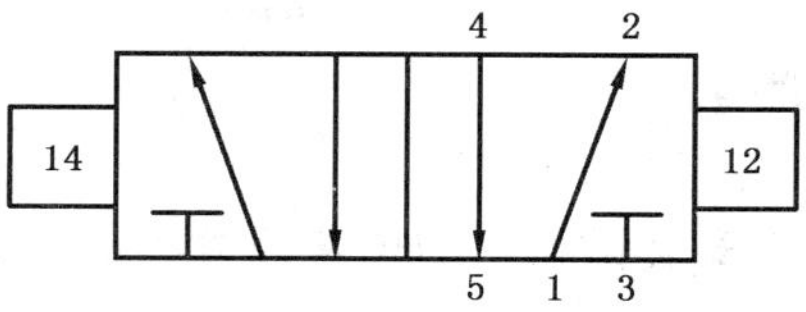

图 5　带先导控制机构的气口之间连通状态

ICS 23.100.50
J 20

中华人民共和国国家标准

GB/T 26142.2—2010/ISO 15407-2:2003

气动五通方向控制阀 规格 18 mm 和 26 mm 第 2 部分:带可选电气接头的安装面

Pneumatic fluid power—Five-port directional control valves, sizes 18 mm and 26 mm—Part 2: Mounting interface surfaces with optional electrical connector

(ISO 15407-2:2003, IDT)

2011-01-14 发布 2011-10-01 实施

中华人民共和国国家质量监督检验检疫总局
中国国家标准化管理委员会 发布

前　言

GB/T 26142《气动五通方向控制阀　规格 18 mm 和 26 mm》共分为 2 个部分：

——第 1 部分：不带电气接头的安装面；

——第 2 部分：带可选电气接头的安装面。

本部分为 GB/T 26142 的第 2 部分。

本部分按照 GB/T 1.1—2009 给出的规则起草。

本部分使用翻译法等同采用 ISO 15407-2:2003《气压传动　五气口方向控制阀　规格 18 mm 和 26 mm　第 2 部分：带可选电气接头的安装面》。

与本部分中规范性引用的国际文件有一致性对应关系的我国文件如下：

——GB/T 131—2006　产品几何技术规范(GPS)　技术产品文件中表面结构的表示法(ISO 1302:2002,IDT)；

——GB/T 1182—2008　产品几何技术规范(GPS)　几何公差　形状、方向、位置和跳动公差标注(ISO 1101:2004,IDT)；

——GB/T 3505—2009　产品几何技术规范(GPS)　表面结构　轮廓法　术语、定义及表面结构参数(ISO 4287:1997,IDT)；

——GB/T 10610—2009　产品几何技术规范(GPS)　表面结构　轮廓法　评定表面结构的规则和方法(ISO 4288:1996,IDT)；

——GB/T 17446—1998　流体传动系统及元件　术语(idt ISO 5598:1985)。

本部分做了下列编辑性修改：

——在“参考文献”中，以与对应国际标准一致的国家标准替代国际标准；

——制图标准按我国国家标准执行。

本部分由中国机械工业联合会提出。

本部分由全国液压气动标准化技术委员会(SAC/TC 3)归口。

本部分负责起草单位：宁波索诺工业自控设备有限公司。

本部分参加起草单位：广东省肇庆方大气动有限公司、宁波亚德客自动化工业有限公司。

本部分主要起草人：单位银、陈启复、陈定芝、林伟强、沈维平、柳东望。

引　言

在气动系统中,动力的传递和控制是在压力气体回路中进行的。

用于气体分配和控制的各种装置可以直接安装在管路上或安装面上,安装在安装面上的可达到快速装拆和互换的目的。

安装在安装面上的气动五通方向控制阀的作用为控制压缩气体的流向。

当阀以电驱动时,有必要将电气接头安装在阀上。如果使用标准的电气接头,便利阀的用户将不同厂商生产的接头予以互换。

为了提高气动方向控制阀安装的互换性,规定了安装面上的主气口和控制气口识别标志、阀的工作状态、安装面上的尺寸与公差要求。

气动五通方向控制阀
规格 18 mm 和 26 mm
第 2 部分:带可选电气接头的安装面

1 范围

GB/T 26142 的本部分规定了规格为 18 mm 和 26 mm,最高额定使用压力为 1.6 MPa 的带可选电气接头的气动五通方向控制阀的安装面和电气接头的下列要求:

——安装面尺寸和形位公差;

——主气口和控制气口的标识;

——控制装置控制结果的标识;

——可选择的电气接头的尺寸、公差和规格。

本部分不适用于安装面的功能特征。

注:对于规格 18 mm 和 26 mm 不带电气接头安装面的气动五通方向控制阀的要求在 GB/T 26142.1 中规定。

2 规范性引用文件

下列文件对于本文件的应用是必不可少的。凡是注日期的引用文件,仅注日期的版本适用于本文件。凡是不注日期的引用文件,其最新版本(包括所有的修改单)适用于本文件。

ISO 1101 产品几何技术规范(GPS) 几何公差 形状、方向、位置和跳动公差标注(Geometrical Product Specifications(GPS)—Geometrical tolerancing—Tolerances of form, orientation, location and run-out)

ISO 1302 产品几何技术规范(GPS) 技术产品文件中表面结构的表示法(Geometrical Product Specifications(GPS)—Indication of surface texture in technical product documentation)

ISO 4287 产品几何技术规范(GPS) 表面结构 轮廓法 术语、定义及表面结构参数(Geometrical Product Specifications(GPS)—Surface texture: Profile method—Terms, definitions and surface texture parameters)

ISO 4288 产品几何技术规范(GPS) 表面结构 轮廓法 术语、评定表面结构的规则和方法(Geometrical Product Specifications(GPS)—Surface texture: Profile method—Rules and procedures for the assessment of surface texture)

ISO 5598 流体传动系统及元件 词汇(Fluid power systems and components—Vocabulary)

ISO 11727 气压传动 控制阀和其他元件的气口、控制机构的标识(Pneumatic fluid power—Identification of ports and control mechanisms of control valves and other components)

3 术语和定义

ISO 5598 界定的以及下列术语和定义适用于本文件。

3.1

电气接头 electrical connector

电气接头由两部分组成(插头和底座),他们结合时,能起到电气和机械的连接作用。

3.2

插头　contact

电路中可拆卸的载流元件。

3.3

插套　socket

设计成带有开口或凹槽,能机械夹紧插销的装置。

3.4

插销　pin

设计成带尖端方形且能与插套紧密接触的插件。

3.5

底座　housing

设计成能定位,并保证插头有良好接触,且具有相应的绝缘功能的装置。

4　尺寸要求和公差

4.1　对于规格 18 mm 和 26 mm 的尺寸要求见图 1 和表 1。

4.2　安装面的气口和安装孔位置公差见图 2。

4.3　在图 1 中,包括点划线框定的连续表面要求如下:

——表面粗糙度:$Ra \leqslant 1.6$ μm(见 ISO 1302、ISO 4287 和 ISO 4288);

——平面度:在 100 mm 距离内为 0.1 mm(见 ISO 1101)。

例如:

	0.1/100

4.4　阀的安装面不应再有图示以外的其他气口。安装面所示的气口应包括连接到阀座上的气口。

5　主气口和控制气口的标识

5.1　气口和电磁导线的标识应符合 ISO 11727 的要求。

5.2　在安装面中气流通道的控制气口与相通的主气口关系标识如下(见图 1、图 2):

——气口 1、2、3、4、5 为主气口;

——气口 12、14 为控制气口。

注:对于单一的电磁阀外部控制气源,控制气口 14 是首选。

5.3　对单稳态阀,阀的强制稳定位置应始终与控制机构 12 的控制结果相一致,如图 4 所示。

5.4　对双稳态阀,当压力信号施加于控制气口 12 时,气口 1 应与气口 2 连通(而气口 4 与气口 5 连通),当压力信号施加于控制气口 14 时,气口 1 应与气口 4 连通(而气口 2 与气口 3 连通)(见图 5 和 ISO 11727)。

5.5　控制气口 12、14 相对于阀座中的主气口 1、2、3、4、5 的方位应如图 4、图 5 所示。

6　电气接头

6.1　通则

图 3 是电气接头的一个实例,显示了插销、插套、底座和安装面上用于安装电气接头的开口,并注明了接头尺寸和公差。

6.2 接头

接头应易于装拆，如无特殊要求，应按照6.2.1～6.2.3的要求。

6.2.1 电气接头应承受最大额定电压为125 V直流或交流电电源。

6.2.2 电气接头应承受至少1 A的电流。

6.2.3 绝缘体应能承受至少1 500 V交流电压(海平面)。

6.3 插头

6.3.1 电气接头应有3个电插头和一个接地插头。

6.3.2 插销是边长为0.64 mm的正方形。

6.3.3 插销中心线间距为2.54 mm。

6.3.4 插座的开口对插销应有足够的摩擦力。

6.4 尺寸、定位和插销的配置

6.4.1 电气接头的尺寸应符合图3所示。

6.4.2 电气接头应配置在安装面顶角的一块方型区域内。

6.4.3 插头2和4应与阀气口平行，靠向阀的内部。

6.4.4 插头1和4用于单电控阀。

6.4.5 插头2和4用于双电控阀的第二个电磁线圈。

6.4.6 插头4是电磁线圈14和12的公共触头。

6.4.7 插头3是接地触头。

6.4.8 可选用指示灯和/或抗电涌电路，但要求对极性不敏感。

7 标注说明

当选择遵守本部分时，建议制造商在测试报告、产品样本和销售文件中使用以下说明：

“安装面尺寸符合GB/T 26142.2—2010《气动五通方向控制阀　规格18 mm和26 mm　第2部分：带可选电气接头的安装面》”。

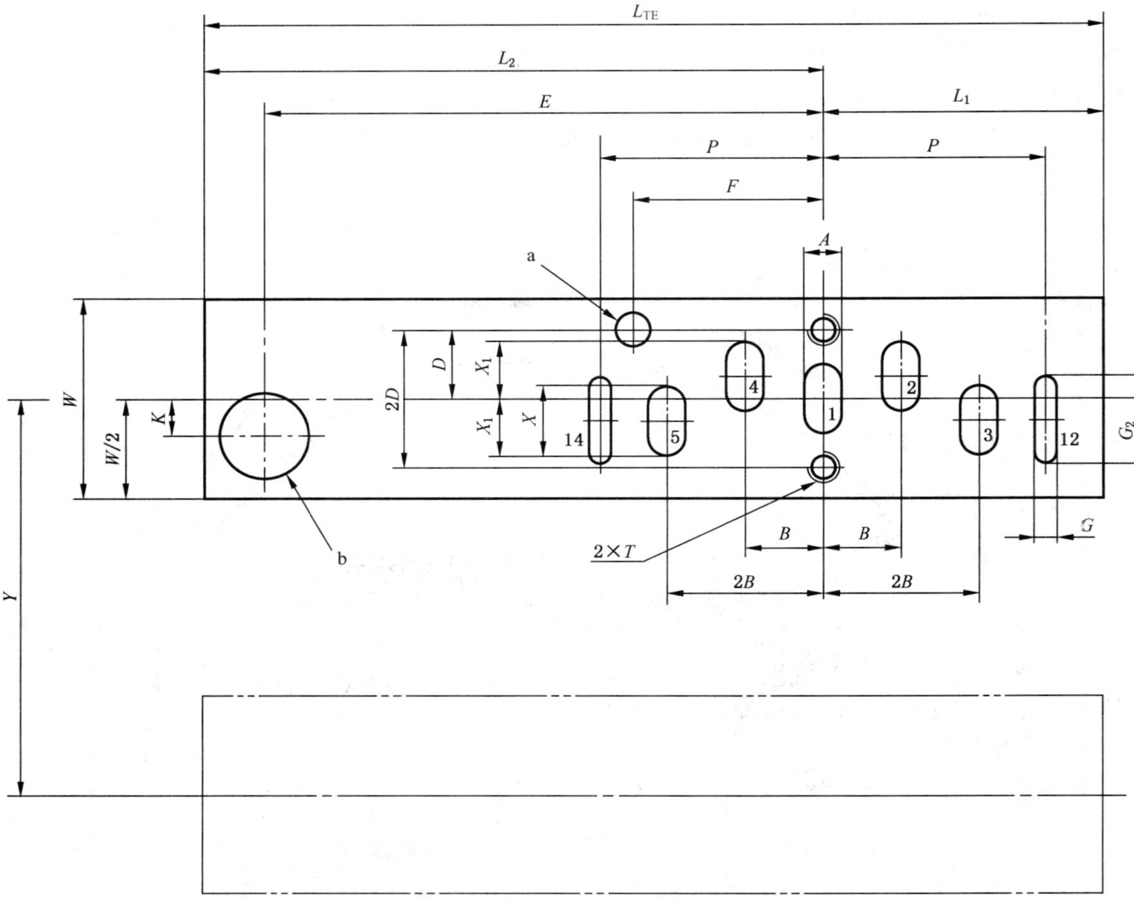

[a] 定位孔直径 ϕU,深度 V。

[b] 见图 3。

图 1　带可选电气接头的安装面　规格 18 mm 和 26 mm

表 1　带可选电气接头的安装面尺寸　规格 18 mm 和 26 mm　　单位为毫米

规格	A	B	D	E	F	G	G_1	G_2	K	L_1 min	L_2 min	L_{TE} min	P	T	U	V	W min	X	X_1	Y[a]
18	3.5	7	6.25	50	17	2	8	6	3.35	25	55.5	80.5	20	M3	ϕ3.2	4	18	6.5	5.25	19
26	5.5	9.5	9.5	58	24	3	13	9	7.35	33	63.5	96.5	27.5	M4	ϕ3.2	4	26	9	8.5	27
[a] 表示集装阀座上连续两个相同规格安装面中心线之间的最小距离。																				

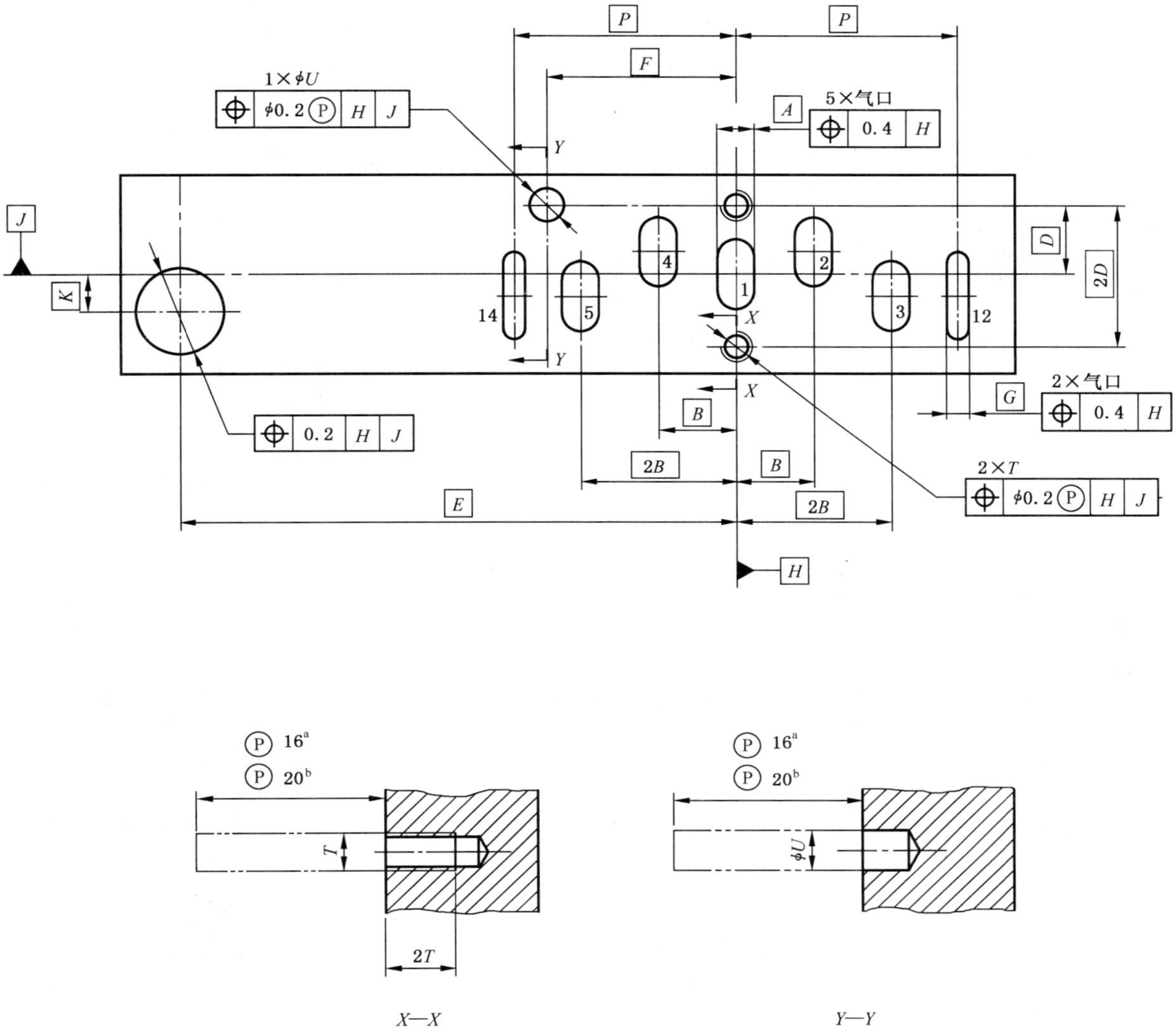

a 用于规格 18 mm。

b 用于规格 26 mm。

图 2　安装面的气口和安装孔位置公差

尺寸单位为毫米

表面粗糙度单位为微米

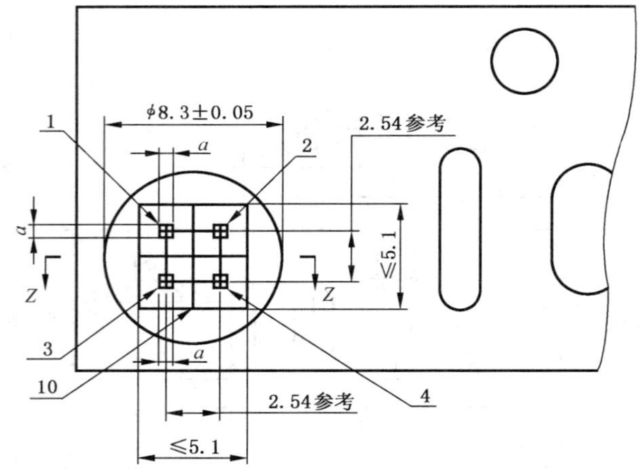

底座顶部

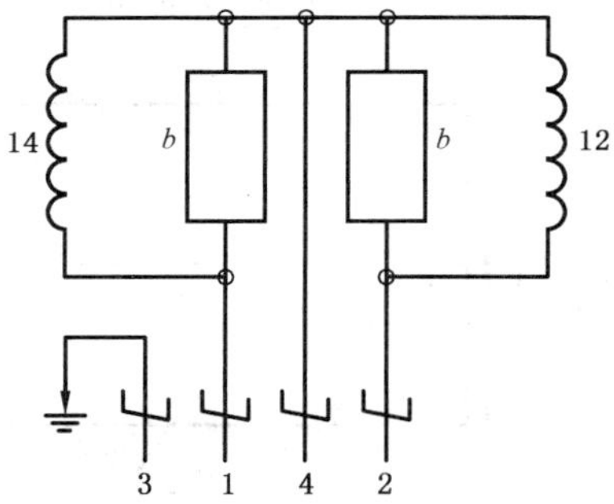

电气简图

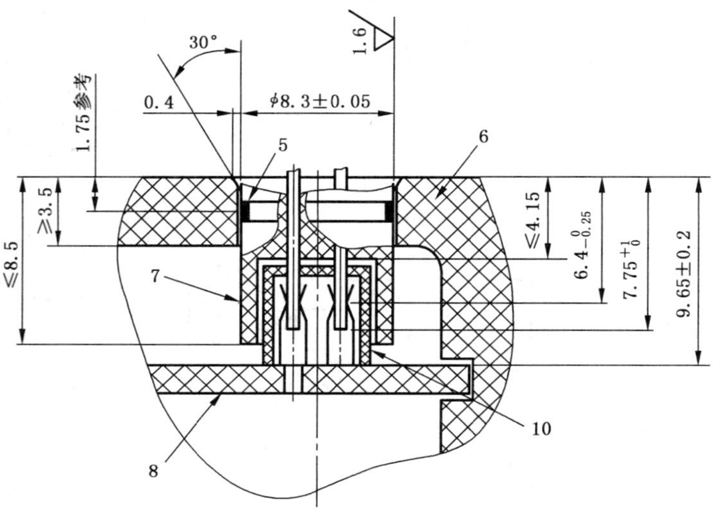

Z—*Z* 横剖面

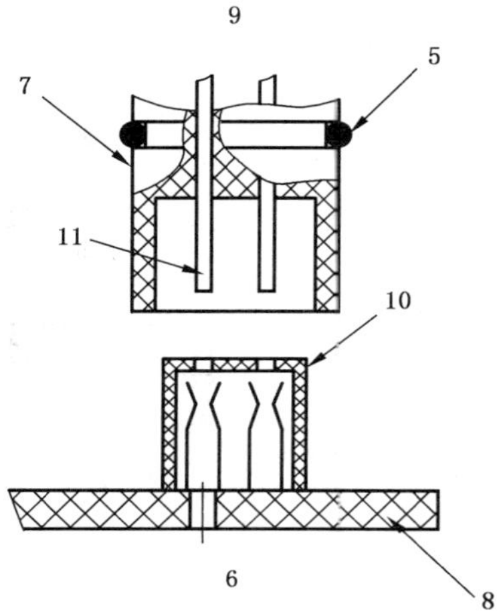

电气接头详图

1 ——电磁线圈 14 的插口,插套 1;

2 ——电磁线圈 12 的插口,插套 2;

3 ——接地插口,插套 3;

4 ——公用插口,插套 4;

5 ——密封(例如 O 形圈,也可用其他密封形式,只要能够保持紧密配合);

6 ——底座;

7 ——固定在阀体上的插销座;

8 ——可选择的基本线路板;

9 ——与阀连接的插销盒;

10——插套盒;

11——方型插销 0.64 mm×0.64 mm。

[a] 插套上的方型开口,务必足够大以利 0.64 mm×0.64 mm 的方型插销能插上。

[b] 见 6.4.8 电子器件。

图 3 电气接头

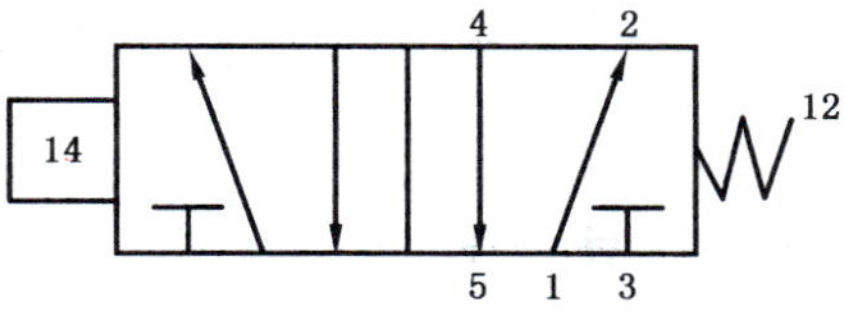

图 4　单稳态阀强制稳态位置

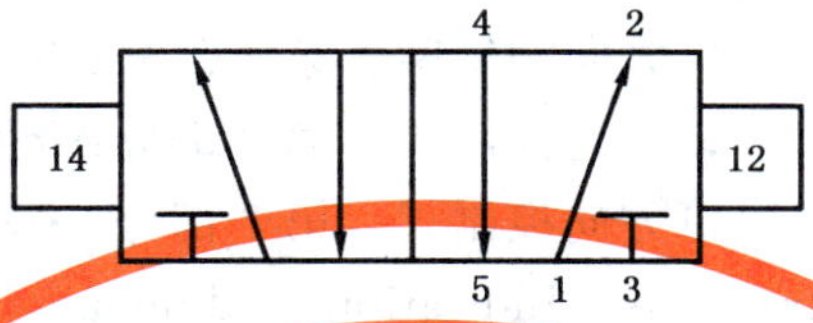

图 5　带先导控制机构的气口之间连通状态

参 考 文 献

[1] GB/T 786.1 流体传动系统及元件图形符号和回路图 第1部分:用于常规用途和数据处理的图形符号

[2] GB/T 7932 气动系统 通用技术条件

[3] GB/T 7940.1 气动 五气口方向控制阀 第1部分:不带电气接头的安装面

[4] GB/T 7940.2 气动 五气口方向控制阀 第2部分:带可选电气接头的安装面

[5] GB/T 7940.3 气动 五气口方向控制阀 第3部分:表示阀功能的标注方法

[6] ISO 129-1 Technical drawings—Indication of dimensions and tolerances—Part 1:General graphic symbols

[7] ISO 4400 Fluid power systems and components—Three—Pin electrical plug connectors with earth contact—characteristics and reguirements

[8] ISO 15407-1 Pneumatic Fluid power—Five-port directional control valves,sizes 18mm and 26mm—Part 1:Mounting interface surfaces without electrical connector

ICS 23.100.40
J 20

中华人民共和国国家标准

GB/T 26143—2010/ISO 19879:2010

液压管接头 试验方法

Connectors for hydraulic fluid power—Test methods

(ISO 19879:2010 Metallic tube connections for fluid power and general use—Test methods for hydraulic fluid power connections, IDT)

2011-01-14 发布 2011-10-01 实施

中华人民共和国国家质量监督检验检疫总局
中国国家标准化管理委员会 发布

前　言

本标准依据 GB/T 1.1—2009 给出的规则起草。

本标准使用翻译法等同采用 ISO 19879:2010《用于流体传动和一般用途的管接头　液压传动用管接头的试验方法》。

与本标准中规范性引用的国际文件有一致性对应关系的我国文件如下：

GB/T 230(所有部分)　金属洛氏硬度试验[ISO 6508(所有部分)]

GB/T 3141—1994　工业液体润滑剂　ISO 粘度分类(eqv ISO 3448:1992)

GB/T 3452.2—2007　液压气动用 O 形橡胶密封圈　第 2 部分:外观质量检验规范(ISO 3601-3:2005,IDT)

GB/T 6031—1998　硫化橡胶或热塑性橡胶硬度的测定(10～100 IRHD)(idt ISO 48:1994)

GB/T 7631.2—2003　润滑剂、工业用油和相关产品(L 类)的分类　第 2 部分:H 组(液压系统)(ISO 6743-4:1999,IDT)

GB/T 7939—2008　液压软管总成　试验方法(ISO 6605:2002,MOD)

GB/T 17446—1998　流体传动系统及元件　术语(idt ISO 5598:1985)

本标准做了下列编辑性修改：

——将标准名称简化为《液压管接头　试验方法》；

——在表 5 的“试验持续时间”叙述中增加“或达到规定的试验压力”；

——增加“9.1”、“11.2”、“12.1”和“13.1”的“注”。

本标准由中国机械工业联合会提出。

本标准由全国液压气动标准化技术委员会(SAC/TC 3)归口。

本标准负责起草单位：江苏省机械研究设计院有限责任公司、天津市精研工程机械传动有限公司。

本标准参加起草单位：伊顿(宁波)流体连接件有限公司、海盐管件制造有限公司、浙江苏强格液压有限公司、浙江华夏阀门有限公司、中船重工集团第 704 研究所、上海立新液压有限公司、攀钢集团冶金工程技术有限公司实业开发分公司。

本标准主要起草人：杨永军、冯国勋、周舜华、耿志学、罗学荣、徐长祥、洪超、彭沪海、刘小平。

引　言

在流体传动系统中，功率是通过封闭回路内的受压液体进行传递和控制的。元件设计必须满足那些变化工况的要求。对元件满足性能要求而进行的检测，为确定元件设计是否实用及检验元件是否符合规定要求提供了依据。

液压管接头　试验方法

警告：本标准中所述的一些试验是危险的，因此在进行试验时必须严格地采取各种适合的安全预防措施。对于爆裂、细微喷射（可能会穿透皮肤）和膨胀气体的能量释放等危险应引起注意。为减小能量释放的危险，在压力试验前应排出试件内的空气。试验应由经过培训合格的人员操作和完成。

1　范围

本标准规定了液压传动中使用的各类金属管接头、与油口相配的螺柱端、法兰管接头的试验和性能评价的统一方法。本标准不适用于 GB/T 5861 所涵盖的液压快换式管接头的试验。

本标准所述的试验是彼此独立的，是各项试验遵循的文件。具体需进行的试验项目和性能标准见相应元件的标准。

对于管接头的合格判定，应以本标准规定的最少试件数量进行试验，但在相关管接头标准中另有规定的或制造商与用户另行商定的情况除外。

2　规范性引用文件

下列文件对于本文件的应用是必不可少的。凡是注日期的引用文件，仅注日期的版本适用于本文件。凡是不注日期的引用文件，其最新版本（包括所有的修改单）适用于本文件。

ISO 48　硫化橡胶或热塑性橡胶　硬度测定（硬度在 10 IRHD～100 IRHD 之间）（Rubber, vulcanized or thermoplastic—Determination of hardness (hardness between 10 IRHD and 100 IRHD)

ISO 3448　工业液体润滑剂　ISO 黏度分类（Industrial liqiud lubricants—ISO viscosity classification）

ISO 3601-3　流体传动　O 形圈　第 3 部分：质量验收准则（Fluid power systems—O-rings—Part 3:Quality acceptance criteria）

ISO 5598　流体传动系统和元件　词汇（Fluid power systems and components—Vocabulary）

ISO 6508（所有部分）　金属材料　洛氏硬度试验（Metallic materials—rockwell hardness test）

ISO 6605　液压传动　软管和软管总成　试验方法（Hydraulic fluid power—Hose and hose assemblies—Test method ）

ISO 6743-4　润滑剂、工业油和相关产品（L 类）　分类　第 4 部分：H 组（液压系统）（Lubricants, industrial oils and related products (class L)—Classification—Part 4: family H (Hydraulic systems)

3　术语和定义

ISO 5598 中确立的术语和定义适用于本文件。

4　一般要求

4.1　试验组件

所有被试元件都应是最终形态，包括已退火的螺母（当铜焊元件需要时）。除非在各类管接头标准中另有说明，1型试验组件应采用如图1所示的管连接(用于重复装配、气密性、耐压、爆破和循环耐久性等试验)。2型试验组件应采用如图2所示的外螺柱端连接(用于气密性，耐压以及指定的爆破和循环耐久性试验)。作为选择，为检测管接头达到的最大能力，对于爆破和循环耐久性试验，可以省略使用金属管，并且可以组合成如图3所示具有相似功能但配置不同的3型试验组件。适用于法兰管接头的4型试验组件应如图4所示。试验组件应符合表1的规定。

表1 试验组件的要求

零件代号	零件名称	说明及补充信息
A	端直通管接头	螺柱端、管连接端和密封方式均可选择，但应记录在试验报告中
B	金属管	应按照各个管接头的最高工作压力选择所需的管壁厚度。管子的长度是5倍管外径再加上50 mm
C	可旋转的异形管接头，也适用于其他形式的管接头	
D	螺堵	
E	带可调节螺柱端的异形管接头	
F	法兰管接头	
G	密封件	例如O形圈

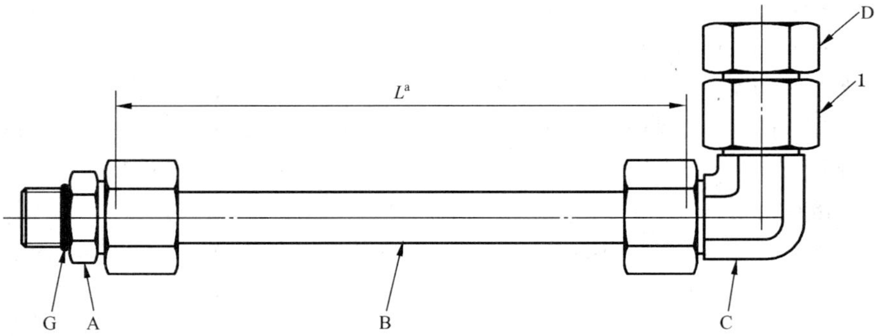

1——旋转螺母；
A——端直通管接头；
B——金属管；
C——可旋转的异形管接头，也适用于其他形式的管接头；
D——螺堵；
G——密封件，例如：O形圈；
L——金属管的长度。

[a] L=5×管外径(mm)+50 mm。

图1 用于测试管连接的1型试验组件

a)　不可调螺柱端连接　　　　b)　可调螺柱端连接(适用时,可带异形管接头)

A——端直通管接头;

D——螺堵;

E——带可调节螺柱端的异形管接头;

G——密封件,例如:O 形圈。

图 2　用于测试螺柱端连接的 2 型试验组件

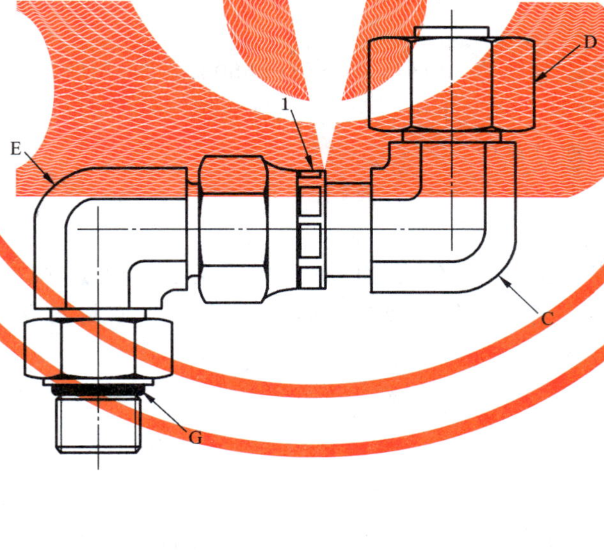

1——旋转螺母;

C——可旋转的异形管接头,也适用于其他形式的管接头;

D——螺堵;

E——带可调节螺柱端的异形管接头;

G——密封件,例如:O 形圈。

图 3　用于测试无管连接的管接头能力的 3 型试验组件

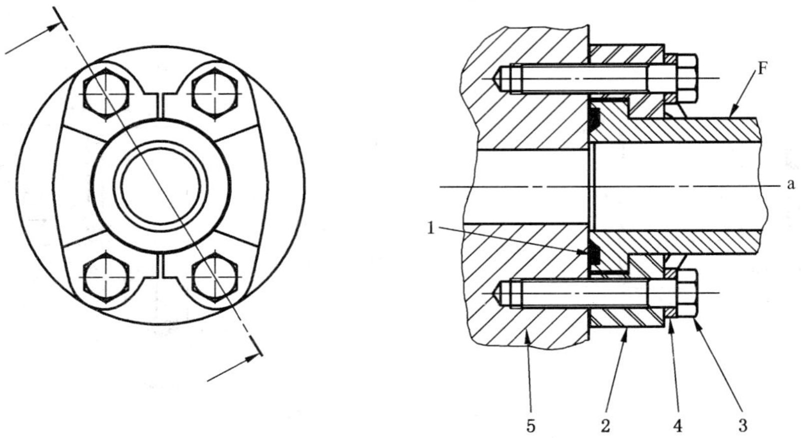

1——O 形密封圈；
2——分离式法兰压板；
3——螺钉；
4——垫圈；
5——试验接口；
F——法兰接头。
a 此端盖住或塞住。

图 4　用于测试法兰管接头的 4 型试验组件

4.2　试验装置

4.2.1　试验组件连接块

试验组件连接块应是未经电镀的，其硬度符合 ISO 6508，在 35 HRC～45 HRC 之间。对于有多个油口的试验组件连接块，试验油口的最小中心距应为油口直径的 1.5 倍。油口中心至试验组件连接块边缘的最小距离应大于等于油口直径。

4.2.2　试验密封

除过载拧紧试验和另有规定外，所有试验用密封件应是丁腈橡胶，按照 ISO 48 测定的硬度应为 (90±5)IHRD。密封件应符合各自的尺寸要求。如果适用，O 形密封圈应符合或超过 ISO 3601-3 的 N 级质量要求（一般用途）。

4.3　程序

4.3.1　螺纹润滑

在所有试验中，对于被试的碳钢管接头，施加扭矩旋紧之前，应在螺纹和接触表面使用黏度符合 ISO 3448 规定的 ISO VG 32 的液压油进行润滑。对于非碳钢的管接头，应按照制造商对螺纹润滑的建议。

4.3.2　扭矩

在所有试验中，除重复装配和过载拧紧试验外，管接头和螺柱端应按各个管接头标准中规定的最小扭矩或由手指拧紧位置继续旋紧的角度或圈数（如果有规定）进行试验。否则，应以制造商提供的最小扭矩值或由手指拧紧位置继续旋紧的角度或圈数进行试验。对于 2 型和 3 型试验组件，为了恰当地对可能存在的实际最坏的装配条件进行试验，对可调柱端扭矩的施加应在从手指旋紧位置倒退一圈后进行。

4.3.3 温度

在所有试验中,液压油液的温度应在 15 ℃～80 ℃之间,除非在各管接头标准中另有规定。

4.4 试验报告

应在附录 A 所给的试验数据表中报告试验结果和试验条件。

注:ISO/TR 11340 提供了一种报告泄漏的方法。

5 重复装配试验

5.1 总则

除非在各管接头标准中另有规定,否则应对三个 1 型试验组件进行试验,以确定在几次拆解和重装配后,它们仍可满足必要的要求。

5.2 步骤

端直通管接头(图 1 中的件 A)和异形管接头(图 1 中的件 C)应重复拆解和装配 6 次。在每次重装配前,管子应顺时针转动 60°。在重装配时,应采用各管接头标准中给出的或制造商提供的最大扭矩值或旋紧圈数,牢固地拧紧螺母。所有组件,在进行了第一次和第六次重装配后,应按表 2 的规定进行气密性试验(第 6 章)和耐压试验(第 7 章)。

5.3 元件的再利用

经过该项试验的试件,在最小指定装配扭矩或旋紧圈数下,可以用于爆破试验和循环耐久性试验。但不应用于实际使用或返回库存。

表 2 重复装配试验的参数和步骤

试 验 参 量	参数值和试验步骤
试验介质	详述于第 6 章和第 7 章中
试验压力	
试验持续时间	
判定标准	在气密性和耐压试验期间,不得有任何泄漏

6 气密性试验

6.1 总则

除非在各管接头标准中另有规定,经重复装配试验的三个 1 型试验组件,以及当适用时,三个 2 型、3 型和 4 型试验组件应进行气密性试验,以确保在试验压力下这些组件不会泄漏。

6.2 步骤

如图 5 所示和表 3 所述,应在水下对试验组件进行加压。

6.3 元件的再利用

经过该项试验的试件可以用于后续的试验，但不应用于实际使用或返回库存。

表 3 气密性试验的参数和步骤

试验参量	参数值和试验步骤
试验介质	空气、氮气或氦气。试验介质应记录在试验报告中
试验压力	根据各管接头标准，试验压力应连续增加至管接头最高工作压力的 15%。不超过 6.3 MPa 为宜
试验持续时间	在试验组件装配期间挤入管接头螺纹之间的全部空气排出之后，在试验压力下最少保持 3 min
判定标准	不得有泄漏(出现气泡)

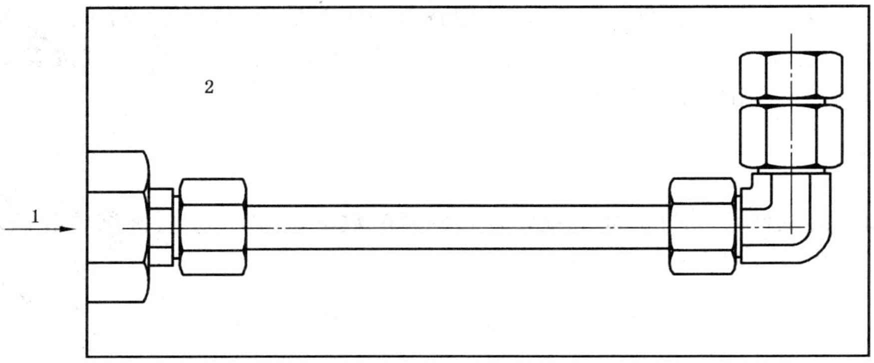

1——试验介质进口；
2——水。

图 5 气密性试验的典型试验装置

7 耐压试验

7.1 总则

除非在各管接头标准中另有规定，应对经重复装配试验的三个 1 型试验组件，以及当适用时，三个 2 型、3 型和 4 型试验组件进行试验，以确定指定的管接头能够承受至少 2 倍的最高工作压力，而没有任何可见的泄漏。

7.2 步骤

如图 6 所示，试验组件按表 4 的规定进行加压。在施加静态压力之前，应仔细地排尽试验组件中的空气。

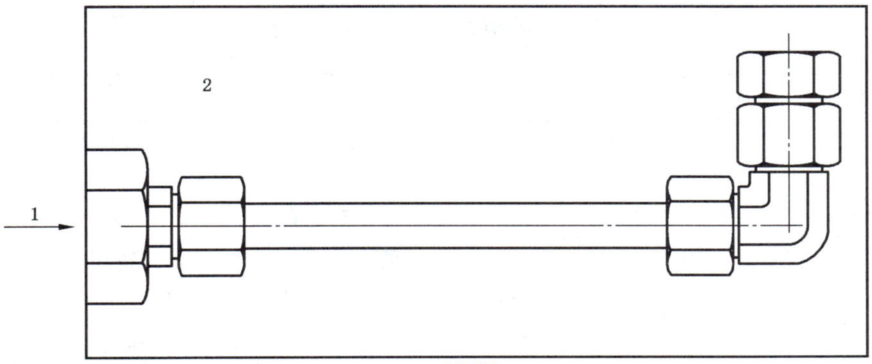

1——试验介质进口；
2——空气。

图 6 耐压试验和爆破试验的典型试验装置

表 4 耐压试验的参数和步骤

试验参量	参数值和试验步骤
试验介质	符合 ISO 6743-4 的液压油(如 HM)，其黏度等于或小于 ISO 3448 的黏度等级 32；或水。 试验介质应记录在试验报告中。
试验压力	2 倍的管接头最高工作压力，适用时，按照各管接头标准的规定。 压力应以每秒不超过管接头最高工作压力 16% 的速率增加，直到达到试验压力。
试验持续时间	试验组件应至少在试验压力下保持 60 s。
判定标准	在试验期间，试验组件不得泄漏。

7.3 元件的再利用

经过该项试验的试件可用于爆破试验，但不应用于实际使用或返回库存。

8 爆破试验

8.1 总则

除非在各管接头标准中另有规定，应对三个 1 型试验组件，以及当适用时，三个 2 型、3 型和 4 型试验组件进行试验，以确定指定的管接头在失效前能够承受最小 4 倍的最高工作压力。

8.2 步骤

如图 6 所示，对试验组件按表 5 的规定进行加压。

8.3 元件的再利用

经过该项试验的试件不应再做其他试验，不得用于实际使用或返回库存。

表 5　爆破试验的参数和步骤

试验参量	参数值和试验步骤
试验介质	符合 ISO 6743-4 的液压油(如 HM),其黏度等于或小于 ISO 3448 的黏度等级 32;或水。 试验介质应记录在试验报告中
试验压力	最低试验压力应为 4 倍的管接头最高工作压力,适用时,按照各管接头标准。压力应以每秒不超过管接头最高工作压力 16%的速率增加
试验持续时间	试验应持续到管接头失效为止或达到规定的试验压力
判定标准	在小于等于最低试验压力下,试验组件不得有可见泄漏

9　循环耐久性试验

9.1　总则

除非在各管接头标准中另有规定,应对三个 1 型或六个 3 型试验组件,以及当适用时,六个 2 型和 4 型的试验组件进行试验,以确定它们在 133%的最高工作压力下循环 100 万次没有泄漏或元件失效。对于通径 51 mm 和更大的法兰组件以及管外径尺寸为 50 mm 和更大的管接头,如果设计经过了计算或有限元分析校核,则对三个试验组件进行试验即可。

注: 通过计算或有限元分析校核是指有正式计算书或报告。

9.2　步骤

试验按照表 6 的规定进行。

9.3　元件的再利用

经过该项试验的试件不应再做其他试验,不得用于实际使用或返回库存。

表 6　循环耐久性试验的参数和步骤

试验参量	参数值和试验步骤
试验介质	符合 ISO 6743-4 的液压油(如 HM),其黏度等于或小于 ISO 3448 的黏度等级 32;或水。 试验介质应记录在试验报告中
试验压力	试验压力应按照 ISO 6605 中所示的波形变化,峰值压力应为管接头最高工作压力的 133%,脉冲频率为 0.5 Hz～1.25 Hz
试验持续时间	最少 100 万次压力脉冲循环
判定标准	在试验期间,试验组件没有泄漏或失效

10　真空试验

10.1　总则

除非在各管接头标准中另有规定,应对二个 1 型试验组件,以及当适用时,二个 2 型、4 型试验组件进行试验，以确定它们在承受 6.5 kPa 的绝对真空压力时保持 5 min 不泄漏的能力。

10.2 步骤

试验按照表 7 的规定进行。

10.3 元件的再利用

经过该项试验的试件可以用于其他试验或实际使用。

表 7 真空试验的参数和步骤

试验参量	参数值和试验步骤
试验介质	空气
试验压力	6.5 kPa 的绝对真空压力
试验步骤	试验组件应连接到一个有压力计和截止阀的真空源，关闭截止阀能够切断真空源。抽取到指定的真空试验压力后，关闭截止阀。在此压力下保持试验组件达到指定的试验持续时间。随着绝对压力读数的增加，泄漏将会增加
试验持续时间	至少 5 min
判定标准	对任何试验组件，绝对压力的增加不应超过 3 kPa

11 过载拧紧试验

11.1 总则

除非在各管接头标准中另有规定，应对各种规格的六个试件进行试验，管螺母和 90 度弯旋转螺母(SWE)各试三件，以确定管螺母和旋转螺母能否经受住限定的过载拧紧试验，试验限定的过载拧紧(过载扭矩)值或旋转圈数由各管接头的标准给出。

11.2 试验装置

除非另有规定，应使用与管接头相配的无镀层的钢制螺纹芯轴或试验连接块，芯轴和试验连接块的硬度应等于或高于 ISO 6508 规定的 40 HRC。

注：芯轴用于管接头管连接端的安装；试验连接块用于管接头螺柱端的安装。

11.3 步骤

在试验期间螺纹芯轴或试验连接块应受到约束，并且扳手应靠近被试螺母的螺纹端施力。过载拧紧试验按照表 8 的规定进行。

11.4 元件的再利用

经过该项试验的试件不应再做其他试验，不应用于实际使用或返回库存。

表 8 过载拧紧试验的参数和程序

试 验 参 量	参数值和试验步骤
试验持续时间	连续给螺母施加扭矩，直到指定的扭矩或旋紧圈数。除非另有说明，过载拧紧扭矩至少是各管接头标准规定的试验扭矩的 1.5 倍

表 8（续）

试验参量	参数值和试验步骤
判定标准	如果出现以下情况，则认为元件没有通过试验： —分离后，螺母不能用手拧下； —螺母不能用手自由旋转； —螺母不能用手拧回原始位置； —在密封表面或螺母上出现任何可视裂缝，致使螺母不能再使用

12 振动试验

12.1 总则

除非在各管接头标准中另有规定，应按 12.2 规定的步骤对六个试验组件进行试验，以确定管接头是否能经受规定的振动、没有泄漏或元件失效。对于通径 51 mm 或更大的法兰组件和管外径尺寸为 50 mm 或更大的管接头，如果设计经过了计算或有限元分析校核，则对三个试验组件进行试验即可。

注：通过计算或有限元分析校核是指有正式计算书或报告。

12.2 步骤

12.2.1 振动试验应按照表 9 和 12.2.2～12.2.7 的规定进行。

表 9 振动试验的参数和步骤

试验参量	参数值和试验步骤
试验介质	符合 ISO 6743-4 的液压油(如 HM)，其黏度符合 ISO 3448 的黏度等级 32；或水。 试验介质应记录在试验报告中
试验压力	被试管接头的最高工作压力
试验弯曲应力水平	管子最小屈服强度的 25%[a]
试验振动频率	10 Hz～50 Hz
试验持续时间	最少 1 000 万次振动循环
判定标准	在试验期间，不得出现任何泄漏或失效
[a] 在确定试验采用的应力水平时，对使用最小屈服强度超过 235 MPa 的管子，需要考虑其动态能力。	

12.2.2 按图 7 所示准备试验组件。应变片应安装在图 7 指定的位置。最小测量长度 L 应符合表 10 的规定。

12.2.3 如图 7 所示，将试验组件安装在能提供旋转或轴平面内振动的试验装置上。

12.2.4 给试验组件加压至管接头最高工作压力。

12.2.5 在与应变片相对的管子末端施加弯曲载荷，直至复合轴向应力达到管子最小屈服强度的 25%。

表 10 振动试验的最小测量长度

单位为毫米

管外径 X	最小测量长度 L
$X \leqslant 20$	250
$20 < X \leqslant 50$	250 或 $8X$，取大值
$X > 50$	400 或 $8X$，取大值

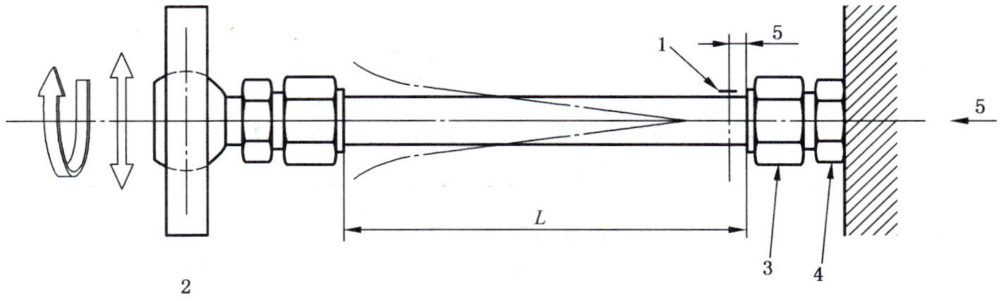

1——应变片；
2——驱动端；
3——试验组件；
4——固定端；
5——液压油或水进口。

a） 旋转或平面振动试验组件和装置

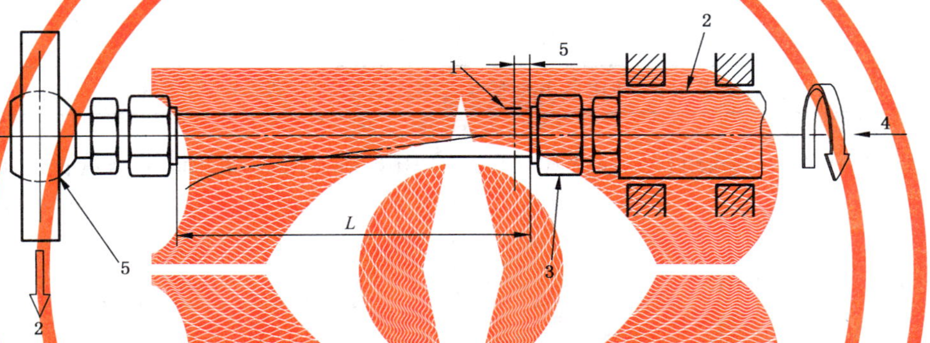

1——应变片；
2——驱动端；
3——试验组件；
4——液压油或水进口；
5——载荷作用位置。

b） 可选择的旋转振动试验组件和装置

图 7 振动试验组件和装置

12.2.6 给试验组件施加 10 Hz～50 Hz 的振动，直至其失效或达到 1 000 万次循环，无论哪种情况先发生。

12.2.7 如果试验组件在达到 1 000 万次循环前出现失效，记录达到的循环次数和失效类型。

12.3 元件再利用

经过该项试验的元件不应再进行其他试验，不得用于实际使用或返回库存。

13 带振动的循环耐久性（脉冲）试验

13.1 总则

除非在各管接头标准中另有规定，应按照图 8 所示对三个试验组件进行试验，以确定他们在 133％最高工作压力下循环 50 万次并同时施加振动无泄漏或元件失效。对于通径 51 mm 或更大的法兰组件和管外径为 50 mm 或更大的管接头，如果设计经过了计算或有限元分析验证，对三个试验组件进行试验即可。

注：通过计算或有限元分析校核是指有正式计算书或报告。

13.2 步骤

13.2.1 带振动的循环耐久性(脉冲)试验应按照表 11 和图 8 的规定进行。

表 11 带振动的循环耐久性(脉冲)试验的参数和步骤

试验参量	参数值和试验步骤
试验介质	符合 ISO 6743-4 的液压油(如 HM),其黏度符合 ISO 3448 的黏度等级 32;或水。 试验介质应记录在试验报告中
试验压力	试验压力应符合 ISO 6605 所示波形,其峰值压力为管接头最高工作压力的 133%,脉冲频率为0.5 Hz～1.25 Hz
试验弯曲应力水平	管子最小屈服强度的 25%[a]
试验振动频率	20 倍脉冲频率
试验持续时间	最少 50 万次压力脉冲循环
判定标准	在试验期间,试验组件没有任何泄漏或失效
[a] 在确定试验采用的应力水平时,对使用最小屈服强度超过 235 MPa 的管子,需要考虑其动态能力。	

13.2.2 按图 8 所示准备试验组件。应变片应安装在图 8 指定的位置。最小测量长度 L 应符合表 10 的规定。

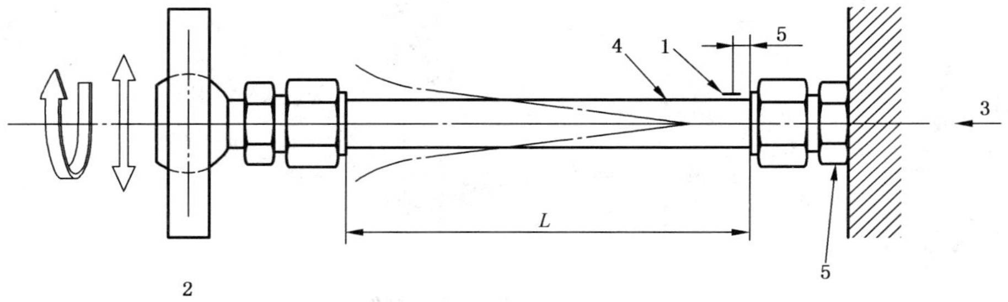

1——应变片;
2——驱动端;
3——液压油或水进口;
4——试验组件;
5——固定端。

图 8 带振动的循环耐久性(脉冲)试验的试验组件和装置

13.3 元件的再利用

经过本项试验的试件不应再进行其他试验,不得用于实际使用或返回库存。

14 标注说明(引用本标准)

当选择遵守本标准时,建议制造商在试验报告、产品目录和销售文件中使用以下说明:"液压管接头的试验方法符合 GB/T 26143—2010《液压管接头 试验方法》"。

附 录 A
（规范性附录）
试验数据表格

被试连接件说明						
GB/T 标准号				材料类型		
制造商				试验设备		
螺柱端	类型		尺寸		密封类型	
管连接端	类型		尺寸		密封类型	

重复装配和泄漏试验结果：试验样本的最少数量=3(见第 5 章和第 6 章)					
样本编号	扭矩(N·m)或旋紧圈数	试验介质	失效类型		
			重复装配	泄漏试验	耐压试验
第一次装配后					
1					
2					
3					
第六次装配后					
1					
2					
3					

耐压试验结果：试验样本最少数量=3(见第 7 章)				
样本编号	扭矩(N·m)或旋紧圈数	试验介质	试验压力	失效类型
1			MPa	
2			MPa	
3			MPa	

爆破试验结果：试验样本最少数量=3(见第 8 章)					
样本编号	扭矩(N·m)或旋转圈数	试验介质	试验压力	失效类型	
			MPa	MPa	
			MPa	MPa	
			MPa	MPa	

循环耐久性试验结果：试验样本最少数量=6(见第 9 章)					
样本编号	扭矩(N·m)或旋紧圈数	试验介质	试验循环次数	失效时的循环次数	失效类型
1					
2					
3					
4					
5					
6					

表（续）

真空试验结果：试验样本最少数量＝2（见第10章）

样本编号	扭矩（N·m）或旋紧圈数	绝对压力	失效类型
1		kPa	
2		kPa	

过载拧紧试验结果：试验样本最少数量＝6（见第11章）

螺母类型	扭矩（N·m）或旋紧圈数	失效类型
1		
2		
3		
4		
5		
6		

振动试验结果：试验样本最少数量＝6（见第12章）

样本编号	试验压力	组合轴向应力	试验循环次数	失效时的循环次数	失效类型
1	MPa				
2	MPa				
3	MPa				
4	MPa				
5	MPa				
6	MPa				

具有振动的循环耐久性试验结果：试验样本最少数量＝3或6（见第13章）

样本编号	扭矩（N·m）或旋紧圈数	试验介质	脉冲压力	组合轴向应力	试验循环次数	失效时的循环次数		失效类型
						脉冲	振动	
1								
2								
3								
4								
5								
6								

结论：通过/未通过，失效的原因。

尺寸（列出任何例外的）：

报告人姓名（签字）：

日期：

参 考 文 献

[1] GB/T 5861 液压快换接头 试验方法

[2] ISO 1179-2 一般用途和流体传动用管接头 带 ISO 228-1 螺纹及橡胶或金属对金属密封的油口和螺柱端 第 2 部分:带橡胶密封的重型(S 系列)和轻型(L 系列)螺柱端(E 型)

[3] ISO 1179-3 一般用途和流体传动用管接头 带 ISO 228-1 螺纹及橡胶或金属对金属密封的油口和螺柱端 第 3 部分:带 O 形圈密封及挡圈的轻型(L 系列)螺柱端(G 型和 H 型)

[4] ISO 1179-4 一般用途和流体传动用管接头 带 ISO 228-1 螺纹及橡胶或金属对金属密封的油口和螺柱端 第 4 部分:仅用于带金属对金属密封的一般用途的螺柱端(B 型)

[5] ISO 6149-2 用于流体传动和一般用途的管接头 带 ISO 261 螺纹和 O 形圈密封的油口和螺柱端 第 2 部分:重型(S 系列)螺柱端的尺寸、型式、试验方法和技术要求

[6] ISO 6149-3 用于流体传动和一般用途的管接头 带 ISO 261 螺纹和 O 形圈密封的油口和螺柱端 第 3 部分:轻型(L 系列)螺柱端的尺寸、型式、试验方法和技术要求

[7] ISO 6162-1 液压传动 带有分体式或整体式法兰以及米制或英制螺栓的法兰管接头 第 1 部分:用于 3.5 MPa(35 bar)至 35 MPa(350 bar)压力下,DN 13 至 DN 127 的法兰管接头

[8] ISO 6162-2 液压传动 带有分体式或整体式法兰以及米制或英制螺栓的法兰管接头 第 2 部分:用于 35 MPa(350 bar)至 40 MPa(400 bar)压力下,DN 13 至 DN 51 的法兰管接头

[9] ISO 6164 液压传动 25 MPa 至 40 MPa(250 bar 至 400 bar)压力下使用的四螺栓整体方法兰

[10] ISO 8434-1 用于流体传动和一般用途的金属管接头 第 1 部分:24°锥形管接头

[11] ISO 8434-2 用于流体传动和一般用途的金属管接头 第 2 部分:37°扩口式管接头

[12] ISO 8434-3 用于流体传动和一般用途的金属管接头 第 3 部分:O 形圈端面密封管接头

[13] ISO 9974-2 用于一般用途和流体传动的管接头 带 ISO 261 螺纹及橡胶或金属对金属密封的油口和螺柱端 第 2 部分:带橡胶密封的螺柱端(E 型)

[14] ISO 9974-3 用于一般用途和流体传动的管接头 带 ISO 261 螺纹用橡胶或金属对金属密封的油口和螺柱端 第 3 部分:带金属对金属密封的螺柱端(B 型)

[15] ISO/TR 11340 橡胶和橡胶制品 液压软管总成 用于液压系统的外泄漏分类

[16] ISO 11926-2 用于一般用途和流体传动的管接头 带 ISO 725 螺纹和 O 形圈密封的油口和螺柱端 第 2 部分:重型(S 系列)螺柱端

[17] ISO 11926-3 用于一般用途和流体传动的管接头 带 ISO 725 螺纹和 O 形圈密封的油口和螺柱端 第 3 部分:轻型(L 系列)螺柱端

ICS 23.060.99
J 16

中华人民共和国国家标准

GB/T 26144—2010

法兰和对夹连接钢制衬氟塑料蝶阀

Liner fluoroplatics for flanged and wafer steel butterfly valve

2011-01-14 发布　　2011-10-01 实施

中华人民共和国国家质量监督检验检疫总局
中国国家标准化管理委员会　发布

前 言

本标准按照 GB/T 1.1—2009 给出的规则起草。

本标准由中国机械工业联合会提出。

本标准由全国阀门标准化技术委员会(SAC/TC 188)归口。

本标准起草单位:上海耐腐阀门集团有限公司、合肥通用机械研究院。

本标准主要起草人:许定舜、胡远银、张继伟、赵建军。

法兰和对夹连接钢制衬氟塑料蝶阀

1 范围

本标准规定了法兰和对夹连接衬氟塑料蝶阀的结构形式、技术要求、材料、试验方法、检验规则、标志、涂漆、包装及储运。

本标准适用于法兰和对夹连接钢制衬氟塑料蝶阀(以下简称“蝶阀”)。适用工况为:公称压力不大于PN16、公称尺寸DN50～DN1200;适用温度不大于150 ℃;适用介质为低黏度酸、碱、盐等腐蚀性的气体或液体。介质为液体时,全开位置管道内介质的流速小于3 m/s。

2 规范性引用文件

下列文件对于本文件的应用是必不可少的。凡是注日期的引用文件,仅注日期的版本适用于本文件。凡是不注日期的引用文件,其最新版本(包括所有的修改单)适用于本文件。

GB 150 钢制压力容器

GB 152.4 紧固件 六角头螺栓和六角螺母用沉孔

GB/T 699 优质碳素结构钢

GB/T 700 碳素结构钢

GB 1184—1996 形状和位置公差 未注公差值

GB/T 1220 不锈钢棒

GB/T 3280 不锈钢冷轧钢板和钢带

GB/T 9113.1 平面、突面整体钢制管法兰

GB/T 11373—1989 热喷涂金属件表面预处理通则

GB/T 12220 通用阀门 标志

GB/T 12221 金属阀门 结构长度

GB/T 12223 部分回转阀门驱动装置的连接

GB/T 12229 通用阀门 碳素钢铸件技术条件

GB/T 12230 通用阀门 不锈钢铸件技术条件

GB/T 13927 工业阀门 压力试验

GB/T 17219 生活饮用水输配水设备及防护材料的安全性评价标准

GB/T 23711.1 氟塑料衬里压力容器 电火花试验方法

GB/T 23711.4 氟塑料衬里压力容器 耐真空试验方法

HG/T 2167 聚三氟氯乙烯树脂

HG/T 2902 模塑用聚四氟乙烯树脂

HG/T 2904 模塑和挤塑用聚全氟乙丙烯树脂

JB/T 106 阀门的标志和涂漆

JB/T 5300 工业阀门材料 选用导则

JB/T 7927 阀门铸钢件 外观质量要求

JB/T 7928 通用阀门 供货要求

3 结构形式

3.1 蝶阀的基本结构及主要零件名称如图1和图2所示。

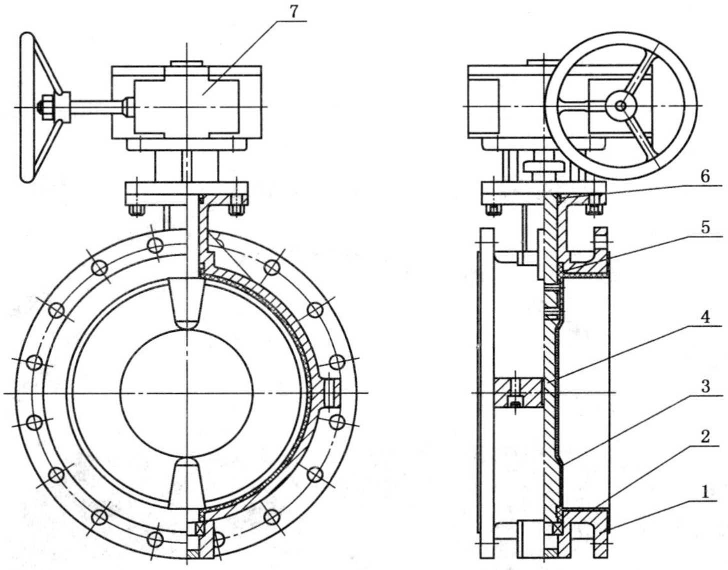

1——阀体；
2——阀座衬里层；
3——蝶板衬里层；
4——蝶板；
5——O型密封圈；
6——防尘密封圈；
7——驱动装置。

图1 双法兰式连接蝶阀

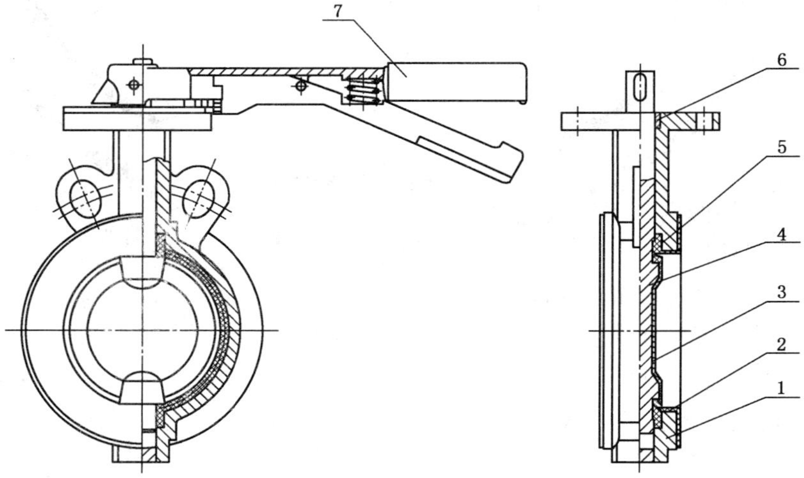

1——阀体；
2——阀座衬里层；
3——蝶板衬里层；
4——蝶板；
5——O型密封圈；
6——防尘密封圈；
7——手柄。

图2 对夹式连接蝶阀

3.2　蝶阀的连接形式有双法兰连接和对夹连接(单法兰、无法兰和U型法兰),如图3和图4所示。

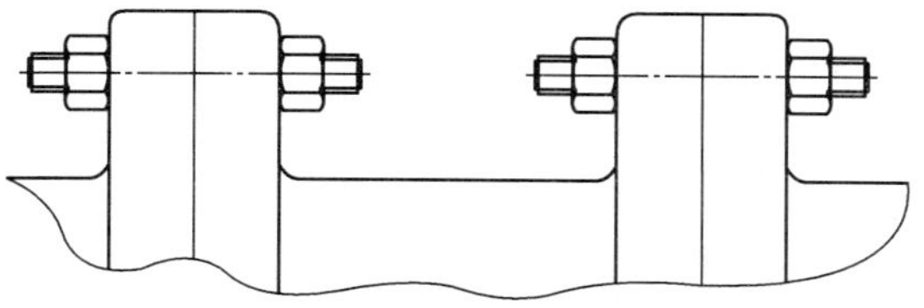

图3　双法兰连接

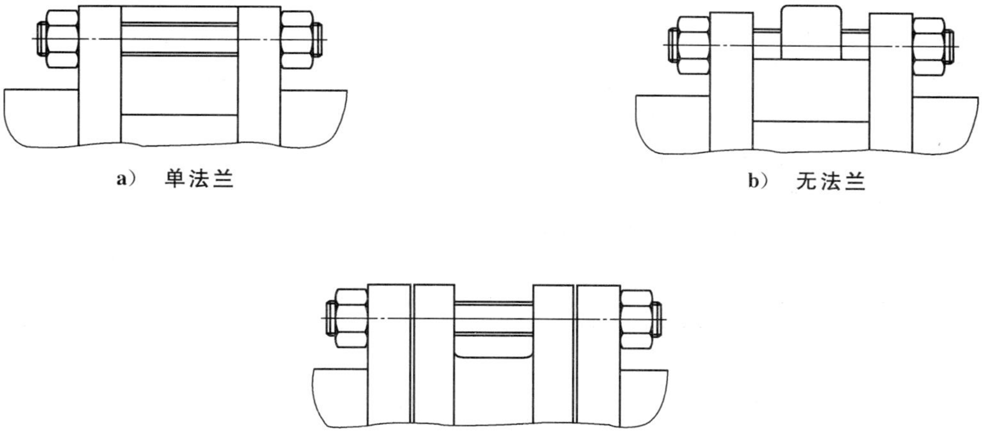

a)　单法兰

b)　无法兰

c)　U型法兰

图4　对夹连接

4　技术要求

4.1　参数

应根据所使用的结构和材料性能综合确定蝶阀的最大工作压力和工作温度,并应在蝶阀的铭牌上标出。所有类型的蝶阀都应在介质温度不大于150 ℃的温度范围内和所标示的工作压力下连续工作。

4.2　蝶阀的性能

4.2.1　壳体强度

蝶阀经壳体强度试验后,不应有结构损伤,不允许有可见渗漏通过阀门壳壁和任何固定的阀体连接处;如果试验介质为液体;则不得有液滴或表面潮湿。如果试验介质是空气或其他气体,应无气泡漏出。

4.2.2　蝶阀耐腐蚀性能和密封性能

蝶阀应有良好的耐腐蚀性能、应密封良好,关闭后不得有可见泄漏。但订货合同另有规定的除外。

4.2.3　蝶阀启闭操作

在空载和最大允许工作压差时,利用设计配置的驱动机构应能平稳地启闭操作蝶阀,无卡阻现象,并能达到密封要求。

4.2.4　卫生要求

用于饮用水、食品、医药等领域时,蝶阀的卫生要求应符合GB/T 17219的规定。

4.2.5　蝶阀应保证当蝶板处于关闭位置时,内件不得有任何部位超出阀体的连接端面。

4.3 蝶阀的使用

4.3.1 蝶阀应可以进行流量调节。

4.3.2 蝶阀不宜安装在自由排空的管道上。

4.4 阀体

4.4.1 蝶阀的结构长度按 GB/T 12221 的规定，也可按用户的要求。

4.4.2 蝶阀阀体可以是整体的，也可设计成分体式，但分体式阀体两部分应连接牢固，拆装方便。法兰连接尺寸和密封面形式按 GB/T 9113.1 的规定，也可按用户要求。

4.4.3 法兰密封面与蝶阀通道轴线应垂直，其轴线应与蝶阀通道轴线同轴。

4.4.4 蝶阀的法兰连接和对夹连接法兰的两端密封面应相互平行，其平行度按 GB/T 1184—1996 中表 3 的 12 级精度。连接法兰的背面如不能加工应按 GB/T 152.4 的规定锪平。

4.4.5 双法兰和对夹连接法兰根据结构的需要允许有带螺纹的螺栓孔。

4.4.6 两端法兰螺栓孔的轴线相对于法兰的孔轴线的位置度公差按表 1 的规定。

表 1 法兰螺栓孔与法兰轴线位置度公差

单位为毫米

法兰螺栓孔直径	位置度公差 <
11.0～17.5	1.0
22.0～30.0	1.5
33.0～48.0	2.6

4.4.7 阀座流道的最小尺寸按表 2 的规定。

表 2 阀座流道的最小尺寸

单位为毫米

公称尺寸 DN	阀座流道的最小尺寸	公称尺寸 DN	阀座流道的最小尺寸
50	44	400	371
65	55	450	422
80	69	500	472
100	88	600	575
125	117	700	670
150	138	800	770
200	185	900	870
250	230	1 000	970
300	275	1 200	1 160
350	321	—	—

4.4.8 阀体密封圈(阀座)与阀体的连接应保证阀门在使用过程中不松动、不渗漏。

4.4.9 阀门壳体材料为碳钢或不锈钢时，阀门壳体最小壁厚按表 3 的规定(不包括衬里层厚度)。金属壳体应能承受氟塑料模压成型时的压力和限制变形。

4.4.10 阀体内与介质接触的衬里层厚度按表 4 的规定。

表 3 阀体的最小壁厚

单位为毫米

公称尺寸 DN	公称压力			公称尺寸 DN	公称压力		
	PN6	PN10	PN16		PN6	PN10	PN16
50	4.5	5	5.5	350	9	10	11.5
				400	10	11	11.5
65	6	6.5	7	450	11	11.5	12
80				500	11	12	13
100				600	13	14	15
125	7	7.5	8	700	14	15	16
150				800	15.5	16	16.5
200	8	8.5	9	900	16	17	18
250				1 000	18	19	20
300	9	9.5	10	—	—	—	—

表 4 衬里层厚度

单位为毫米

公称尺寸 DN	衬里层厚度	公称尺寸 DN	衬里层厚度
50	≥2.5	400	≥3.5
65		450	
80		500	≥4.0
100		600	
125		700	
150	≥3.0	800	≥4.5
200		900	
250		1 000	≥5.0
300		1 200	
350	≥3.5	—	—

4.4.11 阀体可以是焊接的，其焊接工艺和对焊工的要求按 GB 150 的规定。焊后需进行热处理。

4.4.12 对公称尺寸不小于 DN800 的蝶阀，应在阀体上适当设加强筋，以增加壳体刚度，并设置吊耳和地脚支架及固定螺栓孔。

4.5 蝶板与阀杆

4.5.1 蝶板的导流面应设计制造成光滑过渡的形状。

4.5.2 蝶板应保证在 1.5 倍最大允许工作压差下，不发生变形和损坏。

4.5.3 阀杆可以设计成一个整体轴，也可以设计成两个分离的短轴，其嵌入轴孔的长度应不小于轴径的 1.5 倍。

4.5.4 阀杆和蝶板的连接强度应能传递阀杆所能承受的最大扭矩的 75%，并保证在正常工作情况下不松动。

4.5.5 除奥氏体不锈钢材料外，其他材料的阀杆经调质热处理后的硬度应在 200 HBS～280 HBS 范围内。

4.6 轴承和轴封

4.6.1 对于公称尺寸不小于 DN500 的蝶阀,应选用适当的轴承并能承受轴向推力。

4.6.2 在蝶阀的试验和使用中,轴承应能承受阀杆所传递的最大载荷。

4.6.3 为防止阀杆处泄漏,避免外界杂质进入阀内,应设置可靠的密封。

4.7 操作机构

4.7.1 蝶阀的驱动可采用手动、蜗轮传动、电动、液动、气动等形式。

4.7.2 采用驱动装置操作的蝶阀,其驱动装置应保证蝶阀在非自由排空的管道中蝶板的最大允许工作压差时能正常操作。

4.7.3 不论采用何种驱动装置操作,用手轮或手柄操作时,操作力应不大于 350 N。

4.7.4 驱动装置与蝶阀连接法兰的尺寸按 GB/T 12223 的规定。

4.7.5 对用手轮(包括驱动装置的手轮)或扳手操作的蝶阀,当面向手轮或扳手时,顺时针方向转动手轮或扳手阀门应为关。手轮的轮缘上要有明显的指示蝶板关闭方向的箭头和“关”字,且“关”字应放在箭头的前端,也可标上开、关两向的箭头和“开”、“关”字样。

4.7.6 扳手操作的蝶阀全开时扳手应与管道轴线平行,并在扳手或标牌上标示“开”、“关”字样。

4.7.7 所有蝶阀都应有表示蝶板位置的指示机构和保证蝶板在全开和全关位置的限位机构。

4.7.8 扳手操作的蝶阀应带有三个以上不同开度的锁定机构。如用户有要求,可设置开启或关闭位置的锁定装置,方便用户加锁保护。

4.8 蝶阀衬里内部设计

4.8.1 蝶阀的内部设计形状应尽量简洁,壳体受衬面应平整,所有的内转角处应呈圆弧过渡,圆弧半径 R 不小于 2 mm。

4.8.2 阀门零件受衬面上的焊缝应设计成连续焊,并且采用对接焊缝。不得采用点焊,间断焊。更不得采用铆接方式。焊缝应打磨平整,焊缝凸出高度不大于 0.5 mm。焊接应符合 GB 150 的规定。对接焊缝如图 5 所示。

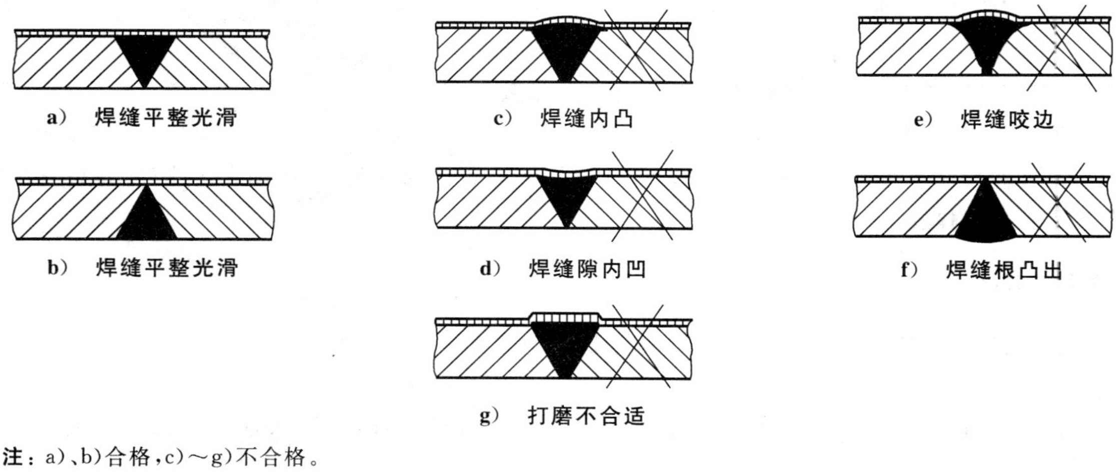

a) 焊缝平整光滑　c) 焊缝内凸　e) 焊缝咬边

b) 焊缝平整光滑　d) 焊缝隙内凹　f) 焊缝根凸出

g) 打磨不合适

注:a)、b)合格,c)~g)不合格。

图 5 对接焊缝

4.8.3 衬里面的角焊缝，法兰焊缝如图6、图7所示，焊缝不得有气孔、咬边、裂纹以及任何其他形式的表面孔洞及未焊透等缺陷。外圆转角处需打磨圆滑，圆弧半径 R 不小于 3 mm，不合格时，可以修补。修补后仍应符合上述要求。

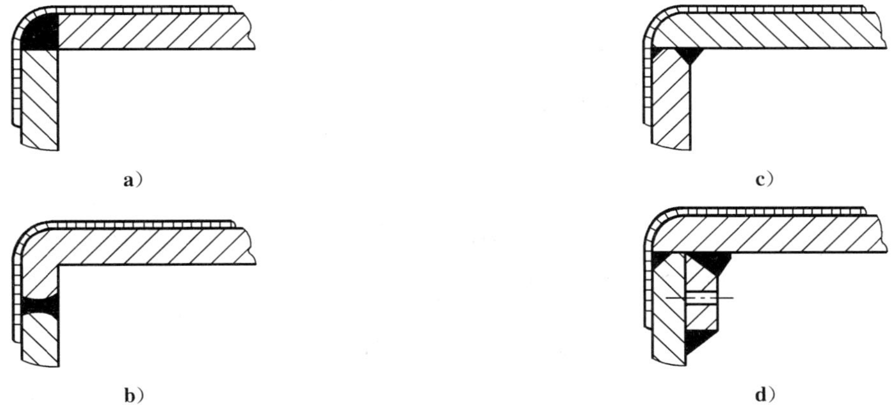

图6 角焊缝

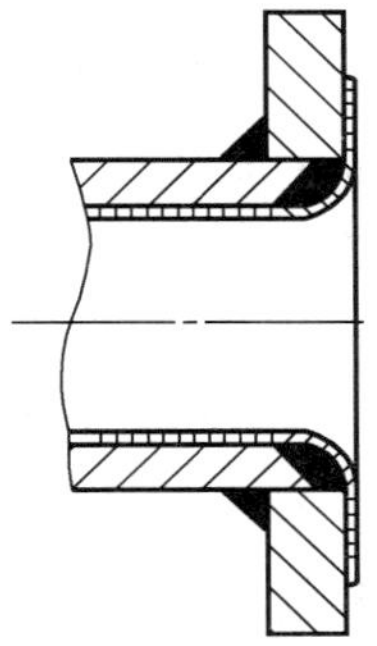

图7 法兰焊缝

4.8.4 受衬面的焊渣、飞溅物等都应予以彻底清除，受衬面应平整光滑、无毛刺等现象。

4.8.5 衬里阀门的机加工、焊接、打磨等工序应在衬里之前完成。衬里前，应按 GB/T 11373—1989 标准中 St2 级要求进行除锈处理。

4.8.6 衬里层密度应不小于 2.16 g/cm^3，衬里层耐腐蚀性能应符合相应衬里材料的耐腐蚀性能。

4.8.7 氟塑料衬里层应与基体贴合，法兰面的衬里层应衬满密封面，并应符合 GB/T 9113.1 的规定。衬里层应有扣紧基体的设计结构，防止脱壳，如图8所示。衬里层在负压 0.08 MPa 条件下，氟塑料衬里层不得产生变形、拉裂、吸瘪和凸鼓现象。

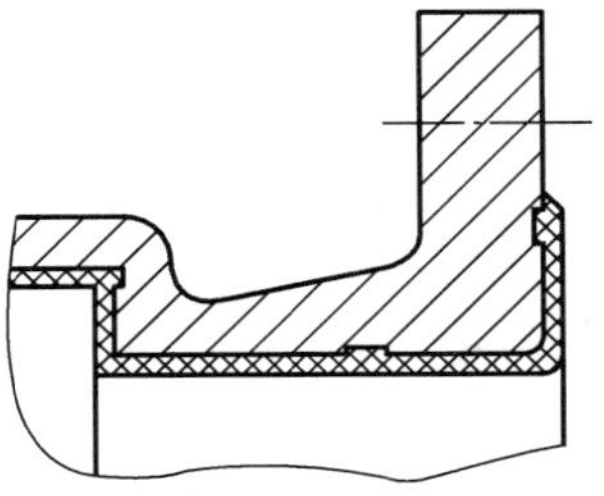

图8 燕尾槽结构图

4.8.8 衬里层的表面应光滑平整，无气孔、裂纹、起泡、夹渣、变黑等缺陷。法兰的翻边处及其他转角处应色泽均匀，无泛白现象。

5 材料

5.1 总则

阀门的主要零件材料可按表5选用，衬里材料按表6选用，也可按订货合同的规定。

5.2 金属材料

金属材料应符合GB/T 699、GB/T 700、GB/T 1220、GB/T 3280标准的规定。铸钢件应符合GB/T 12229，GB/T 12230的规定，外观质量应符合JB/T 7927的规定。

表5 金属材料牌号

零件名称	材料名称	牌号	标准
阀体	碳素钢	WCB、25、Q235	GB/T 12229、GB/T 699、GB/T 700
	不锈钢	304、CF8、06Cr19Ni10	GB/T 12230、GB/T 1220
阀杆	不锈钢	06Cr19Ni10、20Cr13	GB/T 1220
蝶板	碳素钢	WCB、25、Q235	GB/T 12229、GB/T 699、GB/T 700
	不锈钢	304、CF8、06Cr19Ni10	GB/T 12230、GB/T 3280
内部紧固件	碳素钢	35、Q235	GB/T 699、GB/T 700
	不锈钢	20Cr13、06Cr19Ni10	GB/T 1220
手轮、手柄	铸钢	WCB、WCC	GB/T 12229
	碳钢	25、35	GB/T 699

5.3 衬里材料

衬里材料应符合HG/T 2904、HG/T 2902、HG/T 2167及相关材料标准的规定。

表6 衬里材料代号

材料名称	代号	标准
聚全氟乙丙烯	FEP(F46)	HG/T 2904
可熔性聚四氟乙烯	PFA	—
聚四氟乙烯	PTFE(F4)	HG/T 2902
聚偏二氟乙烯	PVDF(F2)	—
聚三氟氯乙烯	PCTFE(F3)	HG/T 2167

5.4 填料密封及其他零件材料

填料密封材料采用氟橡胶"O"型圈、"V"形聚四氟乙烯等材料，其他零件材料可按 JB/T 5300 的规定，或按订货合同的要求。

6 试验方法

6.1 试验仪器

a) 试验压力测量仪器应是压力计或压力传感器，仪表精度不得低于 1.6 级。
b) 压力测量应在测量仪器的全部压力范围的 25%～75%之间。
c) 电火花检测仪测试电压最低不小于 5 kV，最高不大于 20 kV。
d) 测量温度的仪器，应能显示或记录 3 ℃～5 ℃的温度波动。

6.2 衬里前的检查

6.2.1 金属材料壳体壁厚用测厚仪或专用卡尺测量。
6.2.2 目视检查衬里前受衬面。受衬面呈金属色，应无锈蚀、焊渣、油污、毛刺、尖锐棱角等缺陷。

6.3 衬里层的检测

6.3.1 目视检查衬里层的外观，衬里层表面应光滑平整，无气孔、裂纹、起泡、夹渣、变黑等缺陷，法兰密封面色泽均匀，转角处无泛白。
6.3.2 衬里层的防腐蚀性按有关检验标准。
6.3.3 衬里层厚度应用磁性测厚仪检测，可按同批、同类型阀门的 10%抽检，每台抽检的阀门应在不同的位置测量，不得少于 3 处，取所测得的最小值，最小值应符合 4.4.10 的要求。
6.3.4 氟塑料衬里层按 GB/T 23711.1 的规定进行电火花测漏。
6.3.5 衬里层结合强度的检测，在负压为 0.08 MPa 试验条件下，按 GB/T 23711.4 的规定进行试验。
6.3.6 衬里层的密度可采用称重法计算或仪器测量。

6.4 压力试验

6.4.1 每台阀门都应按 GB/T 13927 的规定进行壳体强度试验和密封试验。
6.4.2 蝶阀壳体试验在未衬里前进行，如对衬里后装配好的阀门进行强度试验时，发现壳体有针孔、渗漏的，应予报废处理。
6.4.3 如买方有特殊要求，延长试验时间，供应商应予满足。

6.5 标志和铭牌

目测检查产品标志和铭牌内容。

7 检验规则

7.1 总则

蝶阀分出厂检验和型式检验，检验项目、技术要求和检验方法按表 7 的规定。

表 7　出厂检验与型式试验项目表

序　号	检　验　项　目	检验类别		技术要求	检验和试验方法
		出厂检验	型式检验		
1	壳体试验	√	√	4.2.1	6.4
2	密封试验	√	√	4.2.2	6.4
3	金属壳体壁厚	√[a]	√	4.4.9	6.2.1
5	衬里层外表面	√[a]	√	4.8.8	6.3.1
6	衬里层厚度	—	√	4.4.10	6.3.3
7	衬里层密度	—	√	4.8.6	6.3.6
8	衬里层电火花测漏	√	√	4.2.2	6.3.4
9	衬里层结合强度	—	√	4.8.7	6.3.5
10	金属壳体材质化学成分	—	√	5.2	按相关标准
11	金属壳体材质力学性能	—	√[b]	5.2	按相关标准
12	氟塑料材质	—	√	5.3	5.3
13	阀体标志检查	√	√	第8章	6.5
14	铭牌内容检查	√	√	第9章	6.5

[a] 该项目可在零件进货检验、加工过程阶段进行检查；

[b] 阀体材质力学性能应当与阀体同炉号，同一批热处理的试棒进行检查。

7.2　出厂检验

每台阀门都应进行出厂检验，经检验合格后方能出厂。

7.3　型式检验

有下列情况之一时，应进行型式检验，型式检验项目按表 7 的规定，型式检验时采用抽样的方式：

a)　新产品试制定型鉴定；

b)　正式生产时，定期或积累一定产量后应当周期性进行一次检验；

c)　正式生产后，如结构、材料、工艺有较大改变可能影响产品性能时；

d)　产品长期停产后恢复生产时；

e)　国家产品质量监督检验部门提出型式试验要求时。

7.4　抽样方法

抽样可以在生产线的终端经检验合格的产品中随机抽取，也可以在产品库中随机抽取，或者从已供给用户但未使用并保持出厂状态的产品中随机抽取。每一规格供抽样的最少基数和抽样数按表 8 的规定。到用户抽样时，供抽样的最少基数不受限制，抽样数仍按表 8 的规定。对整体系列产品进行质量考核时，根据该系列范围大小情况从中抽取 2 个～3 个典型规格进行检验。

表 8 抽样的最少基数和抽样数

公称尺寸 DN	最少基数/台	抽样数/台
≤150	10	2
≥200	3	1

8 标志

8.1 标志的内容

蝶阀应按 GB/T 12220 和 JB/T 106 的规定进行标记，并应符合 8.2、8.3 的规定。

8.2 阀体上的标记

在阀体应注有下列的永久标记：

——制造厂名或商标标志；

——阀体材料或代号；

——公称压力；

——公称尺寸；

——介质流向(有要求时)；

——熔炼炉号或材料批号；

——认证标记(如 TS)；

——产品的生产系列编号。

8.3 标牌上的标记

在蝶阀的铭牌上应有如下的内容：

——制造厂名；

——产品的型号、尺寸规格；

——适用介质；

——最高允许使用温度和对应的最大允许工作压力；

——材料(阀体、衬里等)；

——认证标记(如 TS)；

——依据标准号。

9 涂漆、包装、储运和供货要求

9.1 除奥氏体不锈钢蝶阀外，其他材料蝶阀的外表面可按 JB/T 106 的规定或按订货合同要求的颜色涂漆。

9.2 应用木质材料、木质合成材料、塑料或金属材料的封盖，对蝶阀的连接管道的端口进行保护，封盖的形状应该是带凸耳边的。

9.3 蝶阀存放于干燥的室内，摆放整齐，不允许露天存放，避免光照，禁止与一切有损衬里质量的物质接触。最适宜的存放温度为 5 ℃～35 ℃，防止冻裂和塑料老化。

9.4 蝶阀在试验后，蝶板应打开 4°～5°，以保证密封面在储存和运输中不受损坏。

9.5 供货要求其他按 JB/T 7928 的规定。

附　录　A
（资料性附录）
法兰和对夹连接钢制衬氟塑料蝶阀订货合同数据表

工作条件

阀门要求的标准：GB/T 26144—2010 法兰和对夹连接钢制衬氟塑料蝶阀____

阀门安装的位置和要求功能：____

阀门的公称尺寸：____　阀门的压力等级：____

最高工作压力：____　最大压差：____

最高工作温度：____　最低工作温度：____

使用介质及组分：____

阀门结构形式

结构形式：中线式____　其他____

结构长度和端部连接

结构长度的要求：____

进口管：外径(OD)____　内径(ID)____　材质____

连接方式：法兰____　对夹____

法兰的要求：平面____　凸面____

阀门零件的材料

阀体：____　蝶板：____　阀杆：____　衬里材料：____

填料：____　螺柱：____　其他：____

____

阀门的操作要求

需要的操作机构手动(电动、液动、气动、齿轮传动等)：____

尺寸限制或其他的说明：____

需要锁紧装置：____　何种型式：____

其他要求

衬里层是否进行真空试验：____

需要的涂漆和涂层：____

要求提供的文件：____

其他要求说明：____

____

ICS 23.060.99
J 16

中华人民共和国国家标准

GB/T 26145—2010

排　污　阀

Drain valve

2011-01-14 发布　　2011-10-01 实施

中华人民共和国国家质量监督检验检疫总局
中国国家标准化管理委员会　发布

前　言

本标准按照 GB/T 1.1—2009 给出的规则起草。

本标准由中国机械工业联合会提出。

本标准由全国阀门标准化技术委员会(SAC/TC 188)归口。

本标准起草单位:方圆阀门集团有限公司、浙江高中压阀门有限公司、郑州高压阀门厂、华东阀门有限公司。

本标准主要起草人:张荣伟、叶春年、董玉康、王保勋、宁庭海。

排 污 阀

1 范围

本标准规定了排污阀产品的结构形式、技术要求、材料、试验方法、检验规则和标志、包装、运输、贮存及供货。

本标准适用于PN10～PN320液体介质的压力容器和PN10～PN160气体介质的压力管道设备，公称尺寸为DN15～DN300的排污阀。

2 规范性引用文件

下列文件对于本文件的应用是必不可少的。凡是注日期的引用文件，仅注日期的版本适用于本文件。凡是不注日期的引用文件，其最新版本（包括所有的修改单）适用于本文件。

GB 150 钢制压力容器
GB/T 228 金属材料 室温拉伸试验方法
GB/T 1239.2 冷卷圆柱螺旋弹簧技术条件 第2部分：压缩弹簧
GB/T 1972 碟形弹簧
GB/T 9113（所有部分） 整体钢制管法兰
GB/T 9124 钢制管法兰 技术条件
GB/T 12220 通用阀门 标志
GB/T 12224 钢制阀门 一般要求
GB/T 12226 通用阀门 灰铸铁件技术条件
GB/T 12227 通用阀门 球墨铸铁件技术条件
GB/T 12228 通用阀门 碳素钢锻件技术条件
GB/T 12229 通用阀门 碳素钢铸件技术条件
GB/T 12230 通用阀门 不锈钢铸件技术条件
GB/T 12233 通用阀门 铁制截止阀与升降式止回阀
GB/T 13927—2008 工业阀门 压力试验
GB/T 17241.6 整体铸铁法兰
JB/T 5300 工业用阀门材料 选用导则
JB/T 7928 通用阀门 供货要求
JB/T 8858 闸阀 静压寿命试验规程
JB/T 8859 截止阀 静压寿命试验规程
JB/T 9092 阀门的检验与试验
SY/T 0599 天然气地面设施抗硫化物应力开裂和抗应力腐蚀开裂的金属材料要求

3 结构形式

3.1 液体介质的排污阀典型结构见图1～图4。

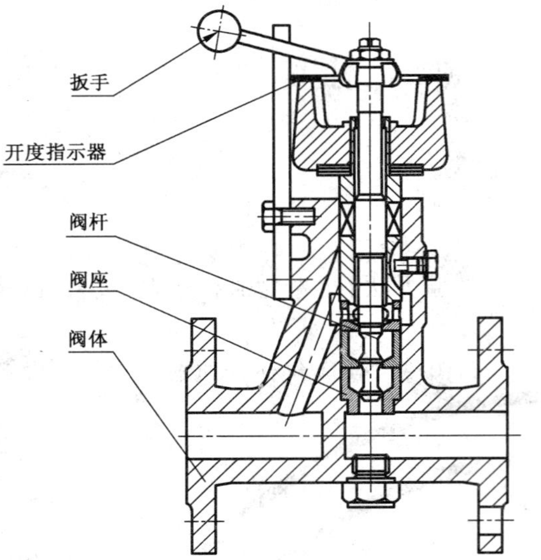

图 1　整体截止型直通式

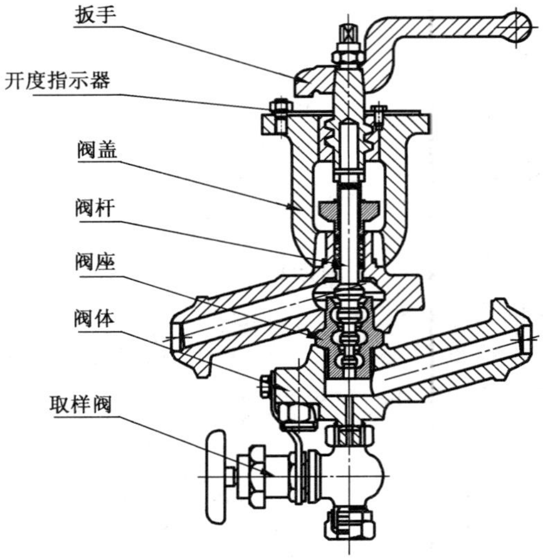

图 2　分体截止型直通式

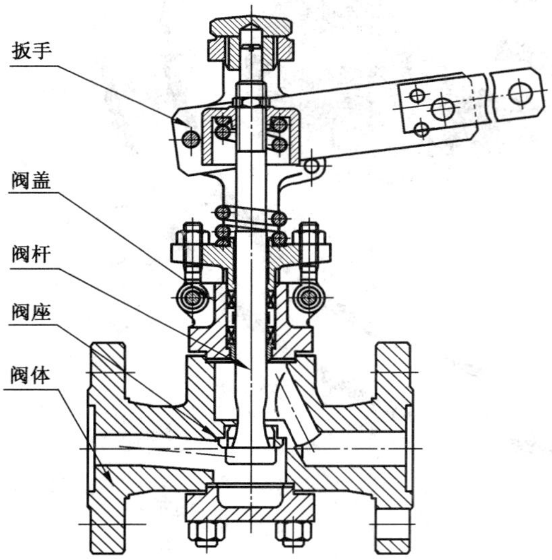

图 3　截止型直通式

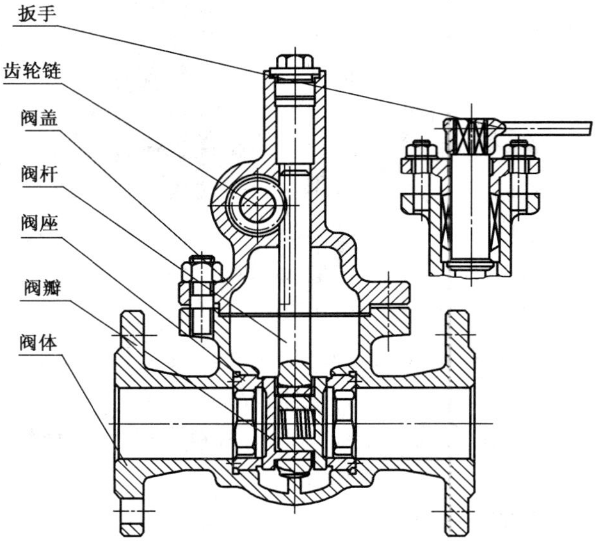

图 4　浮动闸板型直通式

3.2　气体介质的排污阀主要有阀套式，典型结构见图 5。

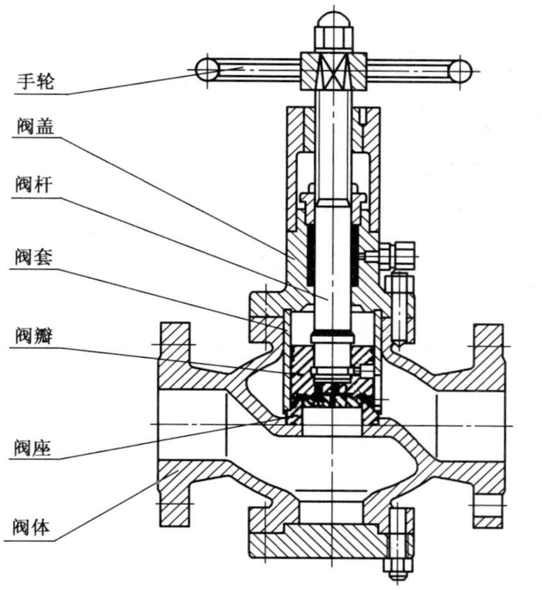

图 5　套筒式

4　技术要求

4.1　基本参数

4.1.1　法兰连接的排污阀结构长度按表 1 的规定。

4.1.2　焊接连接排污阀结构长度按订货要求。

表 1　法兰连接的阀门结构长度

单位为毫米

公称尺寸 DN	公称压力 PN			
	10、16、25、40		63	100、160
	短	长		
15	150	150	150	210
20	150	150	150	230
25	160	160	160	230
32	180	200	180	260
40	200	230	200	260
50	230	250	230	300
65	290	—	290	340
80	310	—	310	380
100	350	—	350	430
125	400	—	400	500
150	480	—	480	550

表 1（续）　　单位为毫米

公称尺寸 DN	公　称　压　力　PN			
	10、16、25、40		63	100、160
	短	长		
200	600	—	600	650
250	730	—	730	775
300	850	—	850	900

4.2 性能要求

4.2.1 壳体强度

壳体强度试验时，在试验压力的最短持续时间内，不允许有可见渗漏，不应有结构损伤。

4.2.2 密封性能

密封试验时在试验压力的最短持续时间内，通过阀座密封泄漏的最大允许泄漏率应符合JB/T 9092的规定，图4浮动闸板型直通式排污阀公称尺寸不大于DN50的泄漏量按GB/T 13927—2008的D级。

4.3 静压寿命

4.3.1 用于液体介质的金属-金属密封的阀门应当能承受液体静压寿命试验，在额定压差或最大允许工作压差下，按表2的规定试验后，阀门仍能正常工作并满足性能要求。

表 2　金属-金属密封的排污阀静压寿命试验次数

排污阀公称尺寸 DN	截止式	闸板式	
	钢制	铁制	钢制
≤100	≥3 000	≥2 500	≥3 000
125～200	≥2 500	≥2 000	≥2 500
250～300	≥1 500		≥1 500

4.3.2 用于气体介质的弹性密封副的阀门应当能承受气体、在额定压差或最大允许工作压差下，经2 000次启闭循环操作试验后，阀门仍能正常工作并满足性能要求。

4.4 阀体和阀盖

4.4.1 阀体一般设计成整体式。图2所示液面排污阀截止型角式结构可以设计成分体式，该结构的阀体可根据订货要求转换成角式。

4.4.2 阀门有流向要求的应在阀体上有永久性流向标志。

4.4.3 钢制阀体和阀盖的最小壁厚按GB/T 12224的规定。

4.4.4 铁制阀体和阀盖的最小壁厚按GB/T 12233的规定。

4.4.5 法兰连接阀门的法兰和阀体可整体铸造或锻造，也可采用对焊或螺纹结合的形式，若采用焊接时，应采用对接焊形式。该法兰与阀体的的焊接应按GB 150的规定，并应按材料的特性进行相应的热处理。

4.4.6 法兰连接端按 GB/T 9113 的规定，密封面表面粗糙度按 GB/T 9124 的规定，或按订货合同要求。

4.4.7 铁制法兰形式和连接尺寸按 GB/T 17241.6 的规定，或按订货合同要求。

4.4.8 液面排污阀阀体应在进口端适当位置设计取样阀连接口，连接口应符合 GB/T 12224 的规定。

4.4.9 阀体与阀盖连接可用栓接或焊接的形式。

4.4.10 根据工况需要，排污阀的阀体内腔，应考虑防冲刷的要求。

4.5 阀座和阀瓣

4.5.1 公称压力不小于 PN63 的液面排污阀应采用多级阻尼式阀座、阀瓣。

4.5.2 阀座和阀体的连接可采用胀接、对夹、螺纹或焊接等形式，保证在使用中不松动，不渗漏。

4.5.3 阀座密封面可以是锥形或平面。密封面可在本体上直接加工，也可采用堆焊的形式，若为堆焊密封面，则加工完成后，其焊层厚度应大于 1.6 mm。

4.5.4 阀座和阀瓣密封面应根据材料进行热处理。

4.6 阀杆

阀杆和阀瓣可设计成整体式。

4.7 弹簧

4.7.1 圆柱压缩弹簧按 GB/T 1239.2 的规定。

4.7.2 碟形弹簧按 GB/T 1972 的规定。

4.8 操作

排污阀可以采用手动、气动或电动等操作方式，手轮、扳手上应有开、关方向的标志，可设置排放开度指示器。

4.9 材料

4.9.1 阀体和阀盖的材料可选不锈钢铸件、碳素钢铸件、碳素钢锻件、球墨铸铁件或灰铸铁件，材料的力学性能、化学成分应分别按 GB/T 12230、GB/T 12229、GB/T 12228、GB/T 12227 或 GB/T 12226 的规定，也可按订货合同要求。

4.9.2 阀门有抗硫要求时，其材料应符合 SY/T 0599 标准要求。

4.9.3 焊接端连接的阀门的阀体材料，碳素钢或碳锰钢的含碳量不大于 0.25%。

4.9.4 排污阀其余材料可按 JB/T 5300 的规定选用。

5 检验和试验

5.1 壳体强度和密封性能

壳体强度和密封性能试验按 JB/T 9092 的规定。

5.2 静压寿命

金属密封副的闸板型排污阀静压寿命试验按 JB/T 8858 的要求进行，金属密封副的截止型排污阀寿命试验按 JB/T 8859 的要求进行。

5.3 壁厚测量

用测厚仪或专用卡尺测量阀体流道、中腔和阀盖等部位的壁厚。

5.4 材料化学成分分析

用零件的本体或同炉试棒进行化学分析(铁制阀门一般不作化学成分分析)。

5.5 材料力学性能

用与零件同炉号、同批热处理的试棒按 GB/T 228 规定的方法进行。

5.6 标志

目测阀体表面铸造或打印标记以及阀门铭牌上打印标记的内容。

6 检验规则

6.1 检验项目

检验项目、技术要求和检验方法按表 3 的规定。

表 3 检验项目、技术要求和检验方法

序号	检验项目	检验类别		技术要求	检验和试验方法
		出厂检验	型式检验		
1	壳体试验	√	√	4.2.1	5.1
2	密封试验	√	√	4.2.2	5.1
3	静压寿命试验	—	√	4.3	5.2
4	壁厚测量	—	√	4.4.3、4.4.4	5.3
5	材料化学成分分析	√	√	4.9.1	5.4
6	材料力学性能	√	√	4.9.1	5.5
7	标志检查	√	√	第 7 章	5.6

6.2 出厂检验

每台排污阀都应进行出厂检验,经检验合格后方可出厂。

6.3 型式检验

6.3.1 有下列情况之一时,一般要进行型式检验:

a) 新产品试制定型鉴定;

b) 正式生产后,如结构、材料、工艺有较大改变可能影响产品性能时;

c) 产品长期停产后恢复生产时;

d) 正式生产时,定期或积累一定产量后应周期性进行一次检验;

e) 国家产品质量监督检验部门提出型式试验要求时。

6.3.2 上述 a)、b)、c)三种情况的型式检验,需提供 1 台～2 台产品试验,试验合格后方可成批生产;

d)、e)两种情况需按6.4的规定进行抽样检验。

6.4 抽样方法

6.4.1 抽样可以在生产线的终端经检验合格的产品中随机抽取,也可以在产品成品库中随机抽取,或者从已供给用户但未使用并保持出厂状态的产品中随机抽取。每一规格抽样的最少基数和抽样数按表4的规定。到用户抽样时,供抽样的台数不受限制,抽样数仍按表4的规定,对整个系列产品进行质量考核时,根据该系列范围大小情况从中抽取2个~3个典型规格进行检验。

表4 抽样台数

公称尺寸 DN	最少基数/台	抽样数/台
≤150	10	3
200~300	3	1

6.4.2 静压寿命试验在已抽的产品中任选一台进行试验。

6.4.3 型式检验的全部检验项目都应符合表3中技术要求的规定。

7 标志

排污阀的标志按GB/T 12220的规定。

8 包装、运输、贮存、供货

产品包装、运输、贮存、供货应符合JB/T 7928的规定。

ICS 23.060.99
J 16

中华人民共和国国家标准

GB/T 26146—2010

偏心半球阀

Eccentric stmi-ball valve

2011-01-14 发布　　　　2011-10-01 实施

中华人民共和国国家质量监督检验检疫总局
中国国家标准化管理委员会　发布

前　言

本标准按照 GB/T 1.1—2009 给出的规则起草。

请注意本文件的某些内容可能涉及专利。本文件的发布机构不承担识别这些专利的责任。

本标准由中国机械工业联合会提出。

本标准由全国阀门标准化技术委员会(SCA/TC 188)归口。

本标准起草单位：浙江省机电设计研究院、合肥通用机械研究院、永隆阀门有限公司、温州奥工阀门有限公司、河南泉舜流体控制科技有限公司、河南黑马实业有限公司。

本标准主要起草人：姜耀林、何朝辉、沈允銶、王晓钧、余金贤、张雄杰、孟建伟、赵紫光。

偏 心 半 球 阀

1 范围

本标准规定了偏心半球阀(以下简称“半球阀”)的术语和定义、结构形式、型号和参数、技术要求、材料、试验方法、检验规则、标志、防护、包装和贮运。

本标准适用于公称压力 PN2.5～PN 25,公称尺寸 DN40～DN2000 的灰铸铁和球墨铸铁半球阀;公称压力 PN2.5～PN100,公称尺寸 DN40～DN2000 的碳钢、合金钢和不锈钢半球阀。

2 规范性引用文件

下列文件对于本文件的应用是必不可少的。凡是注日期的引用文件,仅注日期的版本适用于本文件。凡是不注日期的引用文件,其最新版本(包括所有的修改单)适用于本文件。

GB 150 钢制压力容器

GB/T 196 普通螺纹 基本尺寸(GB/T 196—2003,ISO 724:1993,MOD)

GB/T 197 普通螺纹 公差(GB/T 197—2003,ISO 965-1:1998,MOD)

GB/T 228 金属材料 室温拉伸试验方法(GB/T 228—2002,eqv ISO 6892:1998)

GB/T 1095 平键 键槽的剖面尺寸(GB/T 1095—2003,ASME B18.25.1M:1996,NEQ)

GB/T 1096 普通型 平键(GB/T 1096—2003,ASME B18.25.1M:1996,NEQ)

GB/T 1144 矩形花键尺寸、公差和检验(GB/T 1144—2001,neq ISO 14:1982)

GB/T 4622.3 缠绕式垫片 技术条件

GB/T 7306.2 55°密封管螺纹 第 2 部分:圆锥内螺纹与圆锥外螺纹(GB/T 7306.2—2000,eqv ISO 7-1:1994)

GB/T 9113(所有部分) 整体钢制管法兰

GB/T 9124 钢制管法兰 技术条件(GB/T 9124—2010,ASME B16.5:2009、EN 1092-1:2007,MOD)

GB/T 9128 钢制管法兰用金属环垫 尺寸(GB/T 9128—2003,ISO 7483:1991,NEQ)

GB/T 12220 通用阀门 标志(GB/T 12220—1989,idt ISO 5209:1977)

GB/T 12221 金属阀门 结构长度(GB/T 12221—2005,ISO 5752:1982,MOD)

GB/T 12223 部分回转阀门驱动装置的连接(GB/T 12223—2005,ISO 5211:2001,MOD)

GB/T 12224 钢制阀门 一般要求(GB/T 12224—2005,ASME B16.34a:1998,NEQ)

GB/T 12226 通用阀门 灰铸铁技术条件

GB/T 12227 通用阀门 球墨铸铁技术条件

GB/T 12228 通用阀门 碳素钢锻件技术条件

GB/T 12229 通用阀门 碳素钢铸件技术条件

GB/T 12230 通用阀门 不锈钢铸件技术条件

GB/T 13927—2008 工业阀门 压力试验(ISO/DIS 5208:2007,MOD)

GB/T 17219 生活饮用水输配水设备及防护材料的安全性评价标准

GB/T 17241.6 整体铸铁法兰

GB/T 17241.7 铸铁管法兰 技术条件(GB/T 17241.7—1998,neq ISO 7005-2:1988)

JB/T 106 阀门的标志和涂漆

JB/T 308 阀门型号编制方法

JB/T 5300 工业用阀门材料 选用导则

JB/T 6440 阀门受压铸钢件射线照相检测

JB/T 7370 柔性石墨编织填料

JB/T 7927 阀门铸钢件 外观质量要求

3 术语和定义

下列术语和定义适用于本文件。

3.1

偏心半球阀 eccentric semi-ball valve

阀轴中心轴线与半球体中心线形成尺寸偏量,且仅在阀体一侧设置密封副的阀门。

3.2

侧装式 side mounting

半球阀的球体从球阀阀体侧面装入阀体内腔的结构形式,通常称为侧装结构形式,简称为侧装式。

3.3

上装式 top mounting

半球阀的球体从球阀的阀体上端(通道中心线以上)装入阀体内腔的结构形式,通常称为上装结构形式,简称为上装式。

4 分类、结构形式、型号和参数

4.1 分类

半球阀按安装方式分为侧装式和上装式;按结构分为整体式和分体式;按密封型式分为非金属密封和金属硬密封。

4.2 结构形式

4.2.1 半球阀侧装整体式典型结构形式如图1所示。

4.2.2 半球阀侧装整体对夹式典型结构形式如图2所示。

4.2.3 半球阀侧装分体式典型结构形式如图3所示。

4.2.4 半球阀侧装分体式焊接端典型结构形式如图4所示。

4.2.5 半球阀侧装式带防静电结构典型结构形式如图5所示。

4.2.6 半球阀上装式典型结构形式如图6所示。

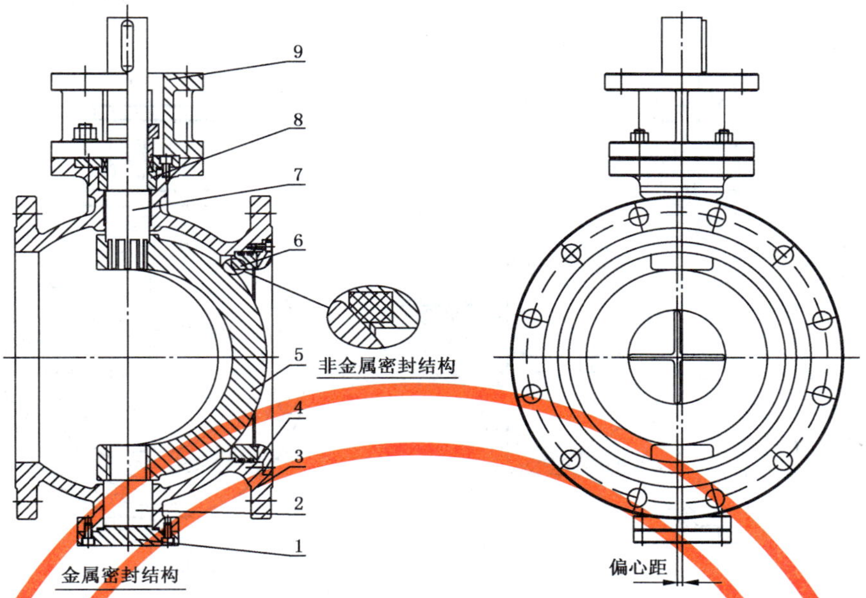

1——下端盖；
2——下阀杆；
3——主阀体；
4——压圈；
5——半球体；
6——阀座；
7——上阀杆；
8——填料箱；
9——支架。

图1 侧装整体式半球阀典型结构示意图

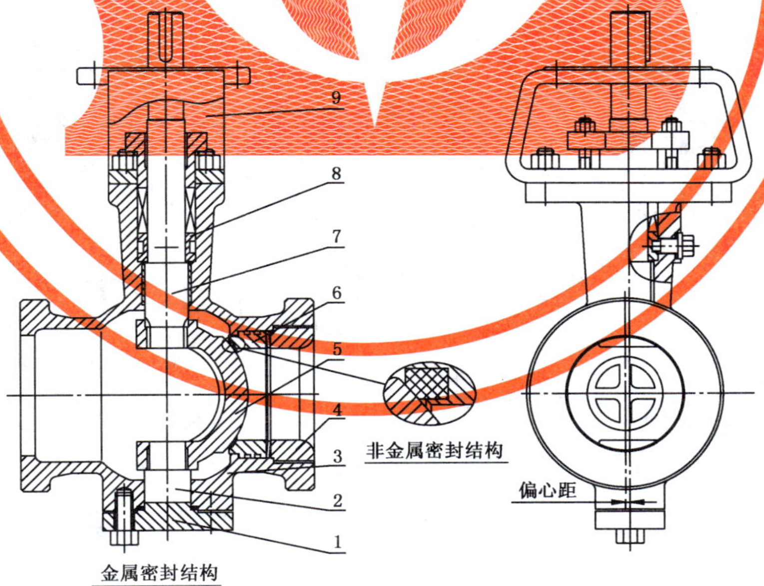

1——下端盖；
2——下阀杆；
3——主阀体；
4——压圈；
5——半球体；
6——阀座；
7——上阀杆；
8——止推环；
9——支架。

图2 侧装整体对夹式半球阀典型结构示意图

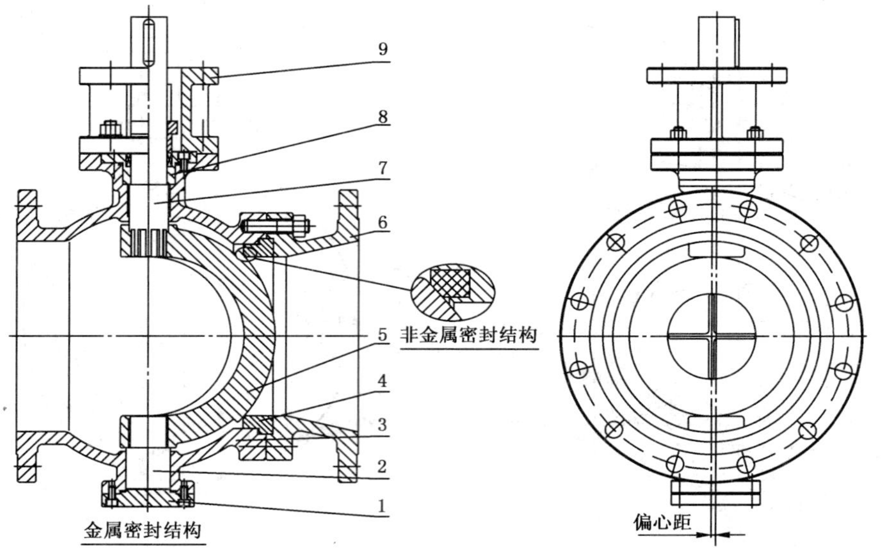

1——下端盖；
2——下阀杆；
3——主阀体；
4——阀座；
5——半球体；
6——副阀体；
7——上阀杆；
8——填料箱；
9——支架。

图 3 侧装分体式半球阀典型结构示意图

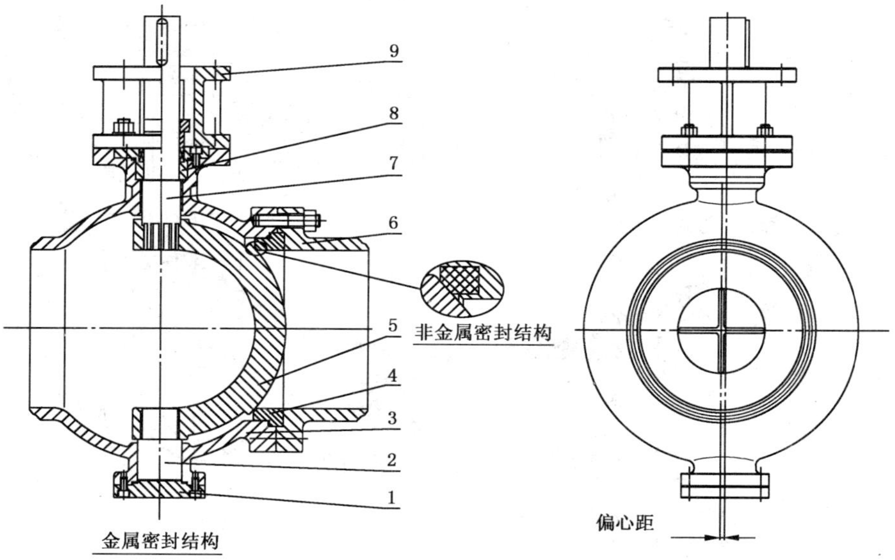

1——下端盖；
2——下阀杆；
3——主阀体；
4——阀座；
5——半球体；
6——副阀体；
7——上阀杆；
8——填料箱；
9——支架。

图 4 侧装分体式半球阀焊接端典型结构示意图

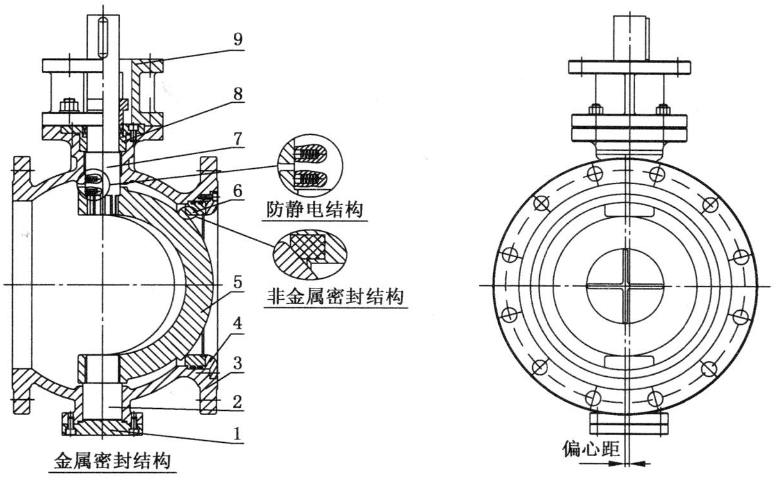

1——下端盖；
2——下阀杆；
3——阀体；
4——压圈；
5——半球体；
6——阀座；
7——上阀杆；
8——填料箱；
9——支架。

图 5 侧装式半球阀带防静电结构典型结构示意图

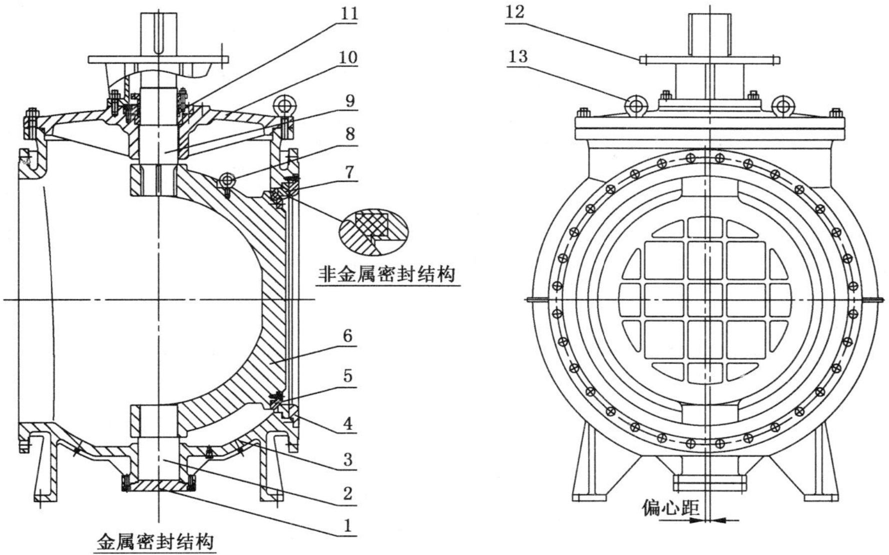

1——下端盖；
2——下阀杆；
3——阀体；
4——压圈；
5——球冠；
6——半球架；
7——阀座；
8——吊环；
9——上阀杆；
10——上阀盖；
11——填料箱；
12——支架；
13——吊环。

图 6 上装式半球阀典型结构示意图

4.3 型号

半球阀的阀门类型代号用“PQ”表示，其余按 JB/T 308 的规定。

5 技术要求

5.1 材料的压力-温度额定值

5.1.1 钢制半球阀壳体的压力-温度额定值按照 GB/T 12224 的规定。铁制半球阀壳体的压力-温度额定值按 GB/T 17241.7 的规定。

5.1.2 阀座、阀杆及阀体连接密封处等非金属件的压力-温度额定值小于阀体的压力-温度额定值，应当取其较小值，并应当在铭牌上予以标明。

5.2 结构长度

5.2.1 半球阀的结构长度一般按 GB/T 12221 的规定。公称压力 PN2.5～PN25 的缩径整体法兰式半球阀的结构长度按表 1 的规定。也可按订货合同的规定。

表 1 缩径整体法兰式半球阀(PN2.5～PN25)的结构长度 单位为毫米

公称尺寸 DN	结构长度	公称尺寸 DN	结构长度	公称尺寸 DN	结构长度
40	165	250	330	800	1 000
50	178	300	356	900	1 100
65	190	350	450	1 000	1 200
80	203	400	530	1 200	1 300
100	229	450	580	1 400	1 500
125	254	500	660	1 600	1 800
150	267	600	680	1 800	2 100
200	292	700	900	2 000	2 300

5.2.2 结构长度的公差按 GB/T 12221 的规定。

5.3 外观

铸件外观质量要求按 JB/T 7927 的规定。

5.4 连接端

5.4.1 法兰连接端

5.4.1.1 整体铸铁管法兰按 GB/T 17241.6 的规定，其他要求按 GB/T 17241.7 的规定。

5.4.1.2 整体钢制管法兰按 GB/T 9113 的规定，其他要求按 GB/T 9124 的规定。

5.4.2 焊接连接端的焊接坡口形式及其尺寸，按 GB/T 12224 的规定。

5.4.3 内螺纹连接端的螺纹按 GB/T 7306.2 的规定。

5.4.4 对夹式连接端形式及其尺寸由制造厂确定。

5.4.5 对于用户的特殊要求，按订货合同的要求。

5.5 流道直径

半球阀的介质流道应是圆形的，其流道最小直径按表2的规定。

表2 流道最小直径

单位为毫米

公称尺寸 DN	流道最小直径		公称尺寸 DN	流道最小直径	
	全通径	缩　径		全通径	缩　径
40	38	32	500	487	385
50	49	38	600	589	487
65	62	49	700	684	538
80	74	62	800	779	589
100	100	74	900	874	684
125	123	100	1 000	976	779
150	150	123	1 200	1 166	874
200	200	150	1 400	1 360	976
250	250	200	1 600	1 520	1 166
300	300	250	1 800	1 710	1 458
350	334	266	2 000	1 900	1 570
400	385	303	—	—	—
450	436	334	—	—	—

5.6 阀体

5.6.1 钢制阀体的最小壁厚按GB/T 12224的规定。

5.6.2 铁制阀体的最小壁厚按式(1)确定。

$$t=\frac{1.5\cdot p\cdot D_n}{2[\sigma_L]-p}+C \quad \cdots\cdots(1)$$

式中：

t ——阀体的最小壁厚，单位为毫米(mm)；

p ——设计压力，单位为兆帕(MPa)，设计给定值；

D_n——计算内径，单位为毫米(mm)，设计给定值；

σ_L ——材料的许用拉应力，单位为兆帕(MPa)；

C ——附加裕量，单位为毫米(mm)，设计给定(考虑到管道负荷、介质的腐蚀和铸造偏差而加的裕量)。

5.6.3 铁制主阀体、副阀体应是整体铸造成型。

5.6.4 钢制主阀体、副阀体可整体铸造成型或锻造，也可采用分体铸造或锻造，法兰与阀体是焊接的，端部尺寸按GB/T 12224的规定，焊接应符合GB 150的规定。

5.6.5 公称尺寸不小于DN400的半球阀，应在阀体适当的位置设置吊环，公称尺寸不小于DN600的半球阀应设置地脚支撑。

5.6.6 单向密封功能的半球阀，在阀体上应标注介质流向的箭头。

5.7 壳体的连接

5.7.1 阀体、阀盖间的连接,可采用螺栓连接或螺柱螺母连接。侧装式的主阀体、副阀体间的连接应考虑承受管道的拉伸载荷和弯曲载荷。

5.7.2 阀体与阀盖(或主阀体与副阀体)采用螺栓连接,其螺母挤压的平面应垂直于螺栓的中心轴线;阀体的连接法兰其背面应加工或锪平,锪平的背面与法兰面的平行度公差不大于±1°。

5.7.3 阀体与阀盖(或主阀体与副阀体)间的连接,采用螺栓连接或螺柱螺母连接的数量不得少于4个。

5.7.4 阀体与阀盖(或主阀体与副阀体)的连接可采用螺栓或螺柱配螺母的连接形式,螺母采用粗制六角螺母,当螺栓不大于M24时,可用粗牙螺纹,当螺栓不小于M27时,可采用螺距不大于3 mm细牙螺纹;螺纹尺寸和公差按GB/T 196和GB/T 197的规定。

5.8 阀杆

5.8.1 阀杆应有防脱结构。

5.8.2 阀杆若发生破坏,破坏断裂处应在球阀的压力区域外,在介质压力作用下,阀杆不会飞出。

5.8.3 与球体的连接处及在球阀的压力区域内的阀杆,阀杆的抗扭强度应当至少超过在阀体外阀杆抗扭强度的10%。

5.8.4 阀杆及阀杆与球体的连接处,应有足够的强度,能保证在使用手柄或齿轮箱直接操作时,不产生永久变形或损伤。阀杆应能承受2倍推荐操作扭矩。

5.8.5 阀杆与球体采用键连接时,普通平键按GB/T 1095、GB/T 1096规定,矩形花键按GB/T 1144的规定。

5.9 半球体

5.9.1 半球体为实心半球,密封面部位应是球面或是球冠,密封面部位允许采用非金属-金属组合方式。

5.9.2 半球阀全开时,应保证球体中心与阀体通道中心在同一轴线上。

5.10 阀座

5.10.1 用于有灰尘介质的半球阀,阀座应设计有防尘结构。

5.10.2 有双向密封要求的半球阀,阀座应设计成双向密封的结构。

5.10.3 金属密封半球阀的阀座,应有工作中磨损而能补偿的结构。

5.11 轴承

为改善阀杆与阀体、阀杆与球体间受力状态的需要,应有滑动轴承或滚动轴承的结构。

5.12 填料箱

填料箱的深度应有不少于5圈未经压缩的填料高度,填料箱与填料接触表面粗糙度应不大于$Ra3.2\ \mu m$。

5.13 填料压盖

半球阀填料压盖可为整体式,也可采用分体式填料压板、填料压套(球面自动对准)组成,填料压盖或填料压板的螺栓孔不应少于两个。填料压套球面顶端外径应设一个台阶,防止滑入填料函,填料压盖螺栓能穿过填料压盖的通孔固定在阀盖或阀体上。

5.14 防静电结构

当订货合同对半球阀有防静电要求时，在阀杆与阀体、阀杆与球体的配合处，应有可靠的防静电的装置，保证阀体、阀杆与球体之间能导电。

5.15 驱动装置

5.15.1 半球阀可手动(应有锁定装置)、蜗轮传动、气动、电动、液动、电液联动或其他驱动方式。其驱动装置与阀门的连接尺寸按 GB/T 12223 的规定，或按驱动装置制造厂家的标准尺寸选定。

5.15.2 半球阀的驱动装置应有全开和全关的限位结构；半球阀的驱动装置应有开、关过程的指示或显示的结构。

5.15.3 开关操作的方向，以顺时针方向为关闭，扳手或手轮上应有表示开关方向的标志。半球阀用手动装置驱动，全开时，扳手的方向应与阀体通道平行。

5.15.4 扳手或手轮应安装牢固，拆卸或更换方便。

5.15.5 如订货合同有要求时，在驱动装置上要有防误操作的结构或措施。

5.16 无损检测

5.16.1 所有焊接连接端的半球阀，焊接端部位须进行渗透探伤检测，检查结果应无有害缺陷。

5.16.2 当有下列连接条件的焊接端，射线探伤检查应符合 JB/T 6440 的要求和订货合同的要求。

a) 外径大于 273 mm、且壁厚大于 19 mm 的碳素钢材料连接管道，外径大于 410 mm、且壁厚大于 19 mm 的合金钢材料管道；

b) 除上述 a)外，壁厚大于 29 mm 的碳素钢材料管道，壁厚大于 41 mm 的合金钢材料管道。

5.16.3 按 GB/T 12224 规定的特殊压力级的阀门，射线探伤检查应符合 JB/T 6440 的要求和订货合同的要求。

5.17 装配与调试

5.17.1 阀门应严格按图样和有关技术文件进行组装和调试，装配后，至少做三次带载开关试验，应动作运行平稳、无任何卡阻现象。

5.17.2 紧固件的螺纹连接表面，在装配时可涂二硫化钼脂(膏)或相当效果的涂料，防止咬死现象。

5.18 壳体强度和密封性能

5.18.1 壳体强度

半球阀应能经受公称压力的 1.5 倍的压力试验，试验后，壳体(包括填料函及阀体与阀盖或主阀体与副阀体连接处)不得发生渗漏或引起结构损伤。

5.18.2 液体高压密封

金属密封半球阀的液体高压密封试验应符合 GB/T 13927—2008 的 D 级规定；非金属密封半球阀的液体高压密封试验应符合 GB/T 13927—2008 的 A 级或按订货合同的规定。

5.18.3 气体低压密封

金属密封半球阀的气体低压密封试验应符合 GB/T 13927—2008 的 D 级规定；非金属密封半球阀的气体低压密封试验应符合 GB/T 13927—2008 的 A 级或按订货合同的规定。

6 材料

6.1 半球阀的壳体

6.1.1 铁制半球阀的壳体材料,灰铸铁应符合 GB/T 12226,球墨铸铁应符合 GB/T 12227 的规定(公称压力大于 PN10 的半球阀不应使用灰铸铁材料)。

6.1.2 如订货合同无特殊要求,钢制半球阀的壳体材料,碳素钢锻件应符合 GB/T 12228 的规定,碳素钢铸件应符合 GB/T 12229 的规定,不锈钢铸件应符合 GB/T 12230 的规定。

6.2 半球体和阀座

半球体和阀座的材料按 GB/T 12224 或 JB/T 5300 的规定选用,并不得低于阀体材料的性能。

6.3 阀杆

阀杆的材料应有足够力学性能,能承受最大的扭矩,要有良好的耐热(低温)性和抗腐蚀性能,应进行相应的热处理或表面处理,按 JB/T 5300 的规定选用材料。

6.4 连接螺柱、螺栓和螺母

连接螺柱、螺栓和螺母材料须用经调质处理的高强度合金钢制作(抗拉强度大于 690 MPa),或采用经固溶处理后奥氏体不锈钢制作(抗拉强度大于 585 MPa)。

6.5 弹簧

阀座配碟形弹簧或圆柱弹簧材料按 JB/T 5300 的规定选用材料。

6.6 填料、垫片

阀杆密封、阀体连接处和填料箱及固定轴等处密封垫片的密封材料,由制造厂按半球阀最大允许使用温度及相应的压力等级选取材料。柔性石墨编织填料应符合 JB/T 7370,缠绕式垫片应符合 GB/T 4622.3 的规定,金属透镜垫应符合 GB/T 9128 的规定。其他密封材料按 JB/T 5300 的规定选取或根据供需双方的约定。

6.7 操作件

手柄或手轮可用碳素钢铸件、碳素钢锻件、球墨铸铁件,应分别符合 GB/T 12229、GB/T 12228、GB/T 12227 的规定。

6.8 用于生活饮用水管道的半球阀

6.8.1 密封件不得使用含有石棉的材料。

6.8.2 零件如有用铜合金材料,则铜合金含锌量应小于 16%,含铅量不应大于 8%,采用铝青铜时,应进行表面失铝处理。

6.8.3 用于生活饮用水管道的半球阀的其他要求应符合 GB/T 17219 的规定。

7 试验方法

7.1 压力试验

7.1.1 试验介质

壳体强度试验及液体密封试验的介质可为淡水(可加防腐剂)、煤油或其他黏度不大于水的非腐蚀性液体，低压气密封试验的介质为 0.6 MPa 压缩空气或氮气。

7.1.2 壳体强度试验

7.1.2.1 壳体试验的试验压力为半球阀在 38 ℃时的最大允许工作压力的 1.5 倍。

7.1.2.2 壳体试验时，应将阀杆填料密封调整到能维持试验压力的状态，使启闭件处于部分开启状态位置。腔体内应充满试验介质，逐渐加压到试验压力，试验压力最短持续时间应符合 GB/T 13927—2008 的规定。

7.1.2.3 在试验过程中，不得对阀门施加影响试验结果的外力。试验压力在保压和检测期间应维持不变。用液体作试验时，应排除阀门腔体内的气体。

7.1.3 液体高压密封试验

7.1.3.1 液体高压密封试验应在壳体强度试验后进行。

7.1.3.2 试验压力为 1.1 倍的最大允许工作压力。

7.1.3.3 试验时，按介质流向封闭进口的一端，启闭件处于关闭状态，给体腔充满试验介质，并逐渐加压到试验压力，试验压力最短持续时间应符合 GB/T 13927—2008 的规定。

7.1.3.4 对于双向密封半球阀，应对阀座两个方向进行高压密封试验。

7.1.3.5 试验过程中不应使阀门受到可能影响试验结果的外力，应以设计给定的操作方式关闭阀门。

7.1.4 气体低压密封试验

气体低压密封试验(当客户有要求时)应按 GB/T 13927 的规定进行。

7.2 壁厚测量

用测厚仪或专用卡尺量具测量阀体流道、中腔和阀盖(或副阀体)部位的壁厚。

7.3 材料化学成分分析

成品分析时，可在阀体、半球体的本体材料上钻屑取样，取样应当在表面 6.5 mm 之下处。

7.4 阀体材质力学性能

用阀体同炉号、同批热处理的试棒按 GB/T 228 的规定进行。

7.5 防静电试验

取一台经压力试验并至少开关 5 次以上的干燥半球阀作典型试验。在电源电压不超过 12 V 时，半球阀的阀体、阀杆和半球体的防静电电路应有小于 10 Ω 的电阻。

7.6 无损检测

按 5.17 的规定，对相关部位进行检查。

7.7 整机带载开关试验

在阀门允许的最大工作压差下，至少开关三次。

7.8 标志

阀体表面铸造或打印标记内容和铭牌内容采用目测法，检查结果应符合第 10 章的要求。

7.9 防护和贮运检查

防护、贮存采用目测法，检查结果应符合第11章的规定。

8 检验规则

8.1 检验分类和检验项目

8.1.1 半球阀的检验分为出厂检验和型式检验。

8.1.2 检验项目、要求和方法按表3的规定。

表3 检验项目、技术要求和检验方法

序号	检验项目	检验类别		技术要求	检验和试验方法
		出厂检验	型式检验		
1	强度试验	√	√	符合5.18.1	按7.1.2
2	密封试验	√	√	符合5.18.2	按7.1.3
3	低压密封试验	—	√	符合5.18.3	按7.1.4
4	壁厚测量	√	√	符合5.6.1、5.6.2	按7.2
5	带载开关试验	√	√	符合5.17.1	按7.7
6	材料的化学成分	√	√	符合6.1、6.2、6.3	按7.3
7	阀体材质力学性能[a]	√	√	符合6.1、6.2、6.3	按7.4
8	防静电试验	—	√	符合5.14	按7.5
9	无损检测[b]	—	√	符合5.16	按7.6
10	标志	√	√	符合第9章	按7.8
11	防护、贮运	√	—	符合第10章	按7.9

注：“√”为检验项目，“—”为不做检验的项目。

[a] 阀体材质力学性能应当用与阀体同炉号、同批热处理的试棒进行检查；

[b] 当符合5.16规定时，该项目在零件进货检验、加工过程阶段适时进行检查。

8.2 出厂检验

每台阀门应进行出厂检验，经制造商检验员检验合格后方可出厂。

8.3 型式检验

8.3.1 有下列情况之一时，应提供1台～2台阀门进行型式试验，试验合格后方可成批生产：

a) 新产品试制定型鉴定；

b) 正式生产后，如结构、材料、工艺有较大改变可能影响产品性能时；

c) 产品长期停产后恢复生产时。

8.3.2 有下列情况之一时，应抽样进行型式试验：

a) 正常生产时，定期或积累一定产量后，应进行周期性检验；

b) 产品交货，用户提出检验要求时；

c) 国家质量监督机构提出进行型式检验的要求时。

8.3.3 型式试验采用抽样检验。抽样可以在生产线的终端经检验合格的产品中随机抽取，也可以在产品成品库中随机抽取，或者从已供给用户但未使用并保持出厂状态的产品中随机抽取。每一规格供抽样的最少基数和抽样数按表4的规定。到用户抽样时，供抽样的最少基数不受限制，抽样数仍按表4的规定。对整个系列产品进行质量考核时，根据该系列范围大小情况从中抽取2个～3个典型规格进行检验。

表4 抽样的最少基数和抽样数

公称尺寸 DN	最少基数/台	抽样数/台
≤150	10	2
≥200	3	1

8.3.4 被检产品的检验项目应全部符合本标准的要求。

9 标志

9.1 总则

半球阀应按GB/T 12220的规定进行标志。

9.2 阀体上的标志

9.2.1 在阀体上注有下列的永久性标志：

a) 制造企业商标；
b) 公称尺寸；
c) 公称压力；
d) 介质流向箭头(介质流向为单流向时)；
e) 阀体材料；
f) 铸造炉号或锻件批号。

9.2.2 球体的标志：

a) 球体材料；
b) 铸造炉号或锻打批号。

9.3 铭牌上的标志

9.3.1 在半球阀的铭牌上应有以下所列的内容：

a) 制造企业名称；
b) 半球阀型号；
c) 公称压力；
d) 公称尺寸；
e) 38 ℃时的最大工作压力；
f) 极限温度和对应的工作压力；
g) 出厂编号；
h) 出厂日期。

9.3.2 带有防静电结构的半球阀，铭牌上应标志“AS”字样。

10 防护和贮运

10.1 防护

10.1.1 试验后,应将每台半球阀中腔内水排除干净。

10.1.2 除不锈钢表面外,其他的外表面应按JB/T 106的规定喷涂油漆(不包括半球阀的连接端部)。

10.1.3 除不锈钢表面外,半球阀通道表面(包括螺纹)应该涂以容易去除的防锈剂。

10.1.4 用封盖对半球阀的连接端通道口及其密封面进行保护。

10.1.5 阀门外露的螺纹、阀杆、接盘等部分应予以保护。

10.2 贮运

10.2.1 阀门出厂时应有产品合格证、产品说明书及装箱单。

10.2.2 阀门应保存在干燥的室内,堆放整齐,不允许露天存放,以防止损坏和腐蚀。

10.2.3 在运输期间,半球阀应处于关闭状态,避免撞击磕碰。

附 录 A
（资料性附录）
采购偏心半球阀数据表

合同编号____________________

所要求的标准或规范____________________

阀门型号____________________规格(DN)____________________

公称压力(MPa)__________ 工作压力范围(MPa)__________ 工作温度范围(℃)__________

工作介质:□ 生活饮用水 □工业用水 □ 污水 □水蒸气 □粉尘 □颗粒

□ 泥浆 □酸类 □碱类 □盐类 □ 其他____________________

特殊工作介质说明:____________________

端部连接形式:□ 法兰 □ 焊接 □ 螺纹 □ 其他____________________

法兰面密封形式:□ 平面 □ 凸面 □ 凹凸面 □ 榫槽面 □ 环面 □ 其他

阀体通道通径尺寸:____________________阀体通道缩径尺寸:__________

焊接端结构型式标准及其焊接规范____________________

壳体材料及其特殊要求____________________

球体材料及其特殊要求____________________

结构长度执行的标准及特殊要求:____________________

密封型式:□ 单向密封 □ 双向密封____________________

结构型式:□ 侧装式 □ 上装式 □ 其他____________________

是否需要阀门固定支撑座:□ 是 □ 否__________需要时具体结构及尺寸另附

阀门驱动装置的类型____________________驱动装置的型号规格__________

驱动装置的生产企业名称____________________

阀门是否需要其他特殊结构型式:□ 防尘 □ 防静电 □ 防爆 □ 保温 □其他

阀门试压及检验的特殊要求:____________________

涂装的特殊要求:____________________

阀门发运的特殊要求:____________________

其他需要说明的要求:____________________

采购单位名称:____________________

采购合同的人(签字及日期):____________________

制造企业名称:____________________

制造企业代表(签字及日期):

注：因内容多而容纳不了的，可另附续页，但要准确无误的对应填写编号，以备查。

ICS 23.060.99
J 16

中华人民共和国国家标准

GB/T 26147—2010

球阀球体　技术条件

Specification for ball of ball valve

2011-01-14 发布　　2011-10-01 实施

中华人民共和国国家质量监督检验检疫总局
中国国家标准化管理委员会　发布

前　言

本标准由中国机械工业联合会提出。

本标准由全国阀门标准化技术委员会(SAC/TC 188)归口。

本标准主要起草单位:球豹阀门有限公司、合肥通用机械研究院。

本标准主要起草人:余三豹、宋德金、朱露根。

球阀球体　技术条件

1　范围

本标准规定了球阀球体的结构形式、技术要求、检验方法、检验规则、交付文件、标识、包装和贮运。

本标准适用于公称压力 PN16～PN420，公称尺寸 DN10～DN1400 的直通钢制锻造球体。

2　规范性引用文件

下列文件对于本文件的应用是必不可少的。凡是注日期的引用文件，仅注日期的版本适用于本文件。凡是不注日期的引用文件，其最新版本（包括所有的修改单）适用于本文件。

GB/T 222　钢的成品化学成分允许偏差

GB/T 223（所有部分）　钢铁及合金化学分析方法

GB/T 228　金属材料　室温拉伸试验方法

GB/T 229　金属材料　夏比摆锤冲击试验方法

GB/T 231.1　金属材料　布氏硬度试验　第1部分：试验方法

GB/T 1220　不锈钢棒

GB/T 1801—2009　产品几何技术规范（GPS）　极限与配合　公差带和配合的选择

GB/T 4334　金属和合金的腐蚀　不锈钢晶间腐蚀试验方法

GB/T 5270　金属基体上的金属覆盖层　电沉积和化学沉积层　附着强度试验方法评述

GB/T 6461　金属基体上金属和其他无机覆盖层　经腐蚀试验后的试样和试件的评级

GB/T 9790　金属覆盖层及其他有关覆盖层　维氏和努氏显微硬度试验

GB/T 12228　通用阀门　碳素钢锻件技术条件

GB/T 13913—2008　金属覆盖层　化学镀镍-磷合金镀层　规范和试验方法

GB/T 15007　耐蚀合金牌号

GB/T 19356　热喷涂　粉末　成分和供货技术条件

JB 4726　压力容器用碳素钢和低合金钢锻件

JB 4727　低温压力容器用低合金钢锻件

JB 4728　压力容器用不锈钢锻件

JB/T 6396　大型合金结构钢锻件　技术条件

JB/T 6439　阀门受压件磁粉探伤检验

JB/T 6902　阀门液体渗透检测

JB/T 6903　阀门锻钢件超声波检查方法

YS/T 541　金属热喷涂层表面洛氏硬度试验方法

YS/T 542　热喷涂层抗拉强度的测定

3　结构形式

3.1　浮动球典型结构如图1所示。

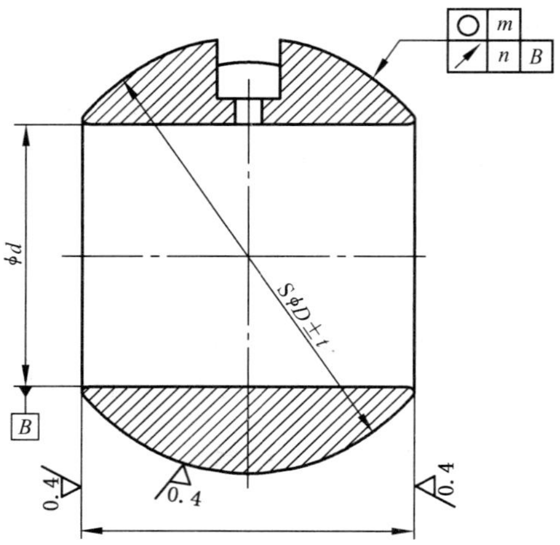

图 1　浮动球

3.2　固定球典型结构如图 2 所示。

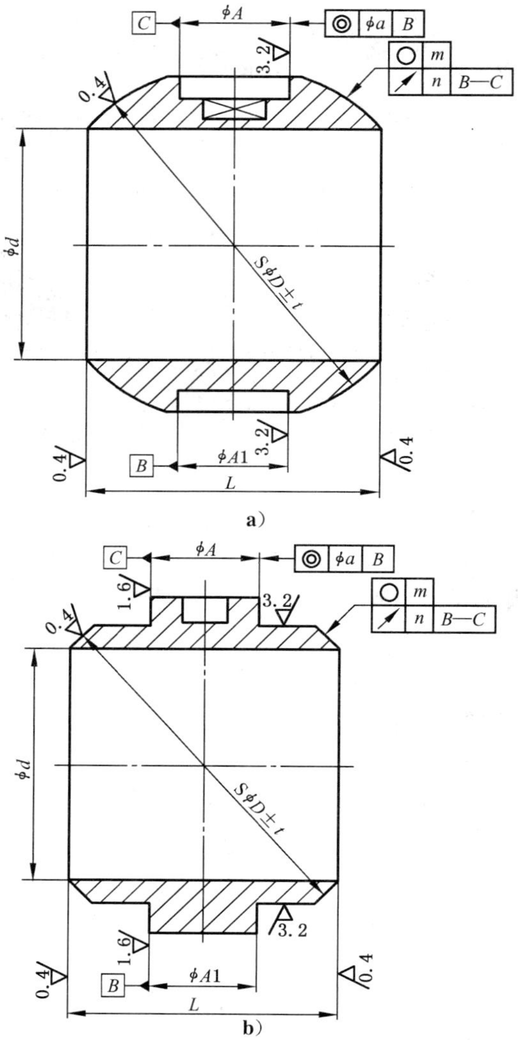

图 2　固定球

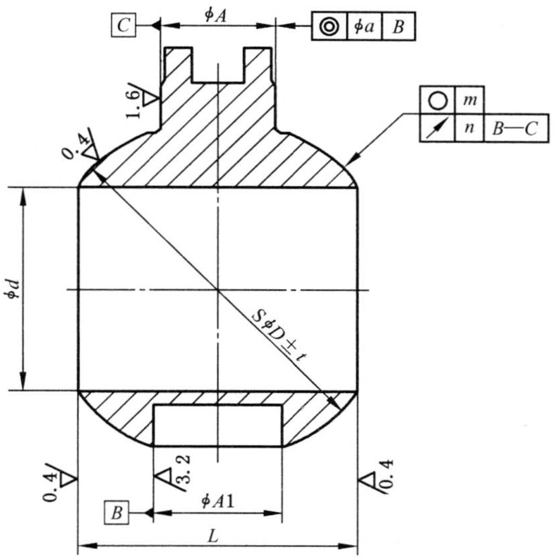

c)

图 2（续）

4 技术要求

4.1 球体材料

球体材料应符合 GB/T 1220、GB/T 12228、GB/T 15007、JB 4726、JB 4727、JB 4728、JB/T 6396 规定，或按订货合同的要求。常用材料见表 1。

表 1 球体的常用材料

序号	材料名称	材料牌号	标准号
1	碳钢	A105、25 等	GB/T 12228
2	铬-钼钢	35CrMo、42CrMo 等	JB 4726、JB/T 6396
3	铬不锈钢	12Cr13、20Cr13 等	GB/T 1220
4	铬-镍不锈钢	06Cr19Ni10、022Cr19Ni10 等	GB/T 1220、JB 4728
5	铬-镍-钼不锈钢	06Cr17Ni12Mo2、022Cr17Ni12Mo2 等	GB/T 1220、JB 4728
6	沉淀硬化不锈钢	05Cr17Ni4Cu4Nb 等	GB/T 1220
7	双相不锈钢	022Cr22Ni5Mo3N 等	GB/T 1220
8	耐蚀合金	NS3303、NS3306 等	GB/T 15007

4.2 材料冶炼

球体所用钢材应采用电炉冶炼，经供需双方协商，可采用电渣重熔、炉外精炼等冶炼方法。

4.3 化学成分

4.3.1 球体化学成分应符合相关材料标准的规定。

4.3.2 根据需要可进行成品分析，分析结果允许偏差应符合 GB/T 222 的规定。

4.4 球坯成型

4.4.1 球体毛坯使用的钢锭、钢坯或棒材应有熔炼单位的质量证明书。

4.4.2 球体毛坯使用的钢锭头尾应有足够的切除量，以确保锻件无缩孔及严重偏析等缺陷。

4.4.3 当采用钢锭或钢坯锻造球坯时，锻件主截面部分的锻造比不得小于3(电渣重熔钢不得小于2)。采用轧材锻造时，锻件主截面部分的锻造比不得小于1.6。

4.4.4 球坯锻件应在压机、锻锤或轧机上经热加工成型，整个截面上的金属应锻透，并尽可能锻至接近成品球的形状和尺寸。

4.5 锻件级别

4.5.1 球体锻件分为三级，其级别和技术要求按JB 4726、JB 4727、JB 4728的规定。每个级别的检测项目按表2的规定。按批抽查时，每批系指同一钢号，同炉进行热处理的球体锻件或采用与球体相同工艺的同炉试块。

表2 锻件级别及检查项目表

级别	检查项目	试样数量	应用范围
Ⅰ	硬度	逐件	公称压力不大于PN10，且工作温度不大于425 ℃的锻件
Ⅱ	硬度	逐件	公称压力大于PN10，不大于PN63，且工作温度不大于425 ℃的锻件
	力学性能 (R_m、R_{eL}、A、Z、A_K)	每批抽1%，但不少于1件	
Ⅲ	硬度	逐件	公称压力不小于PN100，或工作温度大于425 ℃的锻件
	力学性能 (R_m、R_{eL}、A、Z、A_K)	每批抽1%，但不少于1件	
	超声波探伤	逐件	

4.5.2 锻件硬度应符合相关材料标准的规定。

4.5.3 当锻件质量稳定时，表2中规定的硬度检查试件的数量可予以减少。在连续检验5件，硬度均符合要求时，可放宽检查按10%抽取。在抽查中如发现有不能满足要求的，则需逐件检查。

4.5.4 Ⅱ、Ⅲ级锻件的级别应在图样上注明，未注明者按Ⅰ级锻件处理。

4.5.5 当客户对检查项目和抽样有特殊要求时，按订货合同的要求执行。

4.6 热处理

球体精加工前应按相关标准进行热处理。热处理时应配备高温记录仪，以得到完整的热处理记录。

4.7 力学性能

4.7.1 力学性能应符合相关材料标准的规定。

4.7.2 当力学性能试验或复验不合格时，允许对该批(件)产品重新热处理后进行检验，但重新热处理次数不得超过两次(回火次数不计)。

4.8 耐腐蚀性能

当球体有耐腐蚀性要求时，应进行耐腐蚀性能试验，试验结果应能满足耐腐蚀性要求。

4.9 缺陷修复

球体锻件表面一般不应有裂纹，折叠和重皮等缺陷，如出现上述缺陷应作如下处理：

a) 缺陷深度小于公称加工余量的 2/3 并且保证加工后能完全清除者，不必专门处理。

b) 超过规定的缺陷一般不允许补焊，特殊情况应经设计、工艺、检查部门和生产车间共同分析后确定。若为外购件时，供方的补焊方案应经需方审核同意，补焊工作应按经评定合格的焊接工艺规程进行，焊工应持有资格证，补焊后应重新热处理。

c) 按订货合同的要求处理。

4.10 公差与粗糙度

4.10.1 球直径($S\phi D$)的尺寸偏差按 GB/T 1801—2009 公差带 js9 的规定，或按订货合同要求。

4.10.2 固定球上、下耳轴(轴孔)的同轴度(图 2)按表 3 的规定，或按订货合同的要求。

表 3 固定球上、下耳轴(轴孔)同轴度

单位为毫米

序号	尺寸	同轴度 ϕa
1	$S\phi D \leqslant 180$	0.03
2	$180 < S\phi D \leqslant 500$	0.04
3	$500 < S\phi D \leqslant 900$	0.05
4	$900 < S\phi D \leqslant 1\ 500$	0.06
5	$1\ 500 < S\phi D \leqslant 2\ 300$	0.08

4.10.3 球面的圆度和圆跳动(图 1、图 2)按表 4 的规定，或按订货合同的要求。

表 4 球面的圆度和圆跳动

单位为毫米

序号	尺寸	球面 $S\phi D$ 圆度 m	球面 $S\phi D$ 跳动 n
1	$S\phi D \leqslant 180$	0.02	0.08
2	$180 < S\phi D \leqslant 500$	0.03	0.15
3	$500 < S\phi D \leqslant 900$	0.04	0.20
4	$900 < S\phi D \leqslant 1\ 500$	0.05	0.25
5	$1\ 500 < S\phi D \leqslant 2\ 300$	0.08	0.40

4.10.4 球体主要位置表面粗糙度按图 1 和图 2 的规定，或按订货合同的要求。

4.11 表面处理

4.11.1 处理方法

表面处理按订货合同的要求进行。处理方法一般有：化学镀镍-磷、表面喷涂等。

4.11.2 化学镀镍-磷

4.11.2.1 球体加工成镀前状态，球面粗糙度不大于 $Ra0.4$，且球面不存在任何砂眼、裂纹、凹凸不平等缺陷时，进行表面化学镀镍-磷处理。

4.11.2.2 球体所有表面经化学镀镍-磷后，外观按需方的要求可为光亮、半光亮或无光泽的。并且用肉眼检查时，表面没有点坑、起泡、剥落、球状生长物、裂缝和其他会危害最终精饰的缺陷（除非有其他要求）。

4.11.2.3 镀层镍、磷成分应符合 GB/T 13913—2008 的规定，或按订货合同的要求。

4.11.2.4 化学镀镍-磷层硬度应不小于 HV500，或按订货合同的要求。

4.11.2.5 化学镀镍-磷层厚度不小于 0.025 mm，或按订货合同的要求。

4.11.2.6 化学镀镍-磷层结合力应能通过 GB/T 5270 规定的一种或多种结合力强度试验。

4.11.2.7 化学镀镍-磷层孔隙率应满足订货合同（如果有）的要求。

4.11.2.8 镀层耐腐蚀性能应满足订货合同（如果有）的要求。

4.11.3 表面喷涂

4.11.3.1 球面喷涂前不应有任何砂眼、裂纹、凹凸不平等缺陷。

4.11.3.2 喷涂粉末可按 GB/T 19356 选用，或按订购合同的要求。

4.11.3.3 目测喷涂层表面应均匀，不应有凹坑、裂纹、起泡、砂眼等缺陷。

4.11.3.4 喷涂厚度应不小于 0.13 mm，或按订货合同的要求。

4.11.3.5 喷涂硬度按喷涂粉末材料的选择确定。

4.11.3.6 喷涂层与基体材料结合力按订货合同的要求。

4.11.4 其他表面处理

其他表面处理，由供需双方协商。

4.12 无损探伤

锻件等级达Ⅲ级的锻件或订货合同有要求时，应进行无损检测，试验结果应符合相关标准的规定，或按订货合同的要求。

5 检验方法

5.1 化学成分

5.1.1 化学成分分析按 GB/T 223 的规定或采用光谱分析。

5.1.2 化学成分分析时，可按如下规定取样：

a) 从球体内孔与外径之间的中间部位取样；

b) 从破坏了的力学性能试样中取样，或同炉试块中取样。

5.2 力学性能

5.2.1 拉伸试验

拉伸试验按 GB/T 228 的规定。

5.2.2 冲击试验

材料有冲击要求时，按 GB/T 229 的规定。

5.2.3 锻件硬度试验

锻件硬度试验按 GB/T 231.1 的规定。根据需要也可用其他方法测定。

5.2.4 力学性能试样

力学性能试样应取自热处理后精加工前的半成品或代表成品球体的单独试块，但试块应采用与球体相同的加工工艺，并且与半成品球体一起热处理。当用棒材制造球体时，直接用热处理后的棒料截取试样。

5.3 耐腐蚀性能

5.3.1 耐腐蚀性能试验按 GB/T 4334 的规定，或订货合同的要求。

5.3.2 耐腐蚀性能试验试样可按如下方法获取：

a) 从球体内孔与外径之间的中间部位取样；

b) 从同炉热处理后的试块或棒材中取样。

5.4 其他性能检测

其他性能检测由供需双方协商。

5.5 公差和粗糙度

5.5.1 尺寸、形位公差

尺寸、形位公差检测采用适宜的仪器进行。

5.5.2 粗糙度

表面粗糙度采用粗糙度对比块或糙度仪检测。

5.6 表面处理

5.6.1 化学镀镍-磷

5.6.1.1 除非另有规定，目视检查涂层表面质量，应符合 4.11.2.2 的规定。

5.6.1.2 化学镀镍-磷层成分分析按 GB/T 13913—2008 附录 D 的规定。

5.6.1.3 化学镀镍-磷层硬度检验按 GB/T 9790 的规定。

5.6.1.4 化学镀镍-磷层厚度检验按 GB/T 13913—2008 附录 B 的规定。

5.6.1.5 镍磷镀层结合力检测按 GB/T 5270 的规定。

5.6.1.6 化学镀镍-磷层的最大孔隙率按订货合同的要求，测量方法由供需双方协商。

5.6.1.7 镀层耐腐蚀性按订货合同的规定。测试方法按 GB/T 6461 的规定。

5.6.2 表面喷涂

5.6.2.1 除非另有规定，目视检查涂层表面质量，应符合 4.11.3.3 的规定。

5.6.2.2 喷涂层厚度可用工程量具测量法、磁性检测法或其他适宜的方法检测。

5.6.2.3 喷涂层硬度检测按 YS/T 541 的规定。

5.6.2.4 喷涂层抗拉强度检测按 YS/T 542 的规定。

5.6.2.5 合同规定的其他要求，按供需双方的商定进行。

5.6.3 其他表面处理

其他表面处理检测按订货合同的规定。

5.7 无损检测

无损检测按 JB/T 6439、JB/T 6902、JB/T 6903 的规定，或按订货合同的要求。

6 检验规则

6.1 出厂检验

球体须逐个进行出厂检验和试验，检验合格后方可出厂。

6.2 检验项目

检验项目、技术要求和检验方法按表 5 的规定。若客户有指定要求，按客户要求进行。

表 5 球体检测规则

序号	检测项目	检验类别		技术要求	检测或试验方法
		出厂检验	抽样检验		
1	化学成分	√	√	4.3	5.1
2	力学性能	√	√	4.7	5.2
3	耐腐蚀性能	—	√	4.8	5.3
4	公差和粗糙度	√	√	4.10	5.5
5	表面处理	—	√	4.11	5.6
6	无损检测[a]	—	√	4.12	5.7
注：“√”为检验项目，“—”为不做检验的项目。					
[a] 当为Ⅲ级锻件时，应做出厂检验。					

6.3 抽样检验

6.3.1 有下列情况之一时，应进行抽样检验：

a) 正式生产时，定期或积累一定产量后，应周期性进行一次检验；

b) 正式生产时，如结构、材料、工艺有较大改变，可能影响产品性能时；

c) 产品长期停产后，恢复生产时。

6.3.2 抽样检验取样，检验样品可从制造商质检部门检验合格的库存产品中随机抽取，每一规格供抽样的最少台数和抽样台数按表 6 的规定。对整个系列产品进行质量考核时，根据该范围大小情况从中抽取 2 个～3 个典型规格进行检验。

表 6 抽样台数

公称尺寸 DN	供抽样的最少台数	抽样台数
≤200	10	2
250～600	6	1
≥700	4	1

7 交付文件

制造厂应向需方提供以下技术文件：

a) 材质证明书；

b) 热处理曲线及报告；

c) 尺寸检测报告；

d) 表面处理报告(有要求时)；

e) 无损检测报告(有要求时)；

f) 腐蚀试验报告(有要求时)；

g) 客户要求的其他报告。

8 标识、包装和贮运

8.1 产品标识应打在球体明显部位或需方指定的位置，打印标识的位置和方式应无损锻件球体的最终使用。对于小型锻件球体的标识，由供需双方商定执行。

8.2 锻件产品标识内容应有炉号、材料牌号、制造商代号等，或根据客户指定的要求标识。

8.3 用适宜的方法对产品进行包装，以满足各种运输要求。

8.4 产品运输过程应避免磕碰、贮存过程中应该防止锈蚀。

ICS 23.100
J 70

中华人民共和国国家标准

GB 26148—2010

高压水射流清洗作业安全规范

Safety specification for the use of manually operated high pressure waterjet equipment

2011-01-14 发布 2011-07-01 实施

中华人民共和国国家质量监督检验检疫总局
中国国家标准化管理委员会 发布

前　言

本标准第4章、第5章、第6章和第7章为强制性条款，其余为推荐性条款。

本标准按GB/T 1.1—2009给出的规则起草。

本标准由中国机械工业联合会提出。

本标准由全国喷射设备标准化技术委员会(SAC/TC 493)归口。

本标准起草单位:合肥通用机械研究院。

本标准主要起草人:薛胜雄、陈正文、王永强、韩彩红。

高压水射流清洗作业安全规范

1 范围

本标准规定了高压水射流清洗作业的定义、清洗作业队(人员、培训、防护与事故)、作业前的准备、作业规程和设备维护。

本标准适用于压力不小于10 MPa的高压水射流设备(以下简称“设备”)。

2 规范性引用文件

下列文件对于本文件的应用是必不可少的。凡是注日期的引用文件,仅注日期的版本适用于本文件。凡是不注日期的引用文件,其最新版本(包括所有的修改单)适用于本文件。

AQ 3025 化学品生产单位高处作业安全规范

JGJ 80 建筑施工高处作业安全技术规范

3 术语和定义

下列术语和定义适用于本文件。

3.1

水射流 waterjet

由喷嘴形成的不同形状的高速水流束,其射流的流速主要取决于喷嘴出入口断面的压力降。

3.1.1

低压水射流 low pressure waterjet

工作压力不大于10 MPa的水射流,其设备主机多为离心泵或低压往复泵。

3.1.2

高压水射流 high pressure waterjet

工作压力在10 MPa～100 MPa之间的水射流,其设备主机多为高压往复泵。

3.1.3

超高压水射流 super-high pressure waterjet

工作压力不小于100 MPa的水射流,其设备主机多为超高压往复泵和增压器。

3.2

磨料射流 abrasive waterjet

在射流打击物件之前固体颗粒已与射流束混合,通常由水射流引射磨料进入混合腔,然后再经准直喷嘴(又称“磨料喷嘴”)形成磨料射流。

3.3

高压水射流设备 high pressure waterjet unit

高压水射流设备泛指各种压力的水射流设备。它是一个含有喷嘴的流体能量释放系统,其喷嘴功能是将流体的压力能转变为速度能,形成自由射流束。射流中可以介入固体颗粒或附加化学药剂,也可加温。高压水射流设备的构成如下:

a) 高压水发生设备:高压泵机组、增压器机组;

b) 控制系统:安全阀、调压阀(溢流卸荷阀)、控制阀、电控柜、控制台等;
c) 执行机构:喷枪、喷杆、喷头、磨料射流总成、二维旋转喷头、三维旋转喷头等;
d) 辅助系统:压力表、拖车、进给机构等。

3.4

增压器 intensifier

通过活塞/柱塞面积的变化使驱动液体实现压力倍增的设备,特点是超高压、小功率。

3.5

高压泵和超高压泵 high pressure pump and super-high pressure pump

用于增加水压,并将高压水输送到喷嘴的压力源设备。这类泵可以是移动的也可以是固定的,常采用正排量柱塞泵型式以保证在给定泵速下流量的恒定。工作压力在 10 MPa~100 MPa 的泵为高压泵,工作压力不小于 100 MPa 的泵为超高压泵。

3.6

喷枪 spray gun

喷枪是控制高压水经喷嘴形成水射流的工具。喷枪由控制阀、喷杆和喷嘴总成(它包括一个或多个喷嘴)组成,喷枪必须有锁定机构,如图 1 所示。喷枪通常通过高压软管总成与高压泵排出端的调压阀直接连接。

喷枪可以按控制阀型式进一步定义。如果阀关闭时,系统降至常压,高压水排放到大气,则为卸荷型喷枪;如果阀关闭时,高压水仍保留在系统中,则为截流型喷枪。

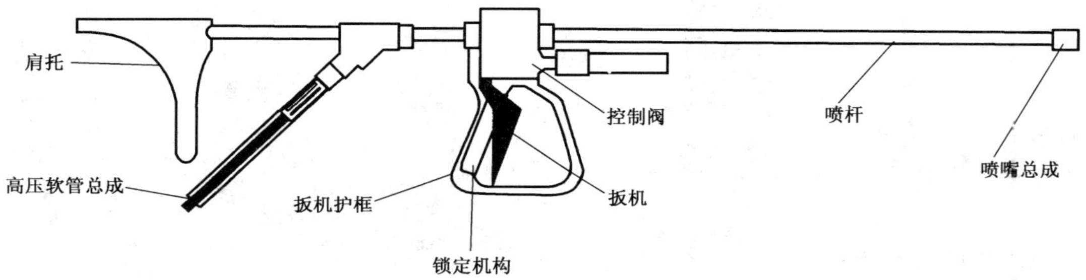

图 1

3.6.1

柔性喷枪 flex lance

由柔性管连接泵和喷嘴(喷头)形成水射流的工具,由脚踏控制阀控制。

3.6.2

刚性喷杆 rigid lance

由刚性管连接泵和喷嘴(喷头)形成水射流的工具,由脚踏控制阀控制。

3.7

喷头 spray head

设置有一个或多个喷嘴并由此形成水射流的部件(喷头限制了水的过流面积,产生了水射流速度并形成了所要求的射流形状)。

3.7.1

自转喷头 rotational spray-head by itself

一个连接在柔性管或刚性管上的包括轴承和旋转体的部件,该部件至少有两束射流偏置,无需附加任何外力,射流的反冲力就产生了喷头旋转的扭矩。

3.7.2

强制旋转喷头　powerful rotational spray-head

依靠外力强制旋转，以此形成可控转速的旋转射流的喷头。它使喷嘴沿直管或喷头体分布，利用喷嘴排列和旋转达到射流全面覆盖，以进行大面积清洗作业。

3.7.3

二维旋转喷头　2-D spray-head

绕着一个轴旋转的旋转喷头，其外形尺寸与所清洗管件内壁直径相适应，有可调转速和不可调转速两种形式。

3.7.4

三维旋转喷头　3-D tank cleaner

同步绕着两个相互垂直轴旋转的旋转喷头，其转速可以调节。按旋转方式分为强制旋转和自动旋转两种形式。

3.7.5

平面清洗器　surface cleaner

专用于清洗平面的旋转射流装置。其特点是大直径二维旋转喷头垂直向下喷射作业，通常为强制旋转转速可以调节。

3.7.6

自进喷头　self-feed spray-head

软管与喷头总成在管道内进退伸缩，以清除杂物，如图 2 所示。该喷头借助其向后的射流自进，它还包括直接安装在喷头组件后的一段硬管，以防止喷头在管道内翻转。

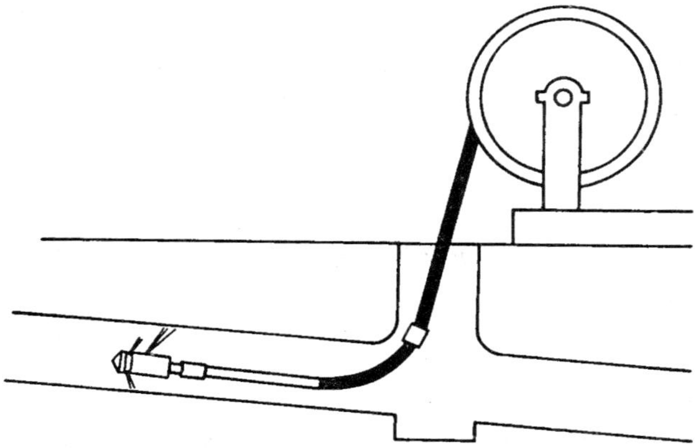

图 2

3.8

安全阀　relief valve

安全阀安装在泵的排出端，它以弹簧预载的方式预置在关闭位置。当泵压力超过预定值时，安全阀打开。

3.9

调压阀　pressure regulating valve

调压阀安装在泵的排出端，它凭借控制旁通水流来达到控制高压泵工作压力的目的。当系统中压力超过了预置值时，调压阀将部分开启，调压阀开启升程越高，旁通的水就越多，则喷嘴处流量就越小，其完全开启称为卸荷。

3.10

脚踏控制阀　foot-control valve

能够用脚动作控制水射流的一种控制阀。其踏板置于护框内。

3.11

多联阀　multi-gun valve

可将高压水输送到两个以上的水射流喷头上，它的动作应使两个以上的水射流喷头工况互不影响。

3.12

高压软管　high pressure hose

从高压水射流设备的一个部件到另一个部件输送水的柔性管。高压软管的最小爆破压力应是工作压力的2.5倍，高压软管应至少在1.5倍工作压力下试压。软管使用压力不得超过制造厂推荐的工作压力。软管失效可能引起鼓包、穿透。

3.12.1

软管总成　hose fitting

由软管和相应的端部接头组成，软管每个端部接头都要由专业扣压连接，并经过试压检验。

3.12.2

柔性扣　flex ring

用短的钢绳呈环状连接在两根软管的端部接头处。当发生接头断裂，柔性扣将阻止软管端部弹跳。

3.12.3

爆破压力　burst pressure

检验承压零部件可能失效的压力值。

3.12.4

试验压力　testing pressure

检验承压零部件得以正常工作的压力值。

3.13

进给装置　feed device

操作喷头运动的一种专用机械装置，使喷头接近清洗物件，通常能实现进给伸缩（垂直或水平）、倾斜、旋转、曲臂等功能。

3.14

压力表　pressure gauge

显示压力变化的仪表，压力表的刻度范围至少要比设备的最大工作压力高50%。当压力脉动较大时，应设置压力缓冲器以准确显示压力读数。

3.15

操作者　operator

经培训并验证具备安装、运行和维修设备的技能人员。

3.16

作业区　cleaning field

清洗作业涉及的用挂有警示标记护栏围起的全部区域。

3.17

反冲力　reactive force

实现水射流过程中对射流部件造成的反向冲击力。喷枪（头）操作者所承受的反冲力不得超过其体重的1/3。手持喷枪（头）的设计反冲力不得大于200 N。

4 清洗作业队

4.1 人员

4.1.1 队长

清洗作业队人数应视工程大小、难易和环境等情况而定，至少 2 人。作业队应设队长一名，其职责为：

a) 协调好全队的工作；

b) 做好作业前的准备工作(见第 5 章)；

c) 安排好具体作业程序(见第 6 章)；

d) 清理好作业场地并确保在清洗作业期间不被占用。

4.1.2 喷枪操作者

直接操作喷枪、喷头进行射流清洗作业的人员。

4.1.3 泵操作者

在清洗作业期间监控泵压力的升降，一旦喷枪操作者发现问题或发出疲劳信号时能立即作出反应；防止非作业人员进入作业现场或出现其他隐患。一旦出现任何意外情况，泵操作者应立即降低泵压力或停机。泵操作者在降低泵压力时应发出警告，以免喷枪操作者因反冲力的突然消失而失去平衡。

4.1.4 其他操作者

按作业具体情况，清洗作业队可能还需要其他操作者：

a) 当刚性喷枪或柔性喷枪不断向前进给时，喷枪操作者应再配一名助手；

b) 当泵的位置距喷枪操作者较远，则需一名队员监视整个清洗作业现场，在喷枪操作者与泵操作者之间联络。

4.1.5 身体状况

所有队员应具备担任其作业任务的体力。

4.1.6 岗位轮流

射流反冲力及射流作业环境(如反溅水)容易使喷枪操作者疲劳，因此，队员应实行岗位轮换制度。

4.1.7 信号

水射流噪声及一些安全防护用品可能会影响队员间用声音联络。全队对作业的每步操作(尤其是开泵、升压、降压、停泵)必须有明确的约定信号，作业前每个队员必须明确这些信号的意义。

4.2 培训

4.2.1 合格的操作者

高压水射流操作者应经过培训，掌握操作知识和技能。

4.2.2 伤害形式

高压水射流的切割作用及其对人体所带来的潜在危险性可通过视听演示或设备的实际使用(切割

木材、混凝土等）得到证实。

4.2.3 人身防护品

必须明确最少的人身防护用品。根据作业类别及位置等不同，何时及如何穿戴人身防护用品，均须在作业规程中加以明确。

4.2.4 姿势

必须确定站稳脚步的正确姿势和如何使用喷头、各种刚性喷枪、柔性喷枪等，受训者必须在密切监督下完成设备处于缓慢升压至额定工况下的作业训练。

4.2.5 设备运行

必须指出高压水射流设备运行潜在的问题和相应的正确动作，必须强调设备运行压力不得高于其额定工作压力。

4.2.6 控制装置

必须说明所有控制装置的操作方法，必须强调不乱动控制装置同保持其正确工作状态一样重要。

4.2.7 设备维护

高压水射流设备必须在作业前检查和维护。使用说明书必须给出设备维护所遵循的步骤和检查方法。必须强调当设备处于工作状态或泵在运转时，不允许修理设备或紧固螺纹连接。高压水射流设备各类阀的密封面在使用过程中承受强磨损，必须定期检查、维护或更换以确保其良好性能。

4.2.8 软管

必须说明如何检验和连接高压软管，包括软管平铺无扭曲，保护软管以免磨损，辨认不安全软管的缺陷和用于连接接头的方式方法。承压工况下不得紧固或乱动软管的连接接头。所有软管接头都必须使用柔性扣。

4.3 防护

4.3.1 操作人员和其他人员进入作业场地时，必须穿戴安全防护用品。

4.3.2 劳动保护用品

劳动保护用品包括：头盔、眼（风）镜、耳塞、防护服、手套、鞋和呼吸罩等。呼吸罩应在有毒或强烈异味的特定环境下佩戴，操作者在作业时必须对其检查和正确穿戴。进入作业场地的其他人员也必须穿戴相应的劳保用品。劳保用品见附录A。劳保用品不能禁止高压水射流的直接冲击或冲击反溅出的碎屑对操作者及其他工作人员所造成的伤害。所有劳保用品应符合国家有关劳动保护用品的标准。

4.4 事故

4.4.1 人身伤害

被水射流打击致伤的人不一定能观察到受伤的过程，特别是其内部损害及穿透深度。虽然伤口可能很小甚至不会出血，大量的水很可能已通过小孔穿透皮肤、肌肉及内部组织，如图3所示。

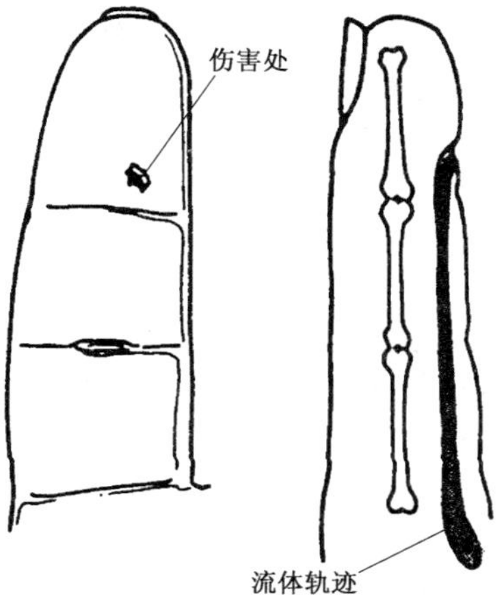

图 3

4.4.2 受伤者处理

发生事故后，应将受伤者立即送往医院并告知医生受伤的原因，并说明水射流的穿透破坏能力。

4.4.3 现场急救

送往医院前，应在现场对受伤者进行伤口包扎，并观察伤情。

4.4.4 报告

对于水射流清洗作业所造成的人身或设备损害情况，必须向有关部门提交事故报告。

5 作业前的准备

5.1 制定计划

5.1.1 对每项作业应先制定计划，计划内容包括：确定作业场地、清洗对象和选用水射流设备。分析场地对清洗作业有无影响、作业可能带来的环境问题、作业的安全问题，并就此制定出相应的防患措施，见附录 B。

5.1.2 腐蚀性等有害物质的作业

作业前，客户须向作业队明确说明是否存在腐蚀性或毒性等有害物质及其性质，作业队做必要的特殊防护，同时做好对废料的收集处理，以免造成环境污染。

5.1.3 确定作业工况

作业队必须对清洗对象及其垢层做必要的分析，确定清洗作业所必需的工作压力和流量。在流量条件许可的情况下，尽可能以较低的工作压力来完成清洗作业。

5.1.4 作业空间限制

当清洗作业必须受到空间限制时，作业队应拟定作业方案和安全防护措施，清理并明确界定作业场地。

5.2 作业场地

5.2.1 作业对象可以移动的情况下，最好将其运至指定的场地内作业，对现场作业必须经客户和作业队双方制定出具体的作业措施后方可开始作业。对明确界定的作业场地，必须在边界设置护栏以防闲人进入。护栏上悬挂写有“危险！勿靠近！高压水射流作业！”等标牌。

5.2.2 清洗物件的固定

禁止操作者直接支承把持清洗物件，清洗物件必须固定。

5.2.3 警示型护栏

护栏应设置在任何情况下射流都不会达到的地方，护栏可以是栅栏(图4)、绳索、网带等，起到有效地阻碍和警示作用。

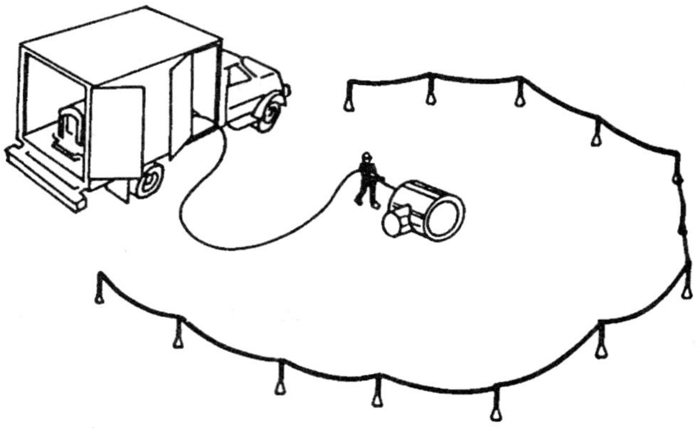

图 4

5.2.4 防护型护栏

当场地受到限制，不具备在射流射程外设置警示型护栏时，必须在作业对象周围设置防护型护栏，其作用是将射流或飞溅的碎屑挡在限定的作业场地内。

5.2.5 高处作业场地

当在高处现场作业时，尤其是操作者所处位置高于地面2 m以上时，应采取相应的高处作业防护措施，并制定“高处作业安全规程”，该规程应符合AQ 3025或JGJ 80的规定。

5.2.6 作业位置

操作者应观察射流与被清洗对象的相对位置，站在安全稳定的位置作业，作业区不应有软管或其他设备妨碍其动作。

5.3 作业清单

应将作业程序和所需设备列出详细清单，以确保清洗作业有序进行。

5.4 电气设备

作业现场的所有带有屏蔽防护罩或其他防护装置的电气设备都必须绝缘完好，注意电气设备接地，以防止其对人员造成伤害。

5.5 阀的控制

5.5.1 调压卸荷阀(有的机组为调压阀与截止阀组合)应由操作者直接控制,用以迅速卸荷,使设备压力降至低压状态。

5.5.2 喷头操作者必须通过手动或脚踩动作控制泵机组的卸荷。

5.5.3 设备上的所有阀在作业前须进行检查,如有开关不灵敏等故障时,必须更换或修复后方可开始作业。

5.6 装置配管

5.6.1 软管布置

软管应布置在操作者不穿越、行走的地方,软管、硬管都应支承固定,以免来自端部的振动引起摆动和摩擦。

5.6.2 软管防护

软管应防止被车辆碾压,不得超过其额定工作压力作业,作业前应对所有软管进行缺陷检查,作业过程中应对软管观察。

5.6.3 接头、垫圈

所有接头、垫圈在装配前应清洗干净,并确保其密封性可靠、承压匹配。

5.6.4 管路预冲洗

在安装喷头前,应开机常压运行,使设备管路冲洗干净,以防管路中有颗粒杂质堵塞喷嘴。

5.6.5 喷头

喷头安装前必须检查有无损坏、堵塞或其他缺陷,有缺陷的必须更换或修复。喷嘴直径应与设备工作压力和流量匹配。

5.6.6 气压系统

气压管路推荐采用钢丝编织胶管,以防人踩、车压引起意外动作。

5.7 进入作业现场

客户应告知可能接近作业场地的人员,不要自行进入正在进行高压水射流清洗作业的场地。

5.8 接头防护

软管与喷枪连接处必须装外层护管(如胶管)。以免操作者在接头破裂时受到伤害。

6 作业规程

6.1 正常作业

6.1.1 启动

只有得到喷枪操作者的指令,泵操作者才可启动清洗设备,如图5所示。设备升压前,泵操作者要确认：喷枪操作者处于安全位置并已控制喷头，其他队员也已就位。

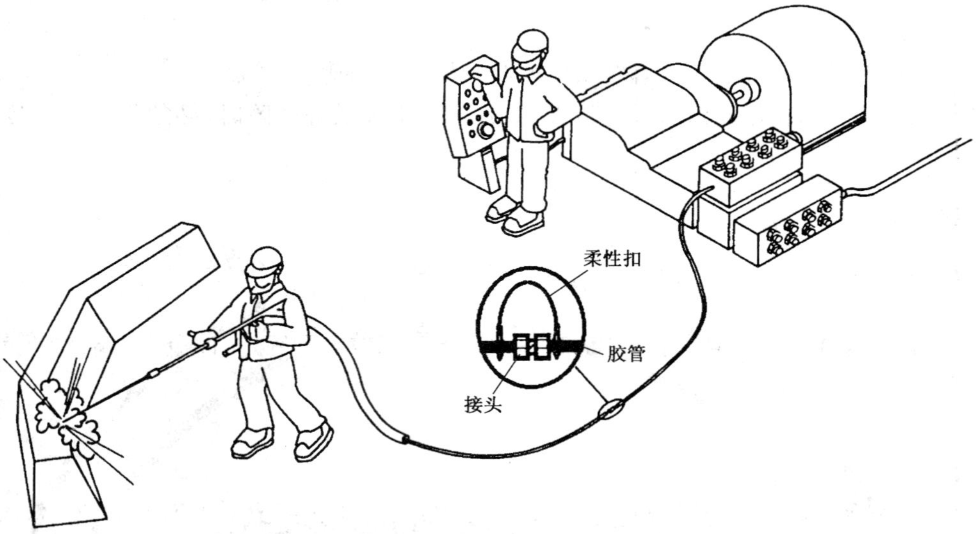

图 5

6.1.2 作业过程中的检查

升压前后，泵操作者都须检查软管及各接头，以便及时发现任何泄漏故障或其他异常情况。

6.1.3 紧固与调节

当水射流设备处于有压状态时，除阀的调节外，其他零部件都应处于正常工作状态，不得在设备工作时对紧固件、连接件进行紧固与调节，需要维修或调节时，必须使设备卸压停机。

6.1.4 压力控制

泵操作者在升压时应缓慢调节，使喷枪操作者适应射流反冲力的变化，一旦达到工作压力，没有调压指令则不应再做大幅度调节；设备停机降压时也应缓慢动作。同时，喷枪操作者的站立姿势也应适应反冲力的变化。

6.1.5 停止作业

设备卸压后仍需注意安全问题，尤其喷枪上装有截止阀时，喷枪操作者应确保关机后管路或喷枪中无剩余压力。当出现下列情况时，应停止作业：

a) 任何未经允许的人员进入作业场地；

b) 发现险情或隐患；

c) 设备或现场报警。

6.2 错误使用

操作者不能倚靠在设备中的软管或其他部件上，它们不能用来支撑操作者的重量，当作业空间受到限制时，这一点更需引起注意。

6.3 进出作业场地

清洗作业期间闲人不得进入作业场地，禁止进入作业场地的警示标牌应醒目地挂在护栏处。作业前应制定进出作业场地规程，当有人需进入或要求暂停作业，应先提醒在场除喷枪操作者外的任一队员注意。在作业过程中，只要不关枪，喷枪操作者不能分散注意力。

6.4 升压检查

在检查设备泄漏情况或故障零部件时，应缓慢升压，发现泄漏或故障件，应立即在完全卸压条件下，修复或更换。

6.5 值班

设备在有压情况下必须有人现场值班。

6.6 喷枪作业

6.6.1 控制

喷枪上应装有控制阀，喷枪操作者应直接控制该阀开关，如图 6 所示。

图 6

6.6.2 作业

操作者持稳喷枪，防止万一喷嘴瞬间堵塞而引起喷头突然偏向抖动；喷枪压力应缓慢上升；关闭喷枪后必须使其锁定。

6.6.3 多枪作业

在同一场地多枪作业时，操作者之间必须设置护栏或保持足够的空间距离，以防彼此受到高压水的伤害。

6.6.4 喷枪最小长度

喷枪最小长度要确保操作者持枪向下时，喷嘴触地而不触及或位于鞋面之上。

6.7 柔性喷枪作业

6.7.1 控制

柔性喷枪应连接脚踏控制阀，喷枪操作者应直接控制该阀开关，如图7所示。

图7

6.7.2 防止喷头后退

应采取有效强制措施防止喷头从被清洗管件中沿喷头进给方向反向后退。

6.7.3 反冲力应用

作业时，如果没有屏障保护措施，喷头的进给装置不能利用射流反冲力来推进。

6.7.4 排渣间隙

柔性喷枪、刚性喷枪、喷头外壁与被清洗管件内壁间应有足够间隙，使废水、废渣能顺畅排出。

6.7.5 升压

作业时，喷头在升压前应伸进被清洗管件中足够长度，以免射流反射伤及操作者；反之，在喷头从管件中退出前，系统必须卸压。

6.7.6 末端标志

在距离喷头不小于50 cm长度的高压管外壁上，即在射流可能伤及操作者的长度范围内，应做上明显标志。

6.7.7 喷头连接

当喷头及其刚性接头长度小于被清洗管道直径时，应在喷头后再接上一段长度不小于被清洗管件直径的硬管，或另设置防护屏障，以防万一喷头反转180°，使射流射向操作者。

6.8 刚性喷枪作业

6.8.1 控制

刚性喷枪上应连接脚踏控制阀，喷枪操作者应直接控制该阀开关，见图8。

图 8

6.8.2 喷杆长度

刚性喷枪及其延伸喷杆长度不应超出操作者能控制的范围，如必须超出，则需再配备一名辅助操作者控制喷杆。

6.8.3 防护罩

使用刚性喷杆作业时，应在喷杆上安装防护罩，以防止喷头偶然退出时对操作者造成伤害。

6.9 容器内壁清洗

6.9.1 装置组成

容器内壁清洗装置包括高压清洗机组、进给装置和旋转喷头。在高压泵和喷头之间的软管上应连接脚踏控制阀，操作者直接控制该阀开关。根据清洗作业需要，进给装置全部功能的控制均在容器外部实现。三维旋转喷头用于清洗大型容器(包括釜、罐、槽、舱等)。

6.9.2 升压

作业时，喷头应在设备升压前就进入被清洗容器中，以免射流伤及操作者；反之，喷头从容器中取出前，设备必须卸压。

6.9.3 装置底座

装置底座呈圆形，且其直径必须大于容器人孔直径，使装置完全承落在人孔上，并将人孔法兰与装置底座把接紧固，以免振动和射流从人孔溅出。

7 设备维护

7.1 维护级别

a) 第一级是操作者所做的日常维护保养，包括定期检查各零部件的正常工作状态，各连接件、紧固件是否安装正确、完好，确保设备中没有故障零部件；
b) 第二级是定期检查设备的阀、接头及喷枪等零部件，该项工作可由操作者在专业技术人员指导下按常规维修程序进行；
c) 第三级是泵和设备重要零部件的检修，该项工作必须按规定程序进行，且由专业技术人员来完成。

7.2 维护规程

设备维护规程中必须说明设备中的易损件；在清洗作业前设备装配和清洗作业设备拆卸时都应对

射流零部件进行维护检查，以确保其正常工作，每次都应检查各连接螺纹和喷嘴堵塞情况；成套设备至少要遵照随机文件的要求进行例行检验和常规维护。

7.3 动力设备

每天都必须检查动力设备，应确保燃料、油、介质和冷却水的正常供给；皮带应松紧适宜，没有剥皮、破裂等损伤；所有保护装置安全可靠、无损坏。每天都必须检查控制电缆和原动机控制开关。

7.4 泵

泵在启动前和关机后都应检查，确保其无泄漏或连接松动；泵运行应无异常声响，盘车无卡阻。泵不工作的时间内，保持油位。

7.5 进水

开机前应检查泵进水管路，可配备前置泵以保证一定水压和流量；作业期间应向水箱充足供水，水箱内无锈无脏。过滤器必须定期检查，确保其无堵塞和损坏；检查、更换、清洗过滤器时，严防固体颗粒通过进水管进入泵和喷头。滤网过滤精度和过滤面积应与设备对水质和水量的要求相适应。

7.6 软管总成

必须检查软管总成有无钢丝外漏以及折纹，有无因被压或磨损等引起的损坏，有无因内部破裂而引起的鼓包等。缠绕在绞盘上的软管不能过度弯曲，以免压折或损坏；绞盘则应有足够的润滑油和良好的密封。

7.7 喷头

喷头在安装前，确保喷嘴无堵塞和损坏，喷头连接螺纹完好、无损伤。

7.8 阀

作业前对脚踏控制阀、喷枪(阀)、调压阀、溢流卸荷阀、安全阀都必须检查，确保其清洁和性能良好，要定期对各种阀运行检验，及时修复或更换各种阀的损坏零件。

7.9 电气设备

对电气设备应做特别防护。作业前，必须检查所有电器盒、接头、旋钮、电缆和仪器、仪表有无损坏；这种检查应每天例行一次，确保作业时不会因水或磨料等侵蚀而损坏；电动机初次接线或每次重新接线后，都必须检查其转向是否正确。

7.10 拖车

每次作业前都要检查拖车的支承、连接和轮胎等，保持其完好移动。

7.11 专用工具

高压零部件组装与拆卸应使用制造厂提供或推荐使用的专用工具。

7.12 防冻措施

当设备在寒冷环境下使用时，必须增加防冻措施，具体做法是：将喷枪(喷头)拆下，将出水管口插进供水水箱，开机打循环，使防冻剂在设备管路内循环。如果泵或软管中的水已经结冰，必须在设备除冰后将喷枪(喷头)拆下，用低压水流经设备以确保设备中无冰渣后，方可重新起动。

附 录 A
（规范性附录）
高压水射流清洗作业用防护品

A.1 头部防护

头部防护主要使用头盔、面罩、带边挡的风镜等，见图A.1。眼镜或风镜的边挡应能阻止液体穿透，当液体会对眼部造成损害时，必须使用组合护目镜(图A.2)或戴全防护面罩的头盔。

图 A.1 头盔、面罩、带边挡风镜

图 A.2 组合护目镜

A.2 听力保护

听力防护设备包括泡沫耳塞、带耳塞的圆箍及耳罩。

A.3 身体防护

身体防护用品主要指防护服(图A.3)。防护服应遮盖操作者、防水并能挡住射流反溅的碎屑的冲击。

图 A.3

A.4 手防护

手防护用品主要是手套，手套的类型主要包括涂塑手套、橡胶手套和金属丝网增强手套。

A.5 脚防护

脚防护主要用防水靴，防水靴可使用一般劳保靴，持枪作业者则应在防水靴上加装金属防护片。

A.6 呼吸保护

呼吸保护主要指各种呼吸保护器，在有毒害气体场合应戴防毒面具（图 A.4），它能提供新鲜空气，又具备面部防护功能。

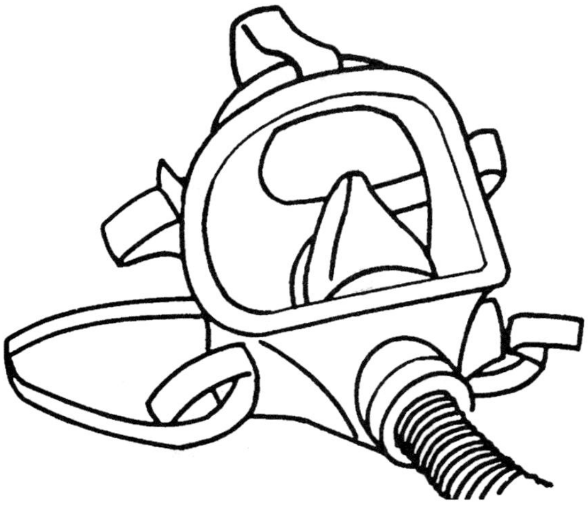

图 A.4

附　录　B
（规范性附录）
高压水射流清洗作业准备操作清单

日期/时间：	地点：　　　　作业对象：　　　　作业负责人：	
1	作业场地包括被清洗设备的端部是否清理过？	
2	是否设立了围栏以及合适的警告标志牌？	
3	外露的电气设备是否采取了必要的保护措施？	
4	是否由于设备可能的破坏会对操作者造成伤害？如排放腐蚀性化学介质、易燃液体或者气体？	
5	是否所有软管额定压力值与3.12规定相符？	
6	是否所有软管及接头均处于良好工作状态？	
7	是否所有喷嘴均无堵塞且可继续使用？	
8	是否采取了措施防止柔性喷枪上喷头摆动？	
9	吸入端过滤网是否洁净且能继续使用？	
10	供水是否恰当？	
11	是否采取了防冻措施？	
12	是否所有人员都有合适的工作用具和防护？	
13	是否所有工作人员都经过了培训并胜任这项工作？	
14	在安装喷嘴前，设备的连接管路是否都开泵冲刷并排气？	
15	所有连接包括管路、软管、接头是否在最高工作压力下进行过试运行？	
16	卸压系统是否可靠？	
17	是否所有控制系统均可正常工作？	
18	现场救护设备及医疗急救中心的位置是否都知道？	
19	是否检查了工作场地并满足限制进入要求？	
20	是否所有被清洗的动设备均已经关机？	
21	作业是否考虑了环保？	

ICS 43.040.10
T 35

中华人民共和国国家标准

GB/T 26149—2010

基于胎压监测模块的汽车轮胎气压监测系统

TPM Sensor Module based tire pressure monitoring systems for motor vehicles

2011-01-14 发布 2011-07-01 实施

中华人民共和国国家质量监督检验检疫总局
中国国家标准化管理委员会 发布

前　言

本标准参考了美国 FMVSS 138:2005《轮胎气压监测系统》、ISO 21750:2006《道路车辆　用于提高车辆安全性的轮胎压力监测系统》及美国 SAE J2657:2004《轻型道路车辆的轮胎气压監测系统》等相关内容制定。

本标准由国家发展和改革委员会提出。

本标准由全国汽车标准化技术委员会归口。

本标准负责起草单位:中国汽车技术研究中心、上海大众汽车有限公司、上海泰好电子科技有限公司、天津汽车检测中心、公安部交通安全产品质量监督检测中心、长沙汽车电器研究所、上海保隆汽车科技股份有限公司、苏州驶安特汽车电子有限公司、上海航盛实业有限公司、河南天海科技有限公司、慈溪市福尔达实业有限公司。

本标准参加起草单位:丰田汽车技术中心(中国)有限公司、通用电气传感仪器仪表(上海)有限公司、英飞凌科技(中国)有限公司、飞思卡尔半导体(中国)有限公司、大陆汽车电子(长春)有限公司、车王电子(宁波)有限公司。

本标准主要起草人:欧阳涛、刘新亮、吴银虎、金晓干、许志光、高明秋、李爱民、胡梦蛟、李威、那莉、夏全良、陈赋民、葛纪彬、冯涛、陆朝红、李世铭、张鑫、杨国勋、余正雄。

基于胎压监测模块的汽车轮胎气压监测系统

1 范围

本标准规定了基于胎压监测模块的汽车轮胎气压监测系统(TPMS)的性能要求和试验方法。

本标准适用于安装在M和N类汽车上的基于胎压监测模块的轮胎气压监测系统。

2 规范性引用文件

下列文件对于本文件的应用是必不可少的。凡是注日期的引用文件,仅注日期的版本适用于本文件。凡是不注日期的引用文件,其最新版本(包括所有的修改单)适用于本文件。

GB/T 2423.1 电工电子产品环境试验 第2部分:试验方法 试验A:低温

GB/T 2423.2 电工电子产品环境试验 第2部分:试验方法 试验B:高温

GB/T 2423.17 电工电子产品环境试验 第2部分:试验方法 试验Ka:盐雾

GB/T 2423.22 电工电子产品环境试验 第2部分:试验方法 试验N:温度变化

GB/T 2423.34 电工电子产品环境试验 第2部分:试验方法 试验Z/AD:温度/湿度组合循环试验

GB 14023—2006 车辆、船和由内燃机驱动的装置 无线电骚扰特性 限值和测量方法

GB/T 17619—1998 机动车电子电器组件的电磁辐射抗扰性限值和测量方法

GB 18655—2002 用于保护车载接收机的无线电骚扰特性的限值和测量方法

GB/T 19951—2005 道路车辆 静电放电的电骚扰试验方法

GB/T 21437.2—2008 道路车辆 由传导和耦合引起的电骚扰 第2部分:沿电源线的电瞬态传导

QC/T 413—2002 汽车电气设备基本技术条件

ISO 2575:2004 道路车辆 控制器、指示器和信号装置符号

ISO 16750-1:2006 道路车辆 电气及电子设备环境条件和试验 第1部分:一般规定

ISO 16750-3:2006 道路车辆 电气及电子设备环境条件和试验 第3部分:机械负荷

ISO 20653:2006 道路车辆 防护等级(IP代码)电气电子设备对外来物、水和触及的防护

3 术语和定义

下列术语和定义适用于本文件。

3.1

轮胎气压监测系统 tire pressure monitoring systems

TPMS

安装在车辆上能实时监测轮胎气压参数,并以视觉信号(也可包括听觉信号)进行显示和报警,以提高汽车行驶安全性,并减少因气压不足或过高造成轮胎加速磨损和车辆能耗增加的辅助系统。

3.1.1

胎压监测模块　TPM sensor module

安装在轮胎内部或车轮表面，测量车辆轮胎压力参数并进行信息传输的元器件总成。

3.1.2

接收器模块　receiver module

用于接收胎压监测模块发来的信息并向显示模块发送信号的部件。

注：有时接收器模块与显示模块合为一体。

3.1.3

显示模块　display module

用于显示报警指示图形符号、文字或数值等信息的装置。

3.2

冷态轮胎气压　recommended cold tyre inflation pressure

p_{rec}

由车辆制造商针对指定车辆的预定工作条件为每个位置轮胎推荐的气压值。

4　要求

4.1　TPMS一般要求

4.1.1　TPMS各部件外表面应光洁、平整，不应有凹痕、划伤、裂缝、变形等缺陷。

4.1.2　在接收到的信息中，系统应只处理本车各个胎压监测模块发射的信息。

4.1.3　TPMS应避免误报警的发生。

4.1.4　TPMS不要求监测备胎。如果备胎安装了胎压监测模块，应保证出售前备胎中胎压监测模块的正常，且车辆使用手册中应说明需要驾驶员定期监测备胎的气压值。

4.1.5　TPMS的工作温度范围

TPMS系统中各部件的工作温度和贮存温度见表1。

表1　温度范围

单位为摄氏度

项目	下限工作温度	下限贮存温度	上限工作温度	上限贮存温度
胎压监测模块	−40	−40	105	125
接收器模块	−40	−40	85	95
显示模块	−20	−40	70	95

4.2　TPMS基本功能

4.2.1　TPMS应具备开机自检功能，系统上电即开始自检，同时点亮故障报警灯，自检应在10 s内结束。若系统无故障，则故障报警灯应在10 s内熄灭；若有故障，则故障报警，直到故障解除。对于四轮以上的车辆，每增加一个车轮，自检时间允许相应地增加1 s。

4.2.2　TPMS应具有欠压报警功能，当汽车轮胎中的一个或多个轮胎气压低于制造厂规定的冷态轮胎气压值的75%，系统运行状态下，TPMS应在10 s内发出欠压报警信号，并指明欠压轮胎的位置。

4.2.3　TPMS应具有胎压过高报警功能，当汽车轮胎中的一个或多个轮胎气压高于制造厂规定的冷态轮胎气压值的125%，系统运行状态下，TPMS应在10 s内发出胎压过高报警信号，并指明胎压过高轮胎的位置。

4.2.4　TPMS 应具有故障报警功能，系统运行后，当系统本身出现故障时应在 10 min 内发出故障报警信号。

4.2.5　TPMS 应具有当前轮胎压力值显示功能，系统运行状态下，TPMS 应能够实时查询每个轮胎的压力值信息。

4.2.6　TPMS 信息显示及报警方式

4.2.6.1　显示模块显示的文字、图形符号、数值等，应清晰、易读。

4.2.6.2　欠压报警或胎压过高报警时应点亮如图 1(ISO 2575:2004 附录 K 中 K.10)所示的黄色指示灯，且持续点亮直到欠压或胎压过高状态解除；同时应以图形或文字准确指示出欠压或胎压过高轮胎的位置。

4.2.6.3　TPMS 故障报警时应持续点亮如图 1 所示的黄色指示灯，直到故障解除，并可同时附加图形或文字说明。

4.2.6.4　图 1 所示的报警指示灯应安装在客舱内驾驶员前方且清晰可见。

图 1

4.3　TPMS 装车后的信号接收性能

4.3.1　TPMS 静态信号接收性能

车辆静止时，TPMS 运行状态下，当被测车轮处于不同位置时，应能可靠接收胎压监测模块发出的数据。

4.3.2　TPMS 动态信号接收性能

车辆在高速行驶时，TPMS 运行状态下，应能可靠接收胎压监测模块发出的数据。

4.4　系统压力测量误差

TPMS 压力测量误差应符合表 2 规定。TPMS 所显示的任一个轮胎气压与试验充气压力之间误差不得超过表 2 规定的数值。

表 2　TPMS 压力测量误差　　　　单位为千帕

项目	适用轮胎气压范围	温度范围	
		0 ℃～50 ℃	−40 ℃～105 ℃(不包括 0 ℃～50 ℃)
误差	100～450	±8.5	±17.5
	100～700	±14.5	±24
	100～1 400	±40	±48

4.5　TPMS 无线通讯发射特性

TPMS 应符合国家相关要求。其中每个胎压监测模块安装到轮毂/轮胎总成后载波(未调制连续波 CW)发射功率不应超过−20 dBm(e.r.p 有效值检波)或 X,Y,Z 三个方向上的最大发射场强不应超过 80 dBμV/m(最大极化方向,3 m 峰值检波,分辨率带宽 9 kHz)。高频信息帧长度不宜超过 10 ms,任意 4 s 监测时间内高频信号发射时间累计不应超过 40 ms。对于使用低频信号(≤135 kHz)的系统,每个低频发射器载波(未调制连续波 CW)发射磁场强度不得超过 56 dBμA/m(最大极化方向,1 m 处准峰值检波,分辨率带宽 200 Hz);低频信息帧长度不宜超过 20 ms,任意 4 s 监测时间内低频发射时间累计不应超过 2 s。

4.6 电磁兼容性

4.6.1 电磁骚扰性能

TPMS 运行过程中,如果在整车上进行测试,则试验结果应该符合 GB 18655—2002 关于整车试验的限值要求;如果用分系统单独进行试验,试验结果应该满足 GB 18655—2002 零部件窄带辐射骚扰限值(峰值检波器)中等级 1 的要求。

4.6.2 电磁抗扰性能

TPMS 运行过程中,系统应按 GB/T 17619—1998 进行试验。试验进行过程中除有意发射频率,功能状态可为 C 类外,在其他频点上系统的功能状态应该达到 A 类。

4.6.3 电瞬态传导抗扰性

车载电源供电的接收器应按 GB/T 21437.2—2008 的规定进行试验,在 TPMS 运行过程施加脉冲干扰,系统应该达到如下要求:

——脉冲 1、4,功能状态达到 C 类,存储器达到状态 A 类;

——脉冲 2a,2b,3a,3b,5a,5b,功能状态达到 A 类。

其中参数 U_s 参考如表 3。

表 3 12 V 及 24 V 系统推荐使用的试验等级 单位为伏

脉冲	12 V 系统	24 V 系统
1	−100	−600
2a	50	50
2b	10	20
3a	−150	−200
3b	+100	+200
4	−7	−16
5a	+87	+174
5b	+87	+174

4.6.4 抗静电放电性能

TPMS 的系统或部件应按照 GB/T 19951—2005 的规定进行试验。空气放电(通电)电压±15 kV(max),接触放电(不通电)电压±6kV(max)。施加脉冲时功能状态可为 C(但存储器状态为 A),试验后,系统功能应达到状态 A。

4.7 接收器模块耐异常电源电压性能

4.7.1 耐电源极性反接性能

接收器模块应能承受 1 min 的电源极性反接试验而不损坏。反接电压为:12 V 电系为 14±0.2 V;

24 V 电系为 28 V±0.2 V。试验后除熔断器外不应有其他电气故障。试验后要满足产品的技术要求。TPMS 应符合 4.2 的要求。

4.7.2 耐电源过电压性能

接收器模块应能承受一定值的电源过电压试验，对 12 V 电系，试验参数见表 4。对 24 V 电系由汽车制造商和产品供应商共同协商确定。试验后 TPMS 应符合 4.2 的要求。

表 4 耐电源过电压

类型	试验电压 V	试验时间 min
长时过电压	18	60
短时过电压	24	1

4.8 气候负荷性能

4.8.1 低温

TPMS 应按表 1 规定的下限贮存温度进行 1 h 低温试验，恢复到常温后，TPMS 应符合 4.2 的要求。

4.8.2 高温

TPMS 应按表 1 规定的上限贮存温度进行 1 h 高温试验，恢复到常温后，TPMS 应符合 4.2 的要求。

4.8.3 温度变化

TPMS 应按表 1 中规定的下限和上限工作温度值进行温度变化试验，温度曲线如图 2 所示，循环次数为 100 次，恢复到常温后，TPMS 应符合 4.2 的要求。

一个试验循环过程如下(试验开始时的温度为室温)：从下限工作温度升到上限工作温度(或从上限工作温度降到下限工作温度)转换时间不超过 30 s，在上限工作温度下保持时间 30 min，在下限工作温度下保持时间 45 min。

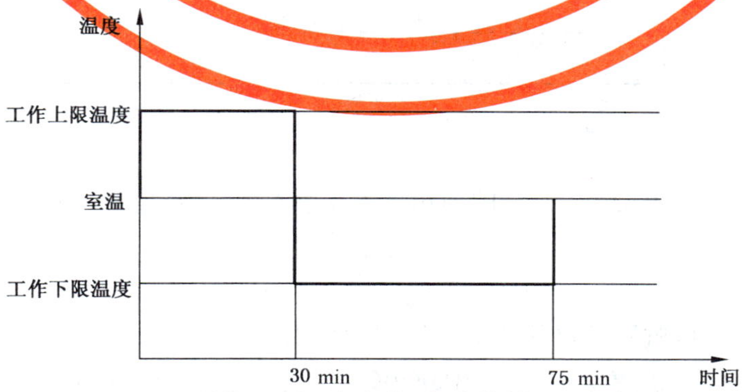

图 2 温度变化试验曲线

4.8.4 温度、湿度循环变化

TPMS 按 QC/T 413—2002 中 3.11 的规定进行温度、湿度循环变化试验，试验后在常温环境下放置 2 h 后，TPMS 应符合 4.2 的要求。

4.8.5 耐盐雾

按 GB/T 2423.17 规定的方法，对 TPMS 进行 48 h 盐雾试验、其中胎压监测模块需进行 96 h 的盐雾试验，试验完成后，在清水中洗掉沉积物，部件表面不应有任何腐蚀现象，TPMS 应符合 4.2 的要求。

4.9 机械负荷性能

4.9.1 随机振动

TPMS 按 ISO 16750-3:2006 中的相关要求进行试验，试验后各部件不允许出现损坏。在 ISO 16750-1:2006 定义的工作模式 3.2 下达到功能状态 A（即试验中和试验后，系统所有功能满足设计要求），其他工作模式下达到功能状态 C（试验中系统一个或多个功能不满足设计要求，但试验后所有功能能自动恢复到正常运行）。

4.9.2 机械冲击

TPMS 按 ISO 16750-3:2006 中 4.2.2.2 进行机械冲击试验。功能状态应达到 ISO 16750-1:2006 定义的 A 类（即试验中和试验后，系统所有功能满足设计要求）。

4.9.3 自由跌落

胎压监测模块应按 ISO 16750-3:2006 中 4.3.2 进行自由跌落试验。试验后在不影响胎压监测模块性能的情况下允许外壳有微小损坏，功能状态应达到 ISO 16750-1:2006 定义的 C 级（试验中装置有一个或多个功能不满足设计要求，但试验后所有功能能自动恢复到正常运行）。

4.9.4 耐过压

胎压监测模块应能持续承受表 5 中规定的最大耐压值 1 min 而不损坏，试验后应符合 4.4 的要求。

表 5 不同压力测量范围的胎压监测模块需承受的过压值　　单位为千帕

适用轮胎压力范围	最大耐压值
100～450	1 000
100～700	1 000
100～1 400	1 800

4.9.5 耐旋转加速度

胎压监测模块应能持续承受 1 100 g 的加速度 4 h 而不损坏，试验后应符合 4.4 的要求。

4.10 防护性能

安装在轮胎内部的胎压监测模块的防护等级应达到 ISO 20653:2006 中规定的 IP5K4K，安装在轮胎外部的胎压监测模块的防护等级应达到 IP6K9K。安装在底盘上的接收器模块的防护等级应达到 IP5K4K。安装在乘客舱内的显示模块或与显示模块合为一体的接收器模块的防护等级应达到 IP5K0。经防尘和防水试验后，TPMS 应符合 4.2 和 4.4 的要求。

5 试验方法

5.1 一般要求

5.1.1 试验条件

如未标明特殊要求，所有试验均在下述条件下进行：

a) 环境温度：室内 18 ℃～28 ℃；室外 0 ℃～40 ℃；

b) 环境相对湿度：25 %～75 %；

c) 环境气压：86 kPa～106 kPa；

d) 试验用电压为标称电源电压，12 V 电系电压为 14.0 V±0.2 V；24 V 电系电压为 28.0 V ±0.2 V。

5.1.2 测量用仪器设备

测量用仪器设备及精度如下：

a) 压力表及压力传感器，应采用数字式压力表及压力传感器，其量程应与被测样品工作压力相适应，误差不高于满量程的±0.5%，最小分度至少为 1 kPa；

b) 精密计时器，误差不高于 0.1s，最小分度为 0.01 s；

c) 符合 5.4.1 测试要求的轮胎转角测量仪，最小分度为 1°；

d) 符合 5.4.2 规定的放气速率要求的行车放气装置，在试验车辆上加装的行车放气装置不得对 TPMS 的性能产生明显影响；

e) 车速测量装置，误差不高于 1%。

5.2 外观检查

目视检查 TPMS 各部件的外观及结构是否符合。

5.3 TPMS 基本功能测试

基本功能试验可在整车上进行实车试验，也可在能够模拟系统正常安装和工作状况的台架上进行试验。

5.3.1 TPMS 自检功能测试

测试步骤如下：

a) 车辆静止且点火开关位于"OFF"时模拟 TPMS 失效状态，例如断开部分 TPMS 元件的电源，或断开部分 TPMS 元件之间的电连接，或安装与 TPMS 相冲突的轮胎等。模拟 TPMS 故障时，故障报警指示灯的电气联接不应被切断，并将所有车轮充气至车辆标示的(或轮胎充气压力标签标示的)冷态轮胎气压；

b) 将点火开关从"off"的位置旋至"on"的位置，记录从点火开关旋至"on"时到开始报警的时间，是否符合 4.2.1 的要求；

c) 将点火开关拨至"off"的位置；

d) 恢复 TPMS 系统至正常状态。将点火开关从"off"的位置旋至"on"的位置，记录从点火开关旋至"on"时到故障报警指示灯熄灭的时间，是否符合 4.2.1 的要求。

5.3.2 欠压报警测试

测试步骤如下：

a) 将所有车轮充气至车辆标示的(或轮胎充气压力标签标示的)冷态轮胎气压。在车辆静止且点火开关位于“off”时，调整轮胎气压，使某一轮胎或多个轮胎的气压比制造厂规定的冷态轮胎气压值的75%减去表2所列数值的绝对值(温度范围0 ℃～50 ℃)还低；

b) 将点火开关从“off”的位置旋至“on”的位置，记录从点火开关旋至“on”时到开始欠压报警的时间，是否符合4.2.2的要求；

c) 目视检查指示器指示的欠压轮胎位置是否正确；

d) 将点火开关拨至“off”的位置；

e) 将所有车轮充气至车辆标示的(或轮胎充气压力标签标示的)冷态轮胎气压。将点火开关从“off”的位置旋至“on”的位置，确定欠压报警指示灯熄灭；

f) 在车辆静止且点火开关位于“on”时，调整轮胎气压，使某一轮胎或多个轮胎的气压比制造厂规定的冷态轮胎气压值的75%减去表2所列数值的绝对值(温度范围0 ℃～50 ℃)还低。记录从胎压调整完毕到欠压报警指示灯开始点亮的时间，是否符合4.2.2的要求；

g) 将所有车轮充气至车辆标示的(或轮胎充气压力标签标示的)冷态轮胎气压，确定欠压报警指示灯熄灭。

5.3.3 胎压过高报警测试

测试步骤如下：

a) 将所有车轮充气至车辆标示的(或轮胎充气压力标签标示的)冷态轮胎气压。在车辆静止且点火开关位于“off”时，调整轮胎气压，使某一轮胎或多个轮胎的气压比制造厂规定的冷态轮胎气压值的125%加上表2所列数值的绝对值(温度范围0 ℃～50 ℃)还高；

b) 将点火开关从“off”的位置旋至“on”的位置，记录从点火开关旋至“on”时到开始胎压过高报警的时间，是否符合4.2.3的要求；

c) 目视检查指示器指示的胎压过高轮胎位置是否正确；

d) 将点火开关拨至“off”的位置；

e) 将所有车轮充气至车辆标示的(或轮胎充气压力标签标示的)冷态轮胎气压。将点火开关从“off”的位置旋至“on”的位置，确定胎压过高报警指示灯熄灭；

f) 在车辆静止且点火开关位于“on”时，调整轮胎气压，使某一轮胎或多个轮胎的气压比制造厂规定的冷态轮胎气压值的125%加上表2所列数值的绝对值(温度范围0 ℃～50 ℃)还高。记录从胎压调整完毕到胎压过高报警指示灯开始点亮的时间，是否符合4.2.3的要求；

g) 将所有车轮充气至车辆标示的(或轮胎充气压力标签标示的)冷态轮胎气压，确定胎压过高报警指示灯熄灭。

5.3.4 故障报警测试

测试步骤如下：

a) 将所有车轮充气至车辆标示的(或轮胎充气压力标签标示的)冷态轮胎气压；

b) 在TPMS运行状态下，模拟TPMS失效状态，例如断开部分TPMS系统元件的电源，或断开部分TPMS元件之间的电连接，或安装与TPMS相冲突的轮胎等。模拟TPMS故障时，故障报警指示灯的电气联接不应被切断；

c) 记录从故障产生到 TPMS 故障报警灯开始点亮的时间,是否符合 4.2.4 的要求;

d) 恢复 TPMS 至正常状态,确认故障报警指示灯熄灭。

5.3.5 轮胎气压值显示测试

在 TPMS 运行状态下,目视检查是否符合 4.2.5 的要求。

5.3.6 信息显示方式及报警方式检查

在 TPMS 基本功能测试过程中,通过视觉检查法检查系统显示方式及报警方式是否符合 4.2.6 的要求。

5.4 TPMS 装车后的信号接收性能试验

5.4.1 TPMS 静态信号接收性能试验

TPMS 装车后,每个车轮按照 5.3.2 中 a)～e)的步骤进行 36 次欠压报警试验,每完成一次试验后将被测车轮顺时针旋转 10°转角再进行下一次试验。检查并记录是否每次试验 TPMS 均在 10 s 内发出欠压报警信号,并指明欠压轮胎的位置。

5.4.2 TPMS 动态信号接收性能试验

测试步骤如下:

a) TPMS 装车后,将所有车轮充气至车辆标示的(或轮胎充气压力标签标示的)冷态轮胎气压;

b) 使车辆平稳加速至 120 km/h 或 80%最高车速(两者中取较小值),速度误差范围±10km/h,并保持在此车速行驶,对某一被测车轮持续放气直至该轮胎气压比制造厂规定的冷态轮胎气压值的 75%减去表 2 所列数值的绝对值(温度范围 0 ℃～50 ℃)还低时停止放气;

c) 记录从停止放气开始到欠压报警指示灯开始点亮时间;

d) 车辆减速行驶;

e) 每个车轮依照本条款中 a)～d)的试验过程测试 3 次。检查并记录是否每次试验 TPMS 均在 10 s 内发出欠压报警信号,并指明漏气轮胎的位置。

5.5 TPMS 压力测量误差测试

将 TPMS 模拟在整车安装的状态,作好电气连接。将被测轮胎气压监测模块置于压力环境中,按 4.4 中的压力、温度条件测试 TPMS 的压力测量误差。

5.6 系统无线通讯发射特性测试

将无线发射置于载波(未调制连续波 CW)连续发射状态下,在电波暗室内规定距离处(高频测量距离 3 m,低频测量距离 1 m)使用骚扰接收机或频谱仪扫描测量 TPMS 发射特性,检查并记录是否符合 4.5 的要求。将无线发射置于逻辑 0-1 间隔连续发射状态下进行测试,占用带宽、杂散发射特性也应符合国家有关规定的要求。

5.7 电磁兼容性测试

5.7.1 电磁骚扰性能测试

TPMS 运行状态下,在电波暗室中按 GB 14023—2006 和 GB 18655—2002 规定的试验方法在整车上进行电磁骚扰发射试验(仅测窄带信号);如果用系统单独进行试验,则要按照 GB 18655—2002 中的天线法进行试验。检查并记录是否符合 4.6.1 的要求。

5.7.2 电磁抗扰性能测试

TPMS 运行状态下,在电波暗室中按 GB/T 17619—1998 规定的试验方法用抗扰性限值表格 1 规定的抗扰电平进行辐射抗扰性试验。检查并记录是否符合 4.6.2 的要求。

5.7.3 电瞬态传导抗扰性测试

车载电源供电的接收器应按 GB/T 21437.2—2008 规定的试验方法在系统运行状态下进行试验。检查并记录是否符合 4.6.3 的要求。

5.7.4 抗静电放电性能测试

TPMS 的系统或部件应按照 GB/T 19951—2005 规定的部件通电试验方法进行试验。对胎压临测模块采用空气放电法进行试验(最大试验电压±15 kV),对接收控制器模块以及其他模块采用接触放电法进行试验(最大试验电压±6 kV)。检查并记录是否符合 4.6.4 的要求。

5.8 接收器模块耐异常电源电压试验

5.8.1 耐电源极性反接试验

在非工作状态下,按 4.7.1 规定的反接电压将其电源极性反接 1 min。试验后检查并记录是否符合 4.7.1 的规定。

5.8.2 耐电源过电压试验

将试验电压加载于电压输入端,试验电压、试验时间按 4.7.2 中表 4 的规定。试验后检查并记录是否符合 4.7.2 的要求。

5.9 气候负荷试验

5.9.1 低温试验

按 GB/T 2423.1 中试验 Ad 的相应试验方法进行试验。

5.9.2 高温试验

按 GB/T 2423.2 中试验 Bd 的相应试验方法进行试验。

5.9.3 温度变化试验

按 GB/T 2423.22 中试验 Na 的相应试验方法进行试验。

5.9.4 温度、湿度循环变化试验

按 GB/T 2423.34 中试验 Z/AD 的相应试验方法进行试验。

5.9.5 盐雾试验

按 GB/T 2423.17 中试验 Ka 的相应试验方法进行试验。

5.10 机械负荷试验

5.10.1 随机振动试验

将TPMS安装在振动台上，按ISO 16750-3:2006中4.1.2.4.2的要求进行随机振动试验。乘用车用胎压监测模块还应按ISO 16750-3:2006中4.1.2.5.2进行随机振动试验、商用车用胎压监测模块还应按ISO 16750-3:2006中4.1.2.9.2进行随机振动试验。

5.10.2 机械冲击试验

TPMS按ISO 16750-3:2006中4.2.2.2规定的机械冲击试验方法进行。

5.10.3 自由跌落试验

胎压监测模块按ISO 16750-3:2006中4.3.2规定的自由跌落试验方法进行。

5.10.4 过压试验

将胎压监测模块放置于压力环境中，加压至4.9.4中表5相应的最大耐压值，并保压1 min。

5.10.5 旋转加速度试验

将胎压监测模块按实车工作状态固定在旋转试验装置上(注意传感器的安装方向应与在轮胎中旋转的方向一致)，在旋转加速度1 100 g 条件下保持4 h。

5.11 防护性能试验

TPMS按ISO 20653:2006规定的防尘防水试验方法进行试验。

ICS 67.080
X 24

中华人民共和国国家标准

GB/T 26150—2010

免洗红枣

Exempts washes Chinese jujube

2011-01-14 发布

2011-06-01 实施

中华人民共和国国家质量监督检验检疫总局
中国国家标准化管理委员会 发布

前　言

本标准由国家林业局提出并归口。

本标准起草单位:好想你枣业股份有限公司。

本标准主要起草人:石聚彬、石聚领、孙明相、贾文进、张俊娜、吕秀珠、沈松钦、张丽娟、王永斌、荆红彩。

免 洗 红 枣

1 范围

本标准规定了免洗红枣的术语和定义、分类、质量要求、生产加工过程的卫生要求、检验方法、检验规则、标签、标识和包装、运输、贮存等内容。

本标准适用于以成熟的鲜枣或干枣为原料，经挑选、清洗、干燥、灭菌、包装等工艺制成的无杂质可以食用的干枣。

2 规范性引用文件

下列文件中的条款通过本标准的引用而成为本标准的条款。凡是注日期的引用文件，其随后所有的修改单(不包括勘误的内容)或修订版均不适用于本标准，然而，鼓励根据本标准达成协议的各方研究是否可使用这些文件的最新版本。凡是不注日期的引用文件，其最新版本适用于本标准。

GB 5009.3 食品中水分的测定

GB/T 5009.8 食品中蔗糖的测定

GB/T 5835 干制红枣

GB 7718 预包装食品标签通则

JJF 1070 定量包装商品净含量计量检验规则

国家质量监督检验检疫总局第 75 号令 定量包装商品计量监督管理办法

国家质量监督检验检疫总局第 123 号令 食品标识管理规定

中华人民共和国农业部第 70 号令 农产品包装和标识管理办法

3 术语和定义

下列术语和定义适用于本标准。

3.1

免洗红枣 exempts washs Chinese jujube

以成熟的鲜枣或干枣为原料，经挑选、清洗、干燥、杀菌、包装等工艺制成的无杂质可以食用的干枣。

3.2

肉质肥厚 plump flesh

免洗红枣可食部分的百分率超过一定的数值为肉质肥厚。鸡心枣可食部分不低于 84%，其他品种可食部分达到 90%以上者为肉质肥厚。

3.3

破头果 skin crack fruit

出现长度超过果实纵径 1/5 以上的裂口，但裂口处没有发生霉烂的果实。

4 分类

4.1 按水分分类

4.1.1 低含水量制品

低含水量制品水分不高于 25%。

4.1.2 高含水量制品

高含水量制品水分为大于 25%且不高于 35%。

4.2 按品种分类

4.2.1 免洗小红枣(包括金丝枣、鸡心枣等)。

4.2.2 免洗大红枣[包括灰枣、板枣、郎枣、圆铃枣(核桃纹枣、紫枣)、长红枣、赞皇大枣、灵宝大枣(屯屯枣)、壶瓶枣、相枣、骏枣、扁核酸枣、婆枣、山西(陕西)木枣、大荔圆枣、晋枣、油枣、大马牙枣、圆木枣等]。

5 质量要求

5.1 原料要求

红枣应选用符合 GB/T 5835 规定的成熟鲜枣或干枣。

5.2 理化要求

理化要求应符合表1的规定。

表1 理化要求

项　目	低含水量制品	高含水量制品
水分/%	≤25	25<水分≤35
总糖/%	≥50	

5.3 等级规格要求

5.3.1 免洗小红枣等级规格

免洗小红枣等级规格见表2。

表2 免洗小红枣等级规格

等级	指标		
	果型和大小	品质	损伤和缺点
特级	果型饱满,大小均匀,具有本品应有的特征,免洗小红枣每千克450~500粒。	果肉肥厚,具有本品应有的色泽,无肉眼可见外来杂质。	无霉烂果、不熟果,残次果(浆头、病果、虫果、破头果)不超过3%。
一级	果型饱满,大小均匀,具有本品应有的特征,免洗小红枣每千克501~600粒。	果肉肥厚,具有本品应有的色泽,无肉眼可见外来杂质。	无霉烂果、不熟果,残次果(浆头、病果、虫果、破头果)不超过3%。
二级	果型饱满,大小均匀,具有本品应有的特征,免洗小红枣每千克601~800粒。	果肉肥厚,具有本品应有的色泽,无肉眼可见外来杂质。	无霉烂果、不熟果,残次果(浆头、病果、虫果、破头果)不超过5%。
三级	果型饱满,大小均匀,具有本品应有的特征,免洗小红枣每千克801~1 000粒。	果肉肥厚,具有本品应有的色泽,无肉眼可见外来杂质。	无霉烂果、不熟果,残次果(浆头、病果、虫果、破头果)不超过5%。
等外果	具有本品应有的特征,粒数不限。	果肉肥厚,具有本品应有的色泽,无肉眼可见外来杂质。	无霉烂果、不熟果,残次果(浆头、病果、虫果、破头果)不超过8%。

5.3.2 免洗大红枣等级规格

免洗大红枣等级规格见表3。

表 3 免洗大红枣等级规格

等级	指标		
	果型和大小	品质	损伤和缺点
特级	果型饱满，大小均匀，具有本品应有的特征，免洗大红枣每千克 170～200 粒。	果肉肥厚，具有本品应有的色泽，无肉眼可见外来杂质。	无霉烂果、不熟果，残次果（浆头、病果、虫果、破头果）不超过 3%。
一级	果型饱满，大小均匀，具有本品应有的特征，免洗大红枣每千克 201～260 粒。	果肉肥厚，具有本品应有的色泽，无肉眼可见外来杂质。	无霉烂果、不熟果，残次果（浆头、病果、虫果、破头果）不超过 3%。
二级	果型饱满，大小均匀，具有本品应有的特征，免洗大红枣每千克 261～320 粒。	果肉肥厚，具有本品应有的色泽，无肉眼可见外来杂质。	无霉烂果、不熟果，残次果（浆头、病果、虫果、破头果）不超过 5%。
三级	果型饱满，大小均匀，具有本品应有的特征，免洗大红枣每千克 321～370 粒。	果肉肥厚，具有本品应有的色泽，无肉眼可见外来杂质。	无霉烂果、不熟果，残次果（浆头、病果、虫果、破头果）不超过 5%。
等外果	具有本品应有的特征，粒数不限。	果肉肥厚，具有本品应有的色泽，无肉眼可见外来杂质。	无霉烂果、不熟果，残次果（浆头、病果、虫果、破头果）不超过 8%。

5.4 净含量允许短缺量

应符合国家质量监督检验检疫总局第 75 号令《定量包装商品计量监督管理办法》的规定。

5.5 卫生要求

按有关食品安全国家标准规定执行。

6 检验方法

6.1 理化检验

6.1.1 水分

按 GB 5009.3 规定的方法测定。

6.1.2 总糖

按 GB/T 5009.8 规定的方法测定。

6.2 等级规格检验

6.2.1 果型和个头

按四分法取样 1 000 g，用肉眼观察。有粒数规定的，应查点粒数。

6.2.2 品质

用不锈钢刀将上述样品切开，用肉眼观察果肉、色泽、杂质。

6.2.3 损伤和缺点

随机取样品 1 000 g，用肉眼观察，根据等级规格规定，分别检验霉烂果、不熟果，并查点残次果（浆头、病果、虫果、破头果）个数，按式(1)计算残次率：

$$X=\frac{N_1}{N}\times 100\% \qquad \cdots\cdots(1)$$

式中：

X——残次率，%；

N_1——残次果个数，个；

N——样品总个数，个。

6.3 净含量

按JJF 1070规定执行。

6.4 卫生检验

按有关食品安全国家标准规定执行。

7 检验规则

7.1 批次

同品种、同一批原料生产的产品为一检验批次。

7.2 抽样方法和抽样量

7.2.1 抽样应具有代表性，在整批产品的不同部位，按规定件数随机抽取样品。

7.2.2 每批产品在100件以下时，抽样数量按3%抽取；超过100件时，每增加100件增抽1件，增加部分不足100件时按100件计算。

7.2.3 袋装及其他小包装产品，同批次250 g以上的包装，每件不得少于3个，250 g以下的包装，每件不得少于6个。

7.2.4 从每个产品的上、中、下三部分分别取样，每个取样数量应基本一致，将全部样品充分混匀后，以四分法抽取1 000 g供做试样。

7.2.5 将所抽取样品装入清洁干燥的容器内供检验用，用做微生物检验的样品应按无菌操作程序进行取样。

7.3 出厂检验

7.3.1 每批产品出厂前应由生产厂家进行检验，合格后出具产品合格证方可出厂。

7.3.2 出厂检验项目包括感官、净含量、水分、二氧化硫残留量、菌落总数、大肠菌群。

7.4 型式检验

7.4.1 型式检验项目包括本标准规定的全部项目。

7.4.2 每半年应进行一次型式检验。

7.4.3 有下列情况之一时，应进行型式检验：

——更换原料时；

——更换工艺时；

——长期停产后恢复生产时；

——出厂检验与上次型式检验有较大差异时；

——质量监督机构要求进行型式检验时。

7.5 判定规则

7.5.1 检验结果全部项目符合本标准规定时，判该批产品为合格品。

7.5.2 检验结果中微生物指标中有一项不符合本标准规定时，判该批产品为不合格品。

7.5.3 检验结果中除微生物指标外，其他项目不符合本标准规定时，可以在原批次产品中双倍抽样复检一次，复检结果全部符合本标准规定时，判该批产品为合格品；复检结果中如仍有一项指标不合格，判该批产品为不合格品。

8 标签、标识和包装

8.1 标签

应符合GB 7718的规定。

8.2 标识

应符合中华人民共和国农业部第70号令《农产品包装和标识管理办法》和国家质量监督检验检疫总局第123号令《食品标识管理规定》的规定。

8.3 包装

包装分外包装和内包装，接触免洗红枣的包装容器和包装材料应符合国家食品安全卫生要求。

9 运输、贮存和保质期

9.1 运输

本产品运输过程中要轻装、轻卸、防晒，严禁雨淋，避免与有毒、有害、有腐蚀性物质混放、混运。运输工具应保持清洁，无异味。

9.2 贮存

存放仓库地面应铺设格板，距墙壁不小于20 cm，使通风良好，防止底部受潮。仓贮温度不得高于25 ℃，严禁与有毒、有异味、发霉以及其他易于传播病虫的物品混合存放，并应加强防蝇、防鼠措施。

9.3 保质期

低含水量制品保质期为9个月，高含水量制品保质期为6个月。

ICS 35.240
L 67

中华人民共和国国家标准

GB/T 26151—2010

基于XML的电子商务发票报文

E-business invoice message based on XML

2011-01-14 发布 2011-06-01 实施

中华人民共和国国家质量监督检验检疫总局
中国国家标准化管理委员会 发布

前　　言

本标准的附录 A 为规范性附录，附录 B 为资料性附录。

本标准由全国电子业务标准化技术委员会(SAC/TC 83)提出并归口。

本标准起草单位：中国标准化研究院、阿里巴巴(中国)网络技术有限公司、多友科技(北京)有限公司、上海港虹信息科技有限公司、新景程国际物流有限公司、深圳市联合纵横国际货运代理有限公司、上海宝霖国际危险品物流有限公司。

本标准主要起草人：李佳伟、刘颖、章建方、隋媛、曹新九、孙文峰、胡涵景。

引　言

近年，可扩展置标语言（XML）得到了快速的发展，国际上相关标准化组织都在积极进行基于XML的报文设计方法相关的研究和探讨。UN/CEFACT与OASIS下设的UBL技术委员会专门负责进行XML格式报文设计方法的研究，并于2006年发布了通用业务语言（UBL，Universal Business Language）2.0版，以便定义可广泛应用于各个业务领域的基于XML的交换格式。

随着我国电子商务的迅速发展，部分行业也制定了针对某种具体报文的XML文档和相关的XML Schema。为进一步规范我国电子商务中基于XML的发票报文的设计、使用和管理，本标准主要参考UBL 2.0中发票报文的XML Schema，规定了基于XML的电子商务中参与方之间数据交换所用的发票报文的功能、设计原则、组成及主要内容等。其中，发票报文的业务内容在GB/T 20538.2—2010《基于XML的电子商务业务数据和过程　第2部分：业务信息实体目录》的基础上确定，并保持与其语义的一致性，发票报文的XML Schema设计遵循GB/T 19256.8《基于XML的电子商务　第8部分：报文设计规则》的有关规定。本标准的制定和实施，对规范我国电子商务的交易过程，促进我国电子商务与国际接轨并快速发展奠定了基础。

基于XML的电子商务发票报文

1 范围

本标准规定了基于XML的电子商务中参与方之间数据交换所用的发票报文的功能与设计原则、组成及主要内容，并给出了发票报文的XML Schema。

本标准适用于基于XML的电子商务发票报文的设计、管理与使用。

2 规范性引用文件

下列文件中的条款通过本标准的引用而成为本标准的条款。凡是注日期的引用文件，其随后所有的修改单(不包括勘误的内容)或修订版均不适用于本标准，然而，鼓励根据本标准达成协议的各方研究是否可使用这些文件的最新版本。凡是不注日期的引用文件，其最新版本适用于本标准。

GB/T 12406 表示货币和资金的代码(GB/T 12406—2008,ISO 4217:2001,IDT)

GB/T 19256.8—2009 基于XML的电子商务 第8部分：报文设计规则

GB/T 19256.9—2006 基于XML的电子商务 第9部分：核心构件与业务信息实体规范(ISO/TS 15000-5:2005,MOD)

GB/T 20538.2—2010 基于XML的电子商务业务数据和过程 第2部分：业务信息实体目录

3 术语、定义和缩略语

3.1 术语和定义

GB/T 19256.9—2006中确立的以及下列术语和定义适用于本标准。

3.1.1

核心构件类型 core component type;CCT

由一个内容构件(有且仅有一个)和一个或多个辅助构件组成的一种核心构件，其中内容构件给出了实际内容，辅助构件对内容构件给出了实质性的补充定义。核心构件类型没有业务语义。

[GB/T 19256.9—2006，定义3.1.38]

3.1.2

业务信息实体 business information entity;BIE

带有唯一业务语义定义的一条业务数据或一组业务数据，BIE可以是BBIE、ASBIE或ABIE。

[GB/T 19256.9—2006，定义3.1.14]

3.1.3

基本业务信息实体 basic business information entity;BBIE

表示特定业务语境中特定对象类的单一业务特性的业务信息实体。它有唯一的业务语义定义。

[GB/T 19256.9—2006，定义3.1.9]

3.1.4

聚合业务信息实体 aggregate business information entity;ABIE

由相互关联的若干条业务信息组成的集合，它表达了特定语境中清晰的业务含义。如果采用建模语言来表述，它表达了特定业务语境中的一个对象类。

[GB/T 19256.9—2006，定义3.1.1]

3.1.5

关联业务信息实体 association business information entity;ASBIE

表示特定业务语境中特定对象类的复合业务特性的业务信息实体。它有唯一的业务语义定义。

ASBIE 表示关联业务信息实体特性，并与具有相同结构的 ABIE 相关联。ASBIE 从 ASCC 衍生而来。

[GB/T 19256.9—2006，定义 3.1.4]

3.1.6

UCC 方式

将每个单词的首字母大写，并把这些单词组合起来的一种方式。

[GB/T 19256.8—2009，定义 3.1.68]

3.2 缩略语

下列缩略语适用于本标准。

ABIE：聚合业务信息实体(Aggregate Business Information Entity)

ASBIE：关联业务信息实体(Association Business Information Entity)

BIE：业务信息实体(Business Information Entity)

BBIE：基本业务信息实体(Basic Business Information Entity)

ID：标识符(Identifier)

QDT：限定的数据类型(Qualified Data Type)

UDT：未限定的数据类型(Unqualified Data Type)

UML：统一建模语言(Uniform Modeling Language)

XML：可扩展置标语言(Extensible Markup Language)

4 发票报文的功能及设计原则

4.1 发票报文的功能

电子商务发票报文依据电子商务活动中买卖双方商定的条件对所提供的商品或服务提出付款等要求，本标准中这种付款要求以 XML 方式给出。大多数情况下，发票报文描述了买方从卖方订购的商品或服务的实际财政义务，买卖双方认可的商品、服务的价值及其组成以及双方各自应尽的财务责任。

4.2 发票报文的设计原则

4.2.1 发票报文的业务设计原则

发票报文的业务设计原则如下：

a) 一张发票应包含有关付款条款和交货条款；

b) 一张发票可包含运输事项；

c) 一张发票仅限使用一种货币；

d) 一个卖方可以就一笔或多笔交易开出发票；

e) 一张发票可以涉及到与一个或多个订单、交货指示、取消某一项等相关的商品、项目或服务；

f) 就电子商务而言，发票可以包括附加信息，用于海关、统计和服务。

4.2.2 发票报文的语法设计原则

发票报文的语法设计原则如下：

a) 发票报文的 XML Schema 设计应遵循 GB/T 19256.8—2009 报文设计的规定；

b) 发票报文的 Schema 模块应导入以下通用 Schema 模块，具体包括：

  1) 通用 ABIE Schema 模块：

   - 应导入通用 BBIE Schema 模块；
   - 应导入 QDT Schema 模块；
   - 应导入 UDT Schema 模块；

  2) 通用 BBIE Schema 模块：

   - 应导入 QDT Schema 模块；
   - 应导入 UDT Schema 模块；

3） 通用扩展 BIE Schema 模块：
- 应导入通用 BBIE Schema 模块；
- 应导入 UDT Schema 模块；
- 可包含扩展数据类型；

4） QDT Schema 模块：应导入 UDT Schema 模块；

5） UDT Schema 模块。

发票报文的 XML Schema 模块结构图如图 1 所示：

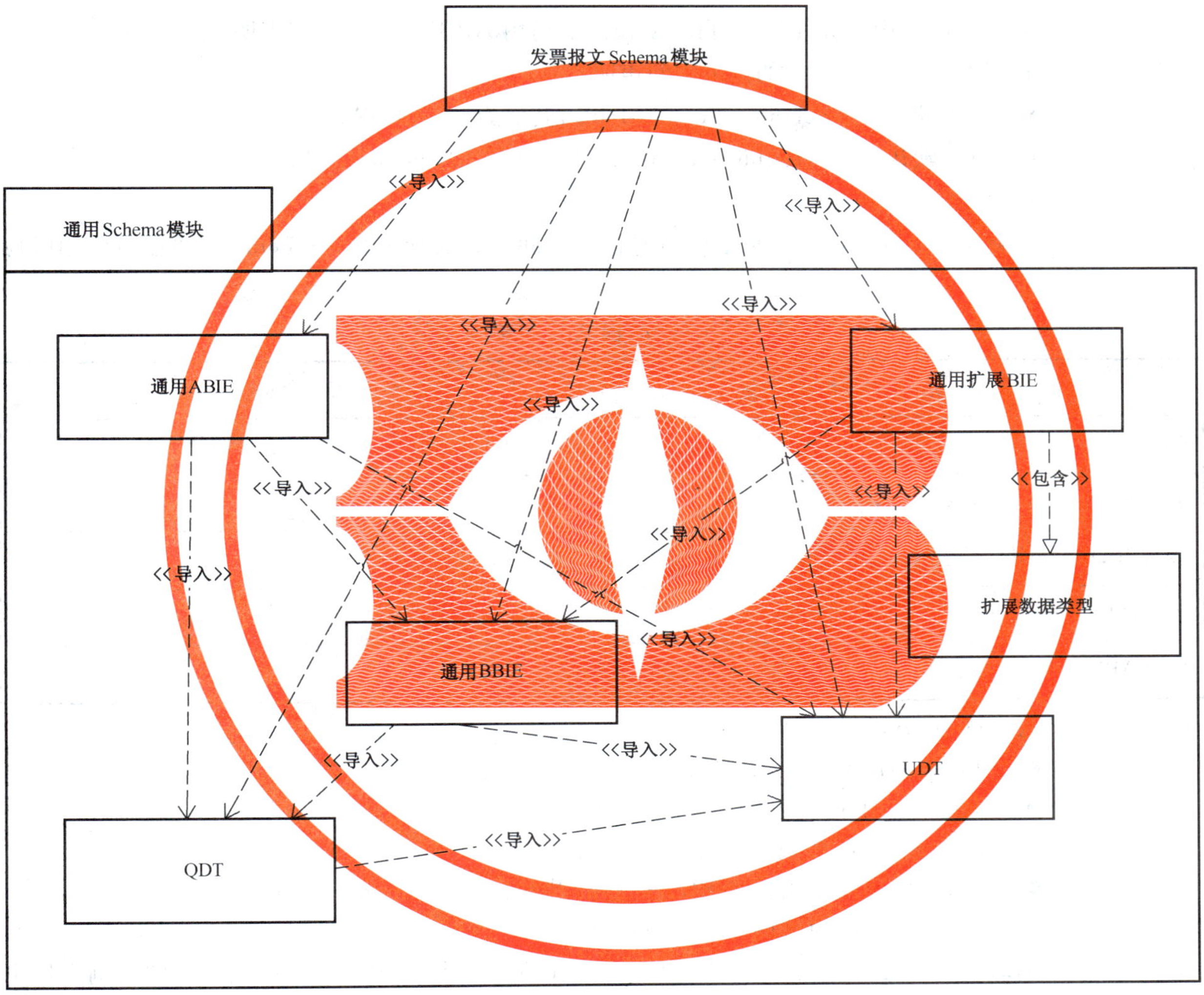

说明：

表示泛化，箭头由子类指向父类，表示类 1 对类 2 的继承关系。

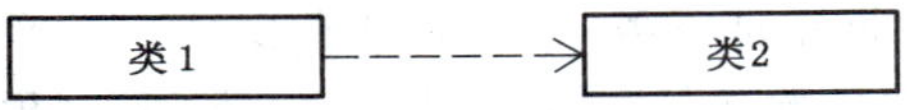

表示依赖，表示类 1 依赖于类 2。

图 1　发票报文 XML Schema 模块结构图

c） 发票报文的 XML Schema 应包含以下部分：

1） XML 声明，在 XML Schema 中采用 UTF-8 编码。

2） Schema 开始标记，包含以下相关声明：

- 目标命名空间属性；
- Schema 中实际使用的 QDT 的命名空间声明；
- Schema 中实际使用的扩展 BIE 的命名空间声明；
- 注释信息的命名空间声明；
- Schema 中实际使用的 UDT 的命名空间声明；
- Schema 中实际使用的、可重复使用的通用 BBIE 的命名空间声明；
- Schema 中实际使用的、可重复使用的通用 ABIE 的命名空间声明；
- 发票报文 Schema 的命名空间声明；
- 元素默认形式（elementFormDefaul），其值为“qualified”；
- 属性默认形式（attributeFormDefault），其值为“unqualified”；
- 版本。

为确保一致性并实现本标准中所有命名空间标记的标准化，Schema 模块在被引用时应使用表 1 中所示的名称和标记。

表 1 Schema 模块的名称和标记

名　称	标　记
QDT Schema 模块	qdt
通用扩展 BIE Schema 模块	ext
UDT Schema 模块	udt
通用 BBIE Schema 模块	cbc
通用 ABIE Schema 模块	cac

3） 导入（imports），包含以下声明：

- 可重复使用的通用 ABIE Schema 模块的导入（import）；
- 可重复使用的通用 BBIE Schema 模块的导入（import）；
- UDT Schema 模块的导入（import）；
- 可重复使用的通用扩展 BIE Schema 模块的导入（import）；
- QDT Schema 模块的导入（import）。

4） 根元素，发票报文的根元素为“Invoice”，在所有以本 XML Schema 为基础的实例文档中都必须以此元素为根元素。

5） 类型定义，对 BBIE、ABIE 类型进行定义，所有的注释元素应有前缀“ccts”。

5 发票报文的组成

发票报文主要由“记账供货方”、“卖方”、“记账客户方”、“买方”、“收款人”、“税务代理”、“发票期限”、“发货单证参考”、“收货单证参考”、“发起方单证参考”、“合同单证参考”、“附加单证参考”、“订单参考”、“账单参考”、“交货”、“交货条款”、“预付款”、“付款方式”、“付款条款”、“汇率”、“折让费用”、“税总额”、“签名”、“合法金额总计”和“发票行”等组成。

图 2 给出了发票报文的 UML 模型。

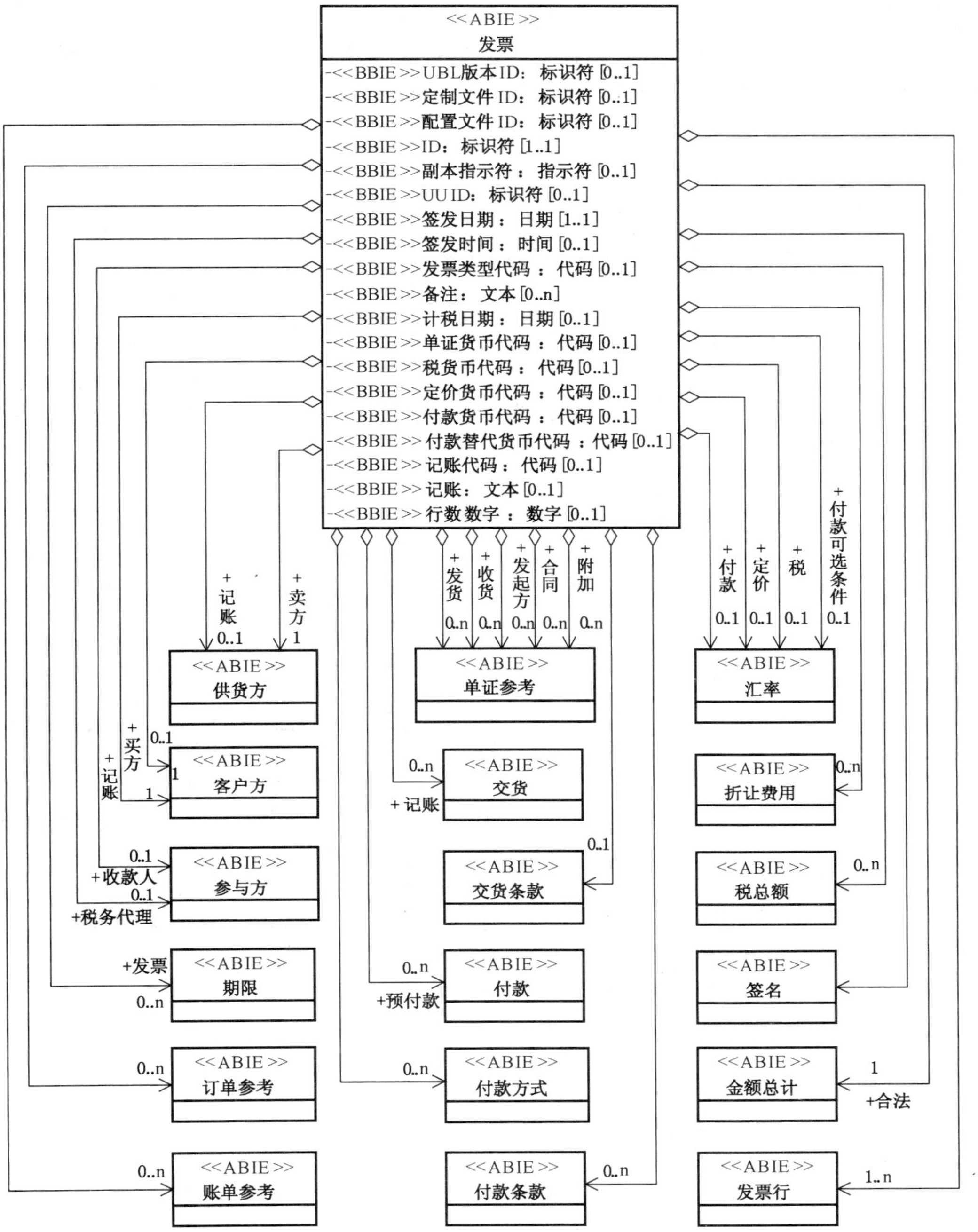

说明：

<<BBIE>> ×××× 表示 BBIE。

表示 ABIE。

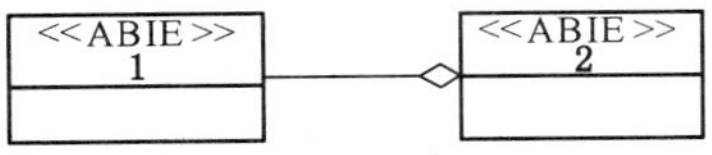

表示聚合，用于创建 ABIE 与 ASBIE 之间的整体与部分的关系，ABIE 1 是 ABIE 2 的 ASBIE。

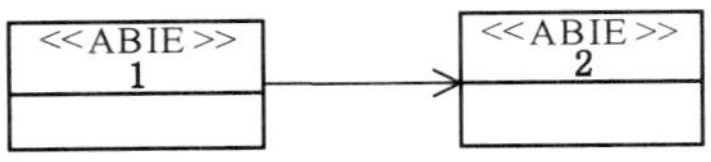

表示导向关联，ABIE 1 能够导航到箭头指向的 ABIE 2。

图 2　发票报文的 UML 模型图

发票报文中金额总计以及发票行中的“项”、“价格”和“商品分类”等 ASBIE 包含了与买方从卖方订购的商品或服务直接相关的信息，因此，本标准中主要对上述 ASBIE 及其所包含的主要 BBIE 进行说明，金额总计的 UML 模型见图 3，发票行的 UML 模型见图 4。其他不做具体说明的 ASBIE 和 BBIE 见GB/T 20538.2—2010 的相关部分。

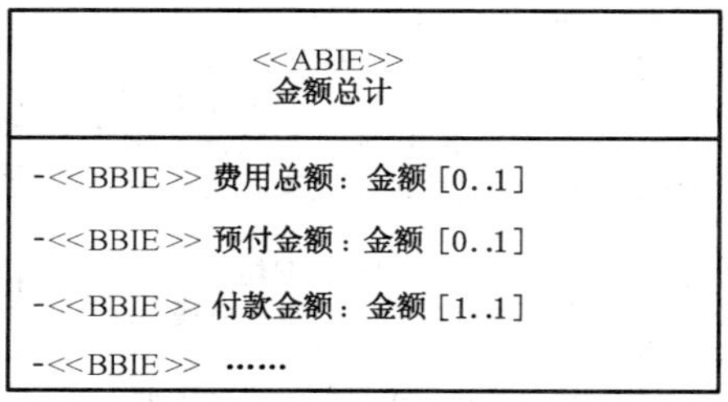

图 3 金额总计的 UML 模型图

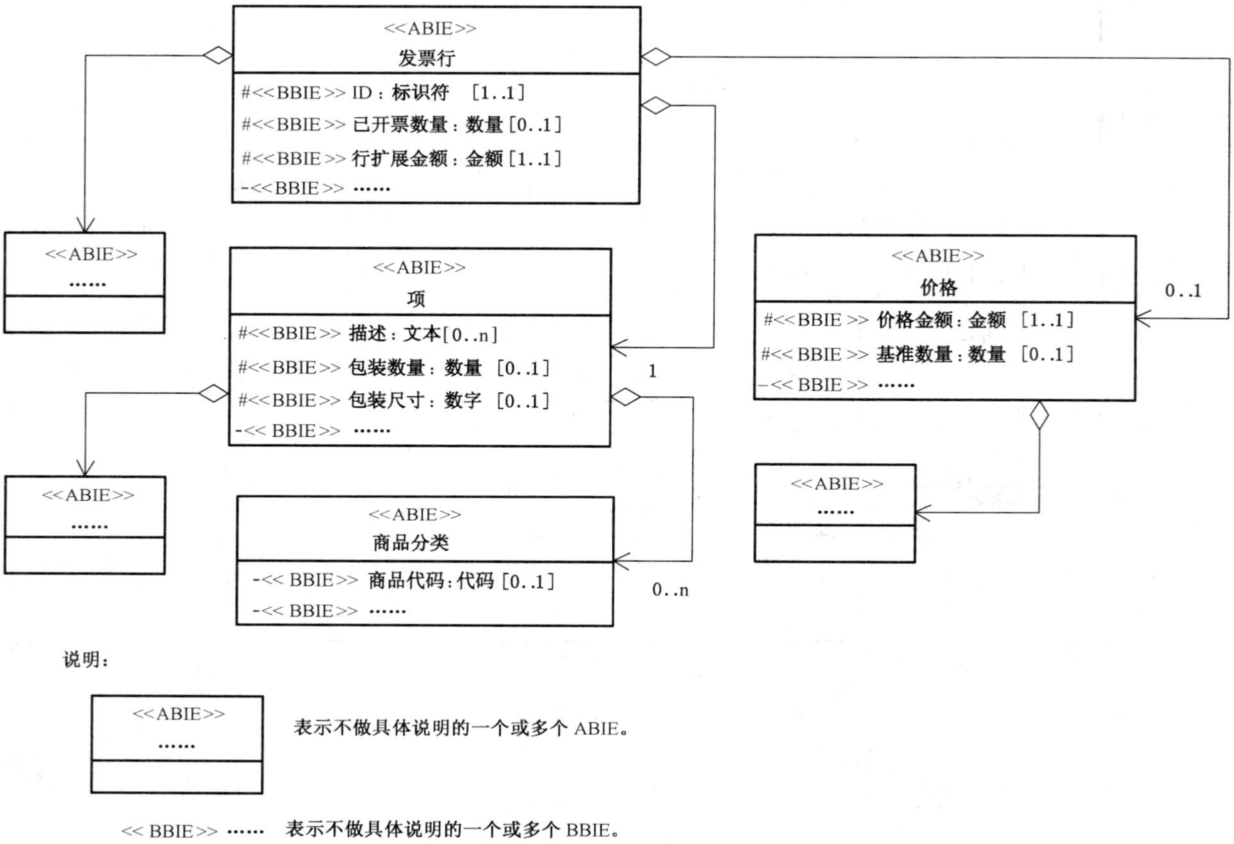

图 4 发票行的 UML 模型图

发票报文的 XML Schema 见附录 A，发票报文的 XML 实例文档见附录 B。

6 发票报文内容属性说明

发票报文由一个 ABIE(Invoice. details)、多个 ASBIE 和其所包含的 BBIE 组成，每个 BIE 主要采用“索引”、“XML 标记名”、“中文名称”、“字典条目名称”、“说明”、“关联类型”、“出现次数”、“数据类型”、“关联的对象类”及“备注”等属性进行说明，这些属性及其有关规则说明如下：

a) 索引：标记名在表格中的位置，索引不作为报文的必要部分。

b) XML 标记名：BIE 在 XMLSchema 中的标记名称，即 BIE 对应的“element name”。

XML 标记名的命名规则如下：

1） 发票报文中，有且仅有一个 ABIE，即“Invoice. Details”，其 XML 标记名为根元素“Invoice”。

2） 对于 BBIE 和 ASBIE，在字典条目英文名称及以下规则基础上，采用 UCC 方式命名：

- 去掉英文句点（.）、空格符或其他分隔符，以及 W3C XML1.0 中明确规定的不能用于 XML 名称的字符；
- 去掉对象类词；
- 如表示词与特性词有重复，则去掉表示词；
- “Identifier”以“ID”表示。

例如：

字典条目名称为“Invoice. Identifier”（发票. 标识符）的 BBIE，其 XML 标记名为 ID；

字典条目名称为“Invoice. Tax_Currency Code. Code ”（发票. 税货币代码. 代码）的 BBIE，其 XML 标记名为 TaxCurrencyCode；

字典条目名称为“Invoice. Despatch_Document Reference. Document Reference ”（发票. 发货单证参考. 单证参考）的 ASBIE，其 XML 标记名为 DespatchDocument Reference。

c） 中文名称：业务信息实体 XML 标记名的中文指称。

d） 字典条目名称：每个 BIE 有且仅有一个字典条目名称，名称由下面几部分构成，各部分之间用半角符号“.”分割：

1） 对象类词；

2） 特性词；

3） 表示词；

4） 各部分的限定词。

对于 ABIE，其特性词和表示词都是“细目”，如“Invoice. Details”。

对于 ASBIE，表示词为其所关联的 ABIE 的对象类词，特性词为该对象类词加上适当的语义限定词，如“Invoice. Originator_Document Reference. Document Reference”，若特性词也为该对象类词而没有语义限定词，即表示词与特性词相同时，则所关联的 ABIE 的对象类词只出现一次，如“Invoice. Billing Reference”。

有关字典条目名称的详细内容见 GB/T 19256.9—2006。

e） 说明：BIE 的语义解释。

f） 关联类型：指 BIE 是基本业务信息实体（BBIE）、聚合业务信息实体（ABIE）还是关联业务信息实体（ASBIE）。

g） 出现次数：该 BIE 在报文中重复出现的次数。

1） “0..1”表示“可选且仅可出现 1 次”；

2） “0..n”表示“可选且可出现多次”；

3） “1..1”表示“必选且仅可出现 1 次”；

4） “1..n”表示“必选且可出现多次”。

h） 数据类型：该 BBIE 所对应的核心构件类型（CCT），具体包括：“金额. 类型”、“二进制对象. 类型”、“代码. 类型”、“日期时间. 类型”、“标识符. 类型”、“指示符. 类型”、“计量. 类型”、“数字. 类型”、“数量. 类型”、“文本. 类型”等。

i） 关联的对象类：与该 ASBIE 相关的 ABIE 的对象类。

j） 备注：其他需说明的内容，不作为报文的必要部分。

7 发票报文的主要内容

7.1 发票报文（ABIE）的主要内容

发票报文（ABIE）的主要内容见表 2。

表 2 发票报文(ABIE)的主要内容

索引	XML 标记名	中文名称	字典条目名称	说 明	关联类型	出现次数	数据类型	关联的对象类	备 注
1	Invoice	发票	发票. 细目 Invoice. Details	用于提出付款要求的单证	ABIE				
2	UBLVersionID	UBL 版本标识符	发票. 版本标识符. 标识符 Invoice. Version Identifier. Identifier	UBL 2 的 Schema 早期版本的标识,该 Schema 定义了可能用在当前实例中的所有元素	BBIE	0..1	标识符. 类型		如:2.0.5
3	CustomizationID	定制文件标识符	发票. 定制文件标识符. 标识符 Invoice. Customization Identifier. Identifier	用户根据特定用途对 UBL 做出的个性化处理后形成的定制文件的标识	BBIE	0..1	标识符. 类型		
4	ProfileID	配置文件标识符	发票. 配置文件标识符. 标识符 Invoice. Profile Identifier. Identifier	针对定制文件,用户定义的配置文件的标识	BBIE	0..1	标识符. 类型		
5	ID	标识符	发票. 标识符 Invoice. Identifier	买方指定发票的标识	BBIE	1..1	标识符. 类型		
6	CopyIndicator	副本指示符	发票. 副本指示符. 指示符 Invoice. Copy_Indicator. Indicator	指出发票是一个副本(true)还是正本(false)	BBIE	0..1	指示符. 类型		
7	UUID	通用唯一标识符	发票. UUID. 标识符 Invoice. UUID. Identifier	ABIE 实例的通用唯一标识符	BBIE	0..1	标识符. 类型		
8	IssueDate	签发日期	发票. 签发日期. 日期 Invoice. Issue Date. Date	买方指定的签发发票的日期	BBIE	1..1	日期. 类型		

表 2（续）

索引	XML 标记名	中文名称	字典条目名称	说　明	关联类型	出现次数	数据类型	关联的对象类	备　注
9	IssueTime	签发时间	发票.签发时间.时间 Invoice. Issue Time. Time	买方指定的签发发票的时间	BBIE	0..1	时间.类型		
10	InvoiceTypeCode	发票类型代码	发票.发票类型代码.代码 Invoice. Invoice Type Code. Code	指定发票类型的代码	BBIE	0..1	代码.类型		
11	Note	备注	发票.备注.文本 Invoice. Note. Text	应用于发票的自由文本。这种自由文本可能包含备注或其他结构中不明确包含的类似信息	BBIE	0..n	文本.类型		
12	TaxPointDate	计税日期	发票.计税日期.日期 Invoice. Tax Point Date. Date	发票的日期,用于指明采用该税率的日期	BBIE	0..1	日期.类型		
13	DocumentCurrency Code	单证货币代码	发票.单证货币代码.代码 Invoice. Document_Currency Code. Code	在单证中出现的货币。同样可以作为定价或税的货币	BBIE	0..1	货币代码.类型		见 GB/T 12406
14	TaxCurrencyCode	税货币代码	发票.税货币代码.代码 Invoice. Tax_Currency Code. Code	发票中用于税额的货币	BBIE	0..1	货币代码.类型		见 GB/T 12406
15	PricingCurrency Code	定价货币代码	发票.定价货币代码.代码 Invoice. Pricing_Currency Code. Code	发票中用于定价的货币	BBIE	0..1	货币代码.类型		见 GB/T 12406
16	PaymentCurrency Code	付款货币代码	发票.付款货币代码.代码 Invoice. Payment_Currency Code. Code	发票中用于付款的货币	BBIE	0..1	货币代码.类型		见 GB/T 12406

表 2（续）

索引	XML 标记名	中文名称	字典条目名称	说　明	关联类型	出现次数	数据类型	关联的对象类	备　注
17	PaymentAlternativeCurrencyCode	付款替代货币代码	发票. 付款替代货币代码. 代码 Invoice. Payment Alternative_Currency Code. Code	发票中用于付款的替代货币	BBIE	0..1	货币代码. 类型		见 GB/T 12406
18	AccountingCostCode	记账代码	发票. 记账代码. 代码 Invoice. Accounting Cost Code. Code	应用于整个发票的买方记账代码	BBIE	0..1	代码. 类型		
19	AccountingCost	记账	发票. 记账. 文本 Invoice. Accounting Cost. Text	文本表示的应用于整个发票的买方记账成本中心	BBIE	0..1	文本. 类型		
20	LineCountNumeric	行数数字	发票. 行数. 数字 Invoice. Line Count. Numeric	单证中行的数量	BBIE	0..1	数字. 类型		
21	InvoicePeriod	发票期限	发票. 发票期限. 期限 Invoice. Invoice_Period. Period	与发票使用期限关联	ASBIE	0..n		期限	见 GB/T 20538.2—2010 中 7.78 ABIE“期限. 细目”
22	OrderReference	订单参考	发票. 订单参考 Invoice. Order Reference	与订单参考关联	ASBIE	0..1		订单参考	见 GB/T 20538.2—2010 中 7.67 ABIE“订单参考. 细目”
23	BillingReference	账单参考	发票. 账单参考 Invoice. Billing Reference	与账单参考关联	ASBIE	0..n		账单参考	见 GB/T 20538.2—2010 中 7.6 ABIE“账单参考. 细目”

表 2（续）

索引	XML 标记名	中文名称	字典条目名称	说　明	关联类型	出现次数	数据类型	关联的对象类	备　注
24	DespatchDocument Reference	发货单证参考	发票. 发货单证参考. 单证参考 Invoice. Despatch _ Document Reference. Document Reference	与发货通知关联	ASBIE	0..n		单证参考	见 GB/T 20538.2—2010 中 7.36 ABIE"单证参考. 细目"
25	ReceiptDocument Reference	收货单证参考	发票. 收货单证参考. 单证参考 Invoice. Receipt_Document Reference. Document Reference	与收货通知关联	ASBIE	0..n		单证参考	见 GB/T 20538.2—2010 中 7.36 ABIE"单证参考. 细目"
26	OriginatorDocument Reference	发起方单证参考	发票. 发起方单证参考. 单证参考 Invoice. Originator _ Document Reference. Document Reference	与发起方单证关联	ASBIE	0..n		单证参考	见 GB/T 20538.2—2010 中 7.36 ABIE"单证参考. 细目"
27	ContractDocument Reference	合同单证参考	发票. 合同单证参考. 单证参考 Invoice. Contract_Document Reference. Document Reference	与合同关联	ASBIE	0..n		单证参考	见 GB/T 20538.2—2010 中 7.36 ABIE"单证参考. 细目"
28	AdditionalDocument Reference	附加单证参考	发票. 附加单证参考. 单证参考 Invoice. Additional_Document Reference. Document Reference	与附加单证关联	ASBIE	0..n		单证参考	见 GB/T 20538.2—2010 中 7.36 ABIE"单证参考. 细目"

表 2（续）

索引	XML 标记名	中文名称	字典条目名称	说　明	关联类型	出现次数	数据类型	关联的对象类	备　注
29	Signature	签名	发票.签名 Invoice. Signature	与签名关联	ASBIE	0..n		签名	见 GB/T 20538.2—2010 中 7.96 ABIE“签名.细目”
30	AccountingSupplier Party	记账供货方	发票.记账供货方.供货方 Invoice. Accounting_Supplier Party. Supplier Party	与记账供货方关联	ASBIE	1..1		供货方	见 GB/T 20538.2—2010 中 7.100 ABIE“供货方.细目”
31	AccountingCustomer Party	记账客户方	发票.记账客户方.客户方 Invoice. Accounting_Customer Party. Customer Party	与记账客户方关联	ASBIE	1..1		客户方	见 GB/T 20538.2—2010 中 7.27 ABIE“客户方.细目”
32	PayeeParty	收款人	发票.收款人.参与方 Invoice. Payee_Party. Party	与收款人关联	ASBIE	0..1		参与方	见 GB/T 20538.2—2010 中 7.70 ABIE“参与方.细目”
33	BuyerCustomer Party	买方	发票.买方.客户方 Invoice. Buyer_Customer Party. Customer Party	与买方关联	ASBIE	0..1		客户方	见 GB/T 20538.2—2010 中 7.27 ABIE“客户方.细目”

表 2（续）

索引	XML 标记名	中文名称	字典条目名称	说　明	关联类型	出现次数	数据类型	关联的对象类	备　注
34	SellerSupplierPary	卖方	发票.卖方.供货方 Invoice. Seller_Supplier Party. Supplier Party	与卖方关联	ASBIE	0..1		供货方	见 GB/T 20538.2—2010 中 7.100 ABIE“供货方.细目”
35	TaxRepresentative Party	税务代理	发票.税务代理.参与方 Invoice. Tax Representative_ Party. Party	与税务代理关联	ASBIE	0..1		参与方	见 GB/T 20538.2—2010 中 7.70 ABIE“参与方.细目”
36	Delivery	交货	发票.交货 Invoice. Delivery	与交货关联	ASBIE	0..n		交货	见 GB/T 20538.2—2010 中 7.29 ABIE“交货.细目”
37	DeliveryTerms	交货条款	发票.交货条款 Invoice. Delivery Terms	与交货条款关联	ASBIE	0..1		交货条款	见 GB/T 20538.2—2010 中 7.30 ABIE“交货条款.细目”
38	PaymentMeans	付款方式	发票.付款方式 Invoice. Payment Means	与付款方式关联	ASBIE	0..n		付款方式	见 GB/T 20538.2—2010 中 7.76 ABIE“付款方式.细目”

表 2（续）

索引	XML 标记名	中文名称	字典条目名称	说　明	关联类型	出现次数	数据类型	关联的对象类	备　注
39	PaymentTerms	付款条款	发票. 付款条款 Invoice. Payment Terms	与付款条款关联	ASBIE	0..n		付款条款	见 GB/T 20538.2—2010 中 7.77 ABIE“付款条款. 细目”
40	PrepaidPayment	预付款	发票. 预付款. 付款 Invoice. Prepaid_Payment. Payment	与预付款关联	ASBIE	0..n		付款	见 GB/T 20538.2—2010 中 7.75 ABIE“付款. 细目”
41	AllowanceCharge	折让费用	发票折让费用 Invoice. Allowance Charge	与针对发票总体的折让和费用关联	ASBIE	0..n		折让费用	见 GB/T 20538.2—2010 中 7.4 ABIE“折让费用. 细目”
42	TaxExchangeRate	税汇率	发票. 税汇率. 汇率 Invoice. Tax_Exchange Rate. Exchange Rate	与单证货币和税货币间的汇率关联	ASBIE	0..1		汇率	见 GB/T 20538.2—2010 中 7.40 ABIE“汇率. 细目”
43	PricingExchange Rate	定价汇率	发票. 定价汇率. 汇率 Invoice. Pricing_Exchange Rate. Exchange Rate	与单证货币和定价货币间的汇率关联	ASBIE	0..1		汇率	见 GB/T 20538.2—2010 中 7.40 ABIE“汇率. 细目”

表 2（续）

索引	XML 标记名	中文名称	字典条目名称	说　明	关联类型	出现次数	数据类型	关联的对象类	备　注
44	PaymentExchange Rate	付款汇率	发票. 付款汇率. 汇率 Invoice. Payment_Exchange Rate. Exchange Rate	与单证货币和付款货币间的汇率关联	ASBIE	0..1		汇率	见 GB/T 20538.2—2010 中 7.40 ABIE“汇率. 细目”
45	PaymentAlternative ExchangeRate	付款替代汇率	发票. 付款替代汇率. 汇率 Invoice. Payment Alternative_ Exchange Rate. Exchange Rate	与单证货币和付款替代货币间的汇率关联	ASBIE	0..1		汇率	见 GB/T 20538.2—2010 中 7.40 ABIE“汇率. 细目”
46	TaxTotal	税总额	发票. 税总额 Invoice. Tax Total	与特定的税种或税率下的税总额关联	ASBIE	0..n		税总额	见 GB/T 20538.2—2010 中 7.104 ABIE“税总计. 细目”
47	LegalMonetary Total	合法金额总计	发票. 合法金额总计. 金额总计 Invoice. Legal_Monetary Total. Monetary Total	与发票中可付款的总额关联，包括折让、费用和税	ASBIE	1		金额总计	见 GB/T 20538.2—2010 中 7.64 ABIE“金额总计. 细目”
48	InvoiceLine	发票行	发票. 发票行 Invoice. Invoice Line	与一个或多个发票行关联	ASBIE	1..n		发票行	见 GB/T 20538.2—2010 中 7.48 ABIE“发票行. 细目”

7.2 合法金额总计(ASBIE)的主要内容

合法金额总计(ASBIE)的主要内容见表3。

表3 合法金额总计的主要内容

索引	XML 标记名	中文名称	字典条目名称	说明	关联类型	出现次数	数据类型	关联的对象类	备注
1	LegalMonetary Total	合法金额总计	发票. 合法金额总计. 金额总计 Invoice. Legal_Monetary Total. Monetary Total	与发票中可付款的总额关联,包括折让、费用和税	ASBIE			金额总计	见 GB/T 20538.2—2010 中 7.64 ABIE"金额总计. 细目"
2	PrepaidAmount	预付金额	金额总计. 预付金额. 金额 Monetary Total. Prepaid Amount. Amount	预付金额的总计	BBIE	0..1	金额. 类型		
3	PayableAmount	付款金额	金额总计. 付款金额. 金额 Monetary Total. Payable_Amount. Amount	付款总金额	BBIE	1..1	金额. 类型		

7.3 发票报文发票行(ASBIE)的主要内容

发票报文发票行(ASBIE)的主要内容见表4。

表4 发票行的主要内容

索引	XML 标记名	中文名称	字典条目名称	说明	关联类型	出现次数	数据类型	关联的对象类	备注
1	InvoiceLine	发票行	发票. 发票行 Invoice. Invoice Line	与一个或多个发票行关联	ASBIE			发票行	见 GB/T 20538.2—2010 中 7.48 ABIE"发票行. 细目"
2	ID	标识符	发票行. 标识符 Invoice Line . Identifier	标识一个发票行	BBIE	1..1	标识符. 类型		

表 4（续）

索引	XML 标记名	中文名称	字典条目名称	说　明	关联类型	出现次数	数据类型	关联的对象类	备　注
3	InvoicedQuantity	已开票数量	发票行.已开票数量.数量 Invoice Line. Invoiced_Quantity. Quantity	该发票行上所开的货项的数量	BBIE	0..1	数量.类型		
4	LineExtension Amount	行扩展金额	发票行.行扩展金额.金额 Invoice Line. Line Extension Amount. Amount	行项目的总计货币金额，包括折让费用但不包括净税	BBIE	1..1	金额.类型		

7.4　发票报文项(ASBIE)的主要内容

发票报文项(ASBIE)的主要内容见表 5。

表 5　项的主要内容

索引	XML 标记名	中文名称	字典条目名称	说　明	关联类型	出现次数	数据类型	关联的对象类	备　注
1	Item	项	发票行.项 Invoice Line. Item	与项关联	ASBIE			项	见 GB/T 20538.2—2010 中 7.49 ABIE“项.细目”
2	Description	描述	项.描述.文本 Item. Description. Text	用来描述该项文本的自由格式栏	BBIE	0..n	文本.类型		
3	PackQuantity	包装数量	项.包装数量.数量 Item. Pack Quantity. Quantity	单位包装数量	BBIE	0..1	数量.类型		
4	PackSize	包装尺寸	项.包装尺寸.数字 Item. Pack Size. Numeric	一个包装中所包含货项的数目	BBIE	0..1	数字.类型		

7.5 发票报文价格(ASBIE)的主要内容

发票报文价格(ASBIE)的主要内容见表6。

表6 价格的主要内容

索引	XML 标记名	中文名称	字典条目名称	说明	关联类型	出现次数	数据类型	关联的对象类	备注
1	Price	价格	发票行. 价格 Invoice Line. Price	与价格关联	ASBIE			价格	见 GB/T 20538.2—2010 中 7.81"价格. 细目"
2	PriceAmount	价格金额	价格. 价格金额. 金额 Price. Price Amount. Amount	价格的金额	BBIE	1..1	金额. 类型		
3	BaseQuantity	基准数量	价格. 基准数量. 数量 Price. Base_Quantity. Quantity	适用价格的实际数量	BBIE	0..1	数量. 类型		

7.6 发票报文商品分类(ASBIE)的主要内容

发票报文商品分类(ASBIE)的主要内容见表7。

表7 商品分类主要内容

索引	XML 标记名	中文名称	字典条目名称	说明	关联类型	出现次数	数据类型	关联的对象类	备注
1	CommodityClassification	商品分类	项. 商品分类 Item. Commodity Classification	关于商品分类的信息	ASBIE			商品分类	见 GB/T 20538.2—2010 中 7.18 "商品分类. 细目"
2	CommodityCode	商品代码	商品分类. 商品代码. 代码 Commodity Classification. Commodity Code. Code	为监管(海关和贸易统计)目的而制定的协调国际商品代码	BBIE	0..1	代码. 类型		

附 录 A
(规范性附录)
发票报文的 XML Schema

```
<? xml version = "1.0" encoding = "UTF-8"?>
<xsd:schema targetNamespace = "urn:oasis:names:specification:ubl:schema:xsd:Invoice-2"
xmlns:xsd = "http://www.w3.org/2001/XMLSchema"
xmlns = "urn:oasis:names:specification:ubl:schema:xsd:Invoice-2"
xmlns:cac = "urn:oasis:names:specification:ubl:schema:xsd:CommonAggregateComponents-2"
xmlns:cbc = "urn:oasis:names:specification:ubl:schema:xsd:CommonBasicComponents-2"
xmlns:udt = "urn:un:unece:uncefact:data:specification:UnqualifiedDataTypesSchemaModule:2"
xmlns:ccts = "urn:un:unece:uncefact:documentation:2"
xmlns:ext = "urn:oasis:names:specification:ubl:schema:xsd:CommonExtensionComponents-2"
xmlns:qdt = "urn:oasis:names:specification:ubl:schema:xsd:QualifiedDatatypes-2"
elementFormDefault = "qualified" attributeFormDefault = "unqualified" version = "2.0">
  <! -- = = = = = Imports = = = = = -->
  <xsd:import
namespace = "urn:oasis:names:specification:ubl:schema:xsd:CommonAggregateComponents-2"
schemaLocation = "../common/UBL-CommonAggregateComponents-2.0.xsd"/>
  <xsd:import
namespace = "urn:oasis:names:specification:ubl:schema:xsd:CommonBasicComponents-2"
schemaLocation = "../common/UBL-CommonBasicComponents-2.0.xsd"/>
  <xsd:import
namespace = "urn:un:unece:uncefact:data:specification:UnqualifiedDataTypesSchemaModule:2"
schemaLocation = "../common/UnqualifiedDataTypeSchemaModule-2.0.xsd"/>
  <xsd:import
namespace = "urn:oasis:names:specification:ubl:schema:xsd:CommonExtensionComponents-2"
schemaLocation = "../common/UBL-CommonExtensionComponents-2.0.xsd"/>
  <xsd:import namespace = "urn:oasis:names:specification:ubl:schema:xsd:QualifiedDatatypes-
2"
schemaLocation = "../common/UBL-QualifiedDatatypes-2.0.xsd"/>
  <! -- = = = = = Root Element = = = = = -->
  <xsd:element name = "Invoice" type = "InvoiceType">
    <xsd:annotation>
      <xsd:documentation>This element MUST be conveyed as the root element in any instance
document based on this Schema expression</xsd:documentation>
    </xsd:annotation>
  </xsd:element>
  <xsd:complexType name = "InvoiceType">
    <xsd:annotation>
      <xsd:documentation>
        <ccts:Component>
```

```
            〈ccts:ComponentType〉ABIE〈/ccts:ComponentType〉
            〈ccts:DictionaryEntryName〉发票.细目〈/ccts:DictionaryEntryName〉
            〈ccts:Definition〉用于提出付款要求的单证〈/ccts:Definition〉
            〈ccts:ObjectClass〉发票〈/ccts:ObjectClass〉
          〈/ccts:Component〉
        〈/xsd:documentation〉
      〈/xsd:annotation〉
      〈xsd:sequence〉
        〈xsd:element ref="ext:UBLExtensions" minOccurs="0"〉
          〈xsd:annotation〉
            〈xsd:documentation〉包含本报文的所有扩展〈/xsd:documentation〉
          〈/xsd:annotation〉
        〈/xsd:element〉
        〈xsd:element ref="cbc:UBLVersionID" minOccurs="0"〉
          〈xsd:annotation〉
            〈xsd:documentation〉
              〈ccts:Component〉
                〈ccts:ComponentType〉BBIE〈/ccts:ComponentType〉
                〈ccts:DictionaryEntryName〉发票.UBL 版本标识符.标识符
〈/ccts:DictionaryEntryName〉
                〈ccts:Definition〉 UBL 2 的 Schema 早期版本的标识,该 Schema 可能用在当前实例中
的所有元素〈/ccts:Definition〉
                〈ccts:Cardinality〉0..1〈/ccts:Cardinality〉
                〈ccts:ObjectClass〉发票〈/ccts:ObjectClass〉
                〈ccts:PropertyTerm〉UBL 版本标识符〈/ccts:PropertyTerm〉
                〈ccts:RepresentationTerm〉标识符〈/ccts:RepresentationTerm〉
                〈ccts:DataType〉标识符.类型〈/ccts:DataType〉
                〈ccts:Examples〉2.0.5〈/ccts:Examples〉
              〈/ccts:Component〉
            〈/xsd:documentation〉
          〈/xsd:annotation〉
        〈/xsd:element〉
        〈xsd:element ref="cbc:CustomizationID" minOccurs="0"〉
          〈xsd:annotation〉
            〈xsd:documentation〉
              〈ccts:Component〉
                〈ccts:ComponentType〉BBIE〈/ccts:ComponentType〉
                〈ccts:DictionaryEntryName〉发票.定制文件标识符.标识符
〈/ccts:DictionaryEntryName〉
                〈ccts:Definition〉用户根据特定用途对 UBL 做出的个性化处理后形成的定制文件的
标识〈/ccts:Definition〉
                〈ccts:Cardinality〉0..1〈/ccts:Cardinality〉
                〈ccts:ObjectClass〉发票〈/ccts:ObjectClass〉
```

```
          〈ccts:PropertyTerm〉定制文件标识符〈/ccts:PropertyTerm〉
          〈ccts:RepresentationTerm〉标识符〈/ccts:RepresentationTerm〉
          〈ccts:DataType〉标识符.类型〈/ccts:DataType〉
          〈ccts:Examples〉NES〈/ccts:Examples〉
        〈/ccts:Component〉
      〈/xsd:documentation〉
    〈/xsd:annotation〉
  〈/xsd:element〉
  〈xsd:element ref = "cbc:ProfileID" minOccurs = "0"〉
    〈xsd:annotation〉
      〈xsd:documentation〉
        〈ccts:Component〉
          〈ccts:ComponentType〉BBIE〈/ccts:ComponentType〉
          〈ccts:DictionaryEntryName〉发票.配置文件标识符.标识符
〈/ccts:DictionaryEntryName〉
          〈ccts:Definition〉针对定制文件,用户定义的配置文件的标识〈/ccts:Definition〉
          〈ccts:Cardinality〉0..1〈/ccts:Cardinality〉
          〈ccts:ObjectClass〉发票〈/ccts:ObjectClass〉
          〈ccts:PropertyTerm〉配置文件标识符〈/ccts:PropertyTerm〉
          〈ccts:RepresentationTerm〉标识符〈/ccts:RepresentationTerm〉
          〈ccts:DataType〉标识符.类型〈/ccts:DataType〉
          〈ccts:Examples〉基本采购过程〈/ccts:Examples〉
        〈/ccts:Component〉
      〈/xsd:documentation〉
    〈/xsd:annotation〉
  〈/xsd:element〉
  〈xsd:element ref = "cbc:ID"〉
    〈xsd:annotation〉
      〈xsd:documentation〉
        〈ccts:Component〉
          〈ccts:ComponentType〉BBIE〈/ccts:ComponentType〉
          〈ccts:DictionaryEntryName〉发票.标识符〈/ccts:DictionaryEntryName〉
          〈ccts:Definition〉买方指定的发票的标识〈/ccts:Definition〉
          〈ccts:Cardinality〉1〈/ccts:Cardinality〉
          〈ccts:ObjectClass〉发票〈/ccts:ObjectClass〉
          〈ccts:PropertyTerm〉标识符〈/ccts:PropertyTerm〉
          〈ccts:RepresentationTerm〉标识符〈/ccts:RepresentationTerm〉
          〈ccts:DataType〉标识符.类型〈/ccts:DataType〉
          〈ccts:AlternativeBusinessTerms〉发票号〈/ccts:AlternativeBusinessTerms〉
        〈/ccts:Component〉
      〈/xsd:documentation〉
    〈/xsd:annotation〉
  〈/xsd:element〉
```

```
〈xsd:element ref = "cbc:CopyIndicator" minOccurs = "0"〉
  〈xsd:annotation〉
    〈xsd:documentation〉
      〈ccts:Component〉
        〈ccts:ComponentType〉BBIE〈/ccts:ComponentType〉
        〈ccts:DictionaryEntryName〉发票.副本指示符.指示符〈/ccts:DictionaryEntryName〉
        〈ccts:Definition〉指出发票是一个副本(true)还是正本(false)〈/ccts:Definition〉
        〈ccts:Cardinality〉0..1〈/ccts:Cardinality〉
        〈ccts:ObjectClass〉发票〈/ccts:ObjectClass〉
        〈ccts:PropertyTermQualifier〉副本〈/ccts:PropertyTermQualifier〉
        〈ccts:PropertyTerm〉指示符〈/ccts:PropertyTerm〉
        〈ccts:RepresentationTerm〉指示符〈/ccts:RepresentationTerm〉
        〈ccts:DataType〉指示符.类型〈/ccts:DataType〉
      〈/ccts:Component〉
    〈/xsd:documentation〉
  〈/xsd:annotation〉
〈/xsd:element〉
〈xsd:element ref = "cbc:UUID" minOccurs = "0"〉
  〈xsd:annotation〉
    〈xsd:documentation〉
      〈ccts:Component〉
        〈ccts:ComponentType〉BBIE〈/ccts:ComponentType〉
        〈ccts:DictionaryEntryName〉发票.UUID.标识符〈/ccts:DictionaryEntryName〉
        〈ccts:Definition〉 ABIE 实例的通用唯一标识符〈/ccts:Definition〉
        〈ccts:Cardinality〉0..1〈/ccts:Cardinality〉
        〈ccts:ObjectClass〉发票〈/ccts:ObjectClass〉
        〈ccts:PropertyTerm〉UUID〈/ccts:PropertyTerm〉
        〈ccts:RepresentationTerm〉标识符〈/ccts:RepresentationTerm〉
        〈ccts:DataType〉标识符.类型〈/ccts:DataType〉
      〈/ccts:Component〉
    〈/xsd:documentation〉
  〈/xsd:annotation〉
〈/xsd:element〉
〈xsd:element ref = "cbc:IssueDate"〉
  〈xsd:annotation〉
    〈xsd:documentation〉
      〈ccts:Component〉
        〈ccts:ComponentType〉BBIE〈/ccts:ComponentType〉
        〈ccts:DictionaryEntryName〉发票.签发日期.日期〈/ccts:DictionaryEntryName〉
        〈ccts:Definition〉买方指定的签发发票的日期〈/ccts:Definition〉
        〈ccts:Cardinality〉1〈/ccts:Cardinality〉
        〈ccts:ObjectClass〉发票〈/ccts:ObjectClass〉
        〈ccts:PropertyTerm〉签发日期〈/ccts:PropertyTerm〉
```

```
        〈ccts:RepresentationTerm〉日期〈/ccts:RepresentationTerm〉
        〈ccts:DataType〉日期.类型〈/ccts:DataType〉
        〈ccts:AlternativeBusinessTerms〉发票日期〈/ccts:AlternativeBusinessTerms〉
      〈/ccts:Component〉
    〈/xsd:documentation〉
  〈/xsd:annotation〉
〈/xsd:element〉
〈xsd:element ref = "cbc:IssueTime" minOccurs = "0"〉
  〈xsd:annotation〉
    〈xsd:documentation〉
      〈ccts:Component〉
        〈ccts:ComponentType〉BBIE〈/ccts:ComponentType〉
        〈ccts:DictionaryEntryName〉发票.签发时间.时间〈/ccts:DictionaryEntryName〉
        〈ccts:Definition〉买方指定的签发发票的时间〈/ccts:Definition〉
        〈ccts:Cardinality〉0..1〈/ccts:Cardinality〉
        〈ccts:ObjectClass〉发票〈/ccts:ObjectClass〉
        〈ccts:PropertyTerm〉签发时间〈/ccts:PropertyTerm〉
        〈ccts:RepresentationTerm〉时间〈/ccts:RepresentationTerm〉
        〈ccts:DataType〉时间.类型〈/ccts:DataType〉
      〈/ccts:Component〉
    〈/xsd:documentation〉
  〈/xsd:annotation〉
〈/xsd:element〉
〈xsd:element ref = "cbc:InvoiceTypeCode" minOccurs = "0"〉
  〈xsd:annotation〉
    〈xsd:documentation〉
      〈ccts:Component〉
        〈ccts:ComponentType〉BBIE〈/ccts:ComponentType〉
        〈ccts:DictionaryEntryName〉发票.发票类型代码.代码〈/ccts:DictionaryEntryName〉
        〈ccts:Definition〉指定发票类型的代码〈/ccts:Definition〉
        〈ccts:Cardinality〉0..1〈/ccts:Cardinality〉
        〈ccts:ObjectClass〉发票〈/ccts:ObjectClass〉
        〈ccts:PropertyTerm〉发票类型代码〈/ccts:PropertyTerm〉
        〈ccts:RepresentationTerm〉代码〈/ccts:RepresentationTerm〉
        〈ccts:DataType〉代码.类型〈/ccts:DataType〉
      〈/ccts:Component〉
    〈/xsd:documentation〉
  〈/xsd:annotation〉
〈/xsd:element〉
〈xsd:element ref = "cbc:Note" minOccurs = "0" maxOccurs = "unbounded"〉
  〈xsd:annotation〉
    〈xsd:documentation〉
      〈ccts:Component〉
```

```
                〈ccts:ComponentType〉BBIE〈/ccts:ComponentType〉
                〈ccts:DictionaryEntryName〉发票.备注.文本〈/ccts:DictionaryEntryName〉
                〈ccts:Definition〉应用于发票的自由文本。这种自由文本可能包含备注或其他结构
中不明确包含的类似信息〈/ccts:Definition〉
                〈ccts:Cardinality〉0..n〈/ccts:Cardinality〉
                〈ccts:ObjectClass〉发票〈/ccts:ObjectClass〉
                〈ccts:PropertyTerm〉备注〈/ccts:PropertyTerm〉
                〈ccts:RepresentationTerm〉文本〈/ccts:RepresentationTerm〉
                〈ccts:DataType〉文本.类型〈/ccts:DataType〉
              〈/ccts:Component〉
            〈/xsd:documentation〉
          〈/xsd:annotation〉
        〈/xsd:element〉
        〈xsd:element ref="cbc:TaxPointDate" minOccurs="0"〉
          〈xsd:annotation〉
            〈xsd:documentation〉
              〈ccts:Component〉
                〈ccts:ComponentType〉BBIE〈/ccts:ComponentType〉
                〈ccts:DictionaryEntryName〉发票.计税日期.日期〈/ccts:DictionaryEntryName〉
                〈ccts:Definition〉发票的日期,用于指明采用该税率的日期〈/ccts:Definition〉
                〈ccts:Cardinality〉0..1〈/ccts:Cardinality〉
                〈ccts:ObjectClass〉发票〈/ccts:ObjectClass〉
                〈ccts:PropertyTerm〉计税日期〈/ccts:PropertyTerm〉
                〈ccts:RepresentationTerm〉日期〈/ccts:RepresentationTerm〉
                〈ccts:DataType〉日期.类型〈/ccts:DataType〉
              〈/ccts:Component〉
            〈/xsd:documentation〉
          〈/xsd:annotation〉
        〈/xsd:element〉
        〈xsd:element ref="cbc:DocumentCurrencyCode" minOccurs="0"〉
          〈xsd:annotation〉
            〈xsd:documentation〉
              〈ccts:Component〉
                〈ccts:ComponentType〉BBIE〈/ccts:ComponentType〉
                〈ccts:DictionaryEntryName〉发票.单证货币代码.
Code〈/ccts:DictionaryEntryName〉
                〈ccts:Definition〉在单证中出现的货币。同样可以作为定价或税的货币
〈/ccts:Definition〉
                〈ccts:Cardinality〉0..1〈/ccts:Cardinality〉
                〈ccts:ObjectClass〉发票〈/ccts:ObjectClass〉
                〈ccts:PropertyTermQualifier〉单证〈/ccts:PropertyTermQualifier〉
                〈ccts:PropertyTerm〉货币代码〈/ccts:PropertyTerm〉
                〈ccts:RepresentationTerm〉代码〈/ccts:RepresentationTerm〉
```

```
        <ccts:DataType>货币代码.类型</ccts:DataType>
      </ccts:Component>
    </xsd:documentation>
  </xsd:annotation>
</xsd:element>
<xsd:element ref="cbc:TaxCurrencyCode" minOccurs="0">
  <xsd:annotation>
    <xsd:documentation>
      <ccts:Component>
        <ccts:ComponentType>BBIE</ccts:ComponentType>
        <ccts:DictionaryEntryName>发票.税货币代码.代码</ccts:DictionaryEntryName>
        <ccts:Definition>发票中用于税额的货币</ccts:Definition>
        <ccts:Cardinality>0..1</ccts:Cardinality>
        <ccts:ObjectClass>发票</ccts:ObjectClass>
        <ccts:PropertyTermQualifier>税</ccts:PropertyTermQualifier>
        <ccts:PropertyTerm>货币代码</ccts:PropertyTerm>
        <ccts:RepresentationTerm>代码</ccts:RepresentationTerm>
        <ccts:DataType>货币代码.类型</ccts:DataType>
      </ccts:Component>
    </xsd:documentation>
  </xsd:annotation>
</xsd:element>
<xsd:element ref="cbc:PricingCurrencyCode" minOccurs="0">
  <xsd:annotation>
    <xsd:documentation>
      <ccts:Component>
        <ccts:ComponentType>BBIE</ccts:ComponentType>
        <ccts:DictionaryEntryName>发票.定价货币代码.代码</ccts:DictionaryEntryName>
        <ccts:Definition>发票中用于定价的货币</ccts:Definition>
        <ccts:Cardinality>0..1</ccts:Cardinality>
        <ccts:ObjectClass>发票</ccts:ObjectClass>
        <ccts:PropertyTermQualifier>定价</ccts:PropertyTermQualifier>
        <ccts:PropertyTerm>货币代码</ccts:PropertyTerm>
        <ccts:RepresentationTerm>代码</ccts:RepresentationTerm>
        <ccts:DataType>货币代码.类型</ccts:DataType>
      </ccts:Component>
    </xsd:documentation>
  </xsd:annotation>
</xsd:element>
<xsd:element ref="cbc:PaymentCurrencyCode" minOccurs="0">
  <xsd:annotation>
    <xsd:documentation>
      <ccts:Component>
```

```
            <ccts:ComponentType>BBIE</ccts:ComponentType>
            <ccts:DictionaryEntryName>发票.付款货币代码.代码</ccts:DictionaryEntryName>
            <ccts:Definition>发票中用于付款的货币</ccts:Definition>
            <ccts:Cardinality>0..1</ccts:Cardinality>
            <ccts:ObjectClass>发票</ccts:ObjectClass>
            <ccts:PropertyTermQualifier>付款</ccts:PropertyTermQualifier>
            <ccts:PropertyTerm>货币代码</ccts:PropertyTerm>
            <ccts:RepresentationTerm>代码</ccts:RepresentationTerm>
            <ccts:DataType>货币代码.类型</ccts:DataType>
          </ccts:Component>
        </xsd:documentation>
      </xsd:annotation>
    </xsd:element>
    <xsd:element ref = "cbc:PaymentAlternativeCurrencyCode" minOccurs = "0">
      <xsd:annotation>
        <xsd:documentation>
          <ccts:Component>
            <ccts:ComponentType>BBIE</ccts:ComponentType>
            <ccts:DictionaryEntryName>发票.付款替代货币代码.代码
</ccts:DictionaryEntryName>
            <ccts:Definition>发票中用于付款的替代货币</ccts:Definition>
            <ccts:Cardinality>0..1</ccts:Cardinality>
            <ccts:ObjectClass>发票</ccts:ObjectClass>
            <ccts:PropertyTermQualifier>付款替代</ccts:PropertyTermQualifier>
            <ccts:PropertyTerm>货币代码 e</ccts:PropertyTerm>
            <ccts:RepresentationTerm>代码</ccts:RepresentationTerm>
            <ccts:DataType>货币代码.类型</ccts:DataType>
          </ccts:Component>
        </xsd:documentation>
      </xsd:annotation>
    </xsd:element>
    <xsd:element ref = "cbc:AccountingCostCode" minOccurs = "0">
      <xsd:annotation>
        <xsd:documentation>
          <ccts:Component>
            <ccts:ComponentType>BBIE</ccts:ComponentType>
            <ccts:DictionaryEntryName>发票.记账代码.代码</ccts:DictionaryEntryName>
            <ccts:Definition>应用于整个发票的买方记账代码</ccts:Definition>
            <ccts:Cardinality>0..1</ccts:Cardinality>
            <ccts:ObjectClass>发票</ccts:ObjectClass>
            <ccts:PropertyTerm>记账代码</ccts:PropertyTerm>
            <ccts:RepresentationTerm>代码</ccts:RepresentationTerm>
            <ccts:DataType>代码.类型</ccts:DataType>
```

```
        </ccts:Component>
      </xsd:documentation>
    </xsd:annotation>
  </xsd:element>
  <xsd:element ref="cbc:AccountingCost" minOccurs="0">
    <xsd:annotation>
      <xsd:documentation>
        <ccts:Component>
          <ccts:ComponentType>BBIE</ccts:ComponentType>
          <ccts:DictionaryEntryName>发票.记账.文本</ccts:DictionaryEntryName>
          <ccts:Definition>文本表示的应用于整个发票的买方记账成本中心
</ccts:Definition>
          <ccts:Cardinality>0..1</ccts:Cardinality>
          <ccts:ObjectClass>发票</ccts:ObjectClass>
          <ccts:PropertyTerm>记账</ccts:PropertyTerm>
          <ccts:RepresentationTerm>文本</ccts:RepresentationTerm>
          <ccts:DataType>文本.类型</ccts:DataType>
        </ccts:Component>
      </xsd:documentation>
    </xsd:annotation>
  </xsd:element>
  <xsd:element ref="cbc:LineCountNumeric" minOccurs="0">
    <xsd:annotation>
      <xsd:documentation>
        <ccts:Component>
          <ccts:ComponentType>BBIE</ccts:ComponentType>
          <ccts:DictionaryEntryName>发票.行数.数字</ccts:DictionaryEntryName>
          <ccts:Definition>单证中行的数量</ccts:Definition>
          <ccts:Cardinality>0..1</ccts:Cardinality>
          <ccts:ObjectClass>发票</ccts:ObjectClass>
          <ccts:PropertyTerm>行数</ccts:PropertyTerm>
          <ccts:RepresentationTerm>数字</ccts:RepresentationTerm>
          <ccts:DataType>数字.类型</ccts:DataType>
        </ccts:Component>
      </xsd:documentation>
    </xsd:annotation>
  </xsd:element>
  <xsd:element ref="cac:InvoicePeriod" minOccurs="0" maxOccurs="unbounded">
    <xsd:annotation>
      <xsd:documentation>
        <ccts:Component>
          <ccts:ComponentType>ASBIE</ccts:ComponentType>
          <ccts:DictionaryEntryName>发票.发票期限.期限</ccts:DictionaryEntryName>
```

```
        <ccts:Definition>与发票使用期限关联</ccts:Definition>
        <ccts:Cardinality>0..n</ccts:Cardinality>
        <ccts:ObjectClass>发票</ccts:ObjectClass>
        <ccts:PropertyTermQualifier>发票</ccts:PropertyTermQualifier>
        <ccts:PropertyTerm>期限</ccts:PropertyTerm>
        <ccts:AssociatedObjectClass>期限</ccts:AssociatedObjectClass>
      </ccts:Component>
    </xsd:documentation>
  </xsd:annotation>
</xsd:element>
<xsd:element ref = "cac:OrderReference" minOccurs = "0">
  <xsd:annotation>
    <xsd:documentation>
      <ccts:Component>
        <ccts:ComponentType>ASBIE</ccts:ComponentType>
        <ccts:DictionaryEntryName>发票.订单参考</ccts:DictionaryEntryName>
        <ccts:Definition>与订单参考关联</ccts:Definition>
        <ccts:Cardinality>0..1</ccts:Cardinality>
        <ccts:ObjectClass>发票</ccts:ObjectClass>
        <ccts:PropertyTerm>订单参考</ccts:PropertyTerm>
        <ccts:AssociatedObjectClass>订单参考</ccts:AssociatedObjectClass>
      </ccts:Component>
    </xsd:documentation>
  </xsd:annotation>
</xsd:element>
<xsd:element ref = "cac:BillingReference" minOccurs = "0" maxOccurs = "unbounded">
  <xsd:annotation>
    <xsd:documentation>
      <ccts:Component>
        <ccts:ComponentType>ASBIE</ccts:ComponentType>
        <ccts:DictionaryEntryName>发票.账单参考</ccts:DictionaryEntryName>
        <ccts:Definition>与账单参考关联</ccts:Definition>
        <ccts:Cardinality>0..n</ccts:Cardinality>
        <ccts:ObjectClass>发票</ccts:ObjectClass>
        <ccts:PropertyTerm>账单参考</ccts:PropertyTerm>
        <ccts:AssociatedObjectClass>账单参考</ccts:AssociatedObjectClass>
      </ccts:Component>
    </xsd:documentation>
  </xsd:annotation>
</xsd:element>
<xsd:element ref = "cac:DespatchDocumentReference" minOccurs = "0" maxOccurs = "unbounded">
```

```
        〈xsd:annotation〉
          〈xsd:documentation〉
            〈ccts:Component〉
              〈ccts:ComponentType〉ASBIE〈/ccts:ComponentType〉
              〈ccts:DictionaryEntryName〉发票.发货单证参考.单证参考
〈/ccts:DictionaryEntryName〉
              〈ccts:Definition〉与发货通知关联〈/ccts:Definition〉
              〈ccts:Cardinality〉0..n〈/ccts:Cardinality〉
              〈ccts:ObjectClass〉发票〈/ccts:ObjectClass〉
              〈ccts:PropertyTermQualifier〉发货〈/ccts:PropertyTermQualifier〉
              〈ccts:PropertyTerm〉单证参考〈/ccts:PropertyTerm〉
              〈ccts:AssociatedObjectClass〉单证参考〈/ccts:AssociatedObjectClass〉
            〈/ccts:Component〉
          〈/xsd:documentation〉
        〈/xsd:annotation〉
      〈/xsd:element〉
      〈xsd:element ref = "cac:ReceiptDocumentReference" minOccurs = "0" maxOccurs = "unbounded"〉
        〈xsd:annotation〉
          〈xsd:documentation〉
            〈ccts:Component〉
              〈ccts:ComponentType〉ASBIE〈/ccts:ComponentType〉
              〈ccts:DictionaryEntryName〉发票.收货单证参考.收货单证参考
〈/ccts:DictionaryEntryName〉
              〈ccts:Definition〉与收货通知关联〈/ccts:Definition〉
              〈ccts:Cardinality〉0..n〈/ccts:Cardinality〉
              〈ccts:ObjectClass〉发票〈/ccts:ObjectClass〉
              〈ccts:PropertyTermQualifier〉收货〈/ccts:PropertyTermQualifier〉
              〈ccts:PropertyTerm〉单证参考〈/ccts:PropertyTerm〉
              〈ccts:AssociatedObjectClass〉单证参考〈/ccts:AssociatedObjectClass〉
            〈/ccts:Component〉
          〈/xsd:documentation〉
        〈/xsd:annotation〉
      〈/xsd:element〉
      〈xsd:element ref = "cac:OriginatorDocumentReference" minOccurs = "0" maxOccurs = "unbounded"〉
        〈xsd:annotation〉
          〈xsd:documentation〉
            〈ccts:Component〉
              〈ccts:ComponentType〉ASBIE〈/ccts:ComponentType〉
              〈ccts:DictionaryEntryName〉发票.发起方单证参考.单证参考
〈/ccts:DictionaryEntryName〉
              〈ccts:Definition〉与发起方单证关联〈/ccts:Definition〉
```

```
              〈ccts:Cardinality〉0..n〈/ccts:Cardinality〉
              〈ccts:ObjectClass〉发票〈/ccts:ObjectClass〉
              〈ccts:PropertyTermQualifier〉发起方〈/ccts:PropertyTermQualifier〉
              〈ccts:PropertyTerm〉单证参考〈/ccts:PropertyTerm〉
              〈ccts:AssociatedObjectClass〉单证参考〈/ccts:AssociatedObjectClass〉
            〈/ccts:Component〉
          〈/xsd:documentation〉
        〈/xsd:annotation〉
      〈/xsd:element〉
      〈xsd:element ref="cac:ContractDocumentReference" minOccurs="0" maxOccurs="unbounded"〉
        〈xsd:annotation〉
          〈xsd:documentation〉
            〈ccts:Component〉
              〈ccts:ComponentType〉ASBIE〈/ccts:ComponentType〉
              〈ccts:DictionaryEntryName〉发票.合同单证参考.单证参考
〈/ccts:DictionaryEntryName〉
              〈ccts:Definition〉与合同关联〈/ccts:Definition〉
              〈ccts:Cardinality〉0..n〈/ccts:Cardinality〉
              〈ccts:ObjectClass〉发票〈/ccts:ObjectClass〉
              〈ccts:PropertyTermQualifier〉合同〈/ccts:PropertyTermQualifier〉
              〈ccts:PropertyTerm〉单证参考〈/ccts:PropertyTerm〉
              〈ccts:AssociatedObjectClass〉单证参考〈/ccts:AssociatedObjectClass〉
            〈/ccts:Component〉
          〈/xsd:documentation〉
        〈/xsd:annotation〉
      〈/xsd:element〉
      〈xsd:element ref="cac:AdditionalDocumentReference" minOccurs="0" maxOccurs="unbounded"〉
        〈xsd:annotation〉
          〈xsd:documentation〉
            〈ccts:Component〉
              〈ccts:ComponentType〉ASBIE〈/ccts:ComponentType〉
              〈ccts:DictionaryEntryName〉发票.加单证参考.单证参考
〈/ccts:DictionaryEntryName〉
              〈ccts:Definition〉与附加单证关联〈/ccts:Definition〉
              〈ccts:Cardinality〉0..n〈/ccts:Cardinality〉
              〈ccts:ObjectClass〉发票〈/ccts:ObjectClass〉
              〈ccts:PropertyTermQualifier〉附加〈/ccts:PropertyTermQualifier〉
              〈ccts:PropertyTerm〉单证参考〈/ccts:PropertyTerm〉
              〈ccts:AssociatedObjectClass〉单证参考〈/ccts:AssociatedObjectClass〉
            〈/ccts:Component〉
          〈/xsd:documentation〉
```

```
      </xsd:annotation>
    </xsd:element>
    <xsd:element ref="cac:Signature" minOccurs="0" maxOccurs="unbounded">
      <xsd:annotation>
        <xsd:documentation>
          <ccts:Component>
            <ccts:ComponentType>ASBIE</ccts:ComponentType>
            <ccts:DictionaryEntryName>发票.签名</ccts:DictionaryEntryName>
            <ccts:Definition>与签名关联</ccts:Definition>
            <ccts:Cardinality>0..n</ccts:Cardinality>
            <ccts:ObjectClass>发票</ccts:ObjectClass>
            <ccts:PropertyTerm>签名</ccts:PropertyTerm>
            <ccts:AssociatedObjectClass>签名</ccts:AssociatedObjectClass>
          </ccts:Component>
        </xsd:documentation>
      </xsd:annotation>
    </xsd:element>
    <xsd:element ref="cac:AccountingSupplierParty">
      <xsd:annotation>
        <xsd:documentation>
          <ccts:Component>
            <ccts:ComponentType>ASBIE</ccts:ComponentType>
            <ccts:DictionaryEntryName>发票.记账供货方.供货方
</ccts:DictionaryEntryName>
            <ccts:Definition>与记账供货方关联</ccts:Definition>
            <ccts:Cardinality>1</ccts:Cardinality>
            <ccts:ObjectClass>发票</ccts:ObjectClass>
            <ccts:PropertyTermQualifier>记账</ccts:PropertyTermQualifier>
            <ccts:PropertyTerm>供货方</ccts:PropertyTerm>
            <ccts:AssociatedObjectClass>供货方</ccts:AssociatedObjectClass>
          </ccts:Component>
        </xsd:documentation>
      </xsd:annotation>
    </xsd:element>
    <xsd:element ref="cac:AccountingCustomerParty">
      <xsd:annotation>
        <xsd:documentation>
          <ccts:Component>
            <ccts:ComponentType>ASBIE</ccts:ComponentType>
            <ccts:DictionaryEntryName>发票.记账客户方.客户方
</ccts:DictionaryEntryName>
```

```
            〈ccts:Definition〉与记账客户方关联〈/ccts:Definition〉
            〈ccts:Cardinality〉1〈/ccts:Cardinality〉
            〈ccts:ObjectClass〉发票〈/ccts:ObjectClass〉
            〈ccts:PropertyTermQualifier〉记账〈/ccts:PropertyTermQualifier〉
            〈ccts:PropertyTerm〉客户方〈/ccts:PropertyTerm〉
            〈ccts:AssociatedObjectClass〉客户方〈/ccts:AssociatedObjectClass〉
          〈/ccts:Component〉
        〈/xsd:documentation〉
      〈/xsd:annotation〉
    〈/xsd:element〉
    〈xsd:element ref = "cac:PayeeParty" minOccurs = "0"〉
      〈xsd:annotation〉
        〈xsd:documentation〉
          〈ccts:Component〉
            〈ccts:ComponentType〉ASBIE〈/ccts:ComponentType〉
            〈ccts:DictionaryEntryName〉发票.收款人.参与方〈/ccts:DictionaryEntryName〉
            〈ccts:Definition〉与收款人关联〈/ccts:Definition〉
            〈ccts:Cardinality〉0..1〈/ccts:Cardinality〉
            〈ccts:ObjectClass〉发票〈/ccts:ObjectClass〉
            〈ccts:PropertyTermQualifier〉收款人〈/ccts:PropertyTermQualifier〉
            〈ccts:PropertyTerm〉参与方〈/ccts:PropertyTerm〉
            〈ccts:AssociatedObjectClass〉参与方〈/ccts:AssociatedObjectClass〉
          〈/ccts:Component〉
        〈/xsd:documentation〉
      〈/xsd:annotation〉
    〈/xsd:element〉
    〈xsd:element ref = "cac:BuyerCustomerParty" minOccurs = "0"〉
      〈xsd:annotation〉
        〈xsd:documentation〉
          〈ccts:Component〉
            〈ccts:ComponentType〉ASBIE〈/ccts:ComponentType〉
            〈ccts:DictionaryEntryName〉发票.买方.客户方〈/ccts:DictionaryEntryName〉
            〈ccts:Definition〉与买方关联〈/ccts:Definition〉
            〈ccts:Cardinality〉0..1〈/ccts:Cardinality〉
            〈ccts:ObjectClass〉发票〈/ccts:ObjectClass〉
            〈ccts:PropertyTermQualifier〉买方〈/ccts:PropertyTermQualifier〉
            〈ccts:PropertyTerm〉客户方〈/ccts:PropertyTerm〉
            〈ccts:AssociatedObjectClass〉客户方〈/ccts:AssociatedObjectClass〉
          〈/ccts:Component〉
        〈/xsd:documentation〉
      〈/xsd:annotation〉
    〈/xsd:element〉
    〈xsd:element ref = "cac:SellerSupplierParty" minOccurs = "0"〉
```

```
      <xsd:annotation>
        <xsd:documentation>
          <ccts:Component>
            <ccts:ComponentType>ASBIE</ccts:ComponentType>
            <ccts:DictionaryEntryName>发票.卖方.卖方</ccts:DictionaryEntryName>
            <ccts:Definition>与卖方关联</ccts:Definition>
            <ccts:Cardinality>0..1</ccts:Cardinality>
            <ccts:ObjectClass>发票</ccts:ObjectClass>
            <ccts:PropertyTermQualifier>卖方</ccts:PropertyTermQualifier>
            <ccts:PropertyTerm>供货方</ccts:PropertyTerm>
            <ccts:AssociatedObjectClass>供货方</ccts:AssociatedObjectClass>
          </ccts:Component>
        </xsd:documentation>
      </xsd:annotation>
    </xsd:element>
    <xsd:element ref = "cac:TaxRepresentativeParty" minOccurs = "0">
      <xsd:annotation>
        <xsd:documentation>
          <ccts:Component>
            <ccts:ComponentType>ASBIE</ccts:ComponentType>
            <ccts:DictionaryEntryName>发票.税务代理.参与方</ccts:DictionaryEntryName>
            <ccts:Definition>与税务代理关联</ccts:Definition>
            <ccts:Cardinality>0..1</ccts:Cardinality>
            <ccts:ObjectClass>发票</ccts:ObjectClass>
            <ccts:PropertyTermQualifier>税务代理</ccts:PropertyTermQualifier>
            <ccts:PropertyTerm>参与方</ccts:PropertyTerm>
            <ccts:AssociatedObjectClass>参与方</ccts:AssociatedObjectClass>
          </ccts:Component>
        </xsd:documentation>
      </xsd:annotation>
    </xsd:element>
    <xsd:element ref = "cac:Delivery" minOccurs = "0" maxOccurs = "unbounded">
      <xsd:annotation>
        <xsd:documentation>
          <ccts:Component>
            <ccts:ComponentType>ASBIE</ccts:ComponentType>
            <ccts:DictionaryEntryName>发票.交货</ccts:DictionaryEntryName>
            <ccts:Definition>与交货关联</ccts:Definition>
            <ccts:Cardinality>0..n</ccts:Cardinality>
            <ccts:ObjectClass>发票</ccts:ObjectClass>
            <ccts:PropertyTerm>交货</ccts:PropertyTerm>
            <ccts:AssociatedObjectClass>交货</ccts:AssociatedObjectClass>
          </ccts:Component>
```

```
        </xsd:documentation>
      </xsd:annotation>
    </xsd:element>
    <xsd:element ref = "cac:DeliveryTerms" minOccurs = "0">
      <xsd:annotation>
        <xsd:documentation>
          <ccts:Component>
            <ccts:ComponentType>ASBIE</ccts:ComponentType>
            <ccts:DictionaryEntryName>发票.交货条款</ccts:DictionaryEntryName>
            <ccts:Definition>与交货条款关联</ccts:Definition>
            <ccts:Cardinality>0..1</ccts:Cardinality>
            <ccts:ObjectClass>发票</ccts:ObjectClass>
            <ccts:PropertyTerm>交货条款</ccts:PropertyTerm>
            <ccts:AssociatedObjectClass>交货条款</ccts:AssociatedObjectClass>
          </ccts:Component>
        </xsd:documentation>
      </xsd:annotation>
    </xsd:element>
    <xsd:element ref = "cac:PaymentMeans" minOccurs = "0" maxOccurs = "unbounded">
      <xsd:annotation>
        <xsd:documentation>
          <ccts:Component>
            <ccts:ComponentType>ASBIE</ccts:ComponentType>
            <ccts:DictionaryEntryName>发票.付款方式</ccts:DictionaryEntryName>
            <ccts:Definition>与付款方式关联</ccts:Definition>
            <ccts:Cardinality>0..n</ccts:Cardinality>
            <ccts:ObjectClass>发票</ccts:ObjectClass>
            <ccts:PropertyTerm>付款方式</ccts:PropertyTerm>
            <ccts:AssociatedObjectClass>付款方式</ccts:AssociatedObjectClass>
          </ccts:Component>
        </xsd:documentation>
      </xsd:annotation>
    </xsd:element>
    <xsd:element ref = "cac:PaymentTerms" minOccurs = "0" maxOccurs = "unbounded">
      <xsd:annotation>
        <xsd:documentation>
          <ccts:Component>
            <ccts:ComponentType>ASBIE</ccts:ComponentType>
            <ccts:DictionaryEntryName>发票.付款条款</ccts:DictionaryEntryName>
            <ccts:Definition>与付款条款关联</ccts:Definition>
            <ccts:Cardinality>0..n</ccts:Cardinality>
            <ccts:ObjectClass>发票</ccts:ObjectClass>
            <ccts:PropertyTerm>付款条款</ccts:PropertyTerm>
```

```
        <ccts:AssociatedObjectClass>付款条款</ccts:AssociatedObjectClass>
      </ccts:Component>
    </xsd:documentation>
  </xsd:annotation>
</xsd:element>
<xsd:element ref="cac:PrepaidPayment" minOccurs="0" maxOccurs="unbounded">
  <xsd:annotation>
    <xsd:documentation>
      <ccts:Component>
        <ccts:ComponentType>ASBIE</ccts:ComponentType>
        <ccts:DictionaryEntryName>发票.预付款.付款</ccts:DictionaryEntryName>
        <ccts:Definition>与预付款关联</ccts:Definition>
        <ccts:Cardinality>0..n</ccts:Cardinality>
        <ccts:ObjectClass>发票</ccts:ObjectClass>
        <ccts:PropertyTermQualifier>预付款</ccts:PropertyTermQualifier>
        <ccts:PropertyTerm>付款</ccts:PropertyTerm>
        <ccts:AssociatedObjectClass>付款</ccts:AssociatedObjectClass>
      </ccts:Component>
    </xsd:documentation>
  </xsd:annotation>
</xsd:element>
<xsd:element ref="cac:AllowanceCharge" minOccurs="0" maxOccurs="unbounded">
  <xsd:annotation>
    <xsd:documentation>
      <ccts:Component>
        <ccts:ComponentType>ASBIE</ccts:ComponentType>
        <ccts:DictionaryEntryName>发票.折让费用</ccts:DictionaryEntryName>
        <ccts:Definition>与针对发票总体的折让和费用关联</ccts:Definition>
        <ccts:Cardinality>0..n</ccts:Cardinality>
        <ccts:ObjectClass>发票</ccts:ObjectClass>
        <ccts:PropertyTerm>折让费用</ccts:PropertyTerm>
        <ccts:AssociatedObjectClass>折让费用</ccts:AssociatedObjectClass>
      </ccts:Component>
    </xsd:documentation>
  </xsd:annotation>
</xsd:element>
<xsd:element ref="cac:TaxExchangeRate" minOccurs="0">
  <xsd:annotation>
    <xsd:documentation>
      <ccts:Component>
        <ccts:ComponentType>ASBIE</ccts:ComponentType>
        <ccts:DictionaryEntryName>发票.税汇率.汇率</ccts:DictionaryEntryName>
        <ccts:Definition>与单证货币和税货币间的汇率关联</ccts:Definition>
```

```
            〈ccts:Cardinality〉0..1〈/ccts:Cardinality〉
            〈ccts:ObjectClass〉发票〈/ccts:ObjectClass〉
            〈ccts:PropertyTermQualifier〉税〈/ccts:PropertyTermQualifier〉
            〈ccts:PropertyTerm〉汇率〈/ccts:PropertyTerm〉
            〈ccts:AssociatedObjectClass〉汇率〈/ccts:AssociatedObjectClass〉
          〈/ccts:Component〉
        〈/xsd:documentation〉
      〈/xsd:annotation〉
    〈/xsd:element〉
    〈xsd:element ref = "cac:PricingExchangeRate" minOccurs = "0"〉
      〈xsd:annotation〉
        〈xsd:documentation〉
          〈ccts:Component〉
            〈ccts:ComponentType〉ASBIE〈/ccts:ComponentType〉
            〈ccts:DictionaryEntryName〉发票.定价汇率.汇率〈/ccts:DictionaryEntryName〉
            〈ccts:Definition〉与单证货币和定价货币间的汇率关联〈/ccts:Definition〉
            〈ccts:Cardinality〉0..1〈/ccts:Cardinality〉
            〈ccts:ObjectClass〉发票〈/ccts:ObjectClass〉
            〈ccts:PropertyTermQualifier〉定价〈/ccts:PropertyTermQualifier〉
            〈ccts:PropertyTerm〉汇率〈/ccts:PropertyTerm〉
            〈ccts:AssociatedObjectClass〉汇率〈/ccts:AssociatedObjectClass〉
          〈/ccts:Component〉
        〈/xsd:documentation〉
      〈/xsd:annotation〉
    〈/xsd:element〉
    〈xsd:element ref = "cac:PaymentExchangeRate" minOccurs = "0"〉
      〈xsd:annotation〉
        〈xsd:documentation〉
          〈ccts:Component〉
            〈ccts:ComponentType〉ASBIE〈/ccts:ComponentType〉
            〈ccts:DictionaryEntryName〉发票.付款汇率.汇率〈/ccts:DictionaryEntryName〉
            〈ccts:Definition〉与单证货币和付款货币间的汇率关联〈/ccts:Definition〉
            〈ccts:Cardinality〉0..1〈/ccts:Cardinality〉
            〈ccts:ObjectClass〉发票〈/ccts:ObjectClass〉
            〈ccts:PropertyTermQualifier〉付款〈/ccts:PropertyTermQualifier〉
            〈ccts:PropertyTerm〉汇率〈/ccts:PropertyTerm〉
            〈ccts:AssociatedObjectClass〉汇率〈/ccts:AssociatedObjectClass〉
          〈/ccts:Component〉
        〈/xsd:documentation〉
      〈/xsd:annotation〉
    〈/xsd:element〉
    〈xsd:element ref = "cac:PaymentAlternativeExchangeRate" minOccurs = "0"〉
      〈xsd:annotation〉
```

```
        〈xsd:documentation〉
          〈ccts:Component〉
            〈ccts:ComponentType〉ASBIE〈/ccts:ComponentType〉
            〈ccts:DictionaryEntryName〉发票.付款替代汇率.汇率〈/ccts:DictionaryEntryName〉
            〈ccts:Definition〉与单证货币和付款替代货币间的汇率关联〈/ccts:Definition〉
            〈ccts:Cardinality〉0..1〈/ccts:Cardinality〉
            〈ccts:ObjectClass〉发票〈/ccts:ObjectClass〉
            〈ccts:PropertyTermQualifier〉付款替代〈/ccts:PropertyTermQualifier〉
            〈ccts:PropertyTerm〉汇率〈/ccts:PropertyTerm〉
            〈ccts:AssociatedObjectClass〉汇率〈/ccts:AssociatedObjectClass〉
          〈/ccts:Component〉
        〈/xsd:documentation〉
      〈/xsd:annotation〉
    〈/xsd:element〉
    〈xsd:element ref = "cac:TaxTotal" minOccurs = "0" maxOccurs = "unbounded"〉
      〈xsd:annotation〉
        〈xsd:documentation〉
          〈ccts:Component〉
            〈ccts:ComponentType〉ASBIE〈/ccts:ComponentType〉
            〈ccts:DictionaryEntryName〉发票.税总额〈/ccts:DictionaryEntryName〉
            〈ccts:Definition〉与特定的税种或税率下的税总额关联〈/ccts:Definition〉
            〈ccts:Cardinality〉0..n〈/ccts:Cardinality〉
            〈ccts:ObjectClass〉发票〈/ccts:ObjectClass〉
            〈ccts:PropertyTerm〉税总额〈/ccts:PropertyTerm〉
            〈ccts:AssociatedObjectClass〉税总额〈/ccts:AssociatedObjectClass〉
          〈/ccts:Component〉
        〈/xsd:documentation〉
      〈/xsd:annotation〉
    〈/xsd:element〉
    〈xsd:element ref = "cac:LegalMonetaryTotal"〉
      〈xsd:annotation〉
        〈xsd:documentation〉
          〈ccts:Component〉
            〈ccts:ComponentType〉ASBIE〈/ccts:ComponentType〉
            〈ccts:DictionaryEntryName〉发票.合法金额总计.金额总计
〈/ccts:DictionaryEntryName〉
            〈ccts:Definition〉与发票中可付款的总额关联,包括折让、费用和税
〈/ccts:Definition〉
            〈ccts:Cardinality〉1〈/ccts:Cardinality〉
            〈ccts:ObjectClass〉发票〈/ccts:ObjectClass〉
            〈ccts:PropertyTermQualifier〉合法〈/ccts:PropertyTermQualifier〉
            〈ccts:PropertyTerm〉金额总计〈/ccts:PropertyTerm〉
            〈ccts:AssociatedObjectClass〉金额总计〈/ccts:AssociatedObjectClass〉
```

```
          </ccts:Component>
        </xsd:documentation>
      </xsd:annotation>
    </xsd:element>
    <xsd:element ref = "cac:InvoiceLine" maxOccurs = "unbounded">
      <xsd:annotation>
        <xsd:documentation>
          <ccts:Component>
            <ccts:ComponentType>ASBIE</ccts:ComponentType>
            <ccts:DictionaryEntryName>发票.发票行</ccts:DictionaryEntryName>
            <ccts:Definition>与一个或多个发票行关联</ccts:Definition>
            <ccts:Cardinality>1..n</ccts:Cardinality>
            <ccts:ObjectClass>发票</ccts:ObjectClass>
            <ccts:PropertyTerm>发票行</ccts:PropertyTerm>
            <ccts:AssociatedObjectClass>发票行</ccts:AssociatedObjectClass>
          </ccts:Component>
        </xsd:documentation>
      </xsd:annotation>
    </xsd:element>
  </xsd:sequence>
</xsd:complexType>
<!-- ===== Element Declarations ===== -->
<!-- ===== Type Definitions ===== -->
<!-- ===== Basic Business Information Entity Type Definitions ===== -->
</xsd:schema>
```

附　录　B
（资料性附录）
发票报文的 XML 文档

B.1　发票报文实例说明

以下给出了仅包括一个发票行的简单发票。

a)　卖方：北京××公司
　　标识符为 175269××××；
　　地址是北京××路××大厦 56 号 A 座 4 层 4××室；
　　邮政编码为 1000××；
　　联系人为张×女士，电话 0102324××××，传真 0101115××××，
　　电子信箱 zhang××@beijing.com；
　　公司由于政策可减免增值税。

b)　买方：上海××公司
　　标识符为 123564××；
　　地址是上海××路××大厦 58 号 A 座 5 层 5××室；
　　邮政编码为 2000××；
　　联系人为王×先生，电话 0217265××××，传真 0217265××××，
　　电子信箱 wang××@shanghai.com；
　　公司由于政策可减免增值税。

c)　发票类型：销售发票。

d)　发票号：A000956××。

e)　发票日期：2009 年 6 月 21 日。

f)　订单参考号：AEG01××5。

g)　交货条款：C&F 成本加运费。

h)　交货地点：上海××路××大厦 58 号 A 座 5 层 5××室。

i)　实际交货时间：2009 年 6 月 20 日 11:30:00。

j)　付款方式：银行自动结算或支票付款，代码为 20，最迟付款到期日为 2009 年 7 月 21 日；
　　收款人账户：123456××；
　　名称：北京××公司；
　　开户行：北京银行 ××路支行；代码：10-26-58。

k)　付款条款：在发票签发日期一个月内付款。

l)　总金额：10 750 元。

以下为项的信息：

a)　货物描述：高级××蜂蜡；
　　商品编码：HS 代码为 546××××39。

b)　购买数量：100 kg。

c)　单价：100 元/kg。

B.2　对应发票报文的 XML 文档

〈? xml version = "1.0" encoding = "UTF-8"?〉

```
〈Invoice xmlns:qdt = "urn:oasis:names:specification:ubl:schema:xsd:QualifiedDataTypes-2"
xmlns:ccts = "urn:oasis:names:specification:ubl:schema:xsd:CoreComponentParameters-2"
xmlns:stat = "urn:oasis:names:specification:ubl:schema:xsd:DocumentStatusCode-1.0"
xmlns:cbc = "urn:oasis:names:specification:ubl:schema:xsd:CommonBasicComponents-2"
xmlns:cac = "urn:oasis:names:specification:ubl:schema:xsd:CommonAggregateComponents-2"
xmlns:udt = "urn:un:unece:uncefact:data:draft:UnqualifiedDataTypesSchemaModule:2"
xmlns = "urn:oasis:names:specification:ubl:schema:xsd:Invoice-2"
xmlns:xsi = "http://www.w3.org/2001/XMLSchema-instance"
xsi:schemaLocation = "urn:oasis:names:specification:ubl:schema:xsd:Invoice-2 D:\temp\基于
XML\fapiao.xsd"〉
  〈cbc:CustomizationID〉urn:oasis:names:specification:ubl:xpath:Invoice-2.0:sbs-1.0-draft
〈/cbc:CustomizationID〉
  〈cbc:ProfileID〉bpid:urn:oasis:names:draft:bpss:ubl-2-sbs-invoice-notification-draft
〈/cbc:ProfileID〉
  〈cbc:ID〉A000956××〈/cbc:ID〉
  〈cbc:CopyIndicator〉false〈/cbc:CopyIndicator〉
  〈cbc:UUID〉849FBBCE-E081-40B4-906C-94C5FF9D1AC3〈/cbc:UUID〉
  〈cbc:IssueDate〉2009-06-21〈/cbc:IssueDate〉
  〈cbc:InvoiceTypeCode〉销售发票〈/cbc:InvoiceTypeCode〉
  〈cbc:Note〉简单〈/cbc:Note〉
  〈cbc:TaxPointDate〉2009-06-21〈/cbc:TaxPointDate〉
  〈cac:OrderReference〉
    〈cbc:ID〉AEG01×××5〈/cbc:ID〉
    〈cbc:SalesOrderID〉CON0095678〈/cbc:SalesOrderID〉
    〈cbc:UUID〉6E09886B-DC6E-439F-82D1-7CCAC7F4E3B1〈/cbc:UUID〉
    〈cbc:IssueDate〉2009-06-20〈/cbc:IssueDate〉
  〈/cac:OrderReference〉
  〈cac:AccountingSupplierParty〉
    〈cbc:CustomerAssignedAccountID〉955990000000000××××〈/cbc:CustomerAssignedAccountID〉
    〈cac:Party〉
      〈cac:PartyName〉
        〈cbc:Name〉北京××公司〈/cbc:Name〉
      〈/cac:PartyName〉
      〈cac:PostalAddress〉
        〈cbc:StreetName〉××路〈/cbc:StreetName〉
        〈cbc:BuildingName〉××大厦〈/cbc:BuildingName〉
        〈cbc:BuildingNumber〉56A〈/cbc:BuildingNumber〉
        〈cbc:CityName〉北京〈/cbc:CityName〉
        〈cbc:PostalZone〉1000××〈/cbc:PostalZone〉
        〈cbc:CountrySubentity〉北京市〈/cbc:CountrySubentity〉
        〈cac:AddressLine〉
          〈cbc:Line〉A座4层4××室〈/cbc:Line〉
        〈/cac:AddressLine〉
```

```
      〈cac:Country〉
        〈cbc:IdentificationCode〉CN〈/cbc:IdentificationCode〉
      〈/cac:Country〉
    〈/cac:PostalAddress〉
    〈cac:PartyTaxScheme〉
      〈cbc:RegistrationName〉北京××公司〈/cbc:RegistrationName〉
      〈cbc:CompanyID〉175269××××〈/cbc:CompanyID〉
      〈cbc:ExemptionReason〉政策性免税〈/cbc:ExemptionReason〉
      〈cac:TaxScheme〉
        〈cbc:ID〉增值税〈/cbc:ID〉
        〈cbc:TaxTypeCode〉VAT〈/cbc:TaxTypeCode〉
      〈/cac:TaxScheme〉
    〈/cac:PartyTaxScheme〉
    〈cac:Contact〉
      〈cbc:Name〉张×女士〈/cbc:Name〉
      〈cbc:Telephone〉0102324××××〈/cbc:Telephone〉
      〈cbc:Telefax〉0101115××××〈/cbc:Telefax〉
      〈cbc:ElectronicMail〉zhang××@beijing.com〈/cbc:ElectronicMail〉
    〈/cac:Contact〉
  〈/cac:Party〉
〈/cac:AccountingSupplierParty〉
〈cac:AccountingCustomerParty〉
  〈cbc:CustomerAssignedAccountID〉XFB01〈/cbc:CustomerAssignedAccountID〉
  〈cbc:SupplierAssignedAccountID〉GT00978567〈/cbc:SupplierAssignedAccountID〉
  〈cac:Party〉
    〈cac:PartyName〉
      〈cbc:Name〉上海××公司〈/cbc:Name〉
    〈/cac:PartyName〉
    〈cac:PostalAddress〉
      〈cbc:StreetName〉××路〈/cbc:StreetName〉
      〈cbc:BuildingName〉××大厦〈/cbc:BuildingName〉
      〈cbc:BuildingNumber〉58A〈/cbc:BuildingNumber〉
      〈cbc:CityName〉上海〈/cbc:CityName〉
      〈cbc:PostalZone〉2000××〈/cbc:PostalZone〉
      〈cbc:CountrySubentity〉上海市〈/cbc:CountrySubentity〉
      〈cac:AddressLine〉
        〈cbc:Line〉5层5××室〈/cbc:Line〉
      〈/cac:AddressLine〉
      〈cac:Country〉
        〈cbc:IdentificationCode〉 CN 〈/cbc:IdentificationCode〉
      〈/cac:Country〉
    〈/cac:PostalAddress〉
    〈cac:PartyTaxScheme〉
```

```
        〈cbc:RegistrationName〉上海××××××公司〈/cbc:RegistrationName〉
        〈cbc:CompanyID〉123564××〈/cbc:CompanyID〉
        〈cbc:ExemptionReason〉政策性免税〈/cbc:ExemptionReason〉
        〈cac:TaxScheme〉
          〈cbc:ID〉增值税〈/cbc:ID〉
          〈cbc:TaxTypeCode〉VAT〈/cbc:TaxTypeCode〉
        〈/cac:TaxScheme〉
      〈/cac:PartyTaxScheme〉
      〈cac:Contact〉
        〈cbc:Name〉王×先生〈/cbc:Name〉
        〈cbc:Telephone〉0217265××××〈/cbc:Telephone〉
        〈cbc:Telefax〉0217265××××〈/cbc:Telefax〉
        〈cbc:ElectronicMail〉wang××@shanghai.com〈/cbc:ElectronicMail〉
      〈/cac:Contact〉
    〈/cac:Party〉
  〈/cac:AccountingCustomerParty〉
  〈cac:Delivery〉
    〈cbc:ActualDeliveryDate〉2009-06-20〈/cbc:ActualDeliveryDate〉
    〈cbc:ActualDeliveryTime〉11:30:00.0Z〈/cbc:ActualDeliveryTime〉
    〈cac:DeliveryAddress〉
      〈cbc:StreetName〉××路〈/cbc:StreetName〉
      〈cbc:BuildingName〉××大厦〈/cbc:BuildingName〉
      〈cbc:BuildingNumber〉58A〈/cbc:BuildingNumber〉
      〈cbc:CityName〉上海〈/cbc:CityName〉
      〈cbc:PostalZone〉2000××〈/cbc:PostalZone〉
      〈cbc:CountrySubentity〉上海市〈/cbc:CountrySubentity〉
      〈cac:AddressLine〉
        〈cbc:Line〉5层5××室〈/cbc:Line〉
      〈/cac:AddressLine〉
      〈cac:Country〉
        〈cbc:IdentificationCode〉CN〈/cbc:IdentificationCode〉
      〈/cac:Country〉
    〈/cac:DeliveryAddress〉
  〈/cac:Delivery〉
  〈cac:DeliveryTerms〉
    〈cbc:ID〉C&amp;F〈/cbc:ID〉
  〈/cac:DeliveryTerms〉
  〈cac:PaymentMeans〉
    〈cbc:PaymentMeansCode〉20〈/cbc:PaymentMeansCode〉
    〈cbc:PaymentDueDate〉2009-07-21〈/cbc:PaymentDueDate〉
    〈cac:PayeeFinancialAccount〉
      〈cbc:ID〉123456××〈/cbc:ID〉
      〈cbc:Name〉北京市××公司〈/cbc:Name〉
```

```
        〈cbc:AccountTypeCode〉Current〈/cbc:AccountTypeCode〉
        〈cbc:CurrencyCode〉RMB〈/cbc:CurrencyCode〉
        〈cac:FinancialInstitutionBranch〉
          〈cbc:ID〉10-26-58〈/cbc:ID〉
          〈cbc:Name〉北京××银行,××路支行〈/cbc:Name〉
          〈cac:FinancialInstitution〉
            〈cbc:ID〉10-26-58〈/cbc:ID〉
            〈cbc:Name〉北京银行〈/cbc:Name〉
            〈cac:Address〉
              〈cbc:StreetName〉××路〈/cbc:StreetName〉
              〈cbc:BuildingName〉××大厦〈/cbc:BuildingName〉
              〈cbc:BuildingNumber〉12〈/cbc:BuildingNumber〉
              〈cbc:CityName〉北京〈/cbc:CityName〉
              〈cbc:PostalZone〉1000××〈/cbc:PostalZone〉
              〈cbc:CountrySubentity〉北京市
〈/cbc:CountrySubentity〉
              〈cac:AddressLine〉
                〈cbc:Line〉5层〈/cbc:Line〉
              〈/cac:AddressLine〉
              〈cac:Country〉
                〈cbc:IdentificationCode〉CN〈/cbc:IdentificationCode〉
              〈/cac:Country〉
            〈/cac:Address〉
          〈/cac:FinancialInstitution〉
          〈cac:Address〉
            〈cbc:StreetName〉××路〈/cbc:StreetName〉
            〈cbc:BuildingName〉××大厦〈/cbc:BuildingName〉
            〈cbc:BuildingNumber〉152〈/cbc:BuildingNumber〉
            〈cbc:CityName〉北京〈/cbc:CityName〉
            〈cbc:PostalZone〉1000××〈/cbc:PostalZone〉
            〈cbc:CountrySubentity〉北京市〈/cbc:CountrySubentity〉
            〈cac:AddressLine〉
              〈cbc:Line〉西楼〈/cbc:Line〉
            〈/cac:AddressLine〉
            〈cac:Country〉
              〈cbc:IdentificationCode〉CN〈/cbc:IdentificationCode〉
            〈/cac:Country〉
          〈/cac:Address〉
        〈/cac:FinancialInstitutionBranch〉
        〈cac:Country〉
          〈cbc:IdentificationCode〉CN〈/cbc:IdentificationCode〉
        〈/cac:Country〉
      〈/cac:PayeeFinancialAccount〉
```

```
〈/cac:PaymentMeans〉
〈cac:PaymentTerms〉
  〈cbc:Note〉在发票日期一个月内付款〈/cbc:Note〉
〈/cac:PaymentTerms〉
〈cac:AllowanceCharge〉
  〈cbc:ChargeIndicator〉false〈/cbc:ChargeIndicator〉
  〈cbc:AllowanceChargeReasonCode〉17〈/cbc:AllowanceChargeReasonCode〉
  〈cbc:MultiplierFactorNumeric〉0.10〈/cbc:MultiplierFactorNumeric〉
  〈cbc:Amount currencyID="CNY"〉1000.00〈/cbc:Amount〉
〈/cac:AllowanceCharge〉
〈cac:TaxTotal〉
  〈cbc:TaxAmount currencyID="CNY"〉1750〈/cbc:TaxAmount〉
  〈cbc:TaxEvidenceIndicator〉true〈/cbc:TaxEvidenceIndicator〉
  〈cac:TaxSubtotal〉
    〈cbc:TaxableAmount currencyID="CNY"〉10000.00〈/cbc:TaxableAmount〉
    〈cbc:TaxAmount currencyID="CNY"〉1750〈/cbc:TaxAmount〉
    〈cac:TaxCategory〉
      〈cbc:ID〉A〈/cbc:ID〉
      〈cac:TaxScheme〉
        〈cbc:ID〉增值税〈/cbc:ID〉
        〈cbc:TaxTypeCode〉VAT〈/cbc:TaxTypeCode〉
      〈/cac:TaxScheme〉
    〈/cac:TaxCategory〉
  〈/cac:TaxSubtotal〉
〈/cac:TaxTotal〉
〈cac:LegalMonetaryTotal〉
  〈cbc:LineExtensionAmount currencyID="CNY"〉10000.00〈/cbc:LineExtensionAmount〉
  〈cbc:AllowanceTotalAmount currencyID="CNY"〉1000.00〈/cbc:AllowanceTotalAmount〉
  〈cbc:PayableAmount currencyID="CNY"〉10750〈/cbc:PayableAmount〉
〈/cac:LegalMonetaryTotal〉
〈cac:InvoiceLine〉
  〈cbc:ID〉A〈/cbc:ID〉
  〈cbc:InvoicedQuantity unitCode="kg"〉100〈/cbc:InvoicedQuantity〉
  〈cbc:LineExtensionAmount currencyID="CNY"〉10000.00〈/cbc:LineExtensionAmount〉
  〈cac:OrderLineReference〉
    〈cbc:LineID〉1〈/cbc:LineID〉
    〈cbc:SalesOrderLineID〉A〈/cbc:SalesOrderLineID〉
    〈cbc:LineStatusCode〉无特殊状态〈/cbc:LineStatusCode〉
    〈cac:OrderReference〉
      〈cbc:ID〉AEG012345〈/cbc:ID〉
      〈cbc:SalesOrderID〉CON0095678〈/cbc:SalesOrderID〉
      〈cbc:UUID〉6E09886B-DC6E-439F-82D1-7CCAC7F4E3B1〈/cbc:UUID〉
      〈cbc:IssueDate〉2009-06-20〈/cbc:IssueDate〉
```

```
      〈/cac:OrderReference〉
    〈/cac:OrderLineReference〉
    〈cac:TaxTotal〉
      〈cbc:TaxAmount currencyID = "CNY"〉1750〈/cbc:TaxAmount〉
      〈cbc:TaxEvidenceIndicator〉true〈/cbc:TaxEvidenceIndicator〉
      〈cac:TaxSubtotal〉
        〈cbc:TaxableAmount currencyID = "CNY"〉10000.00〈/cbc:TaxableAmount〉
        〈cbc:TaxAmount currencyID = "CNY"〉1750〈/cbc:TaxAmount〉
        〈cac:TaxCategory〉
          〈cbc:ID〉A〈/cbc:ID〉
          〈cbc:Percent〉17.5〈/cbc:Percent〉
          〈cac:TaxScheme〉
            〈cbc:ID〉增值税〈/cbc:ID〉
            〈cbc:TaxTypeCode〉VAT〈/cbc:TaxTypeCode〉
          〈/cac:TaxScheme〉
        〈/cac:TaxCategory〉
      〈/cac:TaxSubtotal〉
    〈/cac:TaxTotal〉
    〈cac:Item〉
      〈cbc:Description〉高级××蜂蜡〈/cbc:Description〉
      〈cbc:Name〉蜂蜡〈/cbc:Name〉
      〈cac:BuyersItemIdentification〉
        〈cbc:ID〉6578489〈/cbc:ID〉
      〈/cac:BuyersItemIdentification〉
      〈cac:SellersItemIdentification〉
        〈cbc:ID〉17589683〈/cbc:ID〉
      〈/cac:SellersItemIdentification〉
      〈cac:ItemInstance〉
        〈cac:LotIdentification〉
          〈cbc:LotNumberID〉546××××39〈/cbc:LotNumberID〉
          〈cbc:ExpiryDate〉2010-01-01〈/cbc:ExpiryDate〉
        〈/cac:LotIdentification〉
      〈/cac:ItemInstance〉
    〈/cac:Item〉
    〈cac:Price〉
      〈cbc:PriceAmount currencyID = "CNY"〉100.00〈/cbc:PriceAmount〉
      〈cbc:BaseQuantity unitCode = "kg"〉1〈/cbc:BaseQuantity〉
    〈/cac:Price〉
  〈/cac:InvoiceLine〉
〈/Invoice〉
```

ICS 35.240
L 67

中华人民共和国国家标准

GB/T 26152—2010

基于XML的电子商务订单报文

E-business order message based on XML

2011-01-14 发布　　2011-06-01 实施

中华人民共和国国家质量监督检验检疫总局
中国国家标准化管理委员会　发布

前　言

本标准的附录A为规范性附录,附录B为资料性附录。

本标准由全国电子业务标准化技术委员会(SAC/TC 83)提出并归口。

本标准起草单位:中国标准化研究院、多友科技(北京)有限公司、阿里巴巴(中国)网络技术有限公司、上海港虹信息科技有限公司、新景程国际物流有限公司、深圳市联合纵横国际货运代理有限公司、上海宝霖国际危险品物流有限公司。

本标准主要起草人:隋媛、刘颖、章建方、李佳伟、曹新九、孙文峰、胡涵景。

引　言

近年，可扩展置标语言(XML)得到了快速的发展，国际上相关标准化组织都在积极进行基于 XML 的报文设计方法相关的研究和探讨。UN/CEFACT 与 OASIS 下设的 UBL 技术委员会专门负责进行 XML 格式报文设计方法的研究，于 2006 年发布了通用业务语言(UBL，Universal Business Language) 2.0 版，以便定义可广泛应用于各个业务领域的基于 XML 的交换格式。

本标准主要参考了 UBL 2.0 中订单报文的 XML Schema，对订单的业务内容是在 GB/T 20538.2—2010《基于 XML 的电子商务业务数据和过程　第 2 部分：业务信息实体目录》的基础上确定的，并保持与其语义上的一致性，订单的 XML Schema 设计遵循 GB/T 19256.8—2009《基于 XML 的电子商务　第 8 部分：报文设计规则》的有关规定。

本标准对与订单直接相关的聚合业务信息实体(ABIE)、基本业务信息实体(BBIE)及关联业务信息实体(ASBIE)进行了详细说明。同时由于“行项”、“项”、“价格”、“运输阶段”、“商品分类”、“包装”等 ASBIE 包含了与订购商品或服务直接相关的信息，因此本标准中也对上述 ASBIE 及其所包含的主要 BBIE 进行了说明。其他 ASBIE 和 BBIE 在 GB/T 20538.2—2010 中进行了详细的说明，在本标准中不作规定。

基于XML的电子商务订单报文

1 范围

本标准规定了基于XML的电子商务中参与方之间数据交换所用的订单报文的功能与设计原则、组成及主要内容,并给出了订单报文的XML Schema。

本标准适用于基于XML的电子商务订单报文的设计、使用和管理。

2 规范性引用文件

下列文件中的条款通过本标准的引用而成为本标准的条款。凡是注日期的引用文件,其随后所有的修改单(不包括勘误的内容)或修订版均不适用于本标准,然而,鼓励根据本标准达成协议的各方研究是否可使用这些文件的最新版本。凡是不注日期的引用文件,其最新版本适用于本标准。

GB/T 6512 运输方式代码

GB/T 12406 表示货币和资金的代码(GB/T 12406—2008,ISO 4217:2001,IDT)

GB/T 16472 货物类型、包装类型和包装材料类型代码

GB/T 19256.8—2009 基于XML的电子商务 第8部分:报文设计规则

GB/T 19256.9—2006 基于XML的电子商务 第9部分:核心构件与业务信息实体规范(ISO/TS 15000-5:2005,MOD)

GB/T 20538.2—2010 基于XML的电子商务业务数据和过程 第2部分:业务信息实体目录

3 术语、定义和缩略语

3.1 术语和定义

GB/T 19256.9—2006中确立的以及下列术语和定义适用于本标准。

3.1.1

核心构件类型 core component type;CCT

由一个内容构件(有且仅有一个)和一个或多个辅助构件组成的一种核心构件,其中内容构件给出了实际内容,辅助构件对内容构件给出了实质性的补充定义。核心构件类型没有业务语义。

[GB/T 19256.9—2006,定义3.1.38]

3.1.2

业务信息实体 business information entity;BIE

带有唯一业务语义定义的一条业务数据或一组业务数据,BIE可以是BBIE、ASBIE或ABIE。

[GB/T 19256.9—2006,定义3.1.14]

3.1.3

基本业务信息实体 basic business information entity;BBIE

表示特定业务语境中特定对象类的单一业务特性的业务信息实体。它有唯一的业务语义定义。

[GB/T 19256.9—2006,定义3.1.9]

3.1.4

聚合业务信息实体 aggregate business information entity;ABIE

由相互关联的若干条业务信息组成的集合,它表达了特定语境中清晰的业务含义。如果采用建模语言来表述,它表达了特定业务语境中的一个对象类。

[GB/T 19256.9—2006,定义3.1.1]

3.1.5

关联业务信息实体 association business information entity;ASBIE

表示特定业务语境中特定对象类的复合业务特性的业务信息实体。它有唯一的业务语义定义。ASBIE 表示关联业务信息实体特性,并与具有相同结构的 ABIE 相关联。

[GB/T 19256.9—2006,定义 3.1.4]

3.1.6

UCC 方式

将每个单词的首字母大写,并把这些单词组合起来的一种方式。

[GB/T 19256.8—2009,定义 3.1.68]

3.2 缩略语

下列缩略语适用于本标准。

ABIE:聚合业务信息实体(Aggregate Business Information Entity)

ASBIE:关联业务信息实体(Association Business Information Entity)

BIE:业务信息实体(Business Information Entity)

BBIE:基本业务信息实体(Basic Business Information Entity)

ID:标识符(Identifier)

QDT:限定的数据类型(Qualified Data Type)

UDT:未限定的数据类型(Unqualified Data Type)

UML:统一建模语言(Uniform Modeling Language)

XML:可扩展置标语言(Extensible Markup Language)

4 订单报文的功能及设计原则

4.1 订单报文的功能

订单报文包含与订购商品或服务直接相关的贸易信息。买方通过订单报文,按照报价或已知的其他情况,发起与卖方之间对指定的商品或服务的交易。

4.2 订单报文的设计原则

4.2.1 订单报文的业务设计原则

订单报文的业务设计原则如下:

a) 订单可以规定折让和费用,以确定付款方式;

b) 订单允许针对所有定价规定一种默认货币,也允许针对发票指定一种货币;

c) 订单可以针对个别项的定价和任何折让或费用规定附加货币;

d) 订单可以具有多个订单行;

e) 买方可以指出可接受的替代选择;

f) 订单中可以对折扣进行详细规定。

4.2.2 订单报文的语法设计原则

订单报文的语法设计原则如下:

a) 订单报文的 XML Schema 设计规则应遵循 GB/T 19256.8—2009 的报文设计的规定。

b) 订单报文的 Schema 模块应导入以下通用 Schema 模块,具体包括:

   1) 通用 ABIE Schema 模块:

      - 应导入通用 BBIE Schema 模块;
      - 应导入 QDT Schema 模块;

- 应导入 UDT Schema 模块。

2) 通用 BBIE Schema 模块：
- 应导入 QDT Schema 模块；
- 应导入 UDT Schema 模块。

3) 通用扩展 BIE Schema 模块：
- 应导入通用 BBIE Schema 模块；
- 应导入 UDT Schema 模块；
- 可包含扩展数据类型。

4) QDT Schema 模块：应导入 UDT Schema 模块。

5) UDT Schema 模块。

各模块间的关系见如图 1 所示的订单报文 Schema 模块结构图。

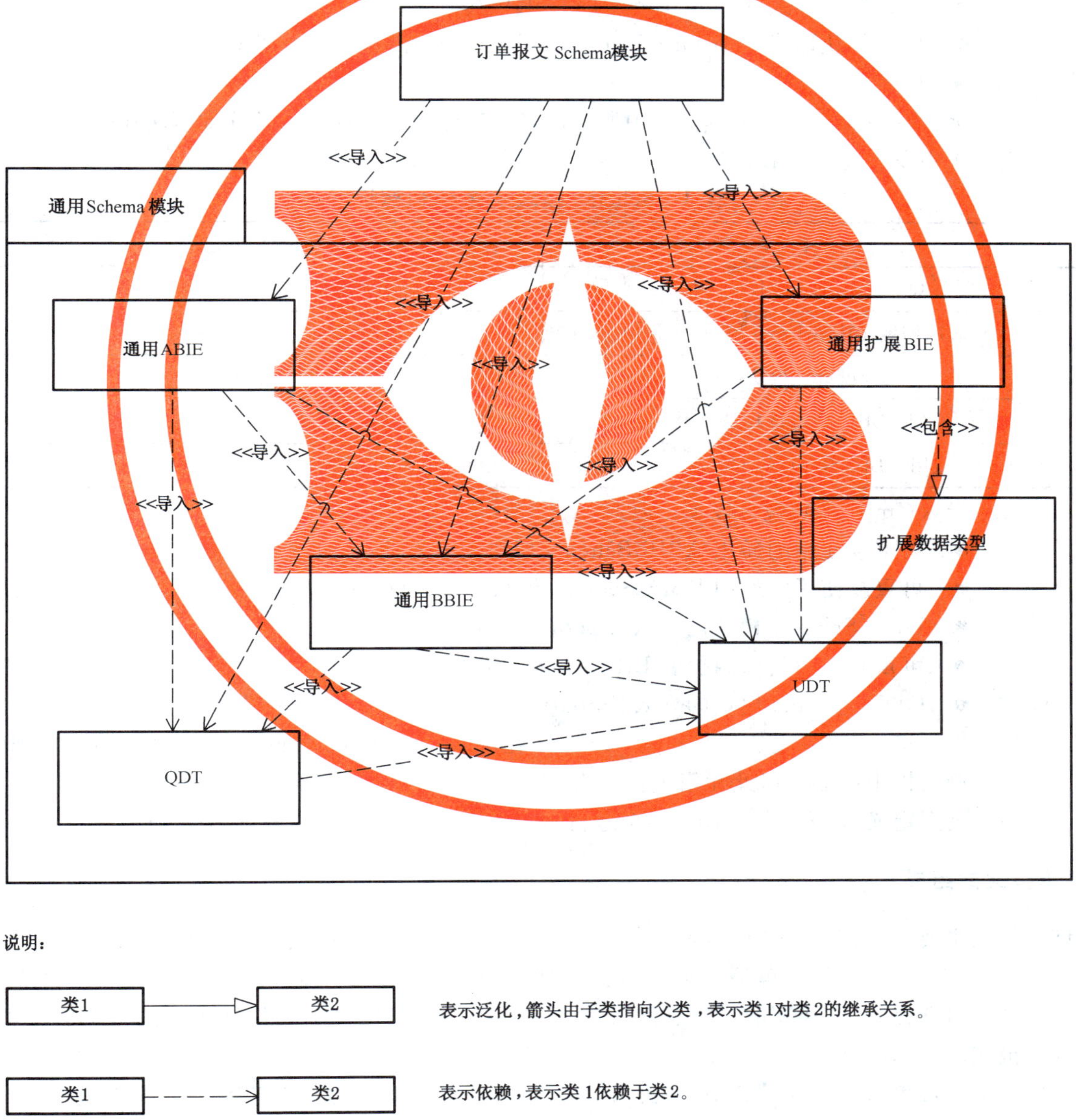

图 1 订单报文 Schema 模块结构图

c) 订单报文的 XML Schema 应包含以下部分：
   1) XML 声明：在 XML Schema 中采用 UTF-8 编码。
   2) Schema 开始标记，包含以下声明：
      - 目标命名空间属性；
      - Schema 中实际使用的 QDT 的命名空间声明；
      - Schema 中实际使用的通用扩展 BIE 的命名空间声明；
      - 注释信息的命名空间声明；
      - Schema 中实际使用的 UDT 的命名空间声明；
      - Schema 中实际使用的、可重复使用的通用 BBIE 的命名空间声明；
      - Schema 中实际使用的、可重复使用的通用 ABIE 的命名空间声明；
      - 订单报文 Schema 的命名空间声明；
      - 元素默认形式(elementFormDefault)，其值为“qualified”；
      - 属性默认形式(attributeFormDefault)，其值为“unqualified”；
      - 版本。

   为确保一致性并实现本标准中所有命名空间标记的标准化，Schema 模块在被引用时应使用表 1 中所示的名称和标记。

表 1 Schema 模块的名称和标记

名　　称	标　　记
QDT Schema 模块	qdt
通用扩展 BIE Schema 模块	ext
UDT Schema 模块	udt
通用 BBIE Schema 模块	cbc
通用 ABIE Schema 模块	cac

   3) 导入(imports)，包含以下声明：
      - 可重复使用的通用 ABIE Schema 模块的导入(import)；
      - 可重复使用的通用 BBIE Schema 模块的导入(import)；
      - UDT Schema 模块的导入(import)；
      - 可重复使用的通用扩展 BIE Schema 模块的导入(import)；
      - QDT Schema 模块的导入(import)。
   4) 根元素，订单报文的根元素为“Order”，在所有以本 XML Schema(见附录 A)为基础的实例文档中都必须以此元素为根元素。
   5) 类型定义，对 BBIE、ABIE 类型进行定义，所有的注释元素应有前缀“ccts”。

5 订单报文的组成

订单报文主要由“发起方”、“记账客户方”、“买方”、“卖方”、“货运代理人”、“有效期限”、“合同”、“订单行”、“报价单证参考”、“订单单证参考”、“发起方单证参考”、“附加单证参考”、“交易条件”、“交货条款”、“交货”、“付款方式”、“预期的金额总计”、“折让费用”、“税总计”、“签名”、“目的地国家”等 ABIE 组成。订单报文的 UML 模型如图 2 所示。

订单报文中订单行的“行项”、“项”、“价格”、“运输阶段”、“商品分类”、“包装”等 ASBIE 包含了与订购的商品或服务直接相关的信息，因此，本标准中主要对上述 ASBIE 及其所包含的主要 BBIE 进行了说明，见图 3。其他不做具体说明的 ASBIE 和 BBIE 见 GB/T 20538.2—2010 的相关部分。

附录 A 给出了订单报文的 XML Schema，附录 B 给出了订单报文的 XML 实例文档。

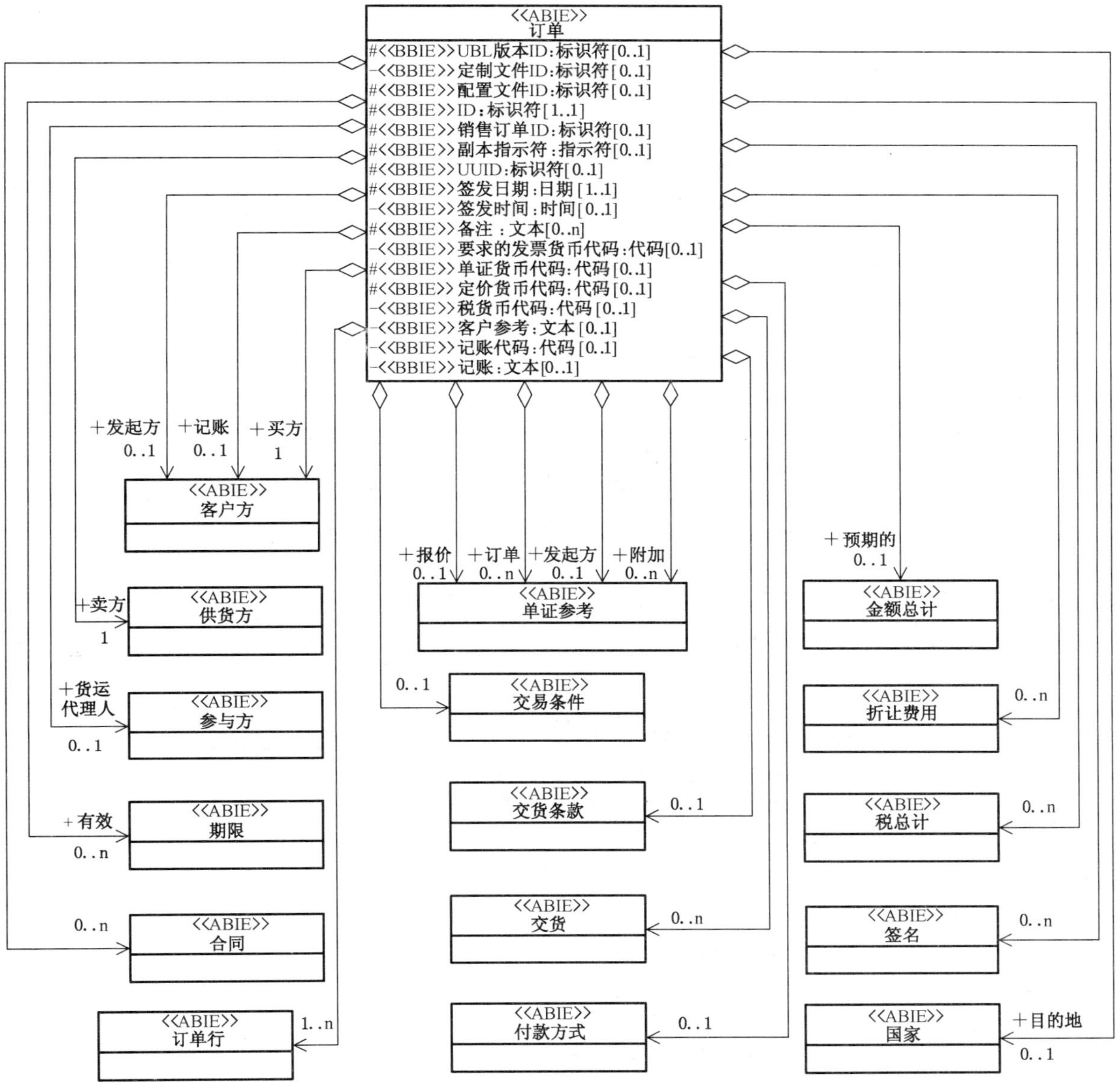

说明：

<<BBIE>> ×××× 表示BBIE

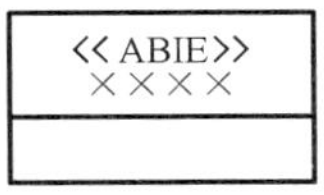

表示ABIE

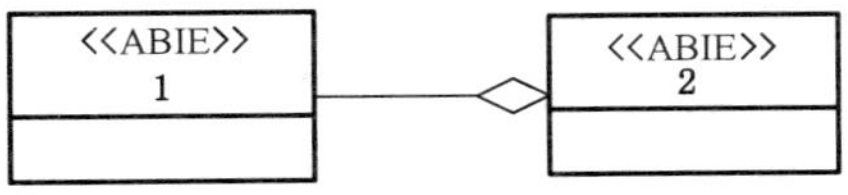

表示聚合，用于创建ABIE与ASBIE之间的整体与部分的关系，ABIE 1是ABIE 2的ASBIE。

表示导向关联，ABIE 1能够导航到箭头指向的ABIE 2。

图 2　订单报文的 UML 模型

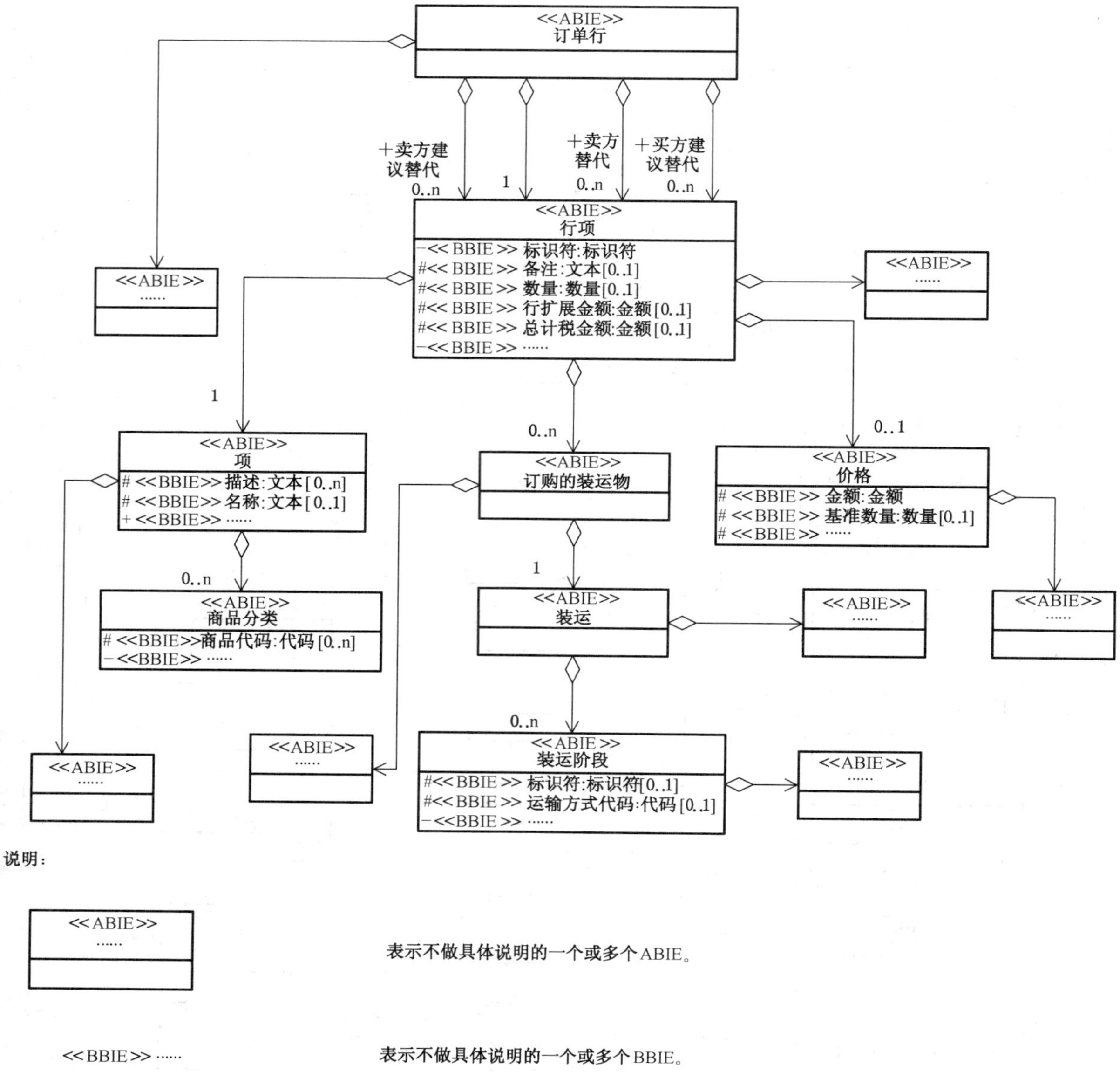

图 3 订单行的 UML 模型图

6 订单报文内容属性说明

订单报文由一个 ABIE(Order.details)、多个 ASBIE 和其所包含的 BBIE 组成，每个 BIE 主要采用“索引”、“XML 标记名”、“中文名称”、“字典条目名称”、“说明”、“关联类型”、“出现次数”、“数据类型”、“关联的对象类”及“备注”等属性进行说明，这些属性及其有关规则说明如下：

a) 索引：标记名在表格中的位置，索引不作为报文的必要部分。

b) XML 标记名：BIE 的 XML Schema 中的标记名称，即 BIE 对应的“element name”。

XML 标记名的命名规则如下：

1) 订单报文中，有且仅有一个 ABIE，即“Order. Details”，其 XML 标记名为根元素“Order”。

2) 对于 BBIE 和 ASBIE，在字典条目英文名称及以下规则基础上，采用 UCC 方式命名：

- 去掉英文句点(.)、空格符或其他分隔符，以及 W3C XML1.0 中明确规定的不能用于

XML 名称的字符；

- 去掉对象类词；
- 如表示词与特性词有重复，则去掉表示词；
- “Identifier”以“ID”表示。

例如：

字典条目名称为“Order. Tax_Currency Code. Code ”（订单. 税货币代码. 代码）的 BBIE，其 XML 标记名为 TaxCurrencyCode；

字典条目名称为“Order. Quotation_Document Reference. Document Reference ”（订单. 报价单证参考. 单证参考）的 ASBIE，其 XML 标记名为 QuotationDocumentReference。

c） 中文名称：BIE 的 XML 标记名的中文指称。

d） 字典条目名称：每个 BIE 有且仅有一个字典条目名称，名称由下面几部分构成，各部分之间用半角符号“. ”分割：

1） 对象类词；

2） 特性词；

3） 表示词；

4） 各部分的限定词。

ABIE，其特性词和表示词都是“细目”，如“Order. Details”。

对于 ASBIE，表示词为其所关联的 ABIE 的对象类词，特性词为该对象类词加上适当的语义限定词，如“Order. Order_Document Reference. Document Reference”，若特性词也为该对象类词而没有语义限定词，即表示词与特性词相同时，则所关联的 ABIE 的对象类词只出现一次，如“Order. Contract”。

有关字典条目名称的详细内容见 GB/T 19256.9—2006。

e） 说明：该 BIE 的语义解释。

f） 关联类型：该 BIE 是聚合业务信息实体（ABIE）、基本业务信息实体（BBIE）或关联业务信息实体（ASBIE）。

g） 出现次数：该 BIE 在报文中重复出现的次数。

1） “0..1”表示“可选且仅可出现 1 次”；

2） “0..n”表示“可选且可出现多次”；

3） “1..1”表示“必选且仅可出现 1 次”；

4） “1..n”表示“必选且可出现多次”。

h） 数据类型：该 BBIE 的核心构件类型（CCT）。具体包括“金额. 类型”、“二进制对象. 类型”、“代码. 类型”、“日期时间. 类型”、“标识符. 类型”、“指示符. 类型”、“计量. 类型”、“数字. 类型”、“数量. 类型”、“文本. 类型”等。

i） 关联的对象类：与该 ASBIE 相关的 ABIE 的对象类。

j） 备注：其他需说明的内容，不作为报文的必要部分。

7 订单报文的主要内容

7.1 订单报文（ABIE）的主要内容

订单报文（ABIE）的主要内容见表 2。

表 2 订单报文的主要内容

索引	XML 标记名	中文名称	字典条目名称	说 明	关联类型	出现次数	数据类型	关联的对象类	备 注
1	Order	订单	订单. 细目 Order. Details	用于订购商品和服务的单证	ABIE				
2	UBLVersionID	UBL 版本标识符	订单. 版本标识符. 标识符 Order. Version Identifier. Identifier	UBL 2 的 Schema 早期版本的标识，该 Schema 定义了可能用在当前实例中的所有元素	BBIE	0..1	标识符. 类型		如:2.0.5
3	CustomizationID	定制文件标识符	订单. 定制文件标识符. 标识符 Order. Customization Identifier. Identifier	用户根据特定用途对 UBL 做出的个性化处理后形成的定制文件的标识	BBIE	0..1	标识符. 类型		
4	ProfileID	配置文件标识符	订单. 配置文件标识符. 标识符 Order. Profile Identifier. Identifier	针对定制文件，用户定义的配置文件的标识	BBIE	0..1	标识符. 类型		
5	ID	标识符	订单. 标识符 Order. Identifier	买方指定的订单标识	BBIE	1..1	标识符. 类型		
6	SalesOrderID	销售订单标识符	订单. 销售订单标识符. 标识符 Order. Sales Order Identifier. Identifier	卖方指定的订单标识	BBIE	0..1	标识符. 类型		
7	CopyIndicator	副本指示符	订单. 副本指示符. 指示符 Order. Copy_Indicator. Indicator	指明订单是一个副本(true)还是正本(false)	BBIE	0..1	指示符. 类型		
8	UUID	通用唯一标识符	订单. UUID. 标识符 Order. UUID. Identifier	ABIE 实例的通用唯一标识	BBIE	0..1	标识符. 类型		
9	IssueDate	签发日期	订单. 签发日期. 日期 Order. Issue Date. Date	买方指定的签发订单的日期	BBIE	1..1	日期. 类型		
10	IssueTime	签发时间	订单. 签发时间. 时间 Order. Issue Time. Time	买方指定的签发订单的时间	BBIE	0..1	时间. 类型		

表 2（续）

索引	XML 标记名	中文名称	字典条目名称	说　明	关联类型	出现次数	数据类型	关联的对象类	备　注
11	Note	备注	订单. 备注. 文本 Order. Note. Text	适用于订单的自由文本，可能包含注释或者在其他结构中没有明确规定的类似信息	BBIE	0..n	文本. 类型		
12	RequestedInvoiceCurrencyCode	要求的发票货币代码	订单. 要求的发票货币代码. 代码 Order. Requested Invoice_Currency Code. Code	在与订单相关的发票中，金额总计要求的货币	BBIE	0..1	货币代码. 类型		见 GB/T 12406
13	DocumentCurrencyCode	单证货币代码	订单. 单证货币代码. 代码 Order. Document_Currency Code. Code	单证中出现的货币，可能与定价货币或税货币相同	BBIE	0..1	货币代码. 类型		见 GB/T 12406
14	PricingCurrencyCode	定价货币代码	订单. 定价货币代码. 代码 Order. Pricing_Currency Code. Code	适用于订单中所有定价的货币	BBIE	0..1	货币代码. 类型		见 GB/T 12406
15	TaxCurrencyCode	税货币代码	订单. 税货币代码. 代码 Order. Tax_Currency Code. Code	在与订单相关的发票中，税总计要求的货币	BBIE	0..1	货币代码. 类型		见 GB/T 12406
16	CustomerReference	客户参考	订单. 客户参考. 文本 Order. Customer Reference. Text	订单的附加参考	BBIE	0..1	文本. 类型		
17	AccountingCostCode	记账代码	订单. 记账代码. 代码 Order. Accounting Cost Code. Code	适用于订单总体的买方记账代码	BBIE	0..1	代码. 类型		
18	AccountingCost	记账	订单. 记账. 文本 Order. Accounting Cost. Text	以文本形式表示的，适用于订单总体的买方的记账中心	BBIE	0..1	文本. 类型		
19	LineCountNumeric	行数数字	订单. 行数. 数字 Order. Line Count. Numeric	单证中行的数	BBIE	0..1	数字. 类型		

表 2（续）

索引	XML 标记名	中文名称	字典条目名称	说　明	关联类型	出现次数	数据类型	关联的对象类	备　注
20	ValidityPeriod	有效期限	订单.有效期限.期限 Order. Validity_Period. Period	订单有效的期限	ASBIE	0..n		期限	见 GB/T 20538.2—2010 中 7.78“期限.细目”
21	QuotationDocument Reference	报价单证参考	订单.报价单证参考.单证参考 Order. Quotation_Document Reference. Document Reference	与报价的参考关联	ASBIE	0..1		单证参考	见 GB/T 20538.2—2010 中 7.36“单证参考.细目”
22	OrderDocument Reference	订单单证参考	订单.订单单证参考.单证参考 Order. Order_Document Reference. Document Reference	与(另一个)订单的参考关联	ASBIE	0..n		单证参考	见 GB/T 20538.2—2010 中 7.36“单证参考.细目”
23	OriginatorDocument Reference	发起方单证参考	订单.发起方单证参考.单证参考 Order. Originator_Document Reference. Document Reference	与发起方单证的参考关联	ASBIE	0..1		单证参考	见 GB/T 20538.2—2010 中 7.36“单证参考.细目”
24	AdditionalDocument Reference	附加单证参考	订单.附加单证参考.单证参考 Order. Additional_Document Reference. Document Reference	与附加单证的参考关联	ASBIE	0..n		单证参考	见 GB/T 20538.2—2010 中 7.36“单证参考.细目”
25	Contract	合同	订单.合同 Order. Contract	与合同关联	ASBIE	0..n		合同	见 GB/T 20538.2—2010 中 7.22“合同.细目”
26	Signature	签名	订单.签名 Order. Signature	与签名关联	ASBIE	0..n		签名	见 GB/T 20538.2—2010 中 7.96“签名.细目”

表 2（续）

索引	XML 标记名	中文名称	字典条目名称	说　明	关联类型	出现次数	数据类型	关联的对象类	备　注
27	BuyerCustomer Party	买方	订单. 买方. 客户方 Order. Buyer_Customer Party. Customer Party	与买方关联	ASBIE	1..1		客户方	见 GB/T 20538.2—2010 中 7.27 “客户方. 细目”
28	SellerSupplierParty	卖方	订单. 卖方. 供货方 Order. Seller_Supplier Party. Supplier Party	与卖方关联	ASBIE	1..1		供货方	见 GB/T 20538.2—2010 中 7.100 “供货方. 细目”
29	OriginatorCustomer Party	发起方	订单. 发起方. 客户方 Order. Originator_Customer Party. Customer Party	与发起方关联	ASBIE	0..1		客户方	见 GB/T 20538.2—2010 中 7.27 “客户方. 细目”
30	FreightForwarder Party	货运代理人	订单. 货运代理人. 参与方 Order. Freight Forwarder_ Party. Party	与货运代理人或承运人关联	ASBIE	0..1		参与方	见 GB/T 20538.2—2010 中 7.70 “参与方. 细目”
31	AccountingCustomer Party	记账客户方	订单. 记账客户方. 客户方 Order. Accounting_Customer Party. Customer Party	与记账客户方关联，指非买方的接受发票的客户方	ASBIE	0..1		客户方	见 GB/T 20538.2—2010 中 7.27 “客户方. 细目”
32	Delivery	交货	订单. 交货 Order. Delivery	与交货关联	ASBIE	0..n		交货	见 GB/T 20538.2—2010 中 7.29 “交货. 细目”
33	DeliveryTerms	交货条款	订单. 交货条款 Order. Delivery Terms	与交货条款关联	ASBIE	0..1		交货条款	见 GB/T 20538.2—2010 中 7.30 “交货条款. 细目”

表 2（续）

索引	XML 标记名	中文名称	字典条目名称	说　明	关联类型	出现次数	数据类型	关联的对象类	备　注
34	PaymentMeans	付款方式	订单. 付款方式 Order. Payment Means	与付款方式关联	ASBIE	0..1		付款方式	见 GB/T 20538.2—2010 中 7.76 “付款方式. 细目”
35	TransactionConditions	交易条件	订单. 交易条件 Order. Transaction Conditions	与整个订单中的任何交易条件关联	ASBIE	0..1		交易条件	见 GB/T 20538.2—2010 中 7.107 “交易条件. 细目”
36	AllowanceCharge	折让费用	订单. 折让费用 Order. Allowance Charge	与适用于订单总体的折让或费用关联	ASBIE	0..n		折让费用	见 GB/T 20538.2—2010 中 7.4“折让费用. 细目”
37	DestinationCountry	目的地国家	订单. 目的地国家. 国家 Order. Destination_Country. Country	与目的地国家（用于海关监管目的）关联	ASBIE	0..1		国家	见 GB/T 20538.2—2010 中 7.24 “国家. 细目”
38	TaxTotal	税总计	订单. 税总计 Order. Tax Total	与订单的税总计（买方计算的）关联	ASBIE	0..n		税总计	见 GB/T 20538.2—2010 中 7.104 “税总计. 细目”
39	AnticipatedMonetaryTotal	预期的金额总计	订单. 预期的金额总计. 金额总计 Order. Anticipated _ Monetary Total. Monetary Total	与买方预期的订单总金额关联	ASBIE	0..1		金额总计	见 GB/T 20538.2—2010 中 7.64 “金额总计. 细目”
40	OrderLine	订单行	订单. 订单行 Order. Order Line	与一个或多个订单行关联	ASBIE	1..n		订单行	见 GB/T 20538.2—2010 中 7.65 “订单行. 细目”

7.2 订单报文行项(ASBIE)的主要内容

订单报文行项(ASBIE)的主要内容见表 3。

表 3 行项的主要内容

索引	XML 标记名	中文名称	字典条目名称	说明	关联类型	出现次数	数据类型	关联的对象类	备注
1	LineItem	行项	订单行. 行项. Order Line. Line Item	行项的信息	ASBIE			行项	见 GB/T 20538.2—2010 中 7.57 “行项. 细目”
2	ID	标识符	行项. 标识符 Line Item. Identifier	标识由买方指定的行项	BBIE	1..1	标识符. 类型		
3	SalesOrderID	销售订单标识符	行项. 销售订单标识符. 标识符 Line Item. Sales_Order Identifier. Identifier	卖方为行指定的标识	BBIE	0..1	标识符. 类型		
4	Note	备注	行项. 备注. 文本 Line Item. Note. Text	适用于该行项的自由格式文本,本项可含附注或任何确未归属另一结构的其他类似信息	BBIE	0..1	文本. 类型		
5	Quantity	数量	行项. 数量 Line Item. Quantity	在该行项上该项的数量	BBIE	0..1	数量. 类型		
6	LineExtension Amount	行扩展金额	行项. 行扩展金额. 金额 Line Item. Line Extension Amount. Amountt	该行项上合计的货币总额,包括折让费用但不含税	BBIE	0..1	金额. 类型		

7.3 订单报文项(ASBIE)的主要内容

订单报文项(ASBIE)的主要内容见表 4。

表 4 项的主要内容

索引	XML 标记名	中文名称	字典条目名称	说明	关联类型	出现次数	数据类型	关联的对象类	备注
1	Item	项	行项. 项 Line Item. Item	直接与项相关的信息	ASBIE			项	见 GB/T 20538.2—2010 中 7.49 “项. 细目”
2	Description	描述	项. 描述. 文本 Item. Description. Text	用来描述该项文本的自由格式栏	BBIE	0..n	文本. 类型		
3	Name	名称	项. 名称 Item. Name	对项所指定的可选简短名称,例如来自商品目录的但不同于描述的名称	BBIE	0..1	名称. 类型		

7.4 订单报文商品分类(ASBIE)的主要内容

订单报文商品分类(ASBIE)的主要内容见表 5。

表 5 商品分类的主要内容

索引	XML 标记名	中文名称	字典条目名称	说明	关联类型	出现次数	数据类型	关联的对象类	备注
1	CommodityClassification	商品分类	项. 商品分类 Item. Commodity Classification	关于商品分类的信息	ASBIE			商品分类	见 GB/T 20538.2—2010 中 7.18 “商品分类. 细目”
2	CommodityCode	商品代码	商品分类. 商品代码. 代码 Commodity Classification. Commodity Code. Code	为监管(海关和贸易统计)目的而制定的协调国际商品代码	BBIE	0..1	代码. 类型		

7.5 订单报文装运阶段(ASBIE)的主要内容

订单报文装运阶段(ASBIE)的主要内容见表 6。

表 6 装运阶段的主要内容

索引	XML 标记名	中文名称	字典条目名称	说明	关联类型	出现次数	数据类型	关联的对象类	备注
1	ShipmentStage	装运阶段	装运. 装运阶段 Shipment. Shipment Stage	关于装运阶段的信息	ASBIE			装运阶段	见 GB/T 20538.2—2010 中 7.95 “装运阶段. 细目”
2	ID	标识符	装运阶段. 标识符 Shipment Stage. Identifier	标识一个运输阶段	BBIE	0..1	标识符. 类型		
3	TransportMode Code	运输方式代码	装运阶段. 运输方式代码. 代码 Shipment Stage. Transport Mode Code. Code	该装运阶段所使用的运输方式	BBIE	0..1	运输方式代码. 类型		见 GB/T 6512

7.6 订单报文价格(ASBIE)的主要内容

订单报文价格(ASBIE)的主要内容见表 7。

表 7 价格的主要内容

索引	XML 标记名	中文名称	字典条目名称	说明	关联类型	出现次数	数据类型	关联的对象类	备注
1	Price	价格	行项. 价格 Line Item. Price	关于价格的信息	ASBIE			价格	见 GB/T 20538.2—2010 中 7.81 “价格. 细目”
2	PriceAmout	价格金额	价格. 价格金额. 金额 Price. Price Amount. Amount	价格的金额	BBIE	1..1	金额. 类型		
3	BaseQuantity	基准数量	价格. 基准数量. 数量 Price. Base_Quantity. Quantity	适用价格的实际数量	BBIE	0..1	数量. 类型		

7.7 订单报文包装(ASBIE)的主要内容

订单报文包装(ASBIE)的主要内容见表8。

表8 包装的主要内容

索引	XML 标记名	中文名称	字典条目名称	说　明	关联类型	出现次数	数据类型	关联的对象类	备　注
1	Packaging	包装	订购的装运物. 包装 Ordered Shipment. Package	关于一个包装信息	ASBIE				见 GB/T 20538.2—2010 中 7.69 “包装. 细目”
2	PackagingType Code	包装类型代码	包装. 包装类型代码. 代码 Package. Packaging Type Code. Code	关于装运阶段的信息	BBIE	0..1	包装类型代码. 类型		见 GB/T 16472

附　录　A
（规范性附录）
订单报文的 XML Schema

```
〈? xml version = "1.0" encoding = " UTF-8 "?〉
〈xsd:schema targetNamespace = "urn:oasis:names:specification:ubl:schema:xsd:Order-2"
xmlns:qdt = "urn:oasis:names:specification:ubl:schema:xsd:QualifiedDatatypes-2"
xmlns:ext = "urn:oasis:names:specification:ubl:schema:xsd:CommonExtensionComponents-2"
xmlns:ccts = "urn:un:unece:uncefact:documentation:2"
xmlns:udt = "urn:un:unece:uncefact:data:specification:UnqualifiedDataTypesSchemaModule:2"
xmlns:cbc = "urn:oasis:names:specification:ubl:schema:xsd:CommonBasicComponents-2"
xmlns:cac = "urn:oasis:names:specification:ubl:schema:xsd:CommonAggregateComponents-2"
xmlns = "urn:oasis:names:specification:ubl:schema:xsd:Order-2"
xmlns:xsd = "http://www.w3.org/2001/XMLSchema" elementFormDefault = "qualified"
attributeFormDefault = "unqualified" version = "2.0"〉
  〈! -- = = = = = Imports = = = = = --〉
  〈xsd:import
namespace = "urn:oasis:names:specification:ubl:schema:xsd:CommonAggregateComponents-2"
schemaLocation = "../common/UBL-CommonAggregateComponents-2.0.xsd"/〉
  〈xsd:import
namespace = "urn:oasis:names:specification:ubl:schema:xsd:CommonBasicComponents-2"
schemaLocation = "../common/UBL-CommonBasicComponents-2.0.xsd"/〉
  〈xsd:import
namespace = "urn:un:unece:uncefact:data:specification:UnqualifiedDataTypesSchemaModule:2"
schemaLocation = "../common/UnqualifiedDataTypeSchemaModule-2.0.xsd"/〉
  〈xsd:import
namespace = "urn:oasis:names:specification:ubl:schema:xsd:CommonExtensionComponents-2"
schemaLocation = "../common/UBL-CommonExtensionComponents-2.0.xsd"/〉
  〈xsd:import namespace = "urn:oasis:names:specification:ubl:schema:xsd:QualifiedDatatypes-2"
schemaLocation = "../common/UBL-QualifiedDatatypes-2.0.xsd"/〉
  〈! -- = = = = = Root Element = = = = = --〉
  〈xsd:element name = "Order" type = "OrderType"〉
    〈xsd:annotation〉
      〈xsd:documentation〉任何以本 Schema 为基础的实例文档都应以“Order”为根元素
〈/xsd:documentation〉
    〈/xsd:annotation〉
  〈/xsd:element〉
  〈xsd:complexType name = "OrderType"〉
    〈xsd:annotation〉
      〈xsd:documentation〉
        〈ccts:Component〉
          〈ccts:ComponentType〉ABIE〈/ccts:ComponentType〉
```

```
            〈ccts:DictionaryEntryName〉订单.细目〈/ccts:DictionaryEntryName〉
            〈ccts:Definition〉用于订购商品和服务的单证〈/ccts:Definition〉
            〈ccts:ObjectClass〉订单〈/ccts:ObjectClass〉
            〈ccts:AlternativeBusinessTerms〉订购单〈/ccts:AlternativeBusinessTerms〉
          〈/ccts:Component〉
        〈/xsd:documentation〉
      〈/xsd:annotation〉
      〈xsd:sequence〉
        〈xsd:element ref = "ext:UBLExtensions" minOccurs = "0"〉
          〈xsd:annotation〉
            〈xsd:documentation〉文档中扩展的容纳处〈/xsd:documentation〉
          〈/xsd:annotation〉
        〈/xsd:element〉
        〈xsd:element ref = "cbc:UBLVersionID" minOccurs = "0"〉
          〈xsd:annotation〉
            〈xsd:documentation〉
              〈ccts:Component〉
                〈ccts:ComponentType〉BBIE〈/ccts:ComponentType〉
                〈ccts:DictionaryEntryName〉订单.版本标识符.标识符
〈/ccts:DictionaryEntryName〉
                〈ccts:Definition〉UBL 2 的 Schema 早期版本的标识，该 Schema 定义了可能用在当前
实例中的所有元素〈/ccts:Definition〉
                〈ccts:Cardinality〉0..1〈/ccts:Cardinality〉
                〈ccts:ObjectClass〉订单〈/ccts:ObjectClass〉
                〈ccts:PropertyTerm〉版本标识符〈/ccts:PropertyTerm〉
                〈ccts:RepresentationTerm〉标识符〈/ccts:RepresentationTerm〉
                〈ccts:DataType〉标识符.类型〈/ccts:DataType〉
                〈ccts:Examples〉2.0.5〈/ccts:Examples〉
              〈/ccts:Component〉
            〈/xsd:documentation〉
          〈/xsd:annotation〉
        〈/xsd:element〉
        〈xsd:element ref = "cbc:CustomizationID" minOccurs = "0"〉
          〈xsd:annotation〉
            〈xsd:documentation〉
              〈ccts:Component〉
                〈ccts:ComponentType〉BBIE〈/ccts:ComponentType〉
                〈ccts:DictionaryEntryName〉订单.定制文件标识符.标识符
〈/ccts:DictionaryEntryName〉
                〈ccts:Definition〉用户根据特定用途对 UBL 做出的个性化处理后形成的定制文件的
标识〈/ccts:Definition〉
                〈ccts:Cardinality〉0..1〈/ccts:Cardinality〉
                〈ccts:ObjectClass〉订单〈/ccts:ObjectClass〉
```

```
          〈ccts:PropertyTerm〉定制文件标识符〈/ccts:PropertyTerm〉
          〈ccts:RepresentationTerm〉标识符〈/ccts:RepresentationTerm〉
          〈ccts:DataType〉标识符.类型〈/ccts:DataType〉
          〈ccts:Examples〉NES〈/ccts:Examples〉
        〈/ccts:Component〉
      〈/xsd:documentation〉
    〈/xsd:annotation〉
  〈/xsd:element〉
  〈xsd:element ref = "cbc:ProfileID" minOccurs = "0"〉
    〈xsd:annotation〉
      〈xsd:documentation〉
        〈ccts:Component〉
          〈ccts:ComponentType〉BBIE〈/ccts:ComponentType〉
          〈ccts:DictionaryEntryName〉订单.配置文件标识符.标识符
〈/ccts:DictionaryEntryName〉
          〈ccts:Definition〉针对定制文件,用户定义的配置文件的标识〈/ccts:Definition〉
          〈ccts:Cardinality〉0..1〈/ccts:Cardinality〉
          〈ccts:ObjectClass〉订单〈/ccts:ObjectClass〉
          〈ccts:PropertyTerm〉定制文件标识符〈/ccts:PropertyTerm〉
          〈ccts:RepresentationTerm〉标识符〈/ccts:RepresentationTerm〉
          〈ccts:DataType〉标识符.类型〈/ccts:DataType〉
        〈/ccts:Component〉
      〈/xsd:documentation〉
    〈/xsd:annotation〉
  〈/xsd:element〉
  〈xsd:element ref = "cbc:ID"〉
    〈xsd:annotation〉
      〈xsd:documentation〉
        〈ccts:Component〉
          〈ccts:ComponentType〉BBIE〈/ccts:ComponentType〉
          〈ccts:DictionaryEntryName〉订单.标识符〈/ccts:DictionaryEntryName〉
          〈ccts:Definition〉买方指定的订单标识〈/ccts:Definition〉
          〈ccts:Cardinality〉1〈/ccts:Cardinality〉
          〈ccts:ObjectClass〉订单〈/ccts:ObjectClass〉
          〈ccts:PropertyTerm〉标识符〈/ccts:PropertyTerm〉
          〈ccts:RepresentationTerm〉标识符〈/ccts:RepresentationTerm〉
          〈ccts:DataType〉标识符.类型〈/ccts:DataType〉
          〈ccts:AlternativeBusinessTerms〉订购单号,订单号
〈/ccts:AlternativeBusinessTerms〉
        〈/ccts:Component〉
      〈/xsd:documentation〉
    〈/xsd:annotation〉
  〈/xsd:element〉
```

```
〈xsd:element ref = "cbc:SalesOrderID" minOccurs = "0"〉
  〈xsd:annotation〉
    〈xsd:documentation〉
      〈ccts:Component〉
        〈ccts:ComponentType〉BBIE〈/ccts:ComponentType〉
        〈ccts:DictionaryEntryName〉订单.销售订单标识符.标识符
〈/ccts:DictionaryEntryName〉
        〈ccts:Definition〉卖方指定的订单标识〈/ccts:Definition〉
        〈ccts:Cardinality〉0..1〈/ccts:Cardinality〉
        〈ccts:ObjectClass〉订单〈/ccts:ObjectClass〉
        〈ccts:PropertyTerm〉销售订单标识符〈/ccts:PropertyTerm〉
        〈ccts:RepresentationTerm〉标识符〈/ccts:RepresentationTerm〉
        〈ccts:DataType〉标识符.类型〈/ccts:DataType〉
        〈ccts:AlternativeBusinessTerms〉销售订单号〈/ccts:AlternativeBusinessTerms〉
      〈/ccts:Component〉
    〈/xsd:documentation〉
  〈/xsd:annotation〉
〈/xsd:element〉
〈xsd:element ref = "cbc:CopyIndicator" minOccurs = "0"〉
  〈xsd:annotation〉
    〈xsd:documentation〉
      〈ccts:Component〉
        〈ccts:ComponentType〉BBIE〈/ccts:ComponentType〉
        〈ccts:DictionaryEntryName〉订单.副本指示符.指示符
〈/ccts:DictionaryEntryName〉
        〈ccts:Definition〉指明订单是一个副本(true)还是正本(false)〈/ccts:Definition〉
        〈ccts:Cardinality〉0..1〈/ccts:Cardinality〉
        〈ccts:ObjectClass〉订单〈/ccts:ObjectClass〉
        〈ccts:PropertyTermQualifier〉副本〈/ccts:PropertyTermQualifier〉
        〈ccts:PropertyTerm〉标识符〈/ccts:PropertyTerm〉
        〈ccts:RepresentationTerm〉标识符〈/ccts:RepresentationTerm〉
        〈ccts:DataType〉标识符.类型〈/ccts:DataType〉
      〈/ccts:Component〉
    〈/xsd:documentation〉
  〈/xsd:annotation〉
〈/xsd:element〉
〈xsd:element ref = "cbc:UUID" minOccurs = "0"〉
  〈xsd:annotation〉
    〈xsd:documentation〉
      〈ccts:Component〉
        〈ccts:ComponentType〉BBIE〈/ccts:ComponentType〉
        〈ccts:DictionaryEntryName〉订单.UUID.标识符〈/ccts:DictionaryEntryName〉
        〈ccts:Definition〉 ABIE 实例的通用唯一标识符〈/ccts:Definition〉
```

```
        <ccts:Cardinality>0..1</ccts:Cardinality>
        <ccts:ObjectClass>订单</ccts:ObjectClass>
        <ccts:PropertyTerm>UUID</ccts:PropertyTerm>
        <ccts:RepresentationTerm>标识符</ccts:RepresentationTerm>
        <ccts:DataType>标识符.类型</ccts:DataType>
      </ccts:Component>
    </xsd:documentation>
  </xsd:annotation>
</xsd:element>
<xsd:element ref="cbc:IssueDate">
  <xsd:annotation>
    <xsd:documentation>
      <ccts:Component>
        <ccts:ComponentType>BBIE</ccts:ComponentType>
        <ccts:DictionaryEntryName>订单.签发日期.日期</ccts:DictionaryEntryName>
        <ccts:Definition>买方指定的签发订单的日期</ccts:Definition>
        <ccts:Cardinality>1</ccts:Cardinality>
        <ccts:ObjectClass>订单</ccts:ObjectClass>
        <ccts:PropertyTerm>签发日期</ccts:PropertyTerm>
        <ccts:RepresentationTerm>日期</ccts:RepresentationTerm>
        <ccts:DataType>日期.类型</ccts:DataType>
        <ccts:AlternativeBusinessTerms>订单日期</ccts:AlternativeBusinessTerms>
      </ccts:Component>
    </xsd:documentation>
  </xsd:annotation>
</xsd:element>
<xsd:element ref="cbc:IssueTime" minOccurs="0">
  <xsd:annotation>
    <xsd:documentation>
      <ccts:Component>
        <ccts:ComponentType>BBIE</ccts:ComponentType>
        <ccts:DictionaryEntryName>订单.签发时间.时间</ccts:DictionaryEntryName>
        <ccts:Definition>买方指定的签发订单的时间</ccts:Definition>
        <ccts:Cardinality>0..1</ccts:Cardinality>
        <ccts:ObjectClass>订单</ccts:ObjectClass>
        <ccts:PropertyTerm>签发时间</ccts:PropertyTerm>
        <ccts:RepresentationTerm>时间</ccts:RepresentationTerm>
        <ccts:DataType>时间.类型</ccts:DataType>
      </ccts:Component>
    </xsd:documentation>
  </xsd:annotation>
</xsd:element>
<xsd:element ref="cbc:Note" minOccurs="0" maxOccurs="unbounded">
```

〈xsd:annotation〉
〈xsd:documentation〉
〈ccts:Component〉
〈ccts:ComponentType〉BBIE〈/ccts:ComponentType〉
〈ccts:DictionaryEntryName〉订单. 备注. 文本〈/ccts:DictionaryEntryName〉
〈ccts:Definition〉适用于订单的自由文本,可能包含注释或者在其他结构中没有明确规定的类似信息〈/ccts:Definition〉
〈ccts:Cardinality〉0..n〈/ccts:Cardinality〉
〈ccts:ObjectClass〉订单〈/ccts:ObjectClass〉
〈ccts:PropertyTerm〉备注〈/ccts:PropertyTerm〉
〈ccts:RepresentationTerm〉文本〈/ccts:RepresentationTerm〉
〈ccts:DataType〉文本. 类型〈/ccts:DataType〉
〈/ccts:Component〉
〈/xsd:documentation〉
〈/xsd:annotation〉
〈/xsd:element〉
〈xsd:element ref = "cbc:RequestedInvoiceCurrencyCode" minOccurs = "0"〉
〈xsd:annotation〉
〈xsd:documentation〉
〈ccts:Component〉
〈ccts:ComponentType〉BBIE〈/ccts:ComponentType〉
〈ccts:DictionaryEntryName〉订单. 要求的发票货币代码. 代码〈/ccts:DictionaryEntryName〉
〈ccts:Definition〉在与订单相关的发票中,金额总计要求的货币〈/ccts:Definition〉
〈ccts:Cardinality〉0..1〈/ccts:Cardinality〉
〈ccts:ObjectClass〉订单〈/ccts:ObjectClass〉
〈ccts:PropertyTermQualifier〉要求的发票〈/ccts:PropertyTermQualifier〉
〈ccts:PropertyTerm〉货币代码〈/ccts:PropertyTerm〉
〈ccts:RepresentationTerm〉代码〈/ccts:RepresentationTerm〉
〈ccts:DataType〉货币代码. 类型〈/ccts:DataType〉
〈/ccts:Component〉
〈/xsd:documentation〉
〈/xsd:annotation〉
〈/xsd:element〉
〈xsd:element ref = "cbc:DocumentCurrencyCode" minOccurs = "0"〉
〈xsd:annotation〉
〈xsd:documentation〉
〈ccts:Component〉
〈ccts:ComponentType〉BBIE〈/ccts:ComponentType〉
〈ccts:DictionaryEntryName〉订单. 单证货币代码. 代码〈/ccts:DictionaryEntryName〉
〈ccts:Definition〉单证中指定的货币,可能与定价货币或税货币相同

```
〈/ccts:Definition〉
                〈ccts:Cardinality〉0..1〈/ccts:Cardinality〉
                〈ccts:ObjectClass〉订单〈/ccts:ObjectClass〉
                〈ccts:PropertyTermQualifier〉单证〈/ccts:PropertyTermQualifier〉
                〈ccts:PropertyTerm〉货币代码〈/ccts:PropertyTerm〉
                〈ccts:RepresentationTerm〉代码〈/ccts:RepresentationTerm〉
                〈ccts:DataType〉货币代码.类型〈/ccts:DataType〉
              〈/ccts:Component〉
            〈/xsd:documentation〉
          〈/xsd:annotation〉
        〈/xsd:element〉
        〈xsd:element ref="cbc:PricingCurrencyCode" minOccurs="0"〉
          〈xsd:annotation〉
            〈xsd:documentation〉
              〈ccts:Component〉
                〈ccts:ComponentType〉BBIE〈/ccts:ComponentType〉
                〈ccts:DictionaryEntryName〉订单.定价货币代码.代码
〈/ccts:DictionaryEntryName〉
                〈ccts:Definition〉适用于订单中所有定价的货币〈/ccts:Definition〉
                〈ccts:Cardinality〉0..1〈/ccts:Cardinality〉
                〈ccts:ObjectClass〉订单〈/ccts:ObjectClass〉
                〈ccts:PropertyTermQualifier〉定价〈/ccts:PropertyTermQualifier〉
                〈ccts:PropertyTerm〉货币代码〈/ccts:PropertyTerm〉
                〈ccts:RepresentationTerm〉代码〈/ccts:RepresentationTerm〉
                〈ccts:DataType〉货币代码.类型〈/ccts:DataType〉
              〈/ccts:Component〉
            〈/xsd:documentation〉
          〈/xsd:annotation〉
        〈/xsd:element〉
        〈xsd:element ref="cbc:TaxCurrencyCode" minOccurs="0"〉
          〈xsd:annotation〉
            〈xsd:documentation〉
              〈ccts:Component〉
                〈ccts:ComponentType〉BBIE〈/ccts:ComponentType〉
                〈ccts:DictionaryEntryName〉订单.税货币代码.代码
〈/ccts:DictionaryEntryName〉
                〈ccts:Definition〉在与订单相关的发票中,税总计要求的货币〈/ccts:Definition〉
                〈ccts:Cardinality〉0..1〈/ccts:Cardinality〉
                〈ccts:ObjectClass〉订单〈/ccts:ObjectClass〉
                〈ccts:PropertyTermQualifier〉税〈/ccts:PropertyTermQualifier〉
                〈ccts:PropertyTerm〉货币代码〈/ccts:PropertyTerm〉
                〈ccts:RepresentationTerm〉代码〈/ccts:RepresentationTerm〉
                〈ccts:DataType〉货币代码.类型〈/ccts:DataType〉
```

```
        〈/ccts:Component〉
      〈/xsd:documentation〉
    〈/xsd:annotation〉
  〈/xsd:element〉
  〈xsd:element ref = "cbc:CustomerReference" minOccurs = "0"〉
    〈xsd:annotation〉
      〈xsd:documentation〉
        〈ccts:Component〉
          〈ccts:ComponentType〉BBIE〈/ccts:ComponentType〉
          〈ccts:DictionaryEntryName〉订单.客户参考.文本〈/ccts:DictionaryEntryName〉
          〈ccts:Definition〉订单的附加参考〈/ccts:Definition〉
          〈ccts:Cardinality〉0..1〈/ccts:Cardinality〉
          〈ccts:ObjectClass〉订单〈/ccts:ObjectClass〉
          〈ccts:PropertyTerm〉客户参考〈/ccts:PropertyTerm〉
          〈ccts:RepresentationTerm〉文本〈/ccts:RepresentationTerm〉
          〈ccts:DataType〉文本.类型〈/ccts:DataType〉
        〈/ccts:Component〉
      〈/xsd:documentation〉
    〈/xsd:annotation〉
  〈/xsd:element〉
  〈xsd:element ref = "cbc:AccountingCostCode" minOccurs = "0"〉
    〈xsd:annotation〉
      〈xsd:documentation〉
        〈ccts:Component〉
          〈ccts:ComponentType〉BBIE〈/ccts:ComponentType〉
          〈ccts:DictionaryEntryName〉订单.记账代码.代码〈/ccts:DictionaryEntryName〉
          〈ccts:Definition〉适用于订单总体的买方记账代码〈/ccts:Definition〉
          〈ccts:Cardinality〉0..1〈/ccts:Cardinality〉
          〈ccts:ObjectClass〉订单〈/ccts:ObjectClass〉
          〈ccts:PropertyTerm〉记账代码〈/ccts:PropertyTerm〉
          〈ccts:RepresentationTerm〉代码〈/ccts:RepresentationTerm〉
          〈ccts:DataType〉代码.类型〈/ccts:DataType〉
        〈/ccts:Component〉
      〈/xsd:documentation〉
    〈/xsd:annotation〉
  〈/xsd:element〉
  〈xsd:element ref = "cbc:AccountingCost" minOccurs = "0"〉
    〈xsd:annotation〉
      〈xsd:documentation〉
        〈ccts:Component〉
          〈ccts:ComponentType〉BBIE〈/ccts:ComponentType〉
          〈ccts:DictionaryEntryName〉订单.记账.文本〈/ccts:DictionaryEntryName〉
          〈ccts:Definition〉以文本形式表示的,适用于订单总体的买方的记账中心
```

```
〈/ccts:Definition〉
          〈ccts:Cardinality〉0..1〈/ccts:Cardinality〉
          〈ccts:ObjectClass〉订单〈/ccts:ObjectClass〉
          〈ccts:PropertyTerm〉记账〈/ccts:PropertyTerm〉
          〈ccts:RepresentationTerm〉文本〈/ccts:RepresentationTerm〉
          〈ccts:DataType〉文本.类型〈/ccts:DataType〉
        〈/ccts:Component〉
      〈/xsd:documentation〉
    〈/xsd:annotation〉
  〈/xsd:element〉
  〈xsd:element ref="cbc:LineCountNumeric" minOccurs="0"〉
    〈xsd:annotation〉
      〈xsd:documentation〉
        〈ccts:Component〉
          〈ccts:ComponentType〉BBIE〈/ccts:ComponentType〉
          〈ccts:DictionaryEntryName〉订单.行数.数字〈/ccts:DictionaryEntryName〉
          〈ccts:Definition〉单证中行的数〈/ccts:Definition〉
          〈ccts:Cardinality〉0..1〈/ccts:Cardinality〉
          〈ccts:ObjectClass〉订单〈/ccts:ObjectClass〉
          〈ccts:PropertyTerm〉行数〈/ccts:PropertyTerm〉
          〈ccts:RepresentationTerm〉数字〈/ccts:RepresentationTerm〉
          〈ccts:DataType〉数字.类型〈/ccts:DataType〉
        〈/ccts:Component〉
      〈/xsd:documentation〉
    〈/xsd:annotation〉
  〈/xsd:element〉
  〈xsd:element ref="cac:ValidityPeriod" minOccurs="0" maxOccurs="unbounded"〉
    〈xsd:annotation〉
      〈xsd:documentation〉
        〈ccts:Component〉
          〈ccts:ComponentType〉ASBIE〈/ccts:ComponentType〉
          〈ccts:DictionaryEntryName〉订单.有效期限.期限〈/ccts:DictionaryEntryName〉
          〈ccts:Definition〉订单有效的期限〈/ccts:Definition〉
          〈ccts:Cardinality〉0..n〈/ccts:Cardinality〉
          〈ccts:ObjectClass〉订单〈/ccts:ObjectClass〉
          〈ccts:PropertyTermQualifier〉有效〈/ccts:PropertyTermQualifier〉
          〈ccts:PropertyTerm〉期限〈/ccts:PropertyTerm〉
          〈ccts:AssociatedObjectClass〉期限〈/ccts:AssociatedObjectClass〉
        〈/ccts:Component〉
      〈/xsd:documentation〉
    〈/xsd:annotation〉
  〈/xsd:element〉
  〈xsd:element ref="cac:QuotationDocumentReference" minOccurs="0"〉
```

```
        〈xsd:annotation〉
          〈xsd:documentation〉
            〈ccts:Component〉
              〈ccts:ComponentType〉ASBIE〈/ccts:ComponentType〉
              〈ccts:DictionaryEntryName〉订单. 报价单证参考. 单证参考
〈/ccts:DictionaryEntryName〉
              〈ccts:Definition〉与报价的参考关联〈/ccts:Definition〉
              〈ccts:Cardinality〉0..1〈/ccts:Cardinality〉
              〈ccts:ObjectClass〉订单〈/ccts:ObjectClass〉
              〈ccts:PropertyTermQualifier〉报价〈/ccts:PropertyTermQualifier〉
              〈ccts:PropertyTerm〉单证参考〈/ccts:PropertyTerm〉
              〈ccts:AssociatedObjectClass〉单证参考〈/ccts:AssociatedObjectClass〉
            〈/ccts:Component〉
          〈/xsd:documentation〉
        〈/xsd:annotation〉
      〈/xsd:element〉
      〈xsd:element ref = "cac:OrderDocumentReference" minOccurs = "0" maxOccurs = "unbounded"〉
        〈xsd:annotation〉
          〈xsd:documentation〉
            〈ccts:Component〉
              〈ccts:ComponentType〉ASBIE〈/ccts:ComponentType〉
              〈ccts:DictionaryEntryName〉订单. 订单单证参考. 单证参考
〈/ccts:DictionaryEntryName〉
              〈ccts:Definition〉与(另一个)订单的参考关联〈/ccts:Definition〉
              〈ccts:Cardinality〉0..n〈/ccts:Cardinality〉
              〈ccts:ObjectClass〉订单〈/ccts:ObjectClass〉
              〈ccts:PropertyTermQualifier〉订单〈/ccts:PropertyTermQualifier〉
              〈ccts:PropertyTerm〉单证参考〈/ccts:PropertyTerm〉
              〈ccts:AssociatedObjectClass〉单证参考〈/ccts:AssociatedObjectClass〉
            〈/ccts:Component〉
          〈/xsd:documentation〉
        〈/xsd:annotation〉
      〈/xsd:element〉
      〈xsd:element ref = "cac:OriginatorDocumentReference" minOccurs = "0"〉
        〈xsd:annotation〉
          〈xsd:documentation〉
            〈ccts:Component〉
              〈ccts:ComponentType〉ASBIE〈/ccts:ComponentType〉
              〈ccts:DictionaryEntryName〉订单. 发起方单证参考. 单证参考
〈/ccts:DictionaryEntryName〉
              〈ccts:Definition〉与发起方单证的参考关联〈/ccts:Definition〉
              〈ccts:Cardinality〉0..1〈/ccts:Cardinality〉
              〈ccts:ObjectClass〉订单〈/ccts:ObjectClass〉
```

```
                〈ccts:PropertyTermQualifier〉发起方〈/ccts:PropertyTermQualifier〉
                〈ccts:PropertyTerm〉单证参考〈/ccts:PropertyTerm〉
                〈ccts:AssociatedObjectClass〉单证参考〈/ccts:AssociatedObjectClass〉
              〈/ccts:Component〉
            〈/xsd:documentation〉
          〈/xsd:annotation〉
        〈/xsd:element〉
        〈xsd:element ref = "cac:AdditionalDocumentReference" minOccurs = "0"
maxOccurs = "unbounded"〉
          〈xsd:annotation〉
            〈xsd:documentation〉
              〈ccts:Component〉
                〈ccts:ComponentType〉ASBIE〈/ccts:ComponentType〉
                〈ccts:DictionaryEntryName〉订单. 附加单证参考. 单证参考
〈/ccts:DictionaryEntryName〉
                〈ccts:Definition〉与附加单证的参考关联〈/ccts:Definition〉
                〈ccts:Cardinality〉0..n〈/ccts:Cardinality〉
                〈ccts:ObjectClass〉订单〈/ccts:ObjectClass〉
                〈ccts:PropertyTermQualifier〉附加〈/ccts:PropertyTermQualifier〉
                〈ccts:PropertyTerm〉单证参考〈/ccts:PropertyTerm〉
                〈ccts:AssociatedObjectClass〉单证参考〈/ccts:AssociatedObjectClass〉
              〈/ccts:Component〉
            〈/xsd:documentation〉
          〈/xsd:annotation〉
        〈/xsd:element〉
        〈xsd:element ref = "cac:Contract" minOccurs = "0" maxOccurs = "unbounded"〉
          〈xsd:annotation〉
            〈xsd:documentation〉
              〈ccts:Component〉
                〈ccts:ComponentType〉ASBIE〈/ccts:ComponentType〉
                〈ccts:DictionaryEntryName〉订单. 合同〈/ccts:DictionaryEntryName〉
                〈ccts:Definition〉与合同关联〈/ccts:Definition〉
                〈ccts:Cardinality〉0..n〈/ccts:Cardinality〉
                〈ccts:ObjectClass〉订单〈/ccts:ObjectClass〉
                〈ccts:PropertyTerm〉合同〈/ccts:PropertyTerm〉
                〈ccts:AssociatedObjectClass〉合同〈/ccts:AssociatedObjectClass〉
              〈/ccts:Component〉
            〈/xsd:documentation〉
          〈/xsd:annotation〉
        〈/xsd:element〉
        〈xsd:element ref = "cac:Signature" minOccurs = "0" maxOccurs = "unbounded"〉
          〈xsd:annotation〉
            〈xsd:documentation〉
```

```
        〈ccts:Component〉
          〈ccts:ComponentType〉ASBIE〈/ccts:ComponentType〉
          〈ccts:DictionaryEntryName〉订单.签名〈/ccts:DictionaryEntryName〉
          〈ccts:Definition〉与签名关联〈/ccts:Definition〉
          〈ccts:Cardinality〉0..n〈/ccts:Cardinality〉
          〈ccts:ObjectClass〉订单〈/ccts:ObjectClass〉
          〈ccts:PropertyTerm〉签名〈/ccts:PropertyTerm〉
          〈ccts:AssociatedObjectClass〉签名〈/ccts:AssociatedObjectClass〉
        〈/ccts:Component〉
      〈/xsd:documentation〉
    〈/xsd:annotation〉
  〈/xsd:element〉
  〈xsd:element ref = "cac:BuyerCustomerParty"〉
    〈xsd:annotation〉
      〈xsd:documentation〉
        〈ccts:Component〉
          〈ccts:ComponentType〉ASBIE〈/ccts:ComponentType〉
          〈ccts:DictionaryEntryName〉订单.买方.客户方〈/ccts:DictionaryEntryName〉
          〈ccts:Definition〉与买方关联〈/ccts:Definition〉
          〈ccts:Cardinality〉1〈/ccts:Cardinality〉
          〈ccts:ObjectClass〉订单〈/ccts:ObjectClass〉
          〈ccts:PropertyTermQualifier〉买方〈/ccts:PropertyTermQualifier〉
          〈ccts:PropertyTerm〉客户方〈/ccts:PropertyTerm〉
          〈ccts:AssociatedObjectClass〉客户方〈/ccts:AssociatedObjectClass〉
        〈/ccts:Component〉
      〈/xsd:documentation〉
    〈/xsd:annotation〉
  〈/xsd:element〉
  〈xsd:element ref = "cac:SellerSupplierParty"〉
    〈xsd:annotation〉
      〈xsd:documentation〉
        〈ccts:Component〉
          〈ccts:ComponentType〉ASBIE〈/ccts:ComponentType〉
          〈ccts:DictionaryEntryName〉订单.卖方.供货方〈/ccts:DictionaryEntryName〉
          〈ccts:Definition〉与卖方关联〈/ccts:Definition〉
          〈ccts:Cardinality〉1〈/ccts:Cardinality〉
          〈ccts:ObjectClass〉订单〈/ccts:ObjectClass〉
          〈ccts:PropertyTermQualifier〉卖方〈/ccts:PropertyTermQualifier〉
          〈ccts:PropertyTerm〉供货方〈/ccts:PropertyTerm〉
          〈ccts:AssociatedObjectClass〉供货方〈/ccts:AssociatedObjectClass〉
        〈/ccts:Component〉
      〈/xsd:documentation〉
    〈/xsd:annotation〉
```

```
      〈/xsd:element〉
      〈xsd:element ref = "cac:OriginatorCustomerParty" minOccurs = "0"〉
        〈xsd:annotation〉
          〈xsd:documentation〉
            〈ccts:Component〉
              〈ccts:ComponentType〉ASBIE〈/ccts:ComponentType〉
              〈ccts:DictionaryEntryName〉订单. 发起方. 客户方〈/ccts:DictionaryEntryName〉
              〈ccts:Definition〉与发起方关联〈/ccts:Definition〉
              〈ccts:Cardinality〉0..1〈/ccts:Cardinality〉
              〈ccts:ObjectClass〉订单〈/ccts:ObjectClass〉
              〈ccts:PropertyTermQualifier〉发起方〈/ccts:PropertyTermQualifier〉
              〈ccts:PropertyTerm〉客户方〈/ccts:PropertyTerm〉
              〈ccts:AssociatedObjectClass〉客户方〈/ccts:AssociatedObjectClass〉
            〈/ccts:Component〉
          〈/xsd:documentation〉
        〈/xsd:annotation〉
      〈/xsd:element〉
      〈xsd:element ref = "cac:FreightForwarderParty" minOccurs = "0"〉
        〈xsd:annotation〉
          〈xsd:documentation〉
            〈ccts:Component〉
              〈ccts:ComponentType〉ASBIE〈/ccts:ComponentType〉
              〈ccts:DictionaryEntryName〉订单. 货运代理人. 参与方
〈/ccts:DictionaryEntryName〉
              〈ccts:Definition〉与货运代理人或承运人关联〈/ccts:Definition〉
              〈ccts:Cardinality〉0..1〈/ccts:Cardinality〉
              〈ccts:ObjectClass〉订单〈/ccts:ObjectClass〉
              〈ccts:PropertyTermQualifier〉货运代理人〈/ccts:PropertyTermQualifier〉
              〈ccts:PropertyTerm〉参与方〈/ccts:PropertyTerm〉
              〈ccts:AssociatedObjectClass〉参与方〈/ccts:AssociatedObjectClass〉
            〈/ccts:Component〉
          〈/xsd:documentation〉
        〈/xsd:annotation〉
      〈/xsd:element〉
      〈xsd:element ref = "cac:AccountingCustomerParty" minOccurs = "0"〉
        〈xsd:annotation〉
          〈xsd:documentation〉
            〈ccts:Component〉
              〈ccts:ComponentType〉ASBIE〈/ccts:ComponentType〉
              〈ccts:DictionaryEntryName〉订单. 记账客户方. 客户方
〈/ccts:DictionaryEntryName〉
              〈ccts:Definition〉与记账客户方关联,指非买方的接受发票的客户方〈/ccts:Definition〉
              〈ccts:Cardinality〉0..1〈/ccts:Cardinality〉
```

```
        〈ccts:ObjectClass〉订单〈/ccts:ObjectClass〉
        〈ccts:PropertyTermQualifier〉记账〈/ccts:PropertyTermQualifier〉
        〈ccts:PropertyTerm〉客户方〈/ccts:PropertyTerm〉
        〈ccts:AssociatedObjectClass〉客户方〈/ccts:AssociatedObjectClass〉
      〈/ccts:Component〉
    〈/xsd:documentation〉
  〈/xsd:annotation〉
〈/xsd:element〉
〈xsd:element ref = "cac:Delivery" minOccurs = "0" maxOccurs = "unbounded"〉
  〈xsd:annotation〉
    〈xsd:documentation〉
      〈ccts:Component〉
        〈ccts:ComponentType〉ASBIE〈/ccts:ComponentType〉
        〈ccts:DictionaryEntryName〉订单.交货〈/ccts:DictionaryEntryName〉
        〈ccts:Definition〉与交货关联〈/ccts:Definition〉
        〈ccts:Cardinality〉0..n〈/ccts:Cardinality〉
        〈ccts:ObjectClass〉订单〈/ccts:ObjectClass〉
        〈ccts:PropertyTerm〉交货〈/ccts:PropertyTerm〉
        〈ccts:AssociatedObjectClass〉交货〈/ccts:AssociatedObjectClass〉
      〈/ccts:Component〉
    〈/xsd:documentation〉
  〈/xsd:annotation〉
〈/xsd:element〉
〈xsd:element ref = "cac:DeliveryTerms" minOccurs = "0"〉
  〈xsd:annotation〉
    〈xsd:documentation〉
      〈ccts:Component〉
        〈ccts:ComponentType〉ASBIE〈/ccts:ComponentType〉
        〈ccts:DictionaryEntryName〉订单.交货条款〈/ccts:DictionaryEntryName〉
        〈ccts:Definition〉与交货条款关联〈/ccts:Definition〉
        〈ccts:Cardinality〉0..1〈/ccts:Cardinality〉
        〈ccts:ObjectClass〉订单〈/ccts:ObjectClass〉
        〈ccts:PropertyTerm〉交货条款〈/ccts:PropertyTerm〉
        〈ccts:AssociatedObjectClass〉交货条款〈/ccts:AssociatedObjectClass〉
      〈/ccts:Component〉
    〈/xsd:documentation〉
  〈/xsd:annotation〉
〈/xsd:element〉
〈xsd:element ref = "cac:PaymentMeans" minOccurs = "0"〉
  〈xsd:annotation〉
    〈xsd:documentation〉
      〈ccts:Component〉
        〈ccts:ComponentType〉ASBIE〈/ccts:ComponentType〉
```

```
        <ccts:DictionaryEntryName>订单.付款方式</ccts:DictionaryEntryName>
        <ccts:Definition>与付款方式关联</ccts:Definition>
        <ccts:Cardinality>0..1</ccts:Cardinality>
        <ccts:ObjectClass>订单</ccts:ObjectClass>
        <ccts:PropertyTerm>付款方式</ccts:PropertyTerm>
        <ccts:AssociatedObjectClass>付款方式</ccts:AssociatedObjectClass>
      </ccts:Component>
    </xsd:documentation>
  </xsd:annotation>
</xsd:element>
<xsd:element ref = "cac:TransactionConditions" minOccurs = "0">
  <xsd:annotation>
    <xsd:documentation>
      <ccts:Component>
        <ccts:ComponentType>ASBIE</ccts:ComponentType>
        <ccts:DictionaryEntryName>订单.交易条件</ccts:DictionaryEntryName>
        <ccts:Definition>与整个订单中的任何买卖情况关联</ccts:Definition>
        <ccts:Cardinality>0..1</ccts:Cardinality>
        <ccts:ObjectClass>订单</ccts:ObjectClass>
        <ccts:PropertyTerm>交易条件</ccts:PropertyTerm>
        <ccts:AssociatedObjectClass>交易条件</ccts:AssociatedObjectClass>
      </ccts:Component>
    </xsd:documentation>
  </xsd:annotation>
</xsd:element>
<xsd:element ref = "cac:AllowanceCharge" minOccurs = "0" maxOccurs = "unbounded">
  <xsd:annotation>
    <xsd:documentation>
      <ccts:Component>
        <ccts:ComponentType>ASBIE</ccts:ComponentType>
        <ccts:DictionaryEntryName>订单.折让费用</ccts:DictionaryEntryName>
        <ccts:Definition>与适用于订单总体的折让或费用关联</ccts:Definition>
        <ccts:Cardinality>0..n</ccts:Cardinality>
        <ccts:ObjectClass>订单</ccts:ObjectClass>
        <ccts:PropertyTerm>折让费用</ccts:PropertyTerm>
        <ccts:AssociatedObjectClass>折让费用</ccts:AssociatedObjectClass>
      </ccts:Component>
    </xsd:documentation>
  </xsd:annotation>
</xsd:element>
<xsd:element ref = "cac:DestinationCountry" minOccurs = "0">
  <xsd:annotation>
    <xsd:documentation>
```

```
          〈ccts:Component〉
            〈ccts:ComponentType〉ASBIE〈/ccts:ComponentType〉
            〈ccts:DictionaryEntryName〉订单.目的地国家.国家
〈/ccts:DictionaryEntryName〉
            〈ccts:Definition〉与目的地国家(由于海关目的)关联〈/ccts:Definition〉
            〈ccts:Cardinality〉0..1〈/ccts:Cardinality〉
            〈ccts:ObjectClass〉订单〈/ccts:ObjectClass〉
            〈ccts:PropertyTermQualifier〉目的地〈/ccts:PropertyTermQualifier〉
            〈ccts:PropertyTerm〉国家〈/ccts:PropertyTerm〉
            〈ccts:AssociatedObjectClass〉国家〈/ccts:AssociatedObjectClass〉
          〈/ccts:Component〉
        〈/xsd:documentation〉
      〈/xsd:annotation〉
    〈/xsd:element〉
    〈xsd:element ref = "cac:TaxTotal" minOccurs = "0" maxOccurs = "unbounded"〉
      〈xsd:annotation〉
        〈xsd:documentation〉
          〈ccts:Component〉
            〈ccts:ComponentType〉ASBIE〈/ccts:ComponentType〉
            〈ccts:DictionaryEntryName〉订单.税总计〈/ccts:DictionaryEntryName〉
            〈ccts:Definition〉与订单的税总计(买方计算的)关联〈/ccts:Definition〉
            〈ccts:Cardinality〉0..n〈/ccts:Cardinality〉
            〈ccts:ObjectClass〉订单.〈/ccts:ObjectClass〉
            〈ccts:PropertyTerm〉税总计〈/ccts:PropertyTerm〉
            〈ccts:AssociatedObjectClass〉税总计〈/ccts:AssociatedObjectClass〉
          〈/ccts:Component〉
        〈/xsd:documentation〉
      〈/xsd:annotation〉
    〈/xsd:element〉
    〈xsd:element ref = "cac:AnticipatedMonetaryTotal" minOccurs = "0"〉
      〈xsd:annotation〉
        〈xsd:documentation〉
          〈ccts:Component〉
            〈ccts:ComponentType〉ASBIE〈/ccts:ComponentType〉
            〈ccts:DictionaryEntryName〉订单.预期的金额总计.金额
〈/ccts:DictionaryEntryName〉
            〈ccts:Definition〉与买方预期的订单总金额关联〈/ccts:Definition〉
            〈ccts:Cardinality〉0..1〈/ccts:Cardinality〉
            〈ccts:ObjectClass〉订单〈/ccts:ObjectClass〉
            〈ccts:PropertyTermQualifier〉预期的〈/ccts:PropertyTermQualifier〉
            〈ccts:PropertyTerm〉金额总计〈/ccts:PropertyTerm〉
            〈ccts:AssociatedObjectClass〉金额总计〈/ccts:AssociatedObjectClass〉
          〈/ccts:Component〉
```

```
          </xsd:documentation>
        </xsd:annotation>
      </xsd:element>
      <xsd:element ref="cac:OrderLine" maxOccurs="unbounded">
        <xsd:annotation>
          <xsd:documentation>
            <ccts:Component>
              <ccts:ComponentType>ASBIE</ccts:ComponentType>
              <ccts:DictionaryEntryName>订单.订单行</ccts:DictionaryEntryName>
              <ccts:Definition>与一个或多个订单行关联</ccts:Definition>
              <ccts:Cardinality>1..n</ccts:Cardinality>
              <ccts:ObjectClass>订单</ccts:ObjectClass>
              <ccts:PropertyTerm>订单行</ccts:PropertyTerm>
              <ccts:AssociatedObjectClass>订单行</ccts:AssociatedObjectClass>
            </ccts:Component>
          </xsd:documentation>
        </xsd:annotation>
      </xsd:element>
    </xsd:sequence>
  </xsd:complexType>
  <!-- ===== Element Declarations ===== -->
  <!-- ===== Type Definitions ===== -->
  <!-- ===== Basic Business Information Entity Type Definitions ===== -->
</xsd:schema>
```

附 录 B
（资料性附录）
订单报文的 XML 文档

B.1 订单示例说明

以下给出了仅包括一个订单行的简单订单示例：

a) 买方：日本的 A 株式会社（简称：A 株式会社）
账户标识符为 95××98001000000××××；
公司地址为日本大阪市××路××大厦 2A 座 5 层 50×室；
邮政编码为 5320011；
联系人为井藤××先生，电话 0081668821××5，传真 0081668821××6，
电子信箱 info××@ACompany.com。

b) 卖方：中国的天津市 B 公司（简称：B 公司）
账户标识符为 123012345××；
公司地址为中国天津市天×路天××大厦 A 座 2×层 2616 室；
邮政编码为 3000××；
联系人为李×先生，电话 008622234567××，传真 0086222345××67，
电子信箱 li××@BCompany.com。

c) 订单标识符：0985××。

d) 销售订单标识符：CON00956××。

e) 签发日期：2009 年 8 月 30 日。

f) 合同号：0927××，签订日期：2009 年 8 月 25 日。

g) 交货地点：日本大阪港。

h) 运输方式：水运；运输工具标识：GJMY 233546567××。

i) 付款方式：电汇。

j) 交货条款：卖方若不能按时交货，则按合同扣除 1%的货款。

k) 交货期限：2009 年 9 月 30 日至 2009 年 10 月 5 日。

l) 总金额：36 250.00 美元。

以下为分项信息：

a) 货物描述：天然××蜂蜜；
商品编码：HS 代码为 04××0000。

b) 数量：14 500 kg；
装入 50 个容量为 290 kg 的桶中。

c) 单价：2.5 美元/kg。

B.2 订单报文的 XML 文档

上述订单报文的 XML 文档如下：

```
<?xml version="1.0" encoding="UTF-8"?>
<Order xmlns:qdt="urn:oasis:names:specification:ubl:schema:xsd:QualifiedDatatypes-2"
xmlns:ccts="urn:oasis:names:specification:ubl:schema:xsd:CoreComponentParameters-2"
xmlns:cbc="urn:oasis:names:specification:ubl:schema:xsd:CommonBasicComponents-2"
```

```
xmlns:cac = "urn:oasis:names:specification:ubl:schema:xsd:CommonAggregateComponents-2"
xmlns:udt = "urn:un:unece:uncefact:data:draft:UnqualifiedDataTypesSchemaModule:2"
xmlns = "urn:oasis:names:specification:ubl:schema:xsd:Order-2"
xmlns:xsi = "http://www.w3.org/2001/XMLSchema-instance"
xsi:schemaLocation = "urn:oasis:names:specification:ubl:schema:xsd:Order-2 D:temp 基于 XML
的电子商务订单报文 testingdingdan.xsd"〉
〈cbc:CustomizationID〉urn:oasis:names:specification:ubl:xpath:Order-2.0:sbs-1.0-draft
〈/cbc:CustomizationID〉
  〈cbc:ProfileID〉bpid:urn:oasis:names:draft:bpss:ubl-2-sbs-order-with-simple-response-draft
〈/cbc:ProfileID〉
  〈cbc:ID〉0985××〈/cbc:ID〉
  〈cbc:SalesOrderID〉CON00956××〈/cbc:SalesOrderID〉
  〈cbc:CopyIndicator〉false〈/cbc:CopyIndicator〉
  〈cbc:IssueDate〉2009-08-30〈/cbc:IssueDate〉
  〈cbc:Note〉简单〈/cbc:Note〉
  〈cac:Contract 〉
    〈cbc:ID〉0927××〈/cbc:ID〉
    〈cbc:IssueDate〉2009-08-25〈/cbc:IssueDate〉
  〈/cac:Contract 〉
  〈cac:BuyerCustomerParty〉
    〈cbc:CustomerAssignedAccountID〉95××98001000000××××〈/cbc:CustomerAssignedAccountID〉
    〈cbc:SupplierAssignedAccountID〉123012345××〈/cbc:SupplierAssignedAccountID〉
    〈cac:Party〉
      〈cac:PartyName〉
        〈cbc:Name〉A 株式会社〈/cbc:Name〉
      〈/cac:PartyName〉
      〈cac:PostalAddress〉
        〈cbc:StreetName〉××路〈/cbc:StreetName〉
        〈cbc:BuildingName〉××大厦〈/cbc:BuildingName〉
        〈cbc:BuildingNumber〉2A〈/cbc:BuildingNumber〉
        〈cbc:CityName〉大阪〈/cbc:CityName〉
        〈cbc:PostalZone〉5320011〈/cbc:PostalZone〉
        〈cbc:CountrySubentity〉大阪市〈/cbc:CountrySubentity〉
        〈cac:AddressLine〉
          〈cbc:Line〉5 层 50×室〈/cbc:Line〉
        〈/cac:AddressLine〉
        〈cac:Country〉
          〈cbc:IdentificationCode〉JPN〈/cbc:IdentificationCode〉
        〈/cac:Country〉
      〈/cac:PostalAddress〉
      〈cac:Contact〉
        〈cbc:Name〉井藤××先生〈/cbc:Name〉
        〈cbc:Telephone〉0081668821××5〈/cbc:Telephone〉
```

```
        〈cbc：Telefax〉0081668821××6，〈/cbc：Telefax〉
        〈cbc：ElectronicMail〉info××@ACompany.com〈/cbc：ElectronicMail〉
      〈/cac：Contact〉
    〈/cac：Party〉
  〈/cac：BuyerCustomerParty〉
  〈cac：SellerSupplierParty〉
    〈cbc：CustomerAssignedAccountID〉95××98001000000××××〈/cbc：CustomerAssignedAccountID〉
    〈cac：Party〉
      〈cac：PartyName〉
        〈cbc：Name〉B公司〈/cbc：Name〉
      〈/cac：PartyName〉
      〈cac：PostalAddress〉
        〈cbc：StreetName〉天×路〈/cbc：StreetName〉
        〈cbc：BuildingName〉天××大厦〈/cbc：BuildingName〉
        〈cbc：BuildingNumber〉A〈/cbc：BuildingNumber〉
        〈cbc：CityName〉天津〈/cbc：CityName〉
        〈cbc：PostalZone〉3000××〈/cbc：PostalZone〉
        〈cbc：CountrySubentity〉天津市〈/cbc：CountrySubentity〉
        〈cac：AddressLine〉
          〈cbc：Line〉2×层2616室〈/cbc：Line〉
        〈/cac：AddressLine〉
        〈cac：Country〉
          〈cbc：IdentificationCode〉CN〈/cbc：IdentificationCode〉
        〈/cac：Country〉
      〈/cac：PostalAddress〉
      〈cac：Contact〉
        〈cbc：Name〉李×先生〈/cbc：Name〉
        〈cbc：Telephone〉008622234567××〈/cbc：Telephone〉
        〈cbc：Telefax〉0086222345××67〈/cbc：Telefax〉
        〈cbc：ElectronicMail〉li××@BCompany.com〈/cbc：ElectronicMail〉
      〈/cac：Contact〉
    〈/cac：Party〉
    〈/cac：SellerSupplierParty〉
    〈cac：Delivery〉
    〈cac：DeliveryLocation〉
      〈cbc： Description〉大阪港〈/cbc：Description〉
      〈cbc： CountrySubentityCode〉JPN〈/cbc： CountrySubentityCode〉
    〈/cac：DeliveryLocation〉
    〈cac：RequestedDeliveryPeriod〉
      〈cbc：StartDate〉2009-09-30〈/cbc：StartDate〉
      〈cbc：EndDate〉2009-10-05〈/cbc：EndDate〉
    〈/cac：RequestedDeliveryPeriod〉
  〈/cac：Delivery〉
```

```
〈cac:DeliveryTerms〉
  〈cbc:SpecialTerms〉如未按时交货,则按合同扣除 1 % 货款〈/cbc:SpecialTerms〉
〈/cac:DeliveryTerms〉
〈cac:PaymentMeans〉
  〈cbc:PaymentMeansCode〉30〈/cbc:PaymentMeansCode〉
〈/cac:PaymentMeans〉
〈cac:AnticipatedMonetaryTotal〉
  〈cbc:LineExtensionAmount currencyID = "USD"〉36250.00〈/cbc:LineExtensionAmount〉
  〈cbc:PayableAmount currencyID = "USD"〉36250.00〈/cbc:PayableAmount〉
〈/cac:AnticipatedMonetaryTotal〉
〈cac:OrderLine〉
  〈cbc:Note〉这是一个示例性的订单行〈/cbc:Note〉
  〈cac:LineItem〉
    〈cbc:ID〉1〈/cbc:ID〉
    〈cbc:SalesOrderID〉A〈/cbc:SalesOrderID〉
    〈cbc:LineStatusCode〉无特殊状态〈/cbc:LineStatusCode〉
    〈cbc:Quantity unitCode = "kg"〉14500〈/cbc:Quantity〉
    〈cbc:LineExtensionAmount currencyID = "USD"〉36250.00〈/cbc:LineExtensionAmount〉
    〈cac:OrderedShipment〉
      〈cac:Shipment〉
        〈cbc:ID〉GJMY233546567××〈/cbc:ID〉
        〈cac:ShipmentStage〉
          〈cbc:TransportModeCode〉1〈/cbc:TransportModeCode〉
        〈/cac:ShipmentStage〉
      〈/cac:Shipment〉
      〈cac:Package〉
        〈cbc:Quantity unitCode = "kg"〉290〈/cbc:Quantity〉
        〈cbc:PackagingTypeCode〉BA〈/cbc:PackagingTypeCode〉
      〈/cac:Package〉
    〈/cac:OrderedShipment〉
    〈cac:Price〉
      〈cbc:PriceAmount currencyID = "USD"〉2.50〈/cbc:PriceAmount〉
      〈cbc:BaseQuantity unitCode = "kg"〉1〈/cbc:BaseQuantity〉
    〈/cac:Price〉
    〈cac:Item〉
      〈cbc:Description〉天然××蜂蜜〈/cbc:Description〉
      〈cbc:PackQuantity〉50〈/cbc:PackQuantity〉
      〈cbc:Name〉蜂蜜〈/cbc:Name〉
      〈cac:BuyersItemIdentification〉
        〈cbc:ID〉65×××××9〈/cbc:ID〉
      〈/cac:BuyersItemIdentification〉
      〈cac:SellersItemIdentification〉
        〈cbc:ID〉1758×××3〈/cbc:ID〉
```

```
        </cac:SellersItemIdentification>
        <cac:CommodityClassification>
          <cbc:CommodityCode>04××0000</cbc:CommodityCode>
        </cac:CommodityClassification>
      </cac:Item>
    </cac:LineItem>
  </cac:OrderLine>
</Order>
```

ICS 25.040.30
J 28

中华人民共和国国家标准

GB/T 26153.1—2010

离线编程式机器人柔性加工系统
第1部分：通用要求

Flexible manufacturing system of off-line programming robots—Part 1: General requirements

2011-01-14 发布　　　　2011-06-01 实施

中华人民共和国国家质量监督检验检疫总局
中国国家标准化管理委员会　发布

前　言

GB/T 26153《离线编程式机器人柔性加工系统》拟分为以下五个部分：

——第1部分：通用要求

——第2部分：砂带磨削加工系统

——第3部分：喷涂系统

——第4部分：铸件清理系统

——第5部分：塑料件加工系统

本部分为GB/T 26153的第1部分。

本部分由中国机械工业联合会提出。

本部分由全国自动化系统与集成标准化技术委员会(SAC/TC 159)归口。

本部分起草单位：廊坊智通机器人系统有限公司、北京航空航天大学、北京机械工业自动化研究所。

本部分主要起草人：甘中学、孙云权、汤青、负超、齐立哲、王伟、杨书评、王思斯。

离线编程式机器人柔性加工系统
第1部分:通用要求

1 范围

GB/T 26153的本部分规定了离线编程式机器人柔性加工系统的定义、技术要求、试验方法等。

本部分适用于离线编程式机器人柔性加工系统(以下简称系统)。

2 规范性引用文件

下列文件中的条款通过GB/T 26153的本部分的引用而成为本部分的条款。凡是注日期的引用文件,其随后所有的修改单(不包括勘误的内容)或修订版均不适用于本部分,然而,鼓励根据本部分达成协议的各方研究是否可使用这些文件的最新版本。凡是不注日期的引用文件,其最新版本适用于本部分。

GB/T 3766—2001 液压系统通用技术条件(eqv ISO 4413:1998)

GB/T 3768—1996 声学 声压法测定噪声源声功率级 反射面上方采用包络测量表面的简易法(eqv ISO 3746:1995)

GB/T 3785—1983 声级计的电、声性能及测试方法

GB/T 12642—2001 工业机器人 性能规范与试验方法(eqv ISO 9283:1998)

GB/Z 19397—2003 工业机器人 电磁兼容性试验方法和性能评估准则 指南(ISO/TR 11062:1994,IDT)

ISO 10218-1:2006 工业环境的机器人 安全要求 第1部分:机器人

JB/T 8896—1999 工业机器人 验收规则

3 术语和定义

下列术语和定义适用于GB/T 26153的本部分。

3.1

离线编程式机器人柔性加工系统 flexible manufacturing system of off-line programming robots

由工业机器人、物料传送装置、加工工具、卡具、控制系统、交互式智能软件(以下简称软件)组成的,可离线编程的、完整的机器人加工单元。

3.2

机器人柔性加工 flexible manufacturing of robot

以机器人为中心,通过更改机器人程序或加工工具,可以很方便地实现不同类型工件或不同加工工艺的加工。

4 技术要求

4.1 系统组成

系统宜包括以下几部分:

a) 机器人;

b) 物料传送装置;

c) 加工工具;

d) 卡具;

e) 控制系统;

f) 软件。

4.2 系统加工模式

系统有以下两种加工模式：

a) 机器人抓着工件、加工工具固定的加工模式(以下简称加工模式 1)；

b) 机器人抓着加工工具、工件固定的加工模式(以下简称加工模式 2)。

4.3 系统工作流程

4.3.1 加工模式 1 工作流程

此加工模式工作流程如图 1 所示，其中一个工作循环的具体描述如下：

a) 控制系统控制物料传送装置将工件传送到机器人工作范围内，实现工件就位过程；

b) 工件就位后，由控制系统通知机器人来上料；

c) 机器人运动到工件位置，抓起工件，实现机器人上料过程；

d) 上料完成后，机器人抓着工件运动到加工工具处，在软件的控制下实现工件的加工过程；

e) 工件加工完毕后，机器人将工件放回物料传送装置，实现下料过程；

f) 下料完毕后，控制系统控制物料传送装置将工件运走，实现工件离位过程。

4.3.2 加工模式 2 工作流程

此加工模式工作流程如图 2 所示，其中一个工作循环的具体描述如下：

a) 控制系统控制物料传送装置将工件传送到机器人工作范围内，实现工件就位过程；

b) 工件就位后，控制系统通知机器人来加工工件；

c) 机器人抓着加工工具运动到工件处，在软件的控制下实现工件的加工过程；

d) 工件加工完毕后，控制系统控制物料传送装置将工件运走，实现工件离位过程。

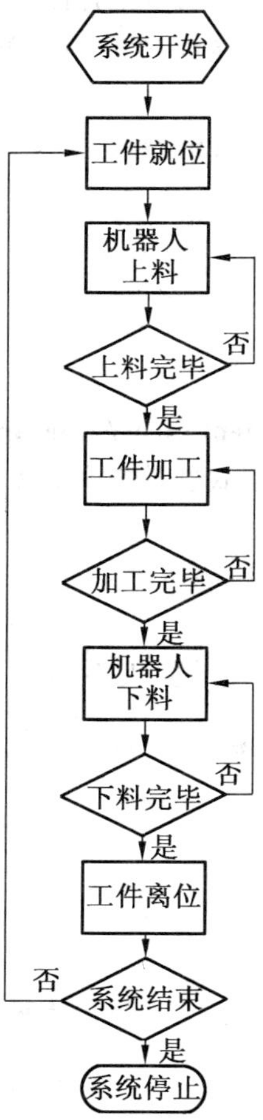

图 1 加工模式 1 工作流程图

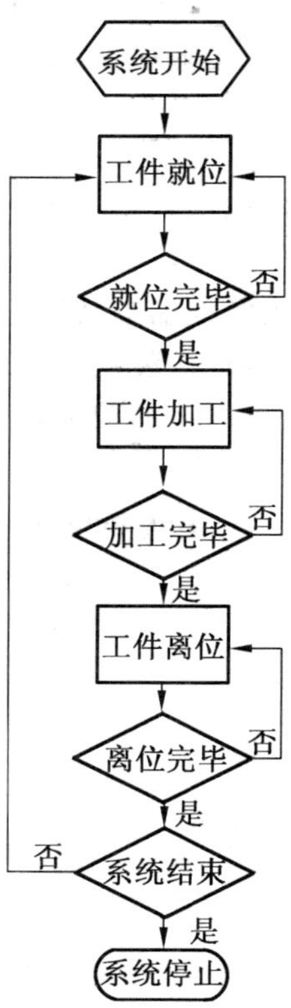

图 2 加工模式 2 工作流程图

4.4 软件

4.4.1 软件功能

软件宜包括以下功能：

a) 数据输入

系统至少应提供下列任一种数据输入方式：

1) 三维计算机辅助设计模型的输入接口；

2) 三维测量系统的输入接口。

b) 数据预处理

应具备手动删除三维计算机辅助设计模型中与离线编程无关数据的功能。

c) 机器人轨迹规划

系统应具备下列路径规划功能：

1) 从典型三维计算机辅助设计模型或三维测量系统的输入数据产生并能控制机器人目标点的数量、位置及方向；

2) 能够根据机器人语言格式要求，生成机器人加工程序。

d) 虚拟仿真

系统应具备下列虚拟仿真功能：

1) 可进行机器人程序模拟三维运行；

2) 可给出机器人程序错误报告；

3) 能模拟机器人与外围设备的数字信号通讯；

4) 可检测机器人能否达到目标点；

5) 可检测机器人是否与其他外围设备发生碰撞；

6) 可选取机器人到达同一目标点的不同路径。

e) 系统工具坐标系标定

系统工具坐标系标定应符合以下要求：

系统工具中心点标定可采用直线、平面及三维测量工具。

f) 系统加工工件坐标系标定

系统加工工件坐标系标定应符合以下要求：

系统加工工件坐标系标定可采用直线、平面及三维测量工具。

g) 系统加工工艺库

加工工艺库包含机器人柔性加工系统的最佳加工工艺参数。

h) 系统在线过程控制

通过视觉或力觉传感装置，实时监测加工工艺参数，确保工件加工过程按给定最佳加工工艺加工。

4.4.2 软件实施流程

软件各功能模块宜采用如图3所示的实施流程，具体过程描述如下：

a) 通过“数据输入”、“数据预处理”、“轨迹规划”生成机器人离线加工程序并经“虚拟仿真”对机器人加工程序进行模拟，验证程序的有效性；

b) 通过“工具坐标系标定”和“工件坐标系标定”过程，实现机器人离线加工程序在线校准过程，生成机器人在线加工程序；

c) 通过“最佳加工工艺参数设置”过程，从系统加工工艺库中选择最佳加工工艺参数，对机器人在线加工程序进行优化，生成可执行的机器人加工程序；

d) 通过“过程控制”实现工件最佳加工过程。

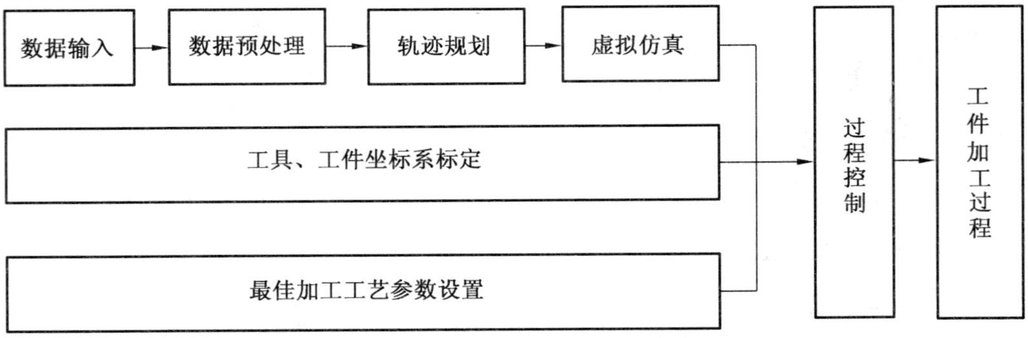

图 3　软件各功能模块实施流程图

4.5　外观

4.5.1　系统所有紧固部分应无松动，活动部分的润滑和冷却状况良好。

4.5.2　系统表面无明显的凹痕、裂缝和变形；漆膜及镀层应均匀，无起泡、划伤、脱落和磨损等缺陷；金属零件不应有锈蚀及其他机械损伤。

4.6　功能

4.6.1　系统设备的启动、停止、调节可通过数字或模拟信号实现。

4.6.2　系统各组成部分间的动作应协调一致。

4.6.3　系统的开关、按钮、显示、报警及联锁装置，功能应正常。

4.7　电气性能

4.7.1　动力线与信号线应分开铺设，并使用屏蔽信号线。

4.7.2　控制柜应具有散热措施。

4.7.3　当电源电压在额定值的(－15%～＋10%)范围内，频率在 50 Hz 时，系统应能正常工作。

4.8　液压系统

液压系统应符合 GB/T 3766—2001 的规定。

4.9　噪声

系统在空运行时所产生的噪声，应不大于 80 dB(A)。

4.10　安全防护

除机器人应符合 ISO 10218-1:2006 的规定外，系统还应符合以下规定：

a）系统应有一外罩使机器人工作范围与人工作范围隔离，确保人身安全。

b）系统应使用硬限位及软限位双重方式保证机器人运动范围控制在系统外罩限定的范围内。

c）在系统工作范围之内的操作人员进出系统外罩的门窗均应有传感器保护。系统在自动运行状态下，门窗开启时，系统应自动急停。

d）系统机械手爪在抓紧工件或工具时不应因切段电源而脱落。

e）系统外罩内应有充足照明供系统编程、操作及维修。

f）系统应配备足够功率的通风设备。

g）系统应具有指示手动和自动状态的安全指示灯。

4.11　电磁兼容性

4.11.1　辐射敏感度

系统在受到射频干扰时，工作应正常。具体数值由产品标准规定。

4.11.2　磁场敏感度

系统在受到强磁场干扰时，工作应正常。磁场强度由产品标准规定。

4.12 环境条件

4.12.1 环境气候适应性

系统在表1环境条件下使用、运输和贮存时，应能保持正常。其他项目由产品标准规定。

表 1

项　　目	工作条件	贮存、运输条件
环境温度	0 ℃～40 ℃	－40 ℃～＋55 ℃
相对湿度	40%～90%	≤93%

4.12.2 耐振性

系统在受到频率为5 Hz～55 Hz、振幅为0.15 mm的正弦振动时，工作应正常。

4.13 耐运输性

系统按要求包装和运输后，工作应正常。

5 试验方法

5.1 工业机器人检验

5.1.1 试验环境条件

见JB/T 8896—1999中5.1。

5.1.2 环境气候适应性试验

见JB/T 8896—1999中5.10。

5.1.3 耐运输试验

见JB/T 8896—1999中5.12。

5.1.4 外观检验

见JB/T 8896—1999中5.2。

5.1.5 电磁兼容性试验

见GB/Z 19397—2003中第6章。

5.1.6 其他性能试验

见GB/T 12642—2001中第6章～第10章和JB/T 8896—1999中第5章。

5.2 交互式智能软件检验

5.2.1 离线验证

通过软件轨迹规划模块规划出的程序，要进行离线仿真验证。在模拟环境下运行机器人离线加工程序，确保机器人与环境无碰撞或者机器人各关节轴无超限现象。

5.2.2 在线验证

5.2.2.1 在线程序验证

在系统自动运行前，要进行在线程序验证。人工在机器人低速状态下单步运行可执行的机器人加工程序，确保机器人与周围环境无碰撞或者机器人各关节轴无超限现象，同时加工工具与工件之间的位姿关系满足加工要求。

5.2.2.2 在线工艺验证

在系统自动生产前，要进行工艺验证。试加工工件并按相应加工产品检验方法，检测产品是否合格，不合格需要重新调整工艺参数，直到产品加工合格为止。

5.3 电气设备检验

a) 当电源电压分别在额定值＋15%和－15%时，系统运行15 min，运行中工作应正常；

b) 当电源频率分别在额定值＋1 Hz和－1 Hz时，系统运行15 min，运行中工作应正常。

5.4 液压系统检验

系统运行 8 h,检查各密封及接头处,不得有漏油现象。

5.5 噪声

5.5.1 测试条件

系统在额定负载、额定速度条件下运行。测试时室内其他设备不运行。

5.5.2 测试仪器

应使用 GB/T 3785—1983 中规定的 2 型或 2 型以上的声级计,以及准确度相当的其他测试仪器。

5.5.3 A 声及测量

按 GB/T 3768—1996 的规定进行。

ICS 25.040.30
J 28

中华人民共和国国家标准

GB/T 26153.2—2010

离线编程式机器人柔性加工系统 第2部分：砂带磨削加工系统

Flexible manufacturing system of off-line programming robots—Part 2:Belt grinding manufacturing system

2011-01-14 发布

2011-06-01 实施

中华人民共和国国家质量监督检验检疫总局
中国国家标准化管理委员会 发布

前　言

GB/T 26153《离线编程式机器人柔性加工系统》拟分为以下五个部分：

——第1部分：通用要求

——第2部分：砂带磨削加工系统

——第3部分：喷涂系统

——第4部分：铸件清理系统

——第5部分：塑料件加工系统

本部分为GB/T 26153的第2部分。

本部分由中国机械工业联合会提出。

本部分由全国自动化系统与集成标准化技术委员会(SAC/TC 159)归口。

本部分起草单位：廊坊智通机器人系统有限公司、北京航空航天大学、北京机械工业自动化研究所。

本部分主要起草人：甘中学、孙云权、汤青、贠超、齐立哲、王伟、杨书评、王思斯。

离线编程式机器人柔性加工系统
第2部分:砂带磨削加工系统

1 范围

GB/T 26153的本部分规定了砂带磨削加工用离线编程式机器人柔性加工系统的技术要求、试验方法、检验规则等。

本部分适用于砂带磨削加工用离线编程式机器人柔性加工系统(以下简称系统)。

2 规范性引用文件

下列文件中的条款通过GB/T 26153的本部分的引用而成为本部分的条款。凡是注日期的引用文件,其随后所有的修改单(不包括勘误的内容)或修订版均不适用于本部分。然而,鼓励根据本部分达成协议的各方研究是否可使用这些文件的最新版本。凡是不注日期的引用文件,其最新版本适用于本部分。

GB/T 191—2008 包装储运图示标志(ISO 780:1997,MOD)

GB/T 4768—2008 防霉包装

GB/T 4879—1999 防锈包装

GB/T 5048—1999 防潮包装

GB/T 9969—2008 工业产品使用说明书 总则

GB/T 12642—2001 工业机器人 性能规范与试验方法(eqv ISO 9283:1998)

GB/T 26153.1—2010 离线编程式机器人柔性加工系统 第1部分:通用要求

3 产品型号

产品型号表述方法如下:

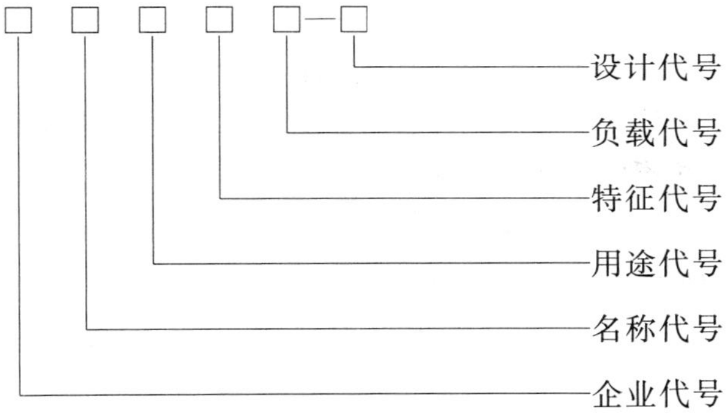

示例:企业铭牌,机器人加工系统,砂带磨削加工用,离线编程方式,负载质量(45 kg),为第一次设计。

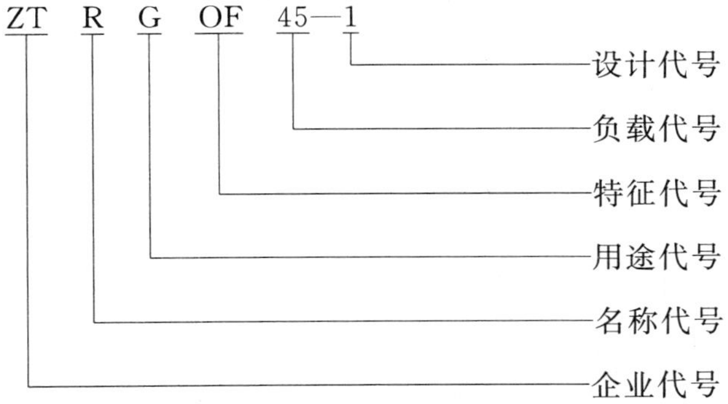

4 技术要求

4.1 系统组成

系统宜包括以下几部分：

a) 机器人；

b) 物料传送装置；

c) 砂带磨削机；

d) 工件卡具；

e) 控制系统；

f) 交互式智能软件。

4.2 系统加工模式

系统有以下两种加工模式：

a) 机器人抓着工件、加工工具固定的加工模式(以下简称加工模式1)；

b) 机器人抓着加工工具、工件固定的加工模式(以下简称加工模式2)。

砂带磨削加工系统宜采用4.2a)模式。

4.3 系统加工流程

砂带磨削加工系统宜采用GB/T 26153.1—2010中4.3.2规定的加工流程。

4.4 交互式智能软件

应符合GB/T 26153.1—2010中4.4的规定。其中：

a) 机器人轨迹规划为规划机器人磨削加工程序；

b) 工具坐标系的标定是对磨削机位置和姿态的标定；

c) 系统加工工艺库为砂带磨削最佳加工工艺库。

4.5 外观

应符合GB/T 26153.1—2010中4.5的规定。

4.6 功能

除应符合GB/T 26153.1—2010中4.6的规定外，还应符合下列要求：

a) 砂带机的启动、变速、停止应由机器人系统通过数字或模拟信号进行自动控制；

b) 砂带机砂带的调偏可离线或在线实现；

c) 砂带磨削设备宜有支撑砂带及调整砂带位置的机构；

d) 工件与砂带之间的接触力应在规定范围内可调。

4.7 电气性能

符合GB/T 26153.1—2010中4.7的规定。

4.8 液压系统

符合GB/T 26153.1—2010中4.8的规定。

4.9 噪声

符合GB/T 26153.1—2010中4.9的规定。

4.10 安全防护

符合GB/T 26153.1—2010中4.10的规定。

4.11 电磁兼容性

符合GB/T 26153.1—2010中4.11的规定。

4.12 环境条件

符合GB/T 26153.1—2010中4.12的规定。

4.13 耐运输性

符合 GB/T 26153.1—2010 中 4.13 的规定。

5 试验方法

5.1 工业机器人检验

按 GB/T 26153.1—2010 中 5.1 的规定进行。

5.2 砂带磨削加工用外围辅助设备及其控制系统检验

5.2.1 系统用压缩空气压力波动范围检验

将系统的压缩空气压力调整至其正常工作范围(额定值的＋15％～－15％)以外，系统应能够自动急停。

5.2.2 工件与砂带之间的接触力检验

在砂带磨削加工系统静止和工作状态下分别用三维力传感器测量其接触力。测量 10 次，其接触力平均值应在规定范围之内。

5.2.3 工件进给速度检验

此项检验采用间接标定机器人速度的方法。机器人应符合 GB/T 12642—2001，因此指定机器人速度与实际速度之间的误差应在该标准要求范围内。

5.3 交互式智能软件检验

按 GB/T 26153.1—2010 中 5.2 的规定进行。

5.4 液压系统检验

按 GB/T 26153.1—2010 中 5.4 的规定进行。

5.5 噪声

按 GB/T 26153.1—2010 中 5.5 的规定进行。

6 检验规则

6.1 检验分类

产品检验分为出厂检验和型式检验。

6.2 出厂检验

6.2.1 检验项目

产品出厂前应按照本部分中 5.1、5.2、5.3、5.4、5.5 的规定进行测试。

6.2.2 判定规则

应对每台产品进行出厂检验，全部检验项目均合格后视为产品合格。

6.3 型式检验

6.3.1 有下列情况之一时应进行型式检验：

a) 产品配件、生产工艺有重大改变时；

b) 国家质量监督部门提出检验要求时。

6.3.2 检验项目

型式检验项目为本部分要求中的全部要求。

6.3.3 判定规则

应对出厂检验合格并附有合格证明的产品进行检验，全部项目均合格后视为产品合格。

7 产品说明书

产品说明书的编写应符合 GB/T 9969—2008 的规定。

8 标志、包装、运输和贮存

8.1 标志

8.1.1 产品标志

产品上应贴有标牌，标牌上应包括如下内容：

a) 产品名称；

b) 产品型号；

c) 外形尺寸和重量；

d) 生产编号；

e) 制造单位名称；

f) 产品标准号；

g) 出厂年、月。

8.1.2 包装标志

包装箱外表面上，应按 GB/T 191—2008 规定给出的图示标志。

8.2 包装

a) 系统可采用包装箱整体包装，也可以分件包装；

b) 包装要求按 GB/T 4768—2008、GB/T 4879—1999 和 GB/T 5048—1999 的规定，包装内各组件均应相对固定；

c) 包装箱内应附有检验合格证、备件、附件以及有关的随机文件。

8.3 运输

运输过程中应轻装、轻卸，应保持包装箱竖立放置，并不得堆放。

8.4 贮存

长期存放产品的仓库，环境温度为－40 ℃～＋55 ℃，相对湿度不大于 93％，室内应无强烈的机械振动、冲击、强磁场作用；贮存期限及其维护要求应按照产品标准规定。

ICS 25.040.30
J 28

中华人民共和国国家标准

GB/T 26154—2010

装配机器人　通用技术条件

General specifications of assembly robots

2011-01-14 发布　　2011-06-01 实施

中华人民共和国国家质量监督检验检疫总局
中国国家标准化管理委员会　发布

前　言

本标准由中国机械工业联合会提出。

本标准由全国自动化系统与集成标准化技术委员会(SAC/TC 159)归口。

本标准起草单位:北京机械工业自动化研究所。

本标准主要起草人:杨书评、王思斯。

装配机器人　通用技术条件

1　范围

本标准规定了装配机器人的技术要求、试验方法和检验规则等。

本标准适用于一般装配机器人。

2　规范性引用文件

下列文件中的条款通过对本标准的引用而成为本标准的条款。凡是注日期的引用文件，其随后所有的修改单（不包括勘误的内容）或修订版均不适用于本标准，然而，鼓励根据本部分达成协议的各方研究是否使用这些文件的最新版本。凡是不注日期的引用文件，其最新版本适用于本标准。

GB/T 191—2008　包装储运图示标志（ISO 780:1997,MOD）

GB/T 4768—2008　防霉包装

GB/T 4879—1999　防锈包装

GB/T 5048—1999　防潮包装

GB 5226.1—2008　机械电气安全　机械电气设备　第1部分：通用技术条件（IEC 60204-1:2005,IDT）

GB/T 12642—2001　工业机器人　性能规范及其试验方法（eqv ISO 9283:1998）

GB/T 12644—2001　工业机器人　特性表示（eqv ISO 9946:1999）

GB/Z 19397—2003　工业机器人　电磁兼容性试验方法和性能评估准则指南（ISO/TR 11062:1994,IDT）

ISO 10218-1:2006　工业环境用机器人　安全要求　第1部分：机器人

JB/T 8896—1999　工业机器人　验收规则

3　产品分类

3.1　按坐标型式分为：

a）直角坐标型装配机器人；

b）圆柱坐标型装配机器人；

c）球坐标型装配机器人；

d）关节型装配机器人。

3.2　按负载能力分为：

a）轻型装配机器人，负载能力≤1 kg；

b）小型装配机器人，负载能力＞1 kg～10 kg；

c）中型装配机器人，负载能力＞10 kg～30 kg；

d）大型装配机器人，负载能力＞30 kg。

3.3　按重复位姿精度分为：

a）精密装配机器人≤0.1 mm；

b）普通装配机器人＞0.1 mm。

3.4　按作业环境分为：

a）一般环境装配机器人；

b）特殊环境装配机器人。

4 性能

装配机器人(以下简称机器人)的性能指标,应在产品标准中加以规定,包括下列各项:

a) 坐标型式;

b) 轴数;

c) 额定负载;

d) 各轴运动范围;

e) 工作空间;

f) 最大单轴速度;

g) 最大合成速度;

h) 位姿准确度及重复性;

i) 位姿稳定时间及位姿超调量;

j) 位姿特性漂移;

k) 最小定位时间;

l) 静态柔顺性;

m) 循环时间;

n) 程序存储容量;

o) 基本动作控制方式;

p) 编程方式;

q) 插补方式;

r) 检测功能;

s) 输入输出接口;

t) 动力源参数及耗电功率;

u) 外形尺寸及重量。

5 技术要求

5.1 一般要求

a) 机器人应按规定程序批准的设计图样和工艺文件进行制造;

b) 制造机器人所用材料及外购元器件、部件,入厂时需经检验部门复检,并应符合有关标准规定;

c) 当机器人配有夹持器时,其性能应符合产品标准规定。

5.2 外观和结构

a) 机器人结构应布局合理,操作方便,造型美观,便于维修。

b) 机器人成套设备中,所有紧固部分应无松动;活动部分润滑和冷却状况良好。

c) 文字、符号、标志应清晰、端正。各轴关节处应标明轴号及其运动方向。

d) 机器人表面,不得有裂缝、明显的凹痕和变形;漆膜及镀层应均匀,无起泡、划伤、脱落和磨损等缺陷;金属零件不应有锈蚀及其他机械损伤。

5.3 功能

a) 开关、按钮、显示、报警及联锁装置,功能应正常;

b) 操作机各轴运动平稳、正常;

c) 各种操作方式中,指令与动作应协调一致。

5.4 安全

5.4.1 基本要求

机器人的安全符合 ISO 10218-1:2006 的规定。

5.4.2 接地

机器人操作机、控制装置、动力源都必须有接地点。不能明显表明的接地点，应在其附近标注明显的接地符号“⏚”。

接地点与机器人中因绝缘损坏可能带电的金属部件之间的电阻不得超过 12 Ω。

5.4.3 绝缘电阻

机器人控制装置动力交流电源电路与壳体之间绝缘电阻应不小于 10 MΩ。

5.4.4 耐电强度

机器人动力交流电源电路与邻近的非带电导体间，应能承受交流(50 Hz)电压有效值 1 500 V 持续 1 min 的耐电强度试验，无击穿、闪络及飞弧现象。

5.5 噪声

机器人在空载运行时所产生的噪声，应不大于 80 dB(A)。

5.6 连续运行

机器人在额定负载和工作速度下，连续运行 120 h，工作应正常。

5.7 工艺操作

按自动装配工艺要求，对机器人进行示教编程和工艺操作，工作应正常。

5.8 电源适应能力

当供电电网电压波动，在额定电压的－15%～＋10%范围内，频率为 50 Hz 时，机器人工作应正常。

5.9 电磁兼容性

机器人的电磁兼容性应符合 GB/Z 19397—2003 中 6.5 的规定。

5.9.1 辐射敏感度

机器人在受到射频干扰时，工作应正常。具体数值由产品标准规定。

5.9.2 磁场敏感度

机器人在受到强磁场干扰时，工作应正常。磁场强度由产品标准规定。

5.10 环境气候适应性

机器人在表 1 环境条件下使用、运输和贮存时，应能保持正常。其他项目由产品标准规定。

表 1

环境条件	工作条件		贮存、运输条件
	普通	精密	
环境温度	0 ℃～40 ℃	10 ℃～30 ℃	－40 ℃～＋55 ℃
相对湿度	≤90%(40 ℃)	≤80%(40 ℃)	≤93%(40 ℃)
大气压力	86 kPa～106 kPa		

注：特殊环境机器人，其环境条件由产品标准规定。

5.11 耐振性

机器人的操作机、控制装置在受到频率为 5 Hz～55 Hz、振幅为 0.15 mm 的振动时，工作应正常。

5.12 耐运输性

机器人按要求包装和运输后，应保持正常。

5.13 可靠性

机器人的可靠性用平均无故障工作时间(MTBF)和平均修复时间(MTTR)来衡量，具体数值应在产品标准中规定。一般 MTBF 不小于 5 000 h,MTTR 不大于 30 min。

5.14 成套性

5.14.1 机器人应包括操作机、控制装置、动力源装置、连接管线等成套设备及可供用户选用的夹持器等配套装置。

5.14.2 机器人出厂时,应备有供正常生产使用的附件、维修用的备件及专用工具。

5.14.3 机器人出厂时,应提供特性数据表、技术说明书或操作、安装、维修说明书等技术文件以及产品合格证明书。

6 试验方法

6.1 试验条件

见 JB/T 8896—1999 中 5.1。

6.2 外观和结构

按 JB/T 8896—1999 中 5.2 进行检查,应符合条件。

6.3 功能检查

见 JB/T 8896—1999 中 5.3。

6.4 性能测试

6.4.1 各轴位移量测量

见 JB/T 8896—1999 中 5.4.1。

6.4.2 工作空间测量

见 JB/T 8896—1999 中 5.4.2 和 GB/T 12644—2001 中 5.5。

6.4.3 最大单轴速度

在额定负载条件下,使被测关节进入稳定工作状态,其他关节固定,令机器人被测关节以最大速度做最大范围的运动,测出速度的最大值。重复测量 10 次,以 10 次所测结果的平均值作为测量结果。

6.4.4 最大合成速度测量

在额定负载条件下,使各关节进入稳定工作状态,令机器人以指令速度做大范围的运动,同时测出机械接口坐标原点或工具中心点的速度。重复测量 10 次,以 10 次测得结果的平均值作为测量结果。

6.4.5 位姿准确度及重复性测量

见 GB/T 12642—2001 中 7.2。

6.4.6 位姿稳定时间及位姿超调量测量

见 GB/T 12642—2001 中 7.4 和 7.5。

6.4.7 位姿准确度漂移测量

见 GB/T 12642—2001 中 7.6。

6.4.8 最小定位时间测量

见 GB/T 12642—2001 中第 9 章。

6.4.9 静态柔顺性测量

见 GB/T 12642—2001 中第 10 章。

6.4.10 循环时间

在额定负载和最大速度条件下,机器人按图 1 所示轨迹从 A 点运动到 D 点,并从 D 点返回至 A 点(按 ABCD-DCBA)进行循环运行。

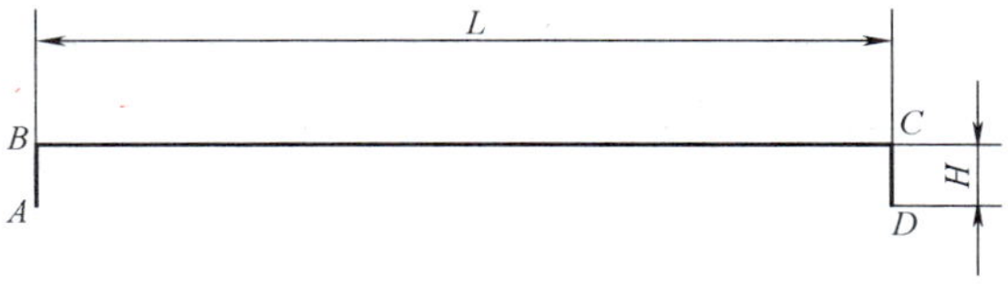

图 1

用仪表计时，测取连续 10 次循环动作所需时间，求平均值。重复 3 次，其结果应符合产品标准。（其中 L、H 的具体尺寸由产品标准规定。）

6.5 安全试验

6.5.1 接地电阻测量

见 GB 5226.1—2008 中 18.2。

6.5.2 绝缘电阻测量

见 GB 5226.1—2008 中 18.3。

6.5.3 耐电强度试验

见 GB 5226.1—2008 中 18.4。

6.6 噪声测试

见 JB/T 8896—1999 中 5.7。

6.7 连续运行试验

见 JB/T 8896—1999 中 5.6。

6.8 工艺操作试验

在正常工艺条件下，按自动装配要求对机器人进行示教编程，并启动机器人进行自动运行，工作应正常。

6.9 电源适应能力试验

见 JB/T 8896—1999 中 5.8。

6.10 电磁敏感度试验

6.10.1 辐射敏感度试验

按 GB/Z 19397—2003 中第 6 章进行。

6.10.2 磁场敏感度试验

按 GB/Z 19397—2003 中第 6 章进行。

6.11 环境气候适应性试验

见 JB/T 8896—1999 中 5.10。

6.12 振动试验

见 JB/T 8896—1999 中 5.11。

6.13 运输试验

见 JB/T 8896—1999 中 5.12。

6.14 可靠性试验

由产品标准规定。

7 检验规则

见 JB/T 8896—1999 中第 3 章。

8 检验项目

见表 2。

表 2

序号	检验项目		技术要求	检验方法	出厂检验	型式检验
1	外观和结构		5.2	6.2	○	○
2	功能		5.3	6.3	○	○
3	性能	各轴运动范围	4d)	6.4.1	○	○
4		工作空间	4e)	6.4.2	—	○
5		最大单轴速度	4f)	6.4.3	○	○
6		最大合成速度	4g)	6.4.4	—	○
7		位姿准确度及重复性	4h)	6.4.5	○	○
8		位姿稳定时间及位姿超调量	4i)	6.4.6	—	○
9		位姿特性漂移	4j)	6.4.7	—	○
10		最小定位时间	4k)	6.4.8	—	○
11		静态柔顺性	4l)	6.4.9	○	○
12		循环时间	4m)	6.4.10	○	○
13	安全性	接地电阻	5.4.2	6.5.1	○	○
14		绝缘电阻	5.4.3	6.5.2	○	○
15		耐电强度	5.4.4	6.5.3	○	○
16	噪声		5.5	6.6	○	○
17	连续运行		5.6	6.7	○	○
18	工艺操作		5.7	6.8	○	○
19	电源适应能力		5.8	6.9	—	○
20	辐射敏感度		5.9.1	6.10.1	—	○
21	磁场敏感度		5.9.2	6.10.2	—	○
22	环境气候适应性		5.10	6.11	—	○
23	耐振性		5.11	6.12	—	○
24	耐运输性		5.12	6.13	—	○
25	可靠性		5.13	6.14	—	○
26	耗电功率		4t)	—	—	○
注:"○"为检查项目。						

9 标志、包装、运输和贮存

9.1 标志

9.1.1 机器人产品上应装有标牌,标牌上应包括下述内容:

a) 产品名称;

b) 产品型号;

c) 动力源参数及耗电功率;

d) 外形尺寸和重量;

e) 生产编号；

f) 制造单位名称；

g) 出厂年、月。

9.1.2 包装标志

包装箱外表面上，应按 GB/T 191—2008 规定做图示标志。

9.2 包装

9.2.1 机器人在包装前，必须将操作机活动臂部分牢靠固定。

9.2.2 操作机底座及其他装置与包装箱底板牢靠固定。

9.2.3 控制装置应单独包装。

9.2.4 包装材料符合 GB/T 4768—2008、GB/T 4879—1999、GB/T 5048—1999 的规定。

9.2.5 若有其他特殊包装要求，应在产品标准中规定。

9.2.6 包装箱内应有下列文件：

a) 特性数据表和产品合格证明书；

b) 使用说明书或操作、安装、维修说明书；

c) 随机备件、附件及其清单；

d) 装箱清单及其他有关技术资料。

9.3 运输

运输、装卸时，应保持包装箱的竖立位置，并不得堆放。

9.4 贮存

长期存放机器人产品的仓库，其环境温度为 0 ℃～40 ℃，相对湿度不大于 80%。其周围环境应无腐蚀、易燃气体，无强烈机械振动、冲击及强磁场作用。贮存期限及其维护要求由产品标准规定。

ICS 25.040.40
N 16

中华人民共和国国家标准

GB/T 26155.1—2010

工业过程测量和控制系统用智能电动执行机构 第1部分：通用技术条件

Intelligent electrical actuators for industrial-process measurement and control systems—Part 1: General specification

2011-01-14 发布　　2011-06-01 实施

中华人民共和国国家质量监督检验检疫总局
中国国家标准化管理委员会　发布

前　言

GB/T 26155《工业过程测量和控制系统用智能电动执行机构》分为两部分：

——第1部分：通用技术条件；

——第2部分：性能评定方法。

本部分是GB/T 26155的第1部分。

本部分由中国机械工业联合会提出。

本部分由全国工业过程测量和控制标准化技术委员会(SAC/TC 124)归口。

本部分负责起草单位：重庆川仪自动化股份有限公司。

本部分参加起草单位：上海自动化仪表股份有限公司、西仪集团有限责任公司、上海ABB工程有限公司、福建上润精密仪器有限公司、西南大学。

本部分主要起草人：游军。

本部分参加起草人：丁戍卫、王学涛、沈伟愿、戈剑、张新国、祝培军、周雪莲、杨颂华、张渝。

工业过程测量和控制系统用
智能电动执行机构
第1部分：通用技术条件

1 范围

GB/T 26155的本部分规定了工业过程测量和控制系统用智能电动执行机构的产品分类、技术要求、标志、使用说明书、包装、贮存、运输等。

本部分适用于工业过程测量和控制系统用智能电动执行机构（以下简称执行机构）。

2 规范性引用文件

下列文件中的条款通过GB/T 26155的本部分的引用而成为本部分的条款。凡是注日期的引用文件，其随后所有的修改单（不包括勘误的内容）或修订版均不适用于本部分，然而，鼓励根据本部分达成协议的各方研究是否可使用这些文件的最新版本。凡是不注日期的引用文件，其最新版本适用于本部分。

GB 3836.1 爆炸性环境 第1部分：设备 通用要求（GB 3836.1—2010，IEC 60079-0：2007，MOD）

GB 3836.2 爆炸性环境 第2部分：由隔爆外壳“d”保护的设备（GB 3836.2—2010，IEC 60079-1：2007，MOD）

GB 4208 外壳防护等级（IP代码）（GB 4208—2008，IEC 60529：2001，IDT）

GB/T 9969 工业产品使用说明书 总则

GB/T 13384 机电产品包装通用技术条件

GB/T 17212 工业过程测量和控制 术语和定义（GB/T 17212—1998，idt IEC 60902：1987）

JB/T 9329 仪器仪表运输贮存基本环境条件及试验方法

3 术语和定义

GB/T 17212确立的术语和定义适用于本部分。

4 产品分类

4.1 按执行机构输出位移的型式分类

按执行机构输出位移的型式分为：

a） 角行程智能电动执行机构；

b） 直行程智能电动执行机构；

c） 多转智能电动执行机构。

4.2 按执行机构控制型式分类

按执行机构控制型式分为：

a） 调节型智能电动执行机构；

b） 开关型智能电动执行机构。

4.3 按执行机构防护型式分类

按执行机构防护型式分为：

a） 普通型；

b） 防尘型；

c） 防水型；

d） 防爆型。

注：根据使用者要求，允许采用组合防护型式或其他防护型式。

5 要求

5.1 正常工作条件

执行机构应在下列条件下正常工作。

5.1.1 环境条件

环境条件要求如下：

a） 温度：－10 ℃～＋55 ℃，－25 ℃～ ＋70 ℃；

b） 相对湿度：≤95％，无凝露；

c） 大气压力：86 kPa～106 kPa；

d） 周围环境中无起腐蚀作用的介质；

e） 特殊环境中使用的执行机构允许另行规定环境条件。

5.1.2 动力条件

5.1.2.1 公称值

公称值应符合下列要求：

电压：单相 220 V；

三相 380 V。

频率：50 Hz。

5.1.2.2 允差

允差应满足下列要求：

电压：±10％；

频率：±1％；

谐波含量：＜5％。

5.1.2.3 特殊动力条件

特殊动力条件中使用的执行机构允许另行规定动力条件。

5.2 功能

5.2.1 自诊断功能

对执行机构运行过程中的异常情况（如：输入或反馈信号断线、温度超限等）、软件和硬件故障等，执行机构应能进行诊断和处置。

5.2.2 组态功能

通过操作面板、手操器或计算机，执行机构应能实现就地或远距离设定和调整参数（如：死区、输出上限值及下限值设定、控制功能及相应参数设定等）。

5.2.3 非测量信息管理功能

通过操作面板、手操器或计算机，应能设置或读取执行机构的非测量管理信息（如：工位号、产品型号、规格等信息）。

5.2.4 显示功能

执行机构可用工程量或百分数等方式显示输入值、位置反馈值、组态数据、管理信息和各种诊断码等，要求如下：

a） 显示内容应完整、清晰；

b) 输入值、位置反馈值的显示误差应符合表1中1的规定。

5.2.5 断电保护功能

在执行机构的正常使用中，当电源中断时，应能：

a) 使执行机构输出轴保持原位；

b) 保留运行数据；

c) 在手轮操作时，应能记录阀位变化；

d) 当电源接通后，应能立即恢复工作。

5.2.6 限幅保护功能

在执行机构的正常运行中，执行机构应能对输出下限值、输出量程（或输出上限值）实现限幅保护，其定位误差应符合表1中1的规定。

5.2.7 通信功能

根据使用者要求，制造厂可以赋予执行机构相应的通信功能。

制造厂标志的通信功能应符合相关的通信协议或标准。

5.2.8 行程特性修正功能

根据使用者要求，制造厂可以赋予执行机构任意的行程特性修正功能。

通过软件组态，调用任一特性曲线，执行机构应有与特性曲线相一致的输出。

5.2.9 阀位变送功能

根据使用者要求，制造厂可以赋予执行机构位置反馈信号输出功能。

位置反馈信号输出精度应符合表1中1的规定。

5.2.10 开关触点输出功能

根据使用者要求，制造厂可以赋予执行机构开关触点输出功能。

在执行机构的运行中，开关触点应按规定动作，其接触电阻应不大于1 Ω。

5.3 与准确度有关的要求

执行机构应符合表1的规定。

表1 与准确度有关的要求

序号	项目名称	单位	技术指标			
			0.5级	1级	1.5级	2.5级
1	不精确度	%	±0.5	±1.0	±1.5	±2.5
2	回差	%	≤0.5	≤1.0	≤1.0	≤1.5
3[a]	死区	%	≤0.5	≤1.0	≤1.5	≤3
注：表中%除死区为输入量程的百分数外，其他是指额定行程的百分数。						
[a] 开关型智能电动执行机构不要求。						

5.4 与影响量有关的要求

执行机构与影响量有关的技术要求应符合表2的规定。

表2 与影响量有关的要求

序号	项目名称及试验条件	单位	技术指标			
			0.5级	1级	1.5级	2.5级
1	电源电压影响 电源电压的公称值分别变化到正、负极限时 输出下限值变化 输出量程变化	%	≤0.5 ≤0.5	≤1.0 ≤1.0	≤1.5 ≤1.5	

表 2（续）

<table>
<tr><th rowspan="2">序号</th><th rowspan="2">项目名称及试验条件</th><th rowspan="2">单位</th><th colspan="4">技术指标</th></tr>
<tr><th>0.5 级</th><th>1 级</th><th>1.5 级</th><th>2.5 级</th></tr>
<tr><td rowspan="2">2</td><td rowspan="2">环境温度影响
每变化 10 ℃
输出下限值变化
输出量程变化</td><td rowspan="2">%</td><td>≤0.5
≤0.5</td><td>≤0.5
≤0.5</td><td>≤0.75
≤0.75</td><td>≤0.75
≤0.75</td></tr>
<tr><td colspan="4">试验过程中和试验后，显示字符应保持清晰和完整</td></tr>
<tr><td>3</td><td>湿热影响
温度 40 ℃±2 ℃和相对湿度 91%～95%，经过 48 h 试验后，绝缘电阻：
a) 输入端子与机壳间；
b) 输入端子与电源端子间；
c) 电源端子与机壳间</td><td>MΩ</td><td colspan="4">≥2
≥2
≥2</td></tr>
<tr><td rowspan="3">4</td><td rowspan="3">机械振动影响
振动频率 10 Hz～150 Hz
位移幅值 0.15 mm
加速度幅值 20 m/s
在三个互相垂直的方向上各振动 30 min，试验过程中，具有位置反馈信号的执行机构测量输出下限值和量程变化。
仅有触点输出的执行机构测量触点变化</td><td rowspan="3">%</td><td>≤0.5</td><td>≤1</td><td colspan="2">≤2</td></tr>
<tr><td colspan="4">触点输出应不发生变化</td></tr>
<tr><td colspan="4">试验后：紧固件不松动，无机械损伤</td></tr>
<tr><td>5</td><td>运输环境影响
a) 温度
高温：+55 ℃，低温：−40 ℃。
b) 碰撞
加速度：100 m/s² ± 10 m/s²；
脉冲重复频率：60 次/min，100 次/min；
碰撞次数：1 000 次±100 次。
c) 自由跌落高度：100 mm</td><td></td><td colspan="4">试验后，在允许调整情况下：
a) 应符合表 1 中 1、2、3 和表 4 中 1 的规定；
b) 绝缘电阻应符合 5.5.1 的要求；
c) 外观应符合本标准表 4 中 9 的要求</td></tr>
<tr><td>6</td><td>外界磁场影响
400 A/m 交变磁场
在执行机构输出为量程的 50%时，输出变化值</td><td>%</td><td>0.5</td><td>1</td><td>1.5</td><td>2.5</td></tr>
<tr><td>7</td><td>射频干扰影响
在执行机构输出为量程的 50%时，输出变化值</td><td>%</td><td>0.5</td><td>1</td><td>1.5</td><td>2.5</td></tr>
<tr><td>8</td><td>电快速瞬变脉冲群影响
在执行机构输出为量程的 50%时，输出变化值</td><td>%</td><td>0.5</td><td>1</td><td>1.5</td><td>2.5</td></tr>
<tr><td>9</td><td>浪涌(冲击)影响
在执行机构输出为量程的 50%时，输出变化值</td><td>%</td><td>0.5</td><td>1</td><td>1.5</td><td>2.5</td></tr>
<tr><td>10</td><td>静电干扰影响
在执行机构输出为量程的 50%时，输出变化值</td><td>%</td><td>0.5</td><td>1</td><td>1.5</td><td>2.5</td></tr>
</table>

表 2（续）

序号	项目名称及试验条件	单位	技术指标			
			0.5 级	1 级	1.5 级	2.5 级
11	共模干扰影响 试验要求：250 V(AC) 在执行机构输出为量程的 50%时，输出变化值	%	0.5	1	1.5	2.5
12	串模干扰影响 在执行机构输出为量程的 50%时，输出变化值	%	0.5	1	1.5	2.5
注：表中的%是指额定行程误差的百分数。						

5.5 与安全性能有关的要求

5.5.1 绝缘电阻

绝缘电阻应满足下列要求：

a) 输入端子与机壳间 ≥20 MΩ；

b) 输入端子与电源端子间 ≥50 MΩ；

c) 电源端子与机壳间 ≥50 MΩ。

5.5.2 绝缘强度

执行机构绝缘强度要求应符合表 3 的规定。

表 3 绝缘强度要求

	测试项目	测试条件	
1	输入端子与机壳间	500 V,50 Hz	
2	输入端子与电源端子间	500 V,50 Hz	
3	电源端子与机壳间	公称电压	试验电压
		<60 V	500 V,50 Hz
		60 V～<130 V	1 000 V,50 Hz
		130 V～<230 V	1 500 V,50 Hz
		230～<650 V	2 000 V,50 Hz

应经受上述试验电压历时 1 min 的绝缘强度试验，试验中不出现击穿与飞弧。

5.5.3 防护性能

执行机构的外壳防护性能均应符合 GB 4208 的规定。

5.5.4 防爆性能

执行机构防爆性能均按 GB 3836.1 和 GB 3836.2 的有关规定进行检验，并取得国家指定的防爆产品检验机构颁发的合格证书。

5.6 其他性能

执行机构其他性能应符合表 4 的规定。

表 4 其他性能

序号	项目名称及试验条件	单位	技术指标			
			0.5 级	1 级	1.5 级	2.5 级
1[a]	阻尼特性	次	≤3 次半周期			
2[a]	时滞	s	≤1			
3[b]	额定行程时间误差	%	±20 以内			

表 4（续）

<table>
<tr><td rowspan="2">序号</td><td colspan="3" rowspan="2">项目名称及试验条件</td><td rowspan="2">单位</td><td colspan="4">技术指标</td></tr>
<tr><td>0.5 级</td><td>1 级</td><td>1.5 级</td><td>2.5 级</td></tr>
<tr><td rowspan="4">4</td><td rowspan="4">间隙</td><td rowspan="2">直行程</td><td>额定行程≤16 mm</td><td>mm</td><td colspan="4">≤0.2</td></tr>
<tr><td>额定行程>16 mm</td><td>mm</td><td colspan="4">≤1</td></tr>
<tr><td colspan="2">角行程</td><td>(°)</td><td colspan="2">≤0.5</td><td colspan="2">≤1.0</td></tr>
<tr><td colspan="2">多转</td><td>(°)</td><td colspan="4">≤3.0</td></tr>
<tr><td>5</td><td colspan="3">起动特性
电源电压降低到负极限值时</td><td>—</td><td colspan="4">正常起动</td></tr>
<tr><td>6[c]</td><td colspan="3">惰走量</td><td>—</td><td colspan="4">应符合表 1 中 1 的规定</td></tr>
<tr><td>7</td><td colspan="3">温升</td><td>℃</td><td colspan="4">≤60</td></tr>
<tr><td>8</td><td colspan="3">长期运行稳定性
经 48 h 运行后</td><td>—</td><td colspan="4">应符合表 1 中 1、2、3 和本表中 1、5 的规定</td></tr>
<tr><td>9</td><td colspan="3">外观</td><td>—</td><td colspan="4">表面涂层、外露零部件及标志应光洁完整，紧固件不应松动，可动部件应灵活可靠</td></tr>
<tr><td colspan="9">[a] 对开关型不要求。
[b] %是指额定行程时间的百分数。
[c] 对调节型不要求。</td></tr>
</table>

6 标志、使用说明书、包装、贮存、运输

6.1 标志

6.1.1 产品明显处应装有铭牌

铭牌上应标明：

a) 制造厂厂名或厂标；

b) 产品名称和型号；

c) 产品主要技术参数；

d) 制造年月；

e) 制造编号。

6.1.2 防爆型产品除满足 6.1.1 规定的内容外，其标志还应符合 GB 3836.1 和 GB 3836.2 的规定。

6.1.3 防护型产品除满足 6.1.1 规定的内容外，其标志还应标明防护型式及其等级。

6.2 使用说明书

智能电动执行机构的使用说明书的编写应符合 GB/T 9969 的规定。

6.3 包装

装箱运输的产品应连同说明书规定的成套附件，按 GB/T 13384 中规定的要求进行包装。

包装箱内应具有下列文件：

a) 出厂合格证；

b) 安装使用说明书；

c) 装箱单。

6.4 贮存

产品应存放在温度为－10 ℃～＋55 ℃，相对湿度不大于85％的通风室内，周围空气中应不含有对产品有腐蚀作用的有害物质。

6.5 运输

按JB/T 9329规定的要求进行。

ICS 25.040.40
N 10

中华人民共和国国家标准

GB/T 26156.1—2010

工业过程测量和控制系统用智能调节器 第1部分:通用技术条件

Intelligent adjusters for industrial-process measurement and control systems—Part 1:General specification

2011-01-14 发布 2011-06-01 实施

中华人民共和国国家质量监督检验检疫总局
中国国家标准化管理委员会 发布

前　言

GB/T 26156《工业过程测量和控制系统用智能调节器》分为两部分：

——第1部分：通用技术条件；

——第2部分：性能评定方法。

本部分是GB/T 26156的第1部分。

本部分由中国机械工业联合会提出。

本部分由全国工业过程测量和控制标准化技术委员会(SAC/TC 124)归口。

本部分负责起草单位：福建上润精密仪器有限公司。

本部分参加起草单位：福州福光百特自动化设备有限公司、上海亚泰仪表有限公司、福建顺昌虹润精密仪器有限公司、北京金立石仪表科技有限公司、西南大学。

本部分主要起草人：戈剑。

本部分参加起草人：丁文熙、王子江、陈志扬、孙磊、张新国、张建成、何强、黄仁杰、祁虔、杨颂华。

工业过程测量和控制系统用智能调节器 第1部分:通用技术条件

1 范围

GB/T 26156的本部分规定了工业过程测量和控制系统用智能调节器(以下简称调节器)的通用技术条件,包括术语和定义、基本参数、正常工作条件、要求、标志、使用说明书、包装及贮存。

本部分仅适用于工业过程测量和控制系统用智能调节器。

2 规范性引用文件

下列文件中的条款通过GB/T 26156的本部分的引用而成为本部分的条款。凡是注日期的引用文件,其随后所有的修改单(不包括勘误的内容)或修订版均不适用于本部分,然而,鼓励根据本部分达成协议的各方研究是否可使用这些文件的最新版本。凡是不注日期的引用文件,其最新版本适用于本部分。

GB/T 3369.1 过程控制系统用模拟信号 第1部分:直流电流信号(GB/T 3369.1—2008,IEC 60381-1:1982,IDT)

GB/T 3369.2 过程控制系统用模拟信号 第2部分:直流电压信号(GB/T 3369.2—2008,IEC 60381-2:1978,IDT)

GB/T 3453 数据通信基本型控制规程

GB/T 9969 工业产品使用说明书 总则

GB/T 13384 机电产品包装通用技术条件

GB/T 15479 工业自动化仪表绝缘电阻、绝缘强度技术要求和试验方法

GB/T 17212 工业过程测量和控制 术语和定义(GB/T 17212—1998,idt IEC 60902:1987)

GB/T 20819.1 工业过程控制系统用模拟信号控制器 第1部分:性能评定方法(GB/T 20819.1—2007,IEC 60546-1:1987,MOD)

JB/T 9329 仪器仪表运输贮存基本环境条件及试验方法

3 术语和定义

GB/T 17212和GB/T 20819.1确立的以及下列术语和定义适用于GB/T 26156的本部分。

3.1

智能调节器 intelligent adjuster

一种以微处理器为核心部件的调节控制仪表。

3.2

闭环跟踪误差 colsed-loop tracking error

具有积分作用的调节器,为了使输出信号维持在其作用范围内的任意值所需要的控制偏差中仅由调节器引起的误差。

3.3

显示范围 display range

显示能够达到的被测量的范围。

3.4

溢出　overflow

输入/出信号分超过仪表可显示或可表示的最大值时出现的状态。

3.5

滞后误差　lag error

当输入值先增加后减小或先减小后增加时，其换码点位置不同造成的那部分数字化误差。

3.6

模糊误差　fuzzy error

当所读的数字表示量变化时，其不同的数字为缺乏精确的同步造成的瞬时粗略误差。如：从 199 过渡到 200 时，可能指示 299 或 209。

3.7

转换系数　transform coefficient

输入值变化与相应的输出值变化之比。

3.8

稳定性误差　steady error

仅由于时间造成的仪表值的变化误差。稳定性误差包括波动和漂移，在规定的频率极限以上的稳定性误差为波动，极限以下的为漂移。

3.9

过载恢复时间　overload resume time

从去掉规定的过载输入信号起，到仪表在量程内所显示的新稳态值时的响应时间。

3.10

采样(速)率　sampling rate

对被测量进行采样的频率，即单位时间内的采样次数。

3.11

单回路可编程智能调节器　single-loop programmable intelligent adjuster

仅有一个主模拟量输出控制回路的可编程序智能调节器。

4　基本参数

4.1　输入输出参数

4.1.1　输入信号

a)　模拟直流信号

0 mA～10 mA、0 mA～20 mA、4 mA～20 mA、1 V～5 V、0 V～10 V 等。

b)　热电偶信号

分度号为 B、E、J、K、S、T、N、R 等的热电偶输出的电势(毫伏，mV)信号。

c)　热电阻信号

分度号为 Pt100、Cu50 等热电阻输出的电阻信号。

d)　电阻量信号

电阻量信号的范围为 0 Ω～400 Ω。

e)　频率/脉冲量信号

频率范围为 0 Hz～10^4 Hz；

脉冲信号。

f)　开关量信号

包括触点型和电平型。

4.1.2 输出信号

将调节器信息处理单元的输出信号和数据转换成合适的信号电平。输出信号可以包括如下的可选种类：

a) 模拟直流信号

0 mA～10 mA、0 mA～20 mA、4 mA～20 mA、1 V～5 V、0 V～10 V 等。

b) 开关量信号。

晶体管输出和或继电器常开或常闭触点输出。

4.2 数据通信

对具有数据通信功能的调节器采用 GB/T 3453 数据通信基本控制规程，通信方式及协议由制造厂自定义。

4.3 供电电源

调节器选用如下电源：

交流 220(1±10%)V，50 Hz；

直流 24(1±10%)V，纹波含量≤1%。

4.4 结构型式与尺寸

调节器结构型式采用柜型盘装式。其外形尺寸表示为：

$$b \times h \times l$$

式中：

b——面板宽度，单位为毫米(mm)；

h——面板高度，单位为毫米(mm)；

l——机箱深度，单位为毫米(mm)。

5 正常工作条件

调节器正常工作条件为：

a) 环境温度：5 ℃～40 ℃；

b) 相对湿度：45%～75%；

c) 大气压力：86 kPa～106 kPa；

d) 周围空气中应不含有对铬、镍镀层、有色金属及其合金起腐蚀作用的介质，应不含有易燃、易爆的物质；

e) 电源频率：50(1±5%)Hz；

f) 振动：振动频率范围为 10 Hz～55 Hz，位移幅值为≤0.035 mm。

6 要求

6.1 概述

6.1.1 数字显示基本误差限(ΔD_m)

数字显示基本误差限(ΔD_m)要求：

$$\Delta D_m = a\%\mathrm{FS} \pm d$$

式中：

a——除量化误差之外的其他因素引起的综合最大测量误差系数，即准确度等级；准确度等级 a 应从下列数系中选取：0.1、0.2、0.5；

FS——输入信号的量程；

d——输出信息末位 1 个字所表示的值。

6.1.2 冷端温度补偿

冷端温度补偿应不大于±2 ℃。

6.1.3 温度影响

正常环境温度条件下，相对于参比工作温度，温度每变化 10 ℃时，引起的数字显示值的变化量为：

准确度 $a \leqslant 0.2$ 时，小于 a%FS；

准确度 $a > 0.2$ 时，小于 $0.5a$%FS。

6.1.4 外接导线电阻影响

当三线制热电阻信号每根外接导线电阻同时在 0 Ω～10 Ω 范围内变化时，Cu50 型热电阻信号每根外接导线电阻在 0 Ω～10 Ω 范围内变化时，由此造成的显示值变化应小于 $0.5a$%FS。

注：作热电偶输入精确度误差试验时，冷端补偿输入端短接。

6.2 基本功能要求

6.2.1 接受功能

a) 接受操作人员通过操作台或操作面板的操作所形成的指令，以实现修改各种调节参数、设定值、运算系数、执行联机/脱机命令、显示等动作；

b) 接受操作人员通过操作台或随机键盘显示组件进行程序修改或生成新程序的操作。

6.2.2 输出功能

调节器具有将信号输出到数字显示器，图形显示器，记录仪以显示或记录。

6.2.3 过程监视功能

调节器具有报警、显示、故障显示功能，要求如下：

a) 报警功能 调节器具有实现检测参数的上、下限越限报警，检测参数变化率上、下限越限报警或偏差上、下限越限报警；

b) 显示功能 调节器具有实现选点显示的功能，包括接受的全部参数、设定值，仪表工作状态和在进行中所需修改的各种数值、各种故障等。

6.2.4 过程控制功能

调节器能实现下列各种控制算法，并根据要求选择适宜被控制对象的有关功能模块组成所需控制系统：

a) 比例、积分、微分(PID)三作用控制算法；

b) 串级控制；

c) 比值控制；

d) 程序控制。

6.2.5 控制输出功能

调节器具有将控制算法结果输出到执行器的功能，并能在本机发生故障条件下，对执行器由备用手操器进行后备控制功能。

6.2.6 自诊断功能

调节器具有对其硬件和软件故障进行自诊断功能，包括电源系统的故障、过程信息采集系统故障、存储器故障和运行程序故障等。

6.2.7 保护功能

调节器在上述故障出现时，能停机保护必要的数据，操作输出值保持安全状态。

6.3 与准确度等级有关的要求

调节器与准确度等级有关的要求应满足表 1 规定。

6.4 有关影响量的影响

调节器有关影响量的影响的要求应满足表 2 规定。

6.5 其他技术要求

6.5.1 手动—自动切换误差

手动—自动切换误差包括两方面：

a) 自动→软手动(非平衡切换) 切换误差≤a%FS；

b) 自动→备用手操(平衡切换) 切换误差≤a%FS。

表 1 与准确度等级有关的要求

序号	项目名称			单位	指标
1	模入通道误差			%	a
2	模出通道误差			%	a
3	静差			%	a
4	数字输入最小响应脉宽			s	0.4
5	最大通信距离			m	≥200
6	指示表指示值	给定值 / 被控值	平均误差	%	a
			回差	%	a
		输出表指示值	平均误差	%	a
			回差	%	a
7	比例带、再调、预调时间设定范围	比例带范围		%	*
		再调时间范围		s	*
		预调时间范围		s	*
	比例带、再调、预调时间设定误差	比例带设定误差		%	<2
		再调时间设定误差		%	±10
		预调时间设定误差		%	±10
8	给定值与手操值范围	给定值设定范围		%	*
		操作输出值范围		%	*
* 指标由制造厂和用户协商确定。					

表 2 有关影响量的影响

序号	项目名称		单位	指标
1	环境温度影响	对模拟量输入影响	%/10 ℃	a
		对模拟量输出影响	%/10 ℃	a
		对操作输出影响	%/10 ℃	a
		对备用手操输出影响	%/10 ℃	a
		对被控指示表影响	%/10 ℃	a
		对操作输出指示影响	%/10 ℃	a
		基本功能		正常
2	相对湿度影响	对模拟量输入影响	%	$3a$
		对模拟量输出影响	%	$3a$
		对操作输出影响	%	$3a$

表 2（续）

序号	项　目　名　称		单位	指标
2	相对湿度影响	对备用手操输出影响	%	3*a*
		对被控值指示影响	%	3*a*
		对操作输出指示影响	%	3*a*
		基本功能		正常
3	电源短时中断	热启动对输出影响	%	*a*
		冷启动输出响应值	%	*a*
4	电源瞬时低降	对操作输出影响	%	*a*
		对备用手操输出影响	%	*a*
5	共模干扰	对操作输出影响	%	*a*
6	串模干扰	对操作输出影响	%	*a*
7	电快速瞬变脉冲群抗扰度	对操作输出影响	%	*a*
		对备用手操输出影响	%	*a*
		基本功能		正常
8	浪涌抗扰度	对操作输出影响	%	*a*
		对备用手操输出影响	%	*a*
		基本功能		正常
9	静电抗扰度	对操作输出影响	%	*a*
		对备用手操输出影响	%	*a*
		基本功能		正常
10	射频抗扰度	对操作输出影响	%	*a*
		对备用手操输出影响	%	*a*
		基本功能		正常
11	负载变化	对操作输出影响	%	*a*
		对备用手操输出影响	%	*a*

6.5.2 输出交流分量

输出交流分量的有效值≤a%FS。

6.5.3 启动要求

冷、热启动响应时间和启动电流由制造厂和用户协商确定。

6.5.4 绝缘强度

绝缘强度应符合 GB/T 15479 的要求。

6.5.5 绝缘电阻

绝缘电阻应符合 GB/T 15479 的要求。

6.5.6 阶跃输入响应

阶跃输入响应时间应不大于 0.4 s。

6.5.7 输入、输出特性

6.5.7.1 输入特性

调节器输入特性规定如下：

a) 与热电偶配用的调节器、外接电阻从 0 Ω～100 Ω 变化时，或与热电阻配用的调节器、外线电阻从 0 Ω～5 Ω(0 Ω～2.5 Ω)变化时，或与其他变送器或传感器及电信号配用的调节器，外阻(或源阻抗)在规定的范围内变化时，由此造成的示值变化应不大于 $a\%FS/2$；
b) 应给出不通电状态下的输入阻抗，电压信号输入阻抗不小于 250 kΩ，电流输入阻抗不小于 250 Ω。

6.5.7.2 输出特性

具有除示值外附加其他输出信息的调节器，应列出输出信息的内容和技术要求。

输出的模拟信号应优先满足 GB/T 3369.1、GB/T 3369.2 的要求，并应按执行机构的要求列出输入——输出特性及负载能力。

输出负载阻抗要求：

电流 4 mA～20 mA 时，0 Ω～350 Ω；
0 mA～10 mA 时，0 kΩ～1.5 kΩ。

电压 0 V～5 V、0 V～10 V 时，负载阻抗不大于 250 kΩ；
1 V～－5 V 时，负载阻抗不大于 2 kΩ。

6.5.8 抗运输环境性能

6.5.8.1 运输环境温度

调节器在符合 JB/T 9329 的运输环境温度条件下，经高、低温分别试验后，其基本性能应符合表 1 中 1、2、3、6 的要求。

6.5.8.2 运输湿热

调节器在符合 JB/T 9329 的运输湿热条件下，经湿热试验后，其基本性能应符合表 1 中 1、2、3、6 的要求，绝缘电阻应符合 6.5.5 的要求。

6.5.8.3 连续冲击

调节器在符合 JB/T 9329 的运输的连续冲击条件下，经机械力作用试验后，其基本性能应符合表 1 中 1、2、3、6 的要求，绝缘电阻应符合 6.5.5 的要求。

6.5.9 可靠性能要求

调节器平均无故障工作间 MTBF 最小值为 8 000 h。

6.5.10 外观

6.5.10.1 结构件

结构件外观应满足：

a) 表面覆盖层、面板及铭牌均应光洁、清晰、完好，不得有剥落及伤痕等缺陷；
b) 调节器的结构件应有良好的表面处理，不得有镀层脱落、锈蚀、霉斑等现象，也不应有划伤、沾污等痕迹，更不允许有明显变形损坏或缺件。

6.5.10.2 调整控制机构

在使用过程中需进行调整或控制的部分，应能保证在不拆开机壳的情况下，可进行调节；各开关、旋钮不应松动、破损或自行改变位置，在规定的状态时应具有相应的功能。

6.5.10.3 连接机构

连接机构外观一应满足：

a) 调节器外部接线端子应齐全，内部接线应排列整齐、清洁；接头与插座之间应有定位装置，以保证接插时各接插点具有唯一的对应关系，插入单元及插件应有紧固或锁紧装置；
b) 紧固件不得有松动，脱落及损伤等现象。

6.5.10.4 读数机构

调节器显示读数应清晰、无叠字、亮度均匀、不应有缺笔划或无测量单位等现象、小数点和状态显示应正确。

7 标志、包装、使用说明书及贮存

7.1 标志

在调节器的适当位置上应固定有铭牌，铭牌上应标明：

a) 制造厂名或厂标；

b) 产品型号及名称；

c) 制造编号；

d) 电源电压；

e) 制造年月。

在调节器的醒目位置上应标有系列名称或代号，接线端子板的端子应有标志或代号，标明作用。

7.2 包装

装箱运输的调节器，应连同说明书规定的成套附件，按 GB/T 13384 规定进行包装。

7.3 使用说明书

使用说明书编写应符合 GB/T 9969 的规定。

7.4 贮存

调节器应放在环境温度为 5 ℃～40 ℃，相对湿度不大于 75％的通风室内，且空气中不含有对调节器起腐蚀作用的有害物质。

ICS 25.040.40
N 10

中华人民共和国国家标准

GB/T 26156.2—2010

工业过程测量和控制系统用智能调节器 第2部分：性能评定方法

Intelligent adjusters for industrial-process measurement and control systems—Part 2: Methods of evaluating the performance

2011-01-14 发布　　2011-06-01 实施

中华人民共和国国家质量监督检验检疫总局
中国国家标准化管理委员会　发布

前　言

GB/T 26156《工业过程测量和控制系统用智能调节器》分为两部分：

——第1部分：通用技术条件；

——第2部分：性能评定方法。

本部分是GB/T 26156的第2部分。

本部分由中国机械工业联合会提出。

本部分由全国工业过程测量和控制标准化技术委员会(SAC/TC 124)归口。

本部分负责起草单位：福建上润精密仪器有限公司。

本部分参加起草单位：福州福光百特自动化设备有限公司、上海亚泰仪表有限公司、福建顺昌虹润精密仪器有限公司、西南大学。

本部分主要起草人：戈剑。

本部分参加起草人：丁文熙、王子江、陈志扬、张新国、张建成、吕静、周雪莲、钟秀蓉、张渝。

工业过程测量和控制系统用智能调节器 第2部分：性能评定方法

1 范围

GB/T 26156的本部分规定了工业过程测量和控制系统用智能调节器(以下简称调节器)的性能评定方法和检验规则等内容。

本部分适用于工业过程测量和控制系统用智能调节器。

2 规范性引用文件

下列文件中的条款通过GB/T 26156的本部分的引用而成为本部分的条款。凡是注日期的引用文件，其随后所有的修改单(不包括勘误的内容)或修订版均不适用于本部分，然而，鼓励根据本部分达成协议的各方研究是否可使用这些文件的最新版本。凡是不注日期的引用文件，其最新版本适用于本部分。

GB/T 3453 数据通信基本型控制规程

GB 4208 外壳防护等级(IP代码)(GB 4208—2008,IEC 60529:2001,IDT)

GB 4793.1 测量、控制和实验室用电气设备的安全要求 第1部分：通用要求(GB 4793.1—2007,IEC 61010-1:2001,IDT)

GB/T 15479 工业自动化仪表绝缘电阻、绝缘强度技术要求和试验方法

GB/T 16511 电气和电子测量设备随机文件(GB/T 16511—1996,idt IEC 61187:1993)

GB/T 16842 外壳对人和设备的防护 检验用试具(GB/T 16842—2008,IEC 61032:1997,IDT)

GB/T 17214.1 工业过程测量和控制装置工作条件 第1部分：气候条件(GB/T 17214.1—1998,idt IEC 60654-1:1993)

GB/T 17626.2 电磁兼容 试验和测量技术 静电放电抗扰度试验(GB/T 17626.2—2006,IEC 61000-4-2:2001,IDT)

GB/T 17626.3 电磁兼容试验和测量技术 射频电磁场辐射抗扰度试验(GB/T 17626.3—2006,IEC 61000-4-3:2002,IDT)

GB/T 17626.4 电磁兼容 试验和测量技术 电快速瞬变脉冲群抗扰度试验(GB/T 17626.4—2008,IEC 61000-4-4:2004,IDT)

GB/T 17626.5 电磁兼容 试验和测量技术 浪涌(冲击)抗扰度试验(GB/T 17626.5—2008,IEC 61000-4-5:2005,IDT)

GB/T 17626.11 电磁兼容 试验和测量技术 电压暂停、短时中断和电压变化抗扰度试验(GB/T 17626.11—2008,IEC 61000-4-11:2004,IDT)

GB/T 18268 测量、控制和实验室用的电设备 电磁兼容性要求(GB/T 18268—2000,idt IEC 61326-1:1997)

GB/T 18271.1 过程测量和控制装置 通用性能评定方法和程序 第1部分：总则(GB/T 18271.1—2000,idt IEC 61298-1:1995)

GB/T 18271.2 过程测量和控制装置 通用性能评定方法和程序 第2部分：参比条件下的试验(GB/T 18271.2—2000,idt IEC 61298-2:1995)

GB/T 18271.3 过程测量和控制装置 通用性能评定方法和程序 第3部分：影响量影响的试验(GB/T 18271.3—2000,idt IEC 61298-3:1998)

GB/T 18271.4　过程测量和控制装置　通用性能评定方法和程序　第4部分：评定报告的内容(GB/T 18271.4—2000,idt IEC 61298-4:1995)

GB/T 20819.1　工业过程控制系统用模拟信号控制器　第1部分:性能评定方法(GB/T 20819.1—2007,IEC 60546-1:1987,MOD)

GB/T 26156.1—2010　工业过程测量和控制系统用智能调节器　第1部分:通用技术条件

JB/T 9329　仪器仪表运输贮存基本环境条件及试验方法

JB/T 50187　过程控制仪表的可靠性要求及考核方法

3　术语和定义

GB/T 26156.1—2010确立的术语和定义适用于GB/T 26156的本部分。

4　试验方法和检验规则

4.1　安装位置

试验期间调节器的安装位置应是制造厂规定的正常位置之一。但在整个试验中,应只采用所允许的各种位置中的一种。

4.2　试验条件

除条文中另有规定外,试验条件应符合GB/T 17214.1的规定,并补充下列条件:

a)　试验时调节器均按PID编程。

b)　闭环试验时,应切除微分作用,除测试静差外,只要能够进行试验。允许不加阻尼器及适配器,而把调节器输出直接反馈至输入端。

c)　开环试验时,参数按下列规定设置:

比例带 X_P,100%;

再调时间 T_i,最大值;

预调时间 T_d,切除;

给定值SV,50%。

d)　调节器处于热启动状态。

4.3　试验方法

4.3.1　抗扰度试验

根据GB/T 18268的规定,抗扰度要求应符合表1的规定,性能判据等级(见表2)不得低于3级。

表1　EMC抗扰度试验要求

序号	试验项目	试验标准	试验等级	试验参数和条件
1	电快速瞬变脉冲群抗扰度	GB/T 17626.4	3级	在供电电源端口,保护接地(PE):电压峰值为2 kV,重复频率为5 kHz;在I/O信号、数据和控制端口,电压峰值为1 kV,重复频率为5 kHz
2	浪涌抗扰度	GB/T 17626.5	3级(电源的线与线,或者是I/O信号的线与地之间)	波前时间为1.2 μs,半峰值时间为50 μs,浪涌电压幅度1 kV
			3级(电源的线与地之间)	波前时间为1.2 μs,半峰值时间为50 μs,浪涌电压幅度2 kV
3	电压短时中断抗扰度	GB/T 17626.11	0% UT(UT为设备额定电压)	供电电压短时中断100%,中断时间为20 ms(即1个周期),中断时间间隔≥1 s

表 1（续）

序号	试验项目	试验标准	试验等级	试验参数和条件
4	电压变化抗扰度	GB/T 17626.11	40％UT（UT 为设备额定电压）	电源切换过程引起的电压瞬间变化小于 60％UT，电压降低时间为 2 s（1±20％），降低后电压维持时间为 1 s（1±20％），电压增加时间为 2 s（1±20％）
5	静电抗扰度	GB/T 17626.2	3 级	外壳 6 kV 接触放电，8 kV 的空气放电
6	射频电磁场辐射抗扰度	GB/T 17626.3	3 级	频率范围：80 MHz～1 000 MHz，试验场强：10 V/m

表 2 性能判据

性能判据等级	性能判据
1	试验时，在技术规范极限内性能正常
2	试验时，功能或性能暂时降低或消失，但能自行恢复
3	试验时，功能或性能暂时降低或消失，但需要操作者干预或系统复位
4	由于设备、元器件、软件的损坏，或数据丢失，造成不能恢复的降低或功能丧失

除 GB/T 26156 的本部分另有规定外，均按 GB/T 18271.3 进行试验。

4.3.2 基本功能试验

按基本试验线路（如图 1 所示）设置，按 GB/T 18271.1 检查各项基本功能。

4.3.3 模拟量和开关量输入通道试验

模拟量和开关量输入通道试验要求：

a） 基本试验示意图如图 1 所示；

b） 在信号输入端分别输入各种信号，操作数据键盘显示设定组件上的输入数据键，由显示部分监视转换结果，与标准数据误差不应超过表 3 的规定。

4.3.4 输出通道试验

输出通道试验要求为：

a） 基本试验示意图如图 1 所示；

b） 通过键盘显示设定组件，进行表 4 数据操作，通过精密测试仪监视转换结果，与标准数据比较其误差不应超过表 4 的规定。

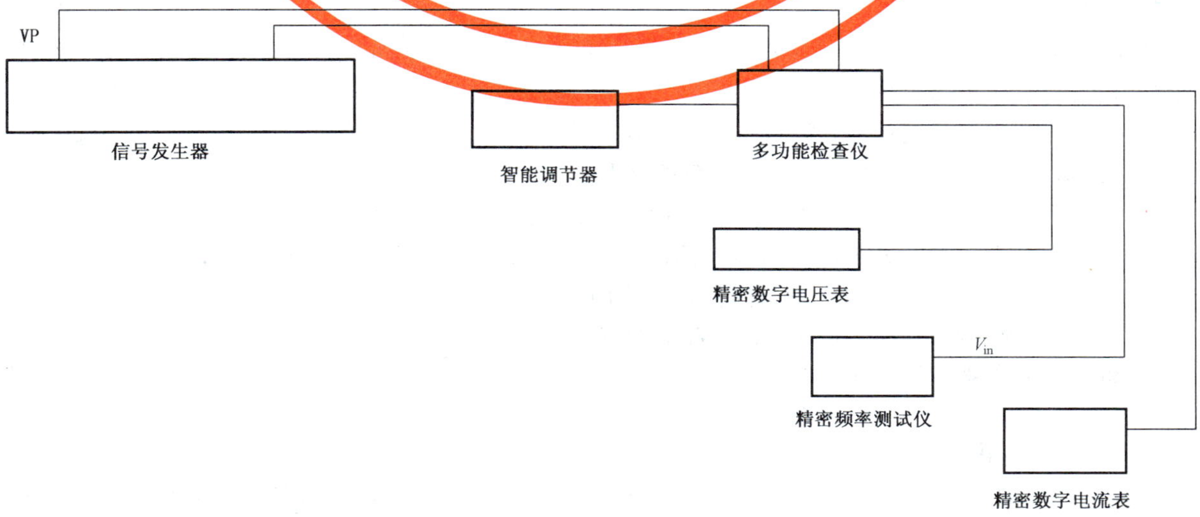

图 1 基本试验示意图

表 3 输入通道数据误差

名　　称	信号量程	误　　差
电流信号输入	(4～20)mA	a%FS±d
	(0～10)mA	a%FS±d
电压或热电偶信号输入	(0～5)V	a%FS±d
	(−20～20)mV	a%FS±d
	(0～00)mV	a%FS±d
热电阻信号或电阻信号输入	Pt100	a%FS±d
	Cu50	a%FS±d
	0 Ω～400 Ω	a%FS±d
频率、脉冲量	(0～10^4)Hz	a%FS±d
开关量	触点或电平输入	a %FS±d

a——除量化误差之外的其他因素引起的综合最大测量误差系数，即准确度等级。准确度等级 a 应从下列数系中选取：0.1、0.2、0.5。

FS——输入信号的量程。

d——输出信息末位 1 个字所表示的值。

表 4 输出通道数据误差

输出信号和数字显示等	误　　差
(0～10)V	a%FS±d
(1～5)V	a%FS±d
(4～20)mA	a%FS±d
(0～20)mA	a%FS±d
(0～10)mA	a%FS±d
开关量 0～9999	a%FS±d
数字显示－1999～＋1999	a%FS±d

注：误差栏的字母含义见表 3 注。

4.3.5 静差试验

把调节器接成闭环，预调时间切除，再调时间最大，并按下列设置分别进行静差试验，静差应不超过给定信号范围上、下限之差的 a%FS±d：

a) 反作用、再调时间最小，预调时间切除，比例带 100%，设定值(给定值)为 10%、50%、90%、输出值为 10%、50%、90%共九种组合情况下；

b) 反作用、再调时间最小，预调时间切除，比例带 1%时，SV＝MV＝50%情况下；

c) 反作用、再调时间最小，预调时间切除，比例带最大，SV＝MV＝50%情况下；

d) 正作用、再调时间最小，预调时间切除，比例带 100%时，SV＝MV＝50%情况下。

注：在比例带为最小值时，若输出发生振荡，则可加大阻尼，直到消除振荡为止。

4.3.6 数字量输入响应时间试验

数字量输入响应时间试验要求：

a) 按图 1 连接；

b) 将数字输入端与方波信号源相连接，并调整脉宽为 0.4 s 加输入有效电平，观察输出翻转响应，检查顺序详见 GB/T 18271.1。

4.3.7 数据通信试验

本试验项目利用仪表与上位机联结方法进行通信测试，按照 GB/T 3453 进行试验，试验接线如图 2 所示。

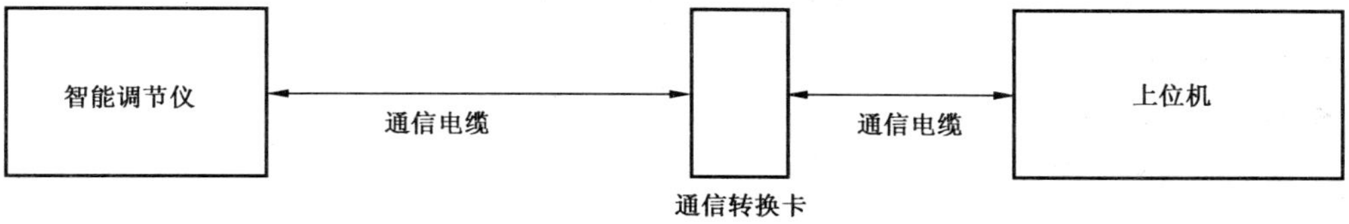

图 2 数据通信试验接线示意图

4.3.8 指示表指示试验

按图 1 设置，手动方式，分别使给定值、被控值和输出指示表指示值依次对准标度值为 0%、25%、50%、75%、100%，记下标准仪器的相应示值。

然后，再依次对准标度值为 100%、75%、50%、25%、0%，记下标准仪器的相应示值。

上述步骤重复三次，从这些测试中，计算出平均误差及回差并取最大值。

4.3.9 比例、微分、积分作用试验

4.3.9.1 比例作用试验

按照 GB/T 20819.1 进行试验。

4.3.9.2 微分作用试验

按照 GB/T 20819.1 进行试验。

4.3.9.3 积分作用试验

按照 GB/T 20819.1 进行试验。

4.3.10 给定值与手操输出试验

按 4.2 规定设置，在手动状态下进行。操作对应的操作按钮，使给定值及手操输出变化到最大值及最小值，检查在 0%～100%范围调整时，其对应端信号是否满足 4 mA～20 mA、0 mA ～10 mA、1 V～5 V、0 V～10 V 等。

4.3.11 环境温度变化影响试验

按照 GB/T 18271.3 进行试验。

4.3.12 相对湿度变化影响试验

按照 GB/T 18271.3 进行试验。

4.3.13 机械振动影响试验

按照 GB/T 18271.3 进行试验。

4.3.14 供电电源变化影响试验

按照 GB/T 17626.11 进行试验。

4.3.15 电源瞬时中断影响试验

按照 GB/T 17626.11 进行试验。

4.3.16 电源瞬时低降影响试验

按照 GB/T 17626.11 进行试验。

4.3.17 共模干扰试验

按照 GB/T 18271.3 进行试验。

4.3.18 串模干扰试验

按照 GB/T 18271.3 进行试验。

4.3.19 输入阻抗和负载变化影响试验

输入阻抗和负载变化影响方法如下：

a) 按图1设置；

b) 使调节器的输出信号稳定在量程50%处；

c) 测量当负载阻抗从最小值变化到最大值时，所引起的调节器输出变化量。调节器还应在开环情况下进行1 min负载短路及负载开路试验，然后恢复标准负载，按a)条设置方法，测量调节器操作输出变化量。

4.3.20 手动—自动切换

按照GB/T 20819.1进行试验。

4.3.21 绝缘电阻

按照GB/T 15479进行试验。

4.3.22 绝缘强度

按照GB/T 15479进行试验。

4.3.23 频率响应试验

按照GB/T 18271.2进行试验。

4.3.24 外观要求检查

用肉眼观察及手按拔方法检查调节器外壳，零件表面覆盖层，面板及标牌是否光洁完好，紧固件是否松动、脱落及损伤，可动部分是否灵活可靠；开关、键盘及按钮等是否接触可靠。

4.3.25 抗运输环境性能试验

按JB/T 9329进行试验。

4.3.26 可靠性试验

按JB/T 50187相关规定进行试验。

4.4 检验规则

4.4.1 出厂检验

每台调节器须经技术检验部门检验合格后方能出厂。

调节器出厂检验应按表5规定进行，其中三个循环的试验，均可简化成一个循环试验。

静差试验可简化为比例带在100%，再调时间最大，预调时间切除。使输出稳定在量程的50%，记录下标准仪器示值。

表5 出厂检验项目

项目名称	试验方法		技术要求
	标准号	条文号	
基本功能检查	本部分	4.3.2	GB/T 26156.1—2010的6.2
静差	GB/T 18271.2 本部分	4.3.5	GB/T 26156.1—2010的表1中3
比例作用、积分作用微分作用的定性检查(不测数据)	GB/T 18271.2 本部分	4.3.9	GB/T 26156.1—2010的表1中7
手动—自动切换	本部分	4.3.20	GB/T 26156.1—2010的6.5.1
绝缘电阻	GB/T 15479 本部分	4.3.21	GB/T 26156.1—2010的6.5.5
绝缘强度	GB/T 15479 本部分	4.3.22	GB/T 26156.1—2010的6.5.4
外观	本部分	4.3.24	GB/T 26156.1—2010的6.5.10

4.4.2 型式试验

调节器型式检验应按GB/T 26156.1—2010规定的全部项目进行(可靠性试验除外)。

5 其他考虑事项

5.1 总则

为了准备试验报告、试验程序所需的通用信息，包含下述几个方面：

- 安装；
- 例行维护和调试；
- 维修和大修。

应根据实际运行要求和制造厂的说明书来进行性能检查，以便能同时对说明书做出评价。

5.2 安全

按 GB 4793.1 检查调节器。

5.3 外壳防护

如果需要的话，应根据 GB 4208 和 GB/T 16842 进行试验。

5.4 文献资料

制造厂主动提供的以及试验室要求提供的全部有关文件应列出清单。

如果这些文件没有附带用来清楚描述调节器操作的完善图表，或没有完整的元件清单和规范，则应指出其不足。

具体评定方法见 GB/T 16511。

5.5 安装

调节器应根据制造厂的说明书安装和投入使用，同时要考虑在实际中可能遇到的和要求不同程序的各种应用。

制造厂规定的安装方法应列入报告。任何由于此种安装方法所造成的对调节器的使用限制都应予以指出并加以说明。

另外，有关安装的难易程度也应指出并加以说明。

5.6 例行维护和调试

应根据制造厂的说明书进行必要的例行维护和调试操作。

任何有关执行这些操作的难易程度都应予以指出，并说明原因。

5.7 可调整参数

报告中应指出厂商列出的重要的变型和选件。

6 试验报告和文档

试验完成以后，应根据 GB/T 18271.4 准备完整的评定试验报告。

报告发表之后，所有试验期间与测试有关的原始文档应在试验室至少储存两年。
